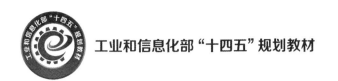 工业和信息化部"十四五"规划教材

U0162024

印刷工艺学

（第3版）

◆ 刘 昕 主 编

◆ 刘 澎 夏卫民 副主编

电子工業出版社

Publishing House of Electronics Industry

北京·BEIJING

内 容 简 介

本书在《印刷工艺学》（第二版）的基础上进行了全面、系统的修编，体现了三结合：理论与实践相结合、课程思政与教学内容相结合、科学研究与课堂教学相结合。

本书采取理论与实践相结合的方法，内容深入浅出，理论推导严密，实践操作可靠，系统、全面地介绍了印刷工艺的基本原理和方法。全书共 16 章，8 大模块，10 大重点，全面详细地介绍了润湿基本理论；润版原理；印刷压力；包衬与图文变形；颜色复制方程及其方法；油墨转移原理；凹版、柔性版和网版印刷的油墨转移；数字化印刷；网点转移的计算方式；印刷品质量过程监控。

本书引入了把印刷工程的科学技术问题抽象为物理或数学模型的基本方法和原理，有助于读者对印刷工程的科学技术问题进行深入学习和研究；结合课程内容进行思政，致力于培养一流印刷人才。

本书既可作为印刷工程、包装工程等专业的教材，又可供印刷包装行业的科研和新产品开发人员、高级操作人员学习与参阅。

图书在版编目（CIP）数据

印刷工艺学 / 刘昕主编. — 3 版. — 北京：电子工业出版社，2023.5

ISBN 978-7-121-45465-3

Ⅰ. ①印…　Ⅱ. ①刘…　Ⅲ. ①印刷－工艺学－高等学校－教材　Ⅳ. ①TS805

中国国家版本馆 CIP 数据核字（2023）第 068914 号

责任编辑：孟　宇

印　　刷：三河市君旺印务有限公司

装　　订：三河市君旺印务有限公司

出版发行：电子工业出版社

　　　　　北京市海淀区万寿路 173 信箱　　邮编：100036

开　　本：787×1092　1/16　印张：22.25　　字数：570 千字

版　　次：2005 年 8 月第 1 版

　　　　　2023 年 5 月第 3 版

印　　次：2023 年 5 月第 1 次印刷

定　　价：79.80 元

前　言

本书是在《印刷工艺学》（第二版）（2021 年获陕西省优秀教材一等奖）的基础上，进行了全面、系统、科学的修编而成的，并第一次把课程思政与课程内容相结合。

本书的特点：理论创新，内容新颖；重点突出，难点分散；理论与实践紧密结合。本书综合讲述了四大印刷的工艺技术特点，并对最新技术无轴传动进行了简明讲述；给出了润湿方程，也介绍了定性的具体技术操作；印刷压力既可以用作图法来准确求得其大小，也可以根据实际测量数据用封闭尺寸链进行验证；把包衬的厚度与图文变形之间的关系用公式表示，可验证理论计算值与实际测量值之间的误差；用计算机方法代替传统的油墨调配方法，实现专色油墨调配的准确计算；建立了油墨转移方程来准确表达油墨从印版转移到承印材料表面上的过程，通过表面油墨量的变化实现墨量控制；定量描述了色彩复制中颜色的变化情况；墨层厚度与墨量、网点扩大之间的关系准确地表达了网点转移的基本规律；胶印机综合性能测试的理论和方法是目前世界上较先进的高新技术，能及时准确地反映胶印机的一些常见故障，并提出维修计划和方案。

本书的论述由浅入深，通俗易懂，不仅收集了教学团队最新的主要研究成果，也收集了当今世界印刷领域较先进的技术和理论。通过印刷工艺学精品课程建设的实践，把颜色筛选、网点印花和视觉检测等研究成果编入《印刷工艺学》（第 3 版）中，这些成果具有较高的理论水平和实际意义，使印刷工艺学课程的内容更充实并得到了发展创新。本书符合人才培养目标及本课程教学的基本要求；取材合适，深度、广度适宜，内容恰当，教材应用单位多；符合学生的认知规律，具有启发性，便于学习，有利于激发学生的学习兴趣，加强对其多种能力的培养。

"印刷工艺学"服务于印刷包装业，是印刷工程、包装工程等专业的一门主干专业基础课，课程注重与机械和化学等学科的交叉与融合，主要讲述印刷过程中的共性——水墨平衡、油墨转移、印刷压力工作原理、网点转移及图文变形原理。课程目标是培养学生理解印刷工艺的自然科学规律，掌握印刷工艺的人文和科学思想，并经过工程训练，使学生能熟练进行印刷工艺设计与机器调试，为工程应用打下良好的基础。

"印刷工艺学"作为印刷工程专业一门重要的主干专业基础课，重点是使学生掌握印刷过程中的物理化学现象；掌握常用印刷质量测量仪器的操作技能和测试学的基本方法；学会把一般印刷工程的科学技术问题抽象为物理模型或数学模型；具备正确选用常用印刷工艺、测量技术方法，以及进行抽检测量的基本技能；能按照测量结果及时调整机器，保证获得高质量的印刷品。

《印刷工艺学》（第 3 版）附加了课程的网络教学课件，主要包括印刷工艺全过程教学视频、短视频、动画和演示教具。

主编刘昕完成了编写目的、编写大纲、本书特色及适用对象的制定，对修正方案和修正内容提出了具体的修改意见和建议，负责全书的统稿，编写了第一章、第二章、第七章、第九章和第十六章；第一副主编刘澎负责全书的责任校对，并编写了第三章、第四章、第五章、第六章、第八章、第十章、第十五章；第二副主编夏卫民负责修改方案及对修改内容进行调研与实验验证，编写了第十一章、第十二章、第十三章和第十四章。

本书在编写过程中，得到了专家及业内人士的大力支持和帮助，在这里一并表示衷心的感谢。

由于编者水平有限，而本书内容涉及甚广，书中难免有疏漏和错误，恳请读者批评指正。

编　者

2022 年 12 月于西安

目　　录

第一章　润湿基本理论

内容提要

胶印利用油水相斥的原理，在印版表面上建立图文和非图文部分。非图文部分的润湿借助于表面活性剂，其降低了润湿液的表面张力，使润湿液在非图文部分建立了稳定的液体薄膜，从而使胶印得以正常进行。本章介绍了表面活性剂的活性作用及其降低液体表面张力的原理、表面活性剂的分子结构及分类、表面活性剂的 HLB 值及计算方法、液体吸附的重要定理——Gibbs 吸附定理、表面活性剂在液-固界面上的吸附、乳状液的形成和胶印水墨乳化的类型。

基本要求

1．了解表面活性、表面活性剂及其分子结构。
2．了解 HLB 值及其用途，掌握 HLB 值的计算方法。
3．了解表面过剩自由能，掌握 Gibbs 吸附定理的作用。
4．熟练掌握表面活性剂在液-固界面上的吸附原理及界面现象。
5．了解乳状液的性质和胶印水墨乳化的类型。

第一节　表面活性与表面活性剂

在实践中，某些物质的水溶液在浓度很低时，能降低溶液的表面张力及与其他液体之间的界面张力，使固体和液体之间的润湿性能、乳化性能得到改善。肥皂（脂肪酸金属盐）和合成洗衣粉（十二烷基磺酸钠盐）就是这类物质的代表。还有一类物质，如胶印润湿液中使用的乙醇、异丙醇及部分低级醇类、低级羧酸（含碳原子较少的醇或羧酸），加入水中以后，也能使溶液的表面张力降低，但是降低的程度不如肥皂和合成洗衣粉等物质。除此之外，无机盐、无机酸、碱等物质（如 H_3PO_4、$NaNO_3$、$K_2Cr_2O_7$）加入水中后，在浓度很低时对溶液的表面张力几乎没有影响，有的物质反而使溶液的表面张力略有上升。

根据各类物质水溶液的表面张力与物质浓度之间的关系，可将各类物质归纳为图 1-1 所示的三种类型。第一类物质的 γ-C 曲线如图 1-1 中 A 曲线所示，溶液的表面张力在物质浓度上升时，几乎没有变化或略有增加，这类物质包括无机盐、无机酸及碱。第二类物质的 γ-C 曲线如图 1-1 中 B 曲线所示，溶液的表面张力随物质浓度的升高而逐渐下降，如短碳链的醇类、短碳链的羧酸类等。第三类物质的 γ-C 曲线如图 1-1 中 C 曲线所示，溶液的表面张力随着物

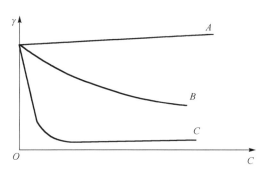

图 1-1　各类物质水溶液的表面张力与物质浓度之间的关系

质浓度的升高，先是迅速下降，当物质浓度升高至某一值时（此时的物质浓度仍然很低），溶液表面张力的下降速度骤然减慢，若物质浓度继续升高，则溶液的表面张力几乎不变。以油酸钠为例，当水中的油酸钠浓度为0.1%（约0.033M）时，溶液的表面张力就自72dyn/cm降到25dyn/cm。

在胶体化学中，把能使溶剂表面张力下降的性质称为表面活性；把能降低溶剂表面张力的物质称为表面活性物质。对水溶液来说，第一类物质是非表面活性物质或表面惰性物质。第二、三类物质都是表面活性物质。符合C曲线的表面活性物质叫作表面活性剂。

第二节　表面活性剂的分子结构及分类

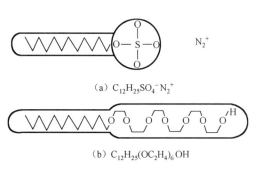

(a) $C_{12}H_{25}SO_4^- N_2^+$

(b) $C_{12}H_{25}(OC_2H_4)_6OH$

图1-2　两表面活性剂分子的示意图

表面活性剂是一种"双亲"分子，由非极性的亲油（疏水）基团和极性的亲水（疏油）基团共同构成。在多数情况下，这两部分分别处于分子的"两端"，形成不对称结构（见图1-2）。

从化学结构上看，各种表面活性剂亲油基团的差别主要表现在碳链长度不同，一般碳链的碳原子数量在八个以上，而结构上的变化较小。亲油基团主要包括直链烷基、支链烷基、烷基苯基、松香衍生物等。而亲水基团种类繁多，其结构也比亲油基团复杂，亲水基团主要包括—SO_4^{2-}、—Na^+、—$SO_3^-Na^+$、—SOO^-Na^+、—$NR_3^+X^-$、—NR^-等。表面活性剂的性质主要取决于亲水基团的结构。因此，表面活性剂根据亲水基团是否在水中发生电离及电离出的离子类型分为阳离子表面活性剂、阴离子表面活性剂、两性表面活性剂、非离子表面活性剂四大类。

阳离子表面活性剂在水中电离，表面活性基带正电：

$$C_{14}H_{29}N(CH_3)_3Br \xrightarrow{电离} C_{14}H_{29}N^+(CH_3)_3+Br^-$$

（十四烷基三甲溴化铵）

大部分阳离子表面活性剂是含氮化合物，即有机胺的衍生物，常用的阳离子表面活性剂为季铵盐，NH_4^+中的四个氢原子被四个有机基团取代，成为$R_1R_2N+R_3R_4$，这种带电的含氮离子叫季铵离子，四个有机基团中只有一个或两个是长碳链。

阳离子表面活性剂极易吸附在水介质中的固体表面上，常被用作浮选剂。

阴离子表面活性剂在水中电离，表面活性基带负电：

$$C_{17}H_{35}COONa \xrightarrow{电离} C_{17}H_{35}COO^-+Na^+$$

（硬脂酸钠）

肥皂、洗衣粉、油墨连接料中植物油的主要成分等都属于阴离子表面活性剂，常被用作洗涤剂、润湿剂、乳化剂等。

两性表面活性剂的分子结构和蛋白质中的氨基酸相似，分子中同时存在酸性基和碱性基。

其在酸性溶液中电离，表面活性基带正电；在碱性溶液中电离，表面活性基带负电；在中性溶液中不电离、不带电，具有防止金属腐蚀和抗表面静电的作用。由于它的表面活性不受溶液酸、碱性的影响，因此可以将其应用于润湿液。

非离子表面活性剂在水溶液中不电离，亲水基团主要由一定数量的含氧基团构成，常见的有聚氧乙烯—$(C_2H_4O)_n$—，羧基—$COOH$ 等。由于其在溶液中不是离子状态，所以稳定性高，不受强电解质、无机盐的影响，也不受酸、碱性的影响。将非离子表面活性剂加入润湿液后，不会和润湿液中的其他电解质发生化学反应，产生沉淀。因此，选用非离子表面活性剂降低润湿液的表面张力最合适。目前，润湿液中使用的 2080（聚氧乙烯聚氧丙烯醚）、6501（烷基醇酰胺）都是非离子表面活性剂。

第三节　HLB 值

表面活性剂的种类很多，分别有乳化、润湿、分散、去污等作用。如何从众多的非离子表面活性剂中选择具有润湿作用并能显著提高润湿液润湿性能的物质呢？目前，比较常用的是利用 Griffin 提出的 HLB 值法。

一、HLB 值的定义

HLB 值也称为亲水亲油平衡值，是衡量表面活性剂亲水基团和亲油基团关系的指标。例如，$C_{10}H_{23}SO_3H$ 中—SO_3H 基团的亲水性能够对抗 $C_{10}H_{23}$—基团的亲油性，使亲水性和亲油性相平衡；$C_{10}H_{23}OH$ 中—OH 基团的亲水性不足以对抗 $C_{10}H_{23}$—基团的亲油性，所以 $C_{10}H_{23}OH$ 表现出较好的亲油性。

为了制定 HLB 值，选择某个亲油性强的表面活性剂和某个亲水性强的表面活性剂作为标准，规定以一定的数值。一般规定亲油性强的油酸的 HLB 值为 1，亲水性强的油酸钠的 HLB 值为 18。这样，表面活性剂的 HLB 值就可以用 1～18 之间的数字来表示。HLB 值与其作用的关系图如图 1-3 所示。

从图 1-3 中可以看出，HLB 值由 0 至 18，其亲水性逐渐增大，亲油性逐渐减小。同时，随着 HLB 值的增大，表面活性剂的作用也逐渐增多。例如，HLB 值在 0 到 4 范围内的表面活性剂，一般只能用作消泡剂；当 HLB 值上升到 14 左右时，表面活性剂就具有渗透、洗涤、乳化等多种作用。

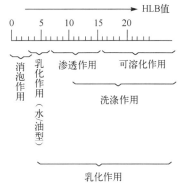

图 1-3　HLB 值与其作用的关系图

此外，HLB 值具有加和性。例如，将 $60\%C_{13}H_{25}(C_2H_4O)_{12}H$（HLB 值为 14.2）与 40% 烷基苯磺酸钠（HLB 值为 11.7）混溶，得到的表面活性剂的 HLB 值为 13.2。HLB 值这种加和性可使我们根据需要选择 HLB 值。同时，混溶后的表面活性剂相较于原来单一的表面活性剂，性质有所改变，它能降低某些表面活性剂的表面张力及胶束增溶的浓度，提高浊点，使用范围变广，其增溶、润湿、乳化、洗涤作用均得到改善。所以，根据 HLB 值及其加和性可以较方便地选择适合印刷业的表面活性剂。

二、HLB 值的用途

表 1-1 所示为表面活性剂的 HLB 值及用途，根据表 1-1 能判断某种表面活性剂的用途。许多表面活性剂的 HLB 值均可从有关的手册中查到。有时为了迅速确定某种表面活性剂的 HLB 值，可以参照表 1-1 和表 1-2，采用溶度实验法求得。

表 1-1 表面活性剂的 HLB 值及用途

HLB 值	用途
<6	抗静电剂
13 左右	PS 版揩版墨
12～14	胶印润湿液
>15	清洗剂

表 1-2 HLB 值与加入水中后的性质

HLB 值	加入水中后的性质
1～4	不分散
4～6	分散性差
6～8	剧烈振荡后呈乳白色分散体
8～10	稳定乳白色分散体
10～13	半透明或透明分散体
13 以上	透明溶液

表 1-3 所示为胶印润湿液中常用的几种表面活性剂的 HLB 值。

表 1-3 胶印润湿液中常用的几种表面活性剂的 HLB 值

表面活性剂	HLB 值	表面活性剂	HLB 值
TX-10	13.6	JU	12
胰加漂 T	10	聚醚-63	11
JFC	12～14	AOS	14.1～15.3

三、HLB 值的计算

从表面活性剂的结构上来看，表面活性剂分子一般由非极性的、亲油的碳氢链和亲水基团共同构成，两部分分处两端，形成不对称的结构。因此，表面活性剂分子具有既亲油又亲水的两亲性质。表面活性剂分子中亲水基团亲水性与憎水性的关系对于表面活性剂的性质、用途是极为重要的，而 HLB 值是衡量表面活性剂亲水性和亲油性的重要指标。

根据格里芬定律，HLB 值可采用下列公式计算：

$$\text{HLB} = 20\left(1 - \frac{M_0}{M}\right)$$

式中，M_0 为憎水基的分子量；M 为表面活性剂的分子量。

非离子表面活性剂的 HLB 值可用以下几个公式计算。

（1）多元醇脂肪酸：

$$\text{HLB} = 20(1 - S/A)$$

式中，S 为脂的皂化数；A 为酸的酸值。

（2）不易测定皂化数的非离子表面活性剂：

$$\text{HLB} = (E + P)/5$$

式中，E 为环氧乙烷的质量百分数；P 为多元醇的质量百分数。

（3）只有—$(C_2H_4O)_n$—亲水基团的非离子表面活性剂：

$$HLB = E / 5$$

对于某些结构复杂、含其他元素（如氮、硫、磷等）的非离子表面活性剂，以上公式均不适用。根据非离子表面活性剂在水中的溶解度及实践经验，可得出 HLB 的近似值（见表 1-2）。

Devis 提出将 HLB 值作为结构因子的总和处理，把表面活性剂分解为一些基团，每一基团对 HLB 值均有影响。表 1-4 所示为常见表面活性剂的亲水基团数与亲油基团数。

表 1-4　常见表面活性剂的亲水基团数与亲油基团数

亲水基团数		亲油基团数	
—SO$_4$Na	38.7	—CH—	0.475
—COOK	21.1	—CH$_2$—	0.475
—COONa	19.1	—CH$_3$—	0.475
—SO$_2$N$_2$	11	＝CH—	0.475
≡N（叔胺）	9.4	—(C$_2$H$_6$O)—	0.15
—OH（自由）	1.9		
—O—	1.3		
酯（失水山梨醇）	0.5		
—(C$_2$H$_4$O)—	0.33		

将表 1-4 中的数据代入下式：

$$HLB = 7 + \Sigma(亲水基团数) - \Sigma(亲油基团数)$$

虽然 HLB 值的计算较为复杂，一些结构复杂的表面活性剂的 HLB 值计算也较为困难，但它与表面活性剂的性质有着较为密切的联系。只有对 HLB 值这一概念有充分的了解，才能更好地掌握和运用表面活性剂，从而正确地选择表面活性剂。

第四节　表面张力与表面过剩自由能

表面活性剂对物质表面或界面的物理化学性质（如润湿、乳化等）有着十分重要的作用。物质的聚集状态有气、液、固三态，可形成气-液、液-液、气-固、液-固界面。通常把所有与气相形成的界面称为表面，如前面提到的气-液表面和气-固表面，其余的称为界面。在日常生活和生产中，经常会遇到界面问题，在印刷行业中，界面问题尤为重要。因此，对界面问题的认识和研究有极其重要的意义。

在物理和化学课中，大家已经对表面张力和表面自由能的概念有所了解，利用十分简单的实验装置就能观察到表面张力。如图 1-4 所示，使液体（肥皂水）在金属框架上形成液膜，为了使液膜保持平衡状态（不收缩），就必须加一个大小适当且与液膜表面相切的力 f 于宽度为 l 的液膜上。当液膜处于这种平衡状态时，可以推知，一定有一个与 f 大小相等、方向相反的力存在，这个力就是表面张力，其大小为 $f = 2l\gamma$。γ 是表面张力系数，它的物理意义是：垂直通过液体表面上任一单位长度，与液体表面相切的力。γ 是液体体系的基本性质之一，是个强度量，单位为达因/厘米（dyn/cm）或牛顿/米（N/m）。

对于液体自动收缩其表面的趋势，也可以从能量的角度来观察。当图 1-4 中的外力减小 df 时，液膜的表面积也会因表面收缩而减小，这时液膜（体系）对外界做的功为

$$\omega' = -\gamma^a \tag{1-1}$$

式中，γ 为单位液体表面的过剩自由能，或称表面过剩自由能，其单位为 erg/cm^2。将表面张力的概念和表面过剩自由能的概念加以比较，就可以知道，二者具有相同的量纲，而且在相同的单位制下，有着相同的数值。

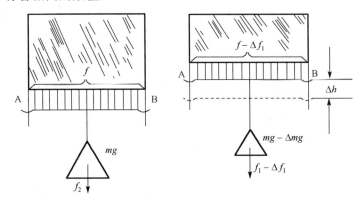

图 1-4 表面张力

要想更确切地了解 γ 的意义，首先要了解 γ 与各个热力学函数之间的关系。体系的任何一个广延量（如 F、U、G 等）都可以表示为体系的体相部分和表面部分之和，即

$$y = y^b + y^S \tag{1-2}$$

式中，y 表示体系的任一广延量；b 表示体相部分；S 表示表面部分。

对于一个开放体系来说，体系经过一个微小的可逆变化，其自由能变化都可表示为

$$dG = dG^b \div dG^S$$

即

$$dG = SdT \div VdP \div \sum \mu_i dn_i \div \gamma dA \tag{1-3}$$

μ_i 为组分 i 在体系中的化学位，当体系处于平衡状态时，表面部分的 T、P、μ_i 与体相均相等，且都是常数。于是由上式可得

$$\gamma = \left(\frac{\partial G}{\partial A}\right) P, T, n_i \tag{1-4}$$

可见，γ 的物理意义又可表示为在恒温、恒压的封闭体系中，当体系表面积增加单位值时，体系自由能的增量。

如果在推导时只考虑表面部分，则式（1-4）可以写为

$$\gamma = \left(\frac{\partial G^S}{\partial A}\right) T, P, n_i^S \tag{1-5}$$

同理，也可以得到

$$\gamma = \left(\frac{\partial U^S}{\partial A}\right) S^S, V^S, n_i^S \tag{1-6}$$

$$\gamma = \left(\frac{\partial F}{\partial A}\right) T, V^S, n_i^S \tag{1-7}$$

上述公式说明了 γ 与各个热力学函数之间的关系，并且都是 γ 的热力学定义。它们的物理意义为：在指定条件（T、P、n_i）下，液面增加一个单位时，表面部分的各热力学量（U、G、F）的增量。

这里必须注意的是，不应把 γ 理解为表面能，而应当理解为表面过剩自由能，也就是单位表面积上的分子比相同数量的内部分子多出的那部分能量。这一点从以下的推导中可以很清楚地看出来。

在推导体系自由能变化和 γ 的关系时，如果只考虑表面部分，则式（1-3）可写为

$$dG^S = -S^S dT + V^S dP + \sum \mu_i dn_i^S + \gamma dA \qquad (1\text{-}8)$$

在 P、T、γ 恒定的情况下，对上式进行积分，可得到

$$G^S = \sum \mu_i n_i^S + \gamma A \qquad (1\text{-}9)$$

或

$$G^S / A = \sum \mu_i n_i^S / A + \gamma$$

则

$$\gamma = G^S / A - \sum \mu_i n_i^S / A \qquad (1\text{-}10)$$

式中，G^S/A 为体系单位表面的自由能；$\sum \mu_i n_i^S / A$ 为单位表面积上表面分子所具有的和内部分子相同的自由能。

在一般文献中，常称 γ 为表面自由能，但实际上应当理解为表面过剩自由能，这一点应予以注意。

第五节　Gibbs 吸附定理

在水中加入少量的表面活性剂，水的表面张力就会显著下降。这是因为表面活性剂的分子由亲水的极性基团和亲油的非极性基团构成。当它溶于水后，根据极性相似相溶的化学原理，表面活性剂分子的极性端倾向于留在水中，而非极性端倾向于翘出水面或朝向非极性的有机溶剂。每个表面活性剂分子都有这种倾向，这就必然造成表面活性剂的分子倾向于分布在溶液的表面（或界面）上。所以，溶液表面张力下降的程度取决于溶液表面（或界面）吸附的表面活性剂的量，即取决于表面活性剂在表面的浓度。

表面张力随表面活性剂在表面的浓度变化而变化的规律，可以用吉布斯（Gibbs）吸附方程来描述

$$\Gamma = -\frac{C}{RT} \cdot \frac{d\gamma}{dC} \qquad (1\text{-}11)$$

式中，Γ 为表面吸附的表面活性剂的量，单位为 mol/cm^2；C 为溶液的浓度，单位为 M；R 为气体通用常数；T 为热力学温度；$\dfrac{d\gamma}{dC}$ 为表面张力 γ 随溶液浓度 C 的变化率。

一、表面过剩量

在实际体系中，两种不相混溶的液体界面或某一液体的表面并非界限分明的几何平面，

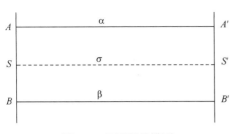

图 1-5　界面相的模型

而是一个界限不十分清楚、有一定厚度（约几个分子厚）的薄层，薄层的组成和性质与处于它两侧的体相不同，因此人们称它为界面相（或表面相）。图 1-5 所示为界面相的模型。

图中 $AA'B'B$ 包围的区域代表界面相。α、β 分别为处于界面两侧的两个体相。如果在 $AA'B'B$ 中划出一个平面 SS'，并理想地把 SS' 视为两个体相的界面，以 σ 表示，则此 σ 面把整个体系的体积分为两个部分：V^{α} 和 V^{β}。若设 V^{α} 和 V^{β} 中的物质浓度都是均匀的，则在整个体系中，组分 i 的摩尔数为

$$n_i = C_i^{\alpha} V^{\alpha} + C_i^{\beta} V^{\beta} \tag{1-12}$$

式中，C_i^{α} 和 C_i^{β} 分别为体相 α 和体相 β 中组分 i 的浓度。至此，读者也许注意到，在计算体系中组分 i 的摩尔数时，所有的数据都来自体相 α 和体相 β 中，而完全忽略了"界面薄层"的存在。因此，这样"理想化"的计算与实际情况是有差别的。用 n_i^s 来代表这个差别，并设实际体系中组分 i 的摩尔数为 n_i°，于是可以得到

$$n_i^s = n_i^{\circ} - n_i = n_i^{\circ} - (C_i^{\alpha} V_i^{\alpha} + C_i^{\beta} V_i^{\beta}) \tag{1-13}$$

在式（1-13）中，n_i^s 的意义得到了更加明了的说明。n_i^s 是在考虑到"界面薄层"的情况下，体系中组分 i 的摩尔数与理想体系中组分 i 的摩尔数之差。很明显，这部分组分 i 的分子被"界面薄层"吸附了，这个差值称为表面（界面）过剩量。如果 σ 面的面积为 A，则单位界面面积上的过剩量为

$$\Gamma_i = \frac{n_i^s}{A} \tag{1-14}$$

单位是 mol/cm^2。

表面过剩量的概念表示，在一定条件下，体系中的某个组分会在"界面薄层"富集，其在"界面薄层"的浓度超过该组分在体系中的浓度。

这种对表面过剩量的处理方法是十分高明的。如果直接从"界面薄层"的厚度入手，将会遇到很多困难，最主要的就是不易精确地测出"界面薄层"的厚度，Gibbs 的这种处理方法不考虑"界面薄层"的体积，视界面为一个二维空间，从根本上解决了这些困难。

二、Gibbs 公式的热力学推导

掌握了表面过剩量的概念之后，就可以推导表面化学中的基本公式——Gibbs 公式，得出体系表面张力和溶质浓度、Γ_i 之间的定量关系。

在一个有表面的体系中，对于一个极小的可逆变化，体系的内能变化 dU 可以写为

$$\begin{aligned} dU &= dU^{\alpha} + dU^{\beta} + dU^s \\ &= TdS^{\alpha} + PdV^{\alpha} + \sum \mu_i dn_i^{\alpha} + TdS^{\beta} + PdV^{\beta} + \sum \mu_i dn_i^{\beta} + TdS^s + \sum \mu_i dn_i^s + \gamma^{dA} \end{aligned} \tag{1-15}$$

式中，上标 α、β、s 分别表示 α 体相、β 体相和表面相。将表面相的内能变化拿出来单独讨论：

$$dU^s = TdS^s + \sum \mu_i dn_i^s + \gamma^{dA} \tag{1-16}$$

在恒温、恒γ、恒组成的情况下，对式（1-16）进行积分，就得到了

$$U^s = TS^s + \sum \mu_i dn_i^s + \gamma^{dA} \qquad (1\text{-}17)$$

如果对式（1-17）进行微分，则可得到

$$dU^s = TdS^s + \sum \mu_i dn_i^s + \gamma^{dA} + S^s dT + \sum n_i^s d\mu_i + AD\gamma \qquad (1\text{-}18)$$

将式（1-16）与式（1-18）进行比较，就可以得到

$$S^s dT + \sum n_i^s d\mu_i + AD\gamma = 0 \qquad (1\text{-}19)$$

若对单位面积进行研究，上式就变为

$$d\gamma = -S^s dT - \sum \Gamma^s d\mu_i \qquad (1\text{-}20)$$

对于处在恒温条件下的二组分体系（包括溶质 1 和溶质 2），上式可写为

$$d\gamma = -\Gamma_1 d\mu_1 - \Gamma_2 d\mu_2 \qquad (1\text{-}21)$$

根据图 1-5 和式（1-13）可知，当 σ 取的位置不同时，Γ_i 也不同。因此，如果不固定 σ 面的位置，就不能确定 Γ_i。通常我们确定 σ 面的办法是：将分界面取在某一个组分的表面过剩量为 0 的位置。具体到二组分体系中，把 σ 面取在溶剂的表面过剩量为 0，即 $\Gamma_i = 0$ 的位置。如图 1-6 所示，使图中所示的面积 a 和面积 b 相等，也就是说，根据体相 α 的浓度 C_i^α 计算体相 α 中溶剂组分的摩尔数，所得到的结果 $C_i^\alpha V_i^\alpha$ 大于体相 α 中溶剂组分的实际摩尔数，再计算体相 β 中溶剂组分的摩尔数，所得结果 $C_i^\beta V_i^\beta$ 小于体相 β 中溶剂组分的实际摩尔数；但是体相 α 中溶剂组分的多余量和体相 β 中溶剂组分的欠缺量恰好相同，再根据式（1-13）计算表面过剩量对所得溶剂表面过剩量 $n_i^s = 0$，于是就把 σ 面取在这个位置。

在确定 σ 面之后，就可以很容易找出（或者说定义出）溶质的表面过剩量了。图 1-6 所示的三角形 $QS'R$ 和 QOP 就表示了溶剂组分的表面过剩量。

通过上述方法确定 σ 面之后，就可以将式（1-21）写为

$$d\gamma = -\Gamma_2^{(1)} dU_2 \qquad (1\text{-}22)$$

式中，$\Gamma_2^{(1)}$ 表示当溶质 1 的表面过剩量 =0 时，每平方米界面上溶质 2 超过体相区中溶质 2 的克分子数。

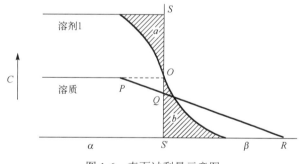

图 1-6　表面过剩量示意图

由式（1-22）可得

$$\Gamma_2^{(1)} = -\frac{d\gamma}{d\mu_2} = -\frac{a}{RT}\frac{d\gamma}{da} \qquad (1\text{-}23)$$

式中，a 为体系中溶质的活度。对于非离子表面活性剂来说，在浓度较低时，其表面吸附量为

$$\Gamma_2^{(1)} = -\frac{C}{RT}\frac{d\gamma}{dC} \qquad (1\text{-}24)$$

这就是著名的 Gibbs 公式。由图 1-1 可以看出，溶剂的表面张力 γ 随表面活性剂浓度的增加而下降，即 $\dfrac{d\gamma}{dC} < 0$，结合式（1-24）可知，表面活性剂分子在体系的表面或界面处的吸附

是不可忽视的。

对于离子表面活性剂，也可应用上述概念，在符合实际的假设条件下，得到相似的结果：

$$\Gamma_2^{(1)} = -\frac{C}{2RT}\frac{\mathrm{d}\gamma}{\mathrm{d}C} \tag{1-25}$$

Gibbs 吸附定理为计算表面活性剂分子（离子）的表面吸附量提供了较为精确的定量计算公式，利用这个公式，可以探讨表面活性剂分子（离子）在溶液表面及溶液内部的存在形式，掌握表面活性剂使溶液表面张力降低的原理。但在使用 Gibbs 公式时要注意，它只适用于浓度比较低的溶液。这一点，从式（1-24）的推导过程中就可以看出来。

三、Gibbs 吸附定理的应用

应用 Gibbs 公式计算出各种浓度下的表面吸附量，可以绘制出等温状态下表面吸附量与溶液浓度的关系曲线（见图 1-7）。

由曲线可以看出，在溶液浓度不高的情况下，Γ 与 C 成正比，$\frac{\mathrm{d}\gamma}{\mathrm{d}C}$ 近似于一个常数。随着溶液浓度的增大，表面吸附量迅速增加，当溶液浓度增大到一定值时，表面吸附量增加极小，最后达到一个极限 Γ_∞，曲线也渐变为一个水平曲线，$\frac{\mathrm{d}\gamma}{\mathrm{d}C} \to 0$。

应用 Γ-C 曲线还可以分析溶液表面膜的状态。

表面活性剂分子倾向于分布在溶液的表面上，并且非极性的碳氢链端突出水面，极性端留在水中，两者定向排列，形成表面膜。此时的表面已不再是原来纯水的表面，而是掺有亲油的表面活性剂分子的表面，由于极性与非极性分子之间相互排斥，水溶液的表面张力便下降了。当溶液浓度较低时，溶液表面的表面活性剂分子较少，分子采取平卧方式[见图 1-8（a）]，碳氢链与液面平行，表面膜的分子密度小。随着溶液浓度的增大，表面张力呈直线下降，为 Γ-C 曲线的直线部分。当溶液的浓度继续增大时，溶液表面的表面活性剂分子数量也随之增多，分子的自由运动受到限制，相互产生作用力，分子的碳氢链不能再处于平卧状态，而变成了斜向竖立状态[见图 1-8（b）]，此时，表面张力的降低不再与溶液浓度保持直线关系，为 Γ-C 曲线的直线向水平线过渡的曲线部分。如果继续增加溶液浓度，则溶液表面完全由表面活性剂分子组成，成为密集的表面活性剂单分子层。每一个分子的碳氢链都呈直立状态，垂直于液面[见图 1-8（c）]。表面膜的浓度已达饱和，完全变成了表面活性剂分子的表面。在这种情况下，若再增加溶液浓度，则单分子层中已没有表面活性剂分子的"容身之地"，表面活性剂分子间只好聚集成胶团，表面张力也不再下降，达到了极限值，为 Γ-C 曲线中的水平部分。

大量的实验结果表明：非离子表面活性剂溶于水以后，溶液的表面张力在浓度低时随溶液浓度的增加而急剧下降，下降到一定程度后，下降速度变得很慢或不再下降[见图 1-9（a）]。以 $\lg C$ 为横坐标，以 γ 为纵坐标，可得到图 1-9（b）所示的 γ-$\lg C$ 曲线。当 $\lg C$ 达到某一值时，表面张力达到最小值。图 1-9（b）中的 E 点是溶液表面张力的转折点，此点之后的溶液表面张力变化很小或不变，继续增加溶液的浓度，非离子表面活性剂分子的碳氢链端朝向溶液内部，亲水极性端朝向溶液外，以保持最稳定的状态，相互缔合形成胶团，如图 1-10 所示。溶液开始出现时的浓度叫作临界胶束浓度（CMC），溶液的表面张力恰好也达到极限值。在图 1-9（b）中，溶液表面张力变化的转折点对应的浓度 C（不是 $\lg C$）为临界胶束浓度。非离子表面活性剂的临界胶束浓度越小，表面活性越好，即用很少的量就可以显著降低溶液的表面张力。

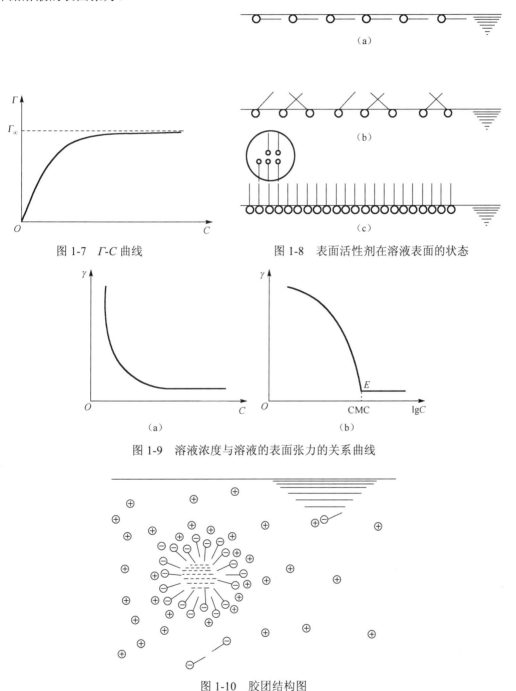

图 1-7　Γ-C 曲线　　　　图 1-8　表面活性剂在溶液表面的状态

图 1-9　溶液浓度与溶液的表面张力的关系曲线

图 1-10　胶团结构图

有了γ随 C 或 lgC 的变化关系后，就可以用 Gibbs 公式计算表面活性剂分子（离子）在溶液表面的吸附量。以非离子表面活性剂或–1 价离子表面活剂为例，根据式（1-24）可得到以下关系：

$$\Gamma_2^{(1)} = \frac{1}{2.303RT}\left(\frac{\partial \gamma}{\partial \lg C}\right)T \qquad (1\text{-}26)$$

如果γ的单位为 dyn/cm 或 erg/cm^2，R 的单位为 8.314×10^7erg/（mol^{-1}·K^{-1}），则$\Gamma_2^{(1)}$的单位就是 mol/cm^2。利用所求得的$\Gamma_2^{(1)}$就可以将表面过剩分子的数目求出来。表面过剩分子的数目近似地等于表面溶质分子的数目。得到这个数据之后，又可以把每个表面分子所占的面积求出来。

$$A = \frac{10^{16}}{N_0 \Gamma_2}$$

式中，N_0 为阿伏加德罗常数；A 的单位为 Å^2。

以一带电的表面活性剂 $C_{12}H_{25}SO_3Na$ 为例，从溶液的表面吸附分子面积的角度来讨论吸附分子在表面的状态。表 1-5 所示为 $C_{12}H_{25}SO_3Na$ 的表面吸附分子面积。

表 1-5 $C_{12}H_{25}SO_3Na$ 的表面吸附分子面积

浓度（M）	1.0×10^{-5}	1.26×10^{-5}	3.2×10^{-5}	5.0×10^{-5}	8.0×10^{-5}
分子面积（Å^2）	47.5	175	100	72	58
浓度（M）	2.0×10^{-4}	4.0×10^{-4}	6.0×10^{-4}	8.0×10^{-4}	
分子面积（Å^2）	45	39	36.5	36	

$C_{12}H_{25}SO_3Na$ 的阴离子 $C_{12}H_{25}SO_3^-$ 是棒状的（见图 1-11），根据结构计算可知，其长度约为 21Å，最大宽度约为 5Å，当表面活性剂溶液的浓度接近 8.0×10^{-4}M 时，分子所占的面积和按照分子"直立"的假设所计算出的分子面积（25Å^2）差别不大，这说明分子在表面上的定量排列这一假设是正确的。当溶液的浓度小于 3.2×10^{-5}M 时，分子可以在表面上"平躺"，根据以上实验分析，可以对表面活性剂分子的表面吸附情况有一个大概了解。

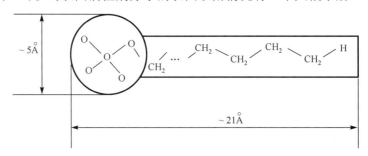

图 1-11　$C_{12}H_{25}SO_3^-$ 的结构示意图

第六节　表面活性剂在液-固界面上的吸附

表面活性剂的分子或离子在液-固界面上的富集称为在液-固界面上的吸附，当表面活性剂分子在液-固界面上发生吸附时，它在界面处的浓度比在溶液中的浓度大得多。这种情况和前文讨论的表面活性剂在溶液表面的吸附情况有相似之处，故在理解表面活性剂在液-固界面上的吸附时，可以借用表面活性剂在液体表面上的吸附模型。下面我们从液-固界面上吸附的特殊性出发，对液-固界面的吸附原理和吸附状态进行简单的讨论。

一、吸附原理

在表面活性剂浓度不大的水溶液中，一般认为表面活性剂在液-固界面上是以单分子层吸附的，并可能以下列方式进行。

① 离子对吸附：表面活性剂分子吸附于具有相反电荷、未被反离子占据的表面上（见图 1-12）。

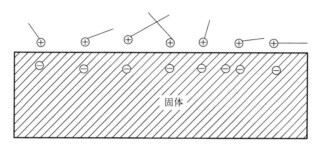

图 1-12　液-固界面上的离子对吸附

处于水溶液中的金属表面大多带负电，所以金属固体能很容易地吸附带正电的表面活性剂离子。

② 氢键吸附：表面活性剂分子或离子与固体表面的极性基团形成氢键，使得表面活性剂分子在液-固界面上发生吸附（见图 1-13）。

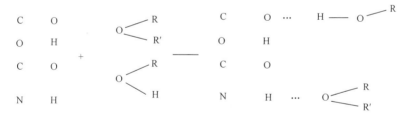

图 1-13　液-固界面上的氢键吸附

非离子表面活性剂比较容易发生这种吸附，如醇类及带有较长碳氧链的非离子表面活性剂。平版印刷中使用的锌铝版经过处理之后，都带有一个亲水盐层或氧化层，这层物质带有很多极性基团，因此润湿液中的表面活性剂有在版面上发生氢键吸附的可能性。

③ London 力吸附：此种吸附总是随着吸附物分子的大小而变化，而且在任何场合都能发生（不管吸附物分子是否带电）。但这种吸附依靠的是分子间十分微弱的引力，因此，这种吸附是不牢固的，而且在许多情况（尤其是当离子表面活性剂在液-固界面上发生吸附时）下不是液-固界面上发生吸附的主要形式。

④ 离子交换吸附：吸附于固体表面的反离子被同极性的表面活性剂离子取代（见图 1-14）。

表面活性剂的离子较大，因而具有较大的 London 力，它可把带同电荷的、较小的吸附离子从液-固界面上替换下来。

固体表面存在的多余价键力也可以使表面活性剂在液-固界面上发生吸附。这几种吸附原理是目前对液-固界面的吸附情况较为流行的解释。因为液-固界面的吸附情况十分复杂，所以从理论上彻底弄清物质在液-固界面上的吸附还存在一定困难。

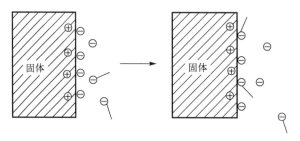

图 1-14　液-固界面上的离子交换吸附

二、吸附状态与界面现象

一般金属固体的表面能比常见液体的表面能大得多，可达几百甚至上千尔格/厘米^2。所以在有固体存在的体系中（包括固气和液固体系），表面活性剂会自发地吸附在液-固或固-气界面上，使得固体体系的界面能量下降。表面活性剂在液-固和固-气界面上的吸附带来了一些奇特的界面现象，下面我们来分析一下这些现象的产生原因。

非离子表面活性剂在液-固界面上的吸附主要靠键力和 London 引力，这种力比静电引力和化学键力要弱得多。因此非离子表面活性剂在液-固界面上只能形成不十分致密的、单层的吸附层。它能够降低表面张力，改善固体和液体之间的润湿性能，这是因为吸附在金属固体表面的表面活性剂分子将高能金属表面降低为碳氢及碳氧高分子表面。

表面活性剂在液-固界面上的双层吸附现象。有些表面活性剂在金属固体和水溶液的界面上可以发生强烈的吸附，如铵类阳离子表面活性剂可以在金属固体表面上发生离子对吸附，这种吸附极其强烈。在同一体系中，如果使用阴离子表面活性剂，则金属固体能被很好地润湿；如果使用阳离子表面活性剂，在浓度较低的情况下，金属固体不润湿，当浓度上升到 $10^{-4}\sim$ 10^{-3}mol/L（稍高于临界胶束浓度）时，金属固体被溶液润湿。这种现象是由铵离子在液-固界面上的强烈吸附引起的。表面活性剂在界面上定向排列，形成了一层疏水性的膜，因此金属固体不能被溶液润湿，这层疏水膜的存在已被实验证明。在浓度提高之后，金属固体被溶液润湿，这是由于界面上发生了表面活性剂离子的双层吸附。具体的实验数据请参阅《表面活性剂物理化学》和《印刷适性》（日本高分子学会印刷适性研究委员会编）。

接触角滞后。在测量液固接触角时，无论用什么方法，都要考虑到测量条件。在做具体的测量工作时，可以在液-固界面扩展之后（液-固界面取代了固-气界面）测量，也可以在液-固界面缩小之后（液-固界面被固-气界面取代）测量。

通过这两种方法测量的结果，前者叫作前进角，用 θ_A 表示；后者叫作后退角，用 θ_B 表示。前进角的数值和后退角的数值往往不等，一般 θ_A 总大于 θ_B，我们把两者的差值（$\theta_A-\theta_B$）叫作接触角的滞后，如图 1-15 所示。

Harbins 通过精心设计的接触角测量实验得出结论：接触角的滞后是样品制备技术不佳或放置于空气中时间过久等原因所致，他测定了水在精心处理过的石墨等固体表面上的接触角，发现 θ_A 和 θ_B 是完全一致的。

造成 θ_A 和 θ_B 不一致的原因是表面不平整、不均匀，或者表面被污染（吸附了灰尘或其他有机杂质及无极性的气体分子），使表面被一层低能疏水物质取代。

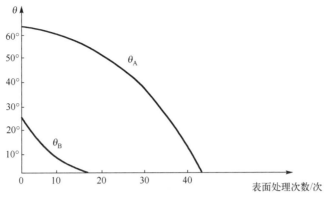

图 1-15 接触角的滞后

综上所述，固体的润湿性能取决于构成固体表面最外层的分子结构的性质和排列情况，与固体的内部结构无关。

第七节 乳状液及其性质

若将两种不相溶的液体（如植物油与水）放在一起搅拌或者振荡，其中一种液体就变成很小的液滴分散于另一种液体中，分散液滴的直径在 $10^{-5} \sim 10^{-3}$ cm 范围内。一般把分散成液滴的液体称为分散相，另一种液体称为连续相。

常见的乳状液体系一般有一相是水或者水溶液，称这一相为水相；另一相是与水不相溶的相，称为有机相或油相。

将分散相是油相、连续相是水的乳状液称为水包油型乳状液，记作 O/W 型，这类乳状液的典型例子是牛奶；将分散相为水相、连续相为油相的乳状液称为油包水型乳状液，记作 W/O 型。在平版印刷中，由润湿液过多造成的传墨辊上及墨斗内的乳化液，多属于 W/O 型。

用肉眼很难辨别乳化液的类型，因此，必须根据乳状液的性质并利用一定的测试手段来辨别其类型。

乳状液的一个重要性质是电导性质，其主要取决于乳状液的连续相，这是因为分散相液滴在连续相中彼此分离。因此，测乳状液的电导实际就是测其连续相的电导。水或水溶液的电导比一般有机物的电导要大许多，所以，如果发现某乳状液的电导极小（通电时，电导信号的指示灯不亮），则可以判断此乳状液为油包水型乳状液；反之，则为水包油型乳状液。

对乳状液类型的辨别方法还有很多，如稀释法、染色法等，这些方法既简便又实用。基础物理化学课中对这些方法已进行了简要介绍，本节不再赘述。

一、乳状液的稳定性

两种纯的、互不相溶的液体不能形成稳定的乳状液。以水和煤油为例，将它们放在一起，经过剧烈的搅拌后，形成暂时的乳状液，但是很快就分成两相。四氯化碳、硝基苯等有机化合物与水混合后，也会马上分相，不能形成稳定的乳状液，主要原因为分散相分散成小液滴，它和连续相的接触面积增大了成百甚至上千倍，体系的自由能 ΔG 也随着接触面积的增大而大大提高了。

$$
\begin{aligned}
\Delta G &= \gamma_{\mathrm{ow}} A - \gamma_{\mathrm{ow}} A_0 \\
&= \gamma_{\mathrm{ow}} (A - A_0) \\
&\approx \gamma_{\mathrm{ow}} A
\end{aligned}
$$

式中，γ_{ow} 是水油界面的张力；A_0 和 A 分别为分散相分散前、后和连续相的接触面积。自由能的提高使体系的不稳定性提高，因此体系会自动地向外释放能量，回到原来的低能状态。

如果在这两相体系中加入少量表面活性剂或某些有表面活性的高分子物质，则两相的界面张力 γ_{ow} 降低，高能的分散体系变为低能的分散体系，从而稳定地存在。以水和煤油体系为例，在没有加表面活性剂时，水油界面的单位界面能为 $40 \mathrm{erg/cm}^2$；加入表面活性剂之后，界面张力可降至 $1 \mathrm{dyn/cm}$ 以下，大大提高了体系的稳定性。

根据 Gibbs 吸附定理，表面活性剂会在乳状液的水油界面上发生吸附并定向排列，形成具有一定强度的界面膜，对分散相的液滴起到保护作用。如果这层膜带电，那么乳状液的稳定性还可进一步提高。因此，有些生产部门使用经过皂化的表面活性剂来提高乳状液的稳定性。

根据上述分析，乳状液的模型便可清楚地呈现在读者的脑海中，它的结构图像留给读者来绘制。

在某些情况下，固体粉末也能充当乳化剂形成稳定的乳状液，如 $CaCO_3$ 粉末、炭黑、硫酸盐及某些金属的氧化物等。当然，只有当固体粉末停留在水油界面上时，它才能起到乳化作用，它们紧密地排列在分散相液滴的周围，形成一层有机械强度的固体保护膜，阻止液滴相互碰撞、聚集。

固体粉末是否能够在水油界面上存在完全取决于固体粉末被油和水润湿的性能。如果固体粉末能完全被水润湿而不能被油润湿，那么它就不会被吸附在水油界面上，而是悬浮于水中；如果固体粉末能完全被油润湿而不被水润湿，那么也只会悬浮于油中；只有当固体粉末既能被水润湿，又能被油润湿，它才会停留在水油界面上。在印刷用的油墨中，颜料是以细小颗粒的形式存在的，其中有不少颜料是能被水润湿又能被油润湿的，如炭黑、硫酸钡等，因此，很多颜料粒子都能充当水和油墨乳状液的乳化剂。

当固体粉末停留在水油界面上时，固体粉末与水、油之间的界面张力和接触角的关系为

$$
\gamma_{\mathrm{so}} - \gamma_{\mathrm{sw}} = \gamma_{\mathrm{ow}} \cos \theta \tag{1-27}
$$

图 1-16 中和式（1-27）中的 θ 为水相方面的接触角。当 $\theta < 90°$ 时，$\cos \theta > 0$，则 $\gamma_{\mathrm{so}} > \gamma_{\mathrm{sw}}$，大部分固体粉末在水相中，易形成 O/W 型乳状液；当 $\theta > 90°$ 时，$\cos \theta < 0$，则 $\gamma_{\mathrm{so}} < \gamma_{\mathrm{sw}}$，大部分固体粉末在油相，易形成 W/O 型乳状液；当 $\theta = 90°$ 时，$\cos \theta = 0$ 固体粉末恰好一半在水相中，一半在油相中，可能形成 W/O 型乳状液，也可能形成 O/W 型乳状液。

根据上述原理，人们对水−煤油（或苯）体系做了研究，证明铁、铜、镍、锌、铝等金属的碱式硫酸盐及氢氧化铁、二氧化硅等粉末易被水润湿，又能被油润湿形成较稳定的 O/W 型乳状液。炭黑、松香等粉末易被油润湿，又能被水润湿形成较稳定的 W/O 型乳状液。大量的研究工作发现，乳状液实际形成的结构和上述理论分析是相符的。

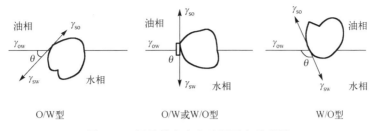

图 1-16　固体粉末在水油界面上的吸附

二、印刷过程的水墨乳化类型

分析水、墨在胶印机上的传递过程可知，油墨的乳化是不可避免的，即有可能生成 O/W 型乳状液或 W/O 型乳状液。O/W 型乳状液对胶印印刷品的质量及胶印生产的正常进行危害极大，它会使印刷品的非图文部分全部起脏，发生水冲现象，并会使墨辊脱墨，油墨无法传递。近年来，胶印采用了树脂型油墨，抗水性能增强，油墨化水现象很少出现，O/W 型乳化油墨不容易生成，主要生成 W/O 型乳化油墨。轻微的 W/O 型乳化油墨有利于油墨向纸张转移（下文中提到的乳化油墨均指 W/O 型），但严重的乳化油墨黏度急剧下降，墨丝变短，油墨转移性能变差。同时，浸入油墨的润湿液还会腐蚀金属墨辊，在墨辊表面形成亲水层，从而排斥油墨，造成金属墨辊脱墨。

有人曾对胶印机的油墨含水量进行了测试，发现大多数胶印机印版的油墨含水量至少要达到 15%。

图 1-17 所示为三种油墨的含水量曲线。曲线 A 代表的油墨几乎是排水的，传递油墨性能很差，不能用于印刷；曲线 C 代表的油墨含水量太高，乳化严重，油墨的墨丝短，很难从印刷机的墨斗中传出，也不适合用于印刷；只有曲线 B 代表的油墨能使印刷顺利进行。实验测得，当曲线 B 代表的油墨含水量达到 26%（100g油墨中含 26g 水）时，印刷品的质量最好。用高倍率的电子显微镜观察到分散在油墨中的水珠直径为 0.76μm，形成的是 W/O 型乳化油墨。

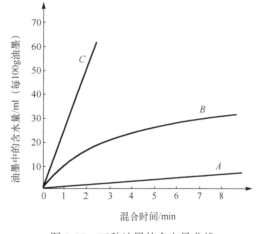

图 1-17　三种油墨的含水量曲线

按照相体积理论，若分散相液滴是大小均匀的圆球，则可计算出最密堆积时，分散相液滴的体积占总体积的 74.02%，其余的 25.98%应为分散介质。若分散相液滴的体积大于74.02%，则乳状液会被破坏或变型。当水相体积占总体积的 26%～74%时，O/W 型或 W/O型乳状液均有可能形成；若小于 26%，则只能形成 W/O 型乳状液；若大于 74%，则只能形成 O/W 型乳状液。

复习思考题一

1．什么是表面活性？表面活性物质具有什么样的性质？
2．什么是表面活性剂？表面活性剂分为几类？润湿液中为什么要选用非离子表面活性剂？

3．阿拉伯酸的分子结构式如图 1-18 所示，试回答：阿拉伯酸是表面活性剂吗？说明理由。

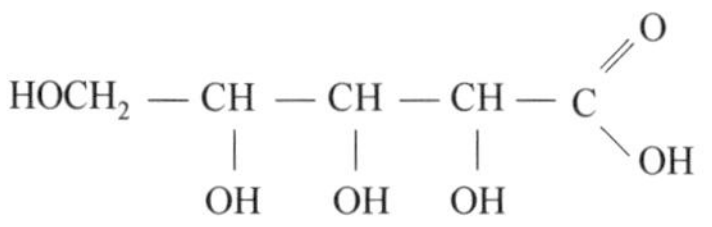

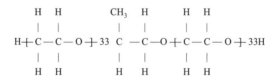

图 1-18 阿拉伯酸的分子结构式

4．Gibbs 吸附定理反映了什么？它为什么较精确？

5．应用 Γ-C 曲线，试分析溶液表面膜的状态。

6．用质量百分数法计算表面活性剂月桂醇聚氧乙烯醚 $C_{12}H_{25}O(C_2H_4O)_{10}H$ 的 HLB 值。并根据它的 HLB 值，说明它的用途。

7．什么是表面活性剂的临界胶束浓度？它和溶液的表面张力有什么关系？

8．表面活性剂在液-固界面上的吸附原理是什么？单分子层吸附有哪几种方式？

9．乳状液有几种类型？如何区分？胶印中通常以哪种形式发生乳化？

10．加入到润湿液中的非离子表面活性剂应符合哪些基本要求？试以非离子表面活性剂 2080 为例进行说明。

11．非离子表面活性剂润湿液有什么优点？使用非离子表面活性剂润湿液时，应注意哪些问题？

12．非离子表面活性剂 2080 的分子结构式如图 1-19 所示。试根据格里芬定律说明其亲水与亲油的性能。

$$H \!-\!\!\left[\!\!\begin{array}{cc} H & H \\ | & | \\ C\!-\!C\!-\!O \\ | & | \\ H & H \end{array}\!\!\right]_{33} \!\!\!\begin{array}{c} CH_3 \\ | \\ C \\ | \\ H \end{array}\!\!\left[\!\!\begin{array}{cc} H \\ | \\ -C\!-\!O \\ | \\ H \end{array}\!\!\right]\!\!\left[\!\!\begin{array}{cc} H & H \\ | & | \\ C\!-\!C\!-\!O \\ | & | \\ H & H \end{array}\!\!\right]_{33} \!\!\!H$$

图 1-19 非离子表面活性剂 2080 的分子结构式

13．试分析油墨在墨辊上附着的条件。

14．举例说明如何保护橡皮布和墨辊的润湿性。你认为橡皮布和墨辊的清洗剂应该具备哪些条件？到生产现场考察清洗剂的使用情况，分析其中一种的优缺点。

第二章 润湿与水墨平衡

内容提要

胶印印版上的图文和非图文部分处于同一平面，几乎没有高低之差。印刷过程中，必须利用油水相斥原理，先使印版着水，非图文部分便形成斥油墨的水膜，再使印版着墨，图文部分附着墨膜，在滚压力的作用下，由中间橡皮滚筒完成油墨的转移。水指的是用某些化学药品调制的润湿液。润湿液的应用使胶印工艺变得复杂、不易把握，胶印过程中的某些故障与润湿液有直接关系。本章首先介绍了印版的表面状况和润版原理，在润版原理中重点讲述了印版对水墨的选择性吸附机理；然后讲述了胶印水墨平衡中的静态和动态水墨平衡及润湿液润湿印版非图文部分的基本原理，对印版润湿液各种成分的作用进行了分析；最后讲述了如何正确使用润湿液，提高胶印印刷品的质量。

基本要求

1. 正确理解润湿和水墨平衡的概念。
2. 了解润湿方程在胶印中的应用。
3. 掌握润湿液各种成分的作用，掌握 PS 版润湿液的特点。
4. 了解润湿液的 pH 值对印刷品质量的影响。

胶印（平版印刷）是利用水和油互不相溶的原理，在同一印版上构成图文及非图文部分，对印版既供油墨又供水，通过版面图文部分有选择地吸油墨抗水，而非图文部分吸水抗油墨来进行印刷的。由于在印版和纸张之间增加了一个包着橡皮布的中间滚筒，间接地将印版滚筒表面的印迹印刷到压印滚筒上的纸张上，因此得名"胶印"。因为胶印印版的图文部分和非图文部分处于同一平面（只有 $5\sim8\mu m$ 的差别），所以印版的非图文部分、图文部分对水和油墨的吸附必须有极强的选择性，才能保证图文部分的油墨和非图文部分的水互不侵犯。下面我们就从印版的表面状况及油水相斥的原理入手，对胶印水墨平衡进行分析。

第一节 印版的表面状况

国内的各个印刷厂使用的胶印印版，其版基大多是铝版和锌版，其他类型的版基较少。为了满足胶印的需要，在制成印版前要对版基进行一系列物理、化学处理，使其表面形成砂目和亲水盐层或氧化层，改善印版表面的物理化学性能和润湿性能，为建立稳定的图文部分和非图文部分打下良好的基础。本节着重讨论经过处理的锌版和铝版的表面状况。

一、锌版的表面状况

锌版经过球磨之后，表面形成了细细的砂目，除去了原来附着在锌版表面的白色氧化层（$ZnCO_3 \cdot 3Zn(OH)_2$），而且使得锌版的表面积增大了许多，由于锌是很活泼的两性金属，对酸和碱的耐受能力都很差，而且纯金属锌的表面润湿性能不能满足胶印的技术要求，所以仅仅经过球磨的锌版还不适合用于制作印版。因此，在制版的最后一道工序，要进行印版"后腐蚀"，在锌版的非图文表面上建立一个亲水盐层。这个亲水盐层的主要成分是磷酸锌 $Zn_3(PO_4)_2$ 和氧化铬 Cr_2O_3，其有一定的机械强度，能减少外来压力造成的磨损，而且 $Zn_3(PO_4)_2$ 有亲水且不溶于水的性质，在弱酸性介质中有较高的稳定性。在印刷过程中，润湿液在这个亲水盐层上较易铺展，形成抗油墨的薄水层。在印版的图文部分，亲油基团和锌版之间形成化学吸附，亲油基团中的脂肪酸经过较长时间的渗透，到达了版面，和锌发生反应：

$$Zn + 2C_{17}H_{35}COOH \longrightarrow Zn(C_{17}H_{35}COO)_2 + H_2\uparrow$$

从而牢固地吸附在锌版上，形成稳定的图文部分，由于图文部分的感脂层具有很强的亲油性，对水的润湿性能很差，阻止水向图文部分的扩展，为水和油墨在同一版面上的平衡创造了必要的条件。

二、铝版的表面状况

经过研磨或阳极氧化等处理之后的铝版，版面上也有一层细细的砂目，这层砂目使得铝版的表面积增大了许多，同时由于砂目有一定的深度，故在毛细作用下，版面对附着于其表面的液体有着极大的甚至过于强烈的吸附力，相对减弱了版面对液体吸附的选择性，在进行后续加工之前要对版面进行封孔处理。一般封孔处理采用硅酸钠稀溶液，在加热情况下进行封孔。硅酸钠的酸性很弱，在溶液中会发生强烈的水解，形成不溶于水的二硅酸钠 $Na_2Si_2O_5 \cdot H_2O$，从而将版面的一部分微孔堵住。还有人认为铝版的封孔是由于铝的氧化。铝的水合作用使表面的三氧化二铝生成结晶，即 $Al_2O_3 \xrightarrow[80\,℃\sim90\,℃]{H_2O} Al_2O_3 \cdot nH_2O$，增大体积把微孔堵住。总之，封孔的作用是适当降低表面的孔隙率，降低表面能。

经过封孔之后的铝版表面形成了一个质地坚硬、有一定亲水性的 Al_2O_3 和 $Al_2O_3 \cdot nH_2O$ 薄层，其表面能也得到了适当的降低，更适合于后续加工。

制作完成的铝版非图文部分形成了这个有亲水性的 Al_2O_3 和 $Al_2O_3 \cdot nH_2O$ 的薄层，虽然它的机械强度很高，但是对酸和碱的耐受能力却很差。因此润湿液的酸性或碱性都不宜过高，同时，制好的铝版也不宜存放在有酸雾的车间内，以免亲水层的结构被破坏。

三、印版的亲油基

锌版的亲油基主要是蜡克。国内工厂使用的蜡克配方一般包括硝基清漆、酚醛树脂、虫胶、乙醇、异丙醇及各种酯类和醛类化合物。这些物质中有很多是表面活性物质，因此蜡克的表面张力不高，与油墨的表面张力差不多，比水的表面张力略低。蜡克配方中的各种物质基本上都带有极性基团，当把蜡克涂到版基上时，带有极性基团的分子会渗透到金属表面，在金属表面上形成化学吸附，从而牢固地附着在版基之上，形成稳定的亲油基。

PS版的亲油基主要是硬化了的感光树脂层，一般配方中包括感光剂、酚醛树脂、醇类和醚类，有些配方中还有环氧树脂。这层硬化了的感光树脂层的表面物化性质与蜡克相似，具有亲油疏水的作用，油墨很容易在其上铺展，而水却很难铺展。

印版亲水基和亲油基在性质上的相互对立使水和油墨在它们表面上的润湿行为截然相反，正是由于水和油墨在印版图文和非图文部分的润湿行为截然相反，才使得水和油墨在同一平面上的平衡得以实现。

第二节　润　版　原　理

一、水分子是极性分子

水分子由氢原子和氧原子组成，水分子中的氢原子和氧原子之间通过共用电子对形成化学键。但是，由于氢、氧原子的原子核对电子的引力不同，因此电子对偏向氧原子一端，电荷分布不均衡，氧原子一端的负电性强一些，氢原子一端的正电性强一些，从而产生了正、负两极。由杂化轨道理论可知，氧原子的最外层电子结构为 $\uparrow\downarrow$、$\uparrow\downarrow$ $\uparrow$ $\downarrow$ $2S^2$　　$2P^4$；氢原子的最外层电子结构为 $\uparrow$ $_{1g}$。氧原子两个未成对的 P 电子云方向互相垂直，按照共价键形成的方向性条件，两个 O—H 键形成一个 $104°40'$ 的夹角，两个极性键不对称，从而使水分子显示出很强的极性，故水分子属于极性分子。

在极性分子中，分子由正、负电荷形成偶极，分子极性的强弱通常用偶极矩来衡量。偶极矩越大，分子的极性越强，非极性分子的偶极矩等于零。

由于不同分子之间静电引力的作用，极性很强的水分子对极性物质具有亲和力；同样，具有极性结构的物质对水分子也有亲和力。亲和力的大小是由两物质的极性强弱来决定的。物质对水分子亲和力的强弱在印刷术语中称为该物质的亲水性大小。

水分子是极重要的极性分子，很容易与其他极性分子或离子型分子相互吸引，因而它们大部分能溶于水（见图 2-1、图 2-2）。因此水是最常用的极性溶剂。

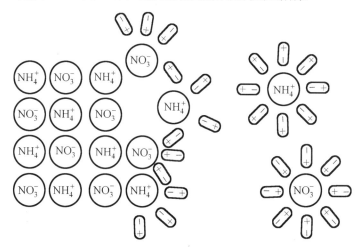

图 2-1　离子化合物 NH_4NO_3 在水中的情况

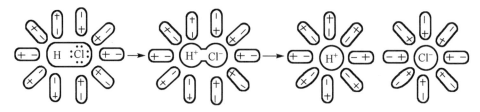

图 2-2　强极性分子 HCl 在水中的情况

二、油基本上是非极性分子

某些化合物中不是整个分子具有极性，而是包含在分子中的个别原子团有极性，如羟基—OH₂、羧基—COOH、氨基—NH₂。

含有极性基团的有机化合物（醇、羧酸、氨基酸等）分子具有双重性质，分子的一部分是非极性的，而另一部分则是极性的，如各种饱和烃类的有机物质。它们的分子结构是对称的，质点电荷的分布是均匀的，其偶极矩都等于零，化学性能极为稳定，它们对极性分子没有亲和力，因而称它们为憎水性物质。

当物质中引入羟基（—OH）及羧基（—COOH）等极性基团时，此类物质就有了亲水的可能，其亲水性的大小取决于碳链的长度、双键数及温度等。

油在胶印油墨中指的是连接料，是油墨的主要成分之一，连接料分为干性植物油和合成树脂两类。

干性植物油的主要成分是甘油三酸酯，其分子结构式可表示为

$$\begin{aligned}&CH_2-O-C\overset{O}{\underset{R_1}{\diagdown}}\\&\quad\;|\\&CH-O-C\overset{O}{\underset{R_2}{\diagdown}}\\&\quad\;|\\&CH_2-O-C\overset{O}{\underset{R_3}{\diagdown}}\end{aligned}$$

其中，R_1—、R_2—、R_3—可以相同，也可以不同，一般油脂的主要成分是混合酯。例如，亚麻油酸 $CH_3(CH_2)_4CH = CHCH_2CH = CHCH_2CH = CH(CH_2)_4COOH$、亚油酸 $CH_3(CH_2)_4CH = CHCH_2CH = CH(CH_2)_7COOH$。

从甘油三酸酯的分子结构式可以看出，其分子具有两部分互相联系又互相矛盾的基团。一部分是非极性基团（碳氢键部分 R_1—、R_2—和 R_3—），为憎水基团；另一部分是极性基团（羧基—COOH），为亲水基团。在甘油三酸酯分子中，R_3—、R_2—、R_1—都是含有十七个碳原子以上的碳氢键部分，碳链非常长，故憎水基团为主要部分，处于支配地位，而亲水基团只能起到极微弱的作用，甚至不起作用，因此，对甘油三酸酯分子来说，非极性键是主要的，它表现出的性质也证明它是极性非常微弱的分子。

胶印油墨中的合成树脂主要是甘油松香改性酚醛树脂，其分子结构式可表示为

其中，代表松香酸，即

P 代表二醇的酚化合物，即

从甘油松香改性酚醛树脂的分子结构式中可以看出，碳链部分是主要部分，即憎水基团起主导作用，因此它显示出非极性分子的性质，合成树脂属于非极性分子。

三、油和水几乎是不相溶的

溶解是一个很复杂的过程，但遵循一个规律，即相似的溶解相似的。

根据上述规律，水是一种极性较强的液体，因此它容易溶解极性强的物质，而油（甘油三酸酯、甘油松香改性酚醛树脂等）是有机物质，极性很弱或者完全无极性，属于非极性分子，所以它们不溶于极性较强的水，这就是油和水不相溶的根本原因，也是胶印中油和水能够存在于同一印版上的根据。

如果在油和水组成的体系中，加入第三种物质，如肥皂、阿拉伯胶等，则经过搅拌或振荡后，油和水就互相溶解了，形成稳定的分散体系。这一事实表明，油和水不相溶是有条件的，而在一定条件下，油和水是可以互相溶解的，这一现象在胶印过程中是经常发生的。例如，印版在高速的相互挤压运转过程中，由于机械压力在油和水组成的体系中发生作用，因此墨层表面并不是绝对无"水"，水层表面也并不是绝对无"墨"。又如，当水和油墨的用量不匹配时，就会阻挠油墨的正常传输或者使非图文部分滞留墨脏，严重时甚至使生产无法进行。胶印中使用的"水"并不是单纯的水，而是由不少无机物质和亲水胶体构成的亲水胶体体系。油墨中除连接料外，还含有颜料、填充料、催干剂等物质，形成了憎水胶体体系。所以，胶印中油墨和水的关系，已经不是单纯的油和水的相互关系，而是亲水胶体体系和憎水胶体体系的相互关系。在这种复杂的体系中，有很多组分可能起乳化作用，同时机械压力会促进油和水的乳化，故在一定条件下，油和水会有一定程度的混合，这就决定了生产过程中的乳化现象或多或少地始终存在着。乳化对生产的危害是多方面的，只有充分了解并合理地应用水和油不相溶的规律，从工艺技术上满足下列各项基本要求，才能保证生产的正常进行。

（1）严格地掌握水和油的用量，使用最少的水分。

（2）尽量避免因"油和水互相排斥"而影响油墨和水正常传输的现象出现。

（3）保持印版表面各部分对水或油墨的排斥。

（4）最大限度地减少油墨的乳化。

四、选择性吸附

印版的表面由亲水基（亲水性的金属盐层及金属氧化物层）和亲油基（感脂层）构成，它们将整个印版分成了两类表面区域。水和油墨在这两类区域上能发生选择性吸附，使得印版图文部分被油墨占据，非图文部分被水占据，从而将印版图文部分的图像转移到纸张上。但是水、油墨在亲水基及亲油基上的选择性吸附是有条件的，在实际生产中，只有满足了这个条件，才能使印版表面的水和油墨互不侵犯，从而印出高质量的印刷品。在开机之前或者换印版之后，都要先用润湿液擦一下版面，这道准备工序实际上就是为了满足这个条件。下面我们从理论上对印版亲水基的选择性吸附条件加以分析。

如果按照固体的表面能对固体表面进行分类的话，金属固体表面及一般无机物表面的表面能都大于 $100erg/cm^2$，我们称这些表面（表面能>$100erg/cm^2$）为高能表面。一般有机物表面、高分子物质表面的表面能都小于 $100erg/cm^2$。我们称这些表面（表面能<$100erg/cm^2$）为低能表面。印版的亲水表面是由金属盐层或金属氧化层构成的（锌版的亲水表面由 $Zn_3(PO_4)_2$ 构成，铝版的亲水表面由 Al_2O_3 和 $Al_2O_3 \cdot nH_2O$ 构成），这个表面属于高能表面。据一些技术资料显示，$Zn_3(PO_4)_2$ 的表面能高达 $900erg/cm^2$，Al_2O_3 的表面能高达 $700erg/cm^2$。而印版的亲油表面由蜡克及硬化了的感光树脂层构成，这个表面属于低能表面，其表面能为 $30\sim40erg/cm^2$。

我们使用的油墨表面张力一般为 $30\sim36dyn/cm$，润湿液的表面张力为 $40\sim70dyn/cm$（由于润湿液中添加剂的种类和浓度不同，所以润湿液的表面张力也大小不等）。从这些数据可以看出，油墨可以在印版的亲油表面上吸附且铺展，但是水不能在亲油表面上铺展。油墨在亲油表面上铺展可导致体系能量的下降，即 $\gamma_o - \gamma_s \leq 0$（$\gamma_s$ 是印版亲油表面的表面张力，γ_o 是油墨的表面张力），这是一个自发的过程。但如果水在亲油表面上铺展，体系能量必然会增加，即 $\gamma_s - \gamma_o > 0$，这是一个非自发过程，因此印版的图文部分对水和油墨的吸附是有选择的，水在图文部分基本不润湿。

印版非图文部分的情况就大不一样了。非图文部分的表面能比水和油墨的表面张力大十几倍，因此从能量数据上分析，非图文部分可以同时吸附水和油墨。这样，非图文部分对水和油墨的吸附就失去了选择性。为了解决这个问题，我们总是在印版上墨之前先擦一层水，待水铺满整个非图文部分之后再上墨，情况就会好得多，因为这时金属盐层表面已被润湿液表面所替代，油墨在这样一个低能表面上不易吸附。从表面上看，水的表面张力为 $40\sim70dyn/cm$，油墨的表面张力为 $30\sim36dyn/cm$。根据这两个数据可知，油墨在水上似乎仍能吸附并铺展，但这样考虑问题时，我们把水墨的界面张力忽略了。如果将水墨的界面张力也考虑在内，我们可以计算出，油墨是不能在水的表面铺展的，而且现在各印刷厂所使用的润湿液多半都加有表面活性物质，故水的表面张力较低，这就在更大程度上阻止了油墨在水表面上的吸附和铺展。

采用先上水后上墨的工艺解决了印版非图文部分对水和油墨的选择性吸附问题，生产便可以在这个基础上顺利地进行了。

第三节　润湿方程与铺展系数

一、润湿

液体对固体表面的润湿作用是界面现象的一个重要方面，它主要研究液体对固体表面的亲合状况。日常生活中常会碰到这样的现象，水能润湿干净的玻璃，但不能润湿石蜡，水银放在玻璃上，不会自动铺开，而是聚集成球状。就普遍意义而言，润湿过程就是相界面上一种流体被另一种流体所取代的过程。因此，润湿过程必然会涉及三个相，而其中至少有两相是流体。一般的润湿是指固体表面上的气体被液体取代，水或者水溶液是最常见的取代气体的液体，因此它也是讨论的主要对象。

润湿作用和印刷生产有着紧密的关系，为了有效地控制生产过程，必须了解和掌握润湿作用的机理和润湿过程的控制方法。

二、接触角与杨氏方程的应用

衡量润湿程度的参数是接触角 θ。接触角指气-液界面和液-固界面（或液-液界面）在三相接点 O 处的切线夹角。

接触角越小，润湿的程度就越大。一般以 90° 为分界：$\theta < 90°$ 时为能润湿，$\theta = 0°$ 时为完全润湿或者铺开，$\theta = 90°$ 时为不润湿，$\theta = 120°$ 时为完全不润湿。

T·young 从三相接点处张力平衡的概念出发，于 1805 年提出了一个定性的关系式，以描述润湿的程度（见图 2-3），后期人们又对这个方程进行了严格的热力学证明，T·young 认为三相接点处存在着三个界面张力，根据它们的平衡关系可得

$$\gamma_{SG} = \gamma_{SL} + \gamma_{LG}\cos\theta \tag{2-1}$$

式中，γ_{SG} 为固-气界面的张力；γ_{SL} 为液-固界面的张力；γ_{LG} 为液-气界面的张力。此式称为杨氏方程。

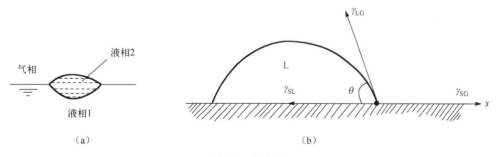

图 2-3　接触角

如果知道各个界面张力，就可以根据式（2-1）来判断各个体系的润湿程度了。

当 $\gamma_{SG} - \gamma_{SL} < 0$ 时，$\cos\theta < 0$，即 $\theta > 90°$，固体表面不能被润湿。从能量关系分析，也可以得到同样的结论，由于 $\gamma_{SG} < \gamma_{SL}$，如果固-气界面被液-气界面取代，将会引起界面能增加，因

此这个过程是非自发过程。当 $\gamma_{SG}-\gamma_{SL} > 0$ 时，$\cos\theta > 0$，即 $\theta < 90°$，这时固体表面能被润湿。若 γ_{SG} 继续增大，则 θ 会越来越小，当 γ_{SG} 大到足以使 $\theta < 0°$［θ 指根据式（2-1）计算出来的值］时，三个张力就失去了平衡，杨氏方程就不再适用了，这时液体将在固体表面上完全铺展。由以上分析可以看出，杨氏方程在其适用范围（$\theta \geqslant 0°$）内可以很直观地对固体表面的润湿情况做定性的分析。

三、润湿过程与铺展系数

在掌握了杨氏方程之后，还不能对润湿过程进行定量计算。杨氏方程虽然很形象地描述了各个界面的张力和接触角之间的关系，但由于 γ_{SG} 和 γ_{SL} 的数据难以求得，所以无法对润湿过程进行定量计算。为了达到定量计算润湿过程的目的，还要深入了解润湿过程。

润湿过程可以分为三类，即沾湿、浸湿和铺展，它们在不同的实际问题中起着不同的作用，下面分别就各个过程的本质及进行条件开展讨论。

（1）沾湿：沾湿是指液体和固体接触，使液-气界面和气-固界面变为液-固界面的过程，如图 2-4 所示，假设固体和液体的接触面积为单位值，则此过程中体系的自由能变化（自由能降低值）为

$$-\Delta G = \gamma_{SG} + \gamma_{LG} - \gamma_{SL} = W_a \tag{2-2}$$

式中，W_a 为粘附功，这是沾湿过程中体系对外界所做的最大功，也是将固体和液体自交界处拉开时外界所需做的最小功。显然，这个值越大，液-固界面结合得就越牢固。因此，W_a 是两相分子之间互相作用力的表征。

图 2-4　沾湿的示意图

若将图 2-4 中的固体换成具有同样面积的同种液体，就可得到另一个有用的参数，根据式（2-2）可得

$$\gamma_{LG} + \gamma_{LG} - 0 = 2\gamma_{LG} = W_c \tag{2-3}$$

式中，W_c 为内聚功。它反映了液体自身结合的牢固程度，是液体分子之间互相作用力的表征。

根据热力学第二定律，在恒温恒压条件下，$W_a \geqslant 0$ 的过程是自发过程。因此，$W_a \geqslant 0$ 是恒温恒压条件下，沾湿能够发生的条件。

在印刷生产中，润湿液会不会附着在印版亲油基上而阻碍油墨的传递、油墨会不会附着在印版亲水基上造成粘脏，这些都是沾湿问题。

（2）浸湿：浸湿过程是指将固体浸入液体中的过程，这个过程的实质是气-固界面被液-固界面取代。液体的表面在此过程中无变化。如图 2-5 所示，假设浸湿的面积是单位值，此过程中体系的自由能降低值为

$$\gamma_{SG} - \gamma_{SL} = W_i \tag{2-4}$$

式中，W_i 为浸湿功，它反映了液体在固体表面上取代气体的能力。$W_i \geq 0$ 是恒温恒压条件下发生浸湿的条件。

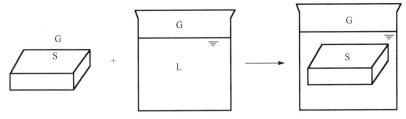

图 2-5 浸湿的示意图

（3）铺展：铺展过程实际上是液-固界面代替气-固界面的同时，液-气界面也发生扩展，如图 2-6 所示。当铺展面积为单位值时，体系的自由能降低值为

$$\gamma_{SG}-(\gamma_{SL}+\gamma_{LG}) = S \qquad (2\text{-}5)$$

式中，S 为铺展系数，在恒温恒压条件下，若 $S \geq 0$，则液体可以在固体表面自动铺展开，而且只要液体的量充足，液体将会不断地在固体表面上取代气体，最终铺满整个固体表面。

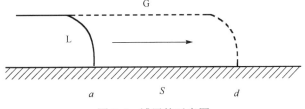

图 2-6 铺展的示意图

在胶印生产中，为了使产品不粘脏，我们希望润湿液在印刷的非图文部分铺展，形成一层水膜，以防油墨污染非图文部分。

应用粘附功和内聚功的概念，可以从另一个方面了解铺展系数的含义：

$$\begin{aligned} S &= \gamma_{SG} - (\gamma_{SL} + \gamma_{LG}) \\ &= \gamma_{SG} - \gamma_{SL} + \gamma_{LG} - 2\gamma_{LG} \\ &= W_a - W_c \end{aligned} \qquad (2\text{-}6)$$

若分子的粘附功大于或等于内聚功，即 $W_a \geq W_c$，固、液相分子之间的亲和力大于液体分子的内聚力，液体会自动在固体表面铺展，即 $S \geq 0$。

综上所述，三类润湿过程发生的条件分别为

$$\text{沾湿：} W_a = \gamma_{SG} - \gamma_{SL} + \gamma_{LG} \geq 0$$

$$\text{浸湿：} W_i = \gamma_{SG} - \gamma_{SL} \geq 0$$

$$\text{铺展：} S = \gamma_{SG} - \gamma_{SL} - \gamma_{LG} \geq 0$$

四、润湿方程

运用物理化学的理论对不同的润湿过程进行研究，可得到以上三个式子，这三个式子可以对三类润湿过程做出令人满意的定性说明。但如果要对某一体系进行定量研究，以上三式就不能圆满地解决问题了，因为式中的量 γ_{SG} 和 γ_{SL} 不易测得。为了能使这三个式子应

用于定量研究，可将杨氏方程代入这三个式子，消去不能直接测量的量，代入后得到的三个新式子为

能量判据　　　　　　　　　　　　接触角判据

沾湿：$W_a = \gamma_{LG}(1+\cos\theta) \geqslant 0$　　　　$\theta \leqslant 180°$

浸湿：$W_i = \gamma_{LG}\cos\theta \geqslant 0$　　　　　　$\theta \leqslant 90°$

铺展：$S = \gamma_{LG}(\cos\theta - 1) \geqslant 0$　　　　$\theta \leqslant 0°$（或不存在）

这三个式子称为润湿方程，它是定量研究体系润湿过程的理论工具。

五、界面张力的理论及计算方法简介

在平版印刷中，不仅希望知道水和油墨的表面张力，还希望知道水和油墨接触时的界面张力。通过界面张力的数据，可以摸索出控制油墨乳化的方法。

两种不相溶的液体在接触时，即产生液-液界面，界面张力和两种液体表面张力存在着以下关系：

$$\gamma_{AB} = \gamma_A + \gamma_B - 2\gamma_A^L \gamma_B \tag{2-7}$$

式中，γ_{AB} 为两不相溶液体的界面张力；γ_A、γ_B 分别为两种液体的表面张力。如果物质 A 为水，极性的水的表面张力可分解为

$$\gamma_A = \gamma_A^h + \gamma_A^L$$

式中，h 代表氢键力；L 代表 London 力。非极性的饱和碳氢化合物不存在氢键，故

$$\gamma_B = \gamma_B^L$$

在水和饱和碳氢化合物的界面上，这两种分子的吸引力是 London 力中的色散力，故表面张力和界面张力之间的关系为式（2-7）所示的关系。

将这个关系推广到液-固界面，也是有意义的。

六、接触角的测量方法简介

（1）角度测量法。一种应用较广的角度测量法的原理是观测界面处液滴或气泡（通过照相放大的方法或直接观测的方法），在交界点处作切线，再用量角器测量，从而得到接触角的数据，如图 2-7 所示。规模较大的研究所有专用的接触角测量仪，用接触角测量仪可以准确地测出接触角，提高工作效率。

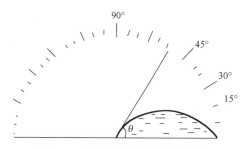

图 2-7　用角度测量法测量接触角

另一种角度测量法是斜板法，如图 2-8 所示。其原理：无论固体板与液面成何角度插入水中，只要固体板和液面的夹角恰好等于接触角，液面就一直延伸到相交界点处，而不发生弯曲。斜板法有效地避免了作切线带来的困难和误差，提高了测量精度，但它的突出缺点是液体的用量很大。

（2）长度测量法。长度测量法 A：在一光滑、均匀的水平固体表面上放上一滴小液滴，用照相放大的方法求出其高 h 及宽 2r，利用 r 和 h 的比例关系，根据下式求得接触角 θ，如图 2-9（a）所示。

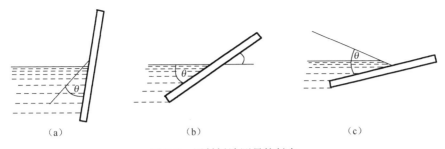

图 2-8　用斜板法测量接触角

$$\sin\theta = \frac{2hr}{(h^2 + r^2)} \qquad (2\text{-}8)$$

或

$$\tan\frac{\theta}{2} = \frac{h}{r} \qquad (2\text{-}9)$$

　　用这种方法测量 θ 时要注意，液滴不能过大、过重（一般体积为 10^{-4}ml），因为这种方法是建立在无重力影响的假设条件下的。

　　长度测量法 B：将一表面光滑、均匀的固体薄片垂直插入待测液体中，如图 2-9（b）所示，液体沿固体薄片上升的高度 h 和接触角 θ 之间有以下关系：

$$\sin\theta = 1 - ph^2\text{g}/2\gamma_{LG} \qquad (2\text{-}10)$$

式中，p 为液体的密度。

　　因此，只要测出液体沿固体薄片上升的高度 h，我们就可以利用上式求出接触角 θ。

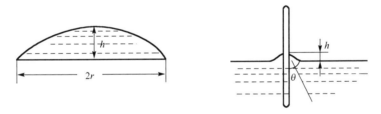

（a）长度测量法A的示意图　　　　　　（b）长度测量法B的示意图

图 2-9　长度测量法的示意图

　　其他测量方法本书不再一一介绍，请参阅《表面物理化学》。

第四节　胶印水墨平衡

　　胶印中使用润湿液的目的有以下几点。

　　第一，在印版的非图文部分形成排斥油墨的膜，阻止图文部分的油墨向非图文部分扩张，防止脏版。

　　第二，增补印刷过程中被破坏的亲水层，维持印版非图文部分的亲水性。印刷时，橡皮滚筒、着水辊、着墨辊对印版产生摩擦，纸张上脱落的纸粉、纸毛加剧了印版的磨损。因此，随着印刷数量的增加，版面的亲水层便遭到破坏，需要利用润湿液中的电解质和裸露出来的版基金属铝或金属锌发生化学反应，形成新的亲水层，维持非图文部分的亲水性。

第三，降低印版表面的温度。胶印机启动以后，墨辊以很快的速度将油墨铺展成薄膜，墨辊的温度随之上升，致使油墨的黏度下降，从油墨黏度和温度的关系曲线（见图 2-10）来看，当温度从 25℃ 上升到 35℃，黏度则从 500P（$1P = 1dyn·s/cm^2$）下降到 250P 左右，若用黏度倒数 $1/\eta$ 表示油墨的流动度，则 35℃ 的油墨流动度比 25℃ 的油墨流动度高一倍。假如在 25℃ 的印刷车间内，不供给印版润湿液，胶印机连续开动 30 分钟，印版上的油墨温度会上升到 40℃～50℃，油墨的黏度急剧下降，流动度增大，油墨迅速铺展，造成网点的严重扩大。所以，在印版的非图文部分涂布温度与室温相同或低于室温的润湿液，能降低印版表面的温度。

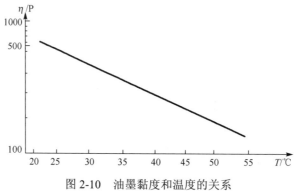

图 2-10　油墨黏度和温度的关系

由此可见，印版的非图文部分要始终保持一定厚度的水膜，才能保证印刷的正常进行，并获得上等的印刷品。若这层水膜太薄，则达不到使用润湿液的目的；若水膜太厚，则会发生油墨的严重乳化。因此，要实现胶印的水墨平衡，应从控制印版水膜的厚度入手。

为了保障印刷品的质量和生产的正常进行，胶印水墨平衡的含义应该是：在一定的印刷速度和印刷压力下，调节润湿液的供给量，使乳化后的油墨中润湿液的体积分数低于 26%，形成轻微的 W/O 型乳化油墨，用最少的供液量和印版上的油墨相抗衡。

大量的实验和生产积累的经验证明：正常印刷时，若印版图文部分的墨层厚度为 2～3μm，非图文部分的水膜厚度为 0.5～1μm，则乳化后油墨中润湿液的体积为 15%～26%，最大不超过 30%，基本上实现了胶印水墨平衡。

一、静态水墨平衡

图 2-11 所示是胶印的静态水墨平衡图。胶印印版的非图文部分附着润湿液，图文部分附着油墨。当油墨的表面张力 γ_o 小于润湿液的表面张力 γ_w 时，在扩散压的作用下，油墨向润湿液的方向（印版非图文部分）浸润［见图 2-11（a）］，使印刷品的网点扩大，印版非图文部分起脏；当润湿液的表面张力 γ_w 小于油墨的表面张力 γ_o 时，在扩散压的作用下，润湿液向油墨的方向（印版图文部分）浸润［见图 2-11（b）］，使印刷品的小网点、细线条消失；只有当润湿液的表面张力和油墨的表面张力相等时，界面上的扩散压为零，润湿液与油墨在界面上保持相对平衡，互不浸润［见图 2-11（c）］，印刷效果才较为理想。胶印油墨的表面张力为 30dyn/cm～36dyn/cm，故润湿液的表面张力也应降低到 30dyn/cm～36dyn/cm。

胶印的水墨平衡是在动态下实现的，润湿液的表面张力应略高于 30dyn/cm～36dyn/cm，经验表明，润湿液的表面张力在 35dyn/cm～42dyn/cm 之间较好，因此表面活性剂在润湿液中的浓度应为使润湿液表面张力达到 35dyn/cm～42dyn/cm 时所对应的浓度,如果这个浓度正好是表面活性剂的临界胶束浓度,那就更理想了,能得到表面张力稳定的润湿液。

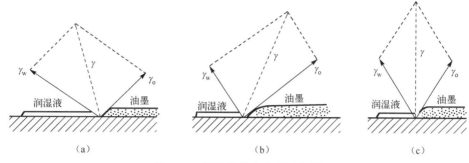

图 2-11　胶印的静态水墨平衡图

二、动态水墨平衡

制好的印版在上机印刷时,其图文部分着墨,直接向橡皮滚筒上传递,通过橡皮滚筒将印版上的图文转移到纸上。与此同时,印版的非图文部分着润湿液,以阻止油墨附着在非图文部分,进而被传到纸张上去。由此可见,对印版表面的供水和供墨存在着一个平衡问题。当对版面的供墨量超过平衡值时,油墨在受到强力挤压之后会向非图文部分扩展,侵入非图文部分造成粘脏。反之,当对版面的供水量超过平衡值时,水辊经过图文部分,就会在图文部分留下较多的水,再经过水辊和墨辊的强力挤压,使附着在图文部分的油墨深度乳化,造成印迹暗淡无光。若供水量过大,水会沿着输墨辊和串墨辊一直进入墨斗,造成大范围的油墨乳化,并且过大的水量会把印张弄湿,影响印刷品的质量。因此,控制水墨平衡就是控制印刷品质量。

从某种意义上看,只有当非图文部分的水膜和图文部分的油墨有着十分严格的分界线时,即从客观上看,着水空白区和着墨图文区互不侵入、互不混合,才算达到了水墨平衡。但从实际过程来看,绝对的不相混合是不可能的,油墨的乳化也是不可避免的,所以水和油墨在印版上的平衡是一个相对概念。下面对水和油墨向印版上传递的实际过程分步加以分析。

印版的着水辊之间存在着四种辊隙合压状态。

第一种是着水辊和印版非图文部分的间隙,印版的非图文部分由润湿液润湿,在着水辊和印版非图文部分中间,有一层薄水膜,当水辊和印版分离时,这层水膜也被分离,于是印版非图文部分上留下了一层水膜。国外资料中介绍,这层水膜仅有 1μm 厚,当水膜厚度过薄时,若着墨辊经过非图文部分,则水膜将不能阻止油墨在非图文部分的附着。

第二种是水辊与印版图文部分的间隙,含有残留墨层的印版图文部分,也会被润湿液所"润湿",但这种"润湿"是十分有限的,经过着水辊的强力挤压,有少量的润湿液被挤入残留墨层内。这时,油墨发生第一次乳化。如果供水量过大,则乳化程度将加深,并会在墨层上留下微细的液珠。当墨辊和图文部分接触时,这些液珠和油墨发生进一步乳化。

第三种是经过润湿的印版非图文部分通过着墨辊时,又有很少量的润湿液被挤压进墨层内,发生第二次乳化,而且非图文部分的润湿液越多,被挤入墨层的润湿液也就越多,油墨乳化的程度就越深。反之,如果非图文部分的润湿液很少,不能有效地覆盖非图文部分,油墨就可能在非图文部分附着,造成印刷品粘脏。

在多数情况下，墨辊的表面会形成一个油墨和润湿液的混合层，这个混合层与水墨乳状液不同，它是较大的液珠靠 London 力或范德华力吸附在墨层上，当墨辊经过其他辊隙时，这些液珠在强力挤压下进一步发生第三次乳化。

第四种是着墨辊和印版图文部分的间隙，当墨辊经过带有细微水珠的印版图文部分时，无论墨辊本身是否带有水珠（因为此时着墨辊尚未与印版非图文部分接触），它都会挤压印版图文部分所附着的水珠，使之在油墨中发生第四次乳化。在墨辊和印版分离的瞬间，带有润湿液的乳化油墨层也发生分离，同时图文部分又得到了新补充的油墨。

从分步分析来看，在一次供水、供墨循环中，一共发生了四次水墨的接触、混合及乳化。在固定的工艺条件下，保持水墨平衡的含义是调节水和油墨的供给量，使水墨的混合和乳化保持在工艺条件允许的范围内。控制原理是油墨乳化之后所含的润湿液体积不得超过 26%，水墨混合的体积比直接影响着乳状液的类型。假设水墨乳化体系中水是分散相，油墨是连续相，当分散相是大小均匀的圆球时，可以算出最紧密堆积时液滴所占的体积是总体的 74.02%，其余 25.98% 应为分散介质。当分散相所占体积大于 74.02% 时，乳状液就会变型。若乳状液中分散相所占体积小于 26%，则只能形成 W/O 型乳状液；若分散相所占体积在 26%~74% 之间，则 O/W 和 W/O 型乳化液均有可能形成；若分散相所占体积大于 74%，则只能形成 O/W 型乳化液。对平版印刷来说，O/W 型乳化液比 W/O 型乳化液的危害性更大，这种现象的出现会使印张的非图文部分留有色墨的淡痕，严重地影响生产的正常进行和产品的质量。因此为防止出现这种现象，必须控制供水和供墨的比例，使乳化液中水相所占体积在 26% 之下。

轻微的 W/O 型乳化对印刷是有利的，它使油墨的黏度下降，改善了油墨的传递性能。但严重的 W/O 型乳化就不利于印刷了，它使油墨黏度急剧下降，产生浮脏或墨块，辗转传入水斗溶液中，水中出现凝絮状的油墨颗粒。因此在实际生产中，应尽量把乳化液中水相所占体积控制在 15%~26% 之间。

近年来，由于很多油墨连接料改用了合成树脂型连接料，使油墨的抗水性能得到了很大的改善，因而对油墨的乳化控制就相对容易多了。在这种情况下，控制印版的水墨平衡又有了新的概念，和之前仅从水和油墨用量的改变来控制水墨平衡的旧概念有所不同。它从水墨表面及印版非图文和图文部分的各个表面能和界面能出发，找出印版上水墨互不侵犯的能量关系，用这种能量关系定量地控制上述四个状态下水、油墨及版面之间的互相作用，在这个基础上，确定水和油墨的用量。这种定量控制方法目前还在研究之中。

第五节　润　湿　液

在水中加入各种化学组分可配制成浓度较高的原液，在使用时，加水稀释成润湿液，润湿液是胶印中不可缺少的材料。它的主要功能是润湿印版的非图文部分，在非图文部分和油墨之间建立起一道屏障，使油墨不粘污印版的非图文部分。

胶印使用的印版不同，润湿液的组成也不同，对印版的润湿效果也略有差异。即便是使用同种印版的厂家，因为印刷中使用的胶印机型、油墨和纸张的种类、印刷厂所在地区的气候条件的不同，其润湿液的配方也有差异，但其主要成分基本相同。

目前，润湿液大致可分为普通润湿液、酒精润湿液、非离子表面活性剂润湿液三大类。

一、普通润湿液

普通润湿液是一种很早就开始使用并且至今仍然被使用的润湿液，其配方很多，表 2-1 所示为几种普通润湿液的典型配方，以便分析各个组分的作用。

表 2-1　几种普通润湿液的典型配方

组分	普通润湿液类型			
	一	二	三	四
磷酸（H_3PO_4）	50mL	3mL	200mL	25mL
硝酸铵（NH_4NO_3）	150g			250g
磷酸二氢铵（$NH_4H_2PO_4$）	70g		150g	200g
重铬酸铵（$(NH_4)_2Cr_2O_7$）	10g		300g	
阿拉伯胶	200mL（4～8°Bé）			
水	3000mL	1000mL	3000mL	3000mL

平凹版的非图文部分覆盖有一层亲水性的磷酸锌（$Zn_3(PO_4)_2$），PS 版的非图文部分覆盖有一层亲水性氧化铝（Al_2O_3），润湿液依赖亲水层在印版表面进行润湿和铺展，在印刷过程中，随着着水辊、着墨辊、橡皮滚筒对印版的挤压、摩擦，亲水层会被磨损，如果不及时地进行增补，则印版非图文部分的润湿性能将遭到破坏，在润湿液中加入的磷酸可使版面重新生成磷酸锌或磷酸铝，以保持印版的润湿性能。

$$3Zn+2H_3PO_4 \rule[0.5ex]{1.5em}{0.5pt} Zn_3(PO_4)_2\downarrow+3H_2\uparrow$$

$$2Al+2H_3PO_4 \rule[0.5ex]{1.5em}{0.5pt} 2AlPO_4+3H_2\uparrow$$

磷酸属于中强酸，具有清除版面油污的作用。

磷酸和锌、铝发生化学反应时，有氢气生成，这些微小的氢气泡会被印版非图文部分吸附，并逐渐汇集成较大的气泡，如果不及时清除，则会影响润湿液对印版的润湿。润湿液中加入的重铬酸铵是一种强氧化剂，在磷酸和锌或者铝反应释放出的原子氢还没有结合成为氢气时，就被氧化成水，消除了印版上的氢气泡。

$$Cr_2O_7{}^{2-}+14H^++6e \longrightarrow 2Cr^{3+}+7H_2O$$

重铬酸铵的还原产物 Cr^{3+} 可以在印版上生成一层致密、坚硬的三氧化二铬（Cr_2O_3）保护膜，提高印版抗机械磨损的能力。但是重铬酸铵呈淡橙色，会使印张的非图文部分带有淡黄色，同时重铬酸铵的毒性很大，所以其可以用硝酸铵或硝酸替代。硝酸铵、硝酸均为氧化剂，将它们加入润湿液中的作用与重铬酸铵相同，NO_3^- 的氧化性不仅可以破坏氢气的生成，还解决了印张泛黄的问题。

磷酸和锌、铝进行化学反应生成的磷酸锌、磷酸铝对酸、碱的耐受能力很差，润湿液需要保持一定的酸度。润湿液中加入磷酸二氢铵，用它和磷酸构成缓冲溶液，以控制润湿液的酸度，磷酸二氢铵在水中的电离方程为

$$NH_4H_2PO_4 \xrightarrow{\text{电离}} NH_4^+ + H_2PO_4^-$$

$$H_2PO_4^- \xrightarrow{\text{电离}} H^+ + HPO_4^{2-} \quad (K_{\text{电离}} = 6.2 \times 10^{-3})$$

$$HPO_4^{2-} \xrightarrow{\text{电离}} H^+ + PO_4^{3-} \quad (K_{\text{电离}} = 3.6 \times 10^{-13})$$

$H_2PO_4^-$ 的电离常数远比 HPO_4^{2-} 的电离常数大，$H_2PO_4^-$ 电离出的 H^+ 由于同离子效应对 HPO_4^{2-} 的电离有明显的抑制作用，所以磷酸二氢铵在润湿液中主要电离出 H^+、NH_4^+、$H_2PO_4^-$、HPO_4^{2-}。H^+ 使润湿液显酸性，当润湿液中的氢离子浓度增大时，H^+ 和润湿液中的 HPO_4^{2-} 结合，生成 $H_2PO_4^-$，电离平衡向左移动。

$$H_2PO_4^- \longrightarrow H^+ + HPO_4^{2-}$$
$$+$$
$$H^+ \text{（额外增加的）}$$
$$\Updownarrow$$
$$H_2PO_4^-$$

当润湿液中氢氧根离子的浓度增大时，OH^- 便和润湿液中的 H^+ 结合，生成难电离的 H_2O 分子，使 H^+ 减少，电离平衡向右移动，$H_2PO_4^-$ 又电离出 H^+，从而补充了溶液中氢离子的含量。

$$H_2PO_4^- \longrightarrow H^+ + HPO_4^{2-}$$
$$+$$
$$OH^- \text{（额外增加的）}$$
$$\Updownarrow$$
$$H_2O$$

在印刷过程中，润湿液因 $NH_4H_2PO_4$ 的电离平衡的移动，而使氢离子浓度保持恒定值，润湿液的酸度也就稳定了。

阿拉伯胶是一种亲水性的可逆胶体，不仅对印版的非图文部分有保护作用，还改善了润湿液对印版的润湿性能，CMC 是合成亲水性胶体——羧甲基纤维素的缩写，润湿液中一般采用羧甲基纤维素钠，其性质和阿拉伯胶相似，不腐败变质，可替代阿拉伯胶用作印版的亲水性保护胶体。

普通润湿液中所含的物质基本上都是非表面活性物质。这些物质加到水中以后，不会使水的表面张力下降，反而会使其略有升高。这类润湿液完全是靠版面上的亲水无机盐层和水的亲合作用来润湿的，因而这类润湿液的用量大，在版面铺展的液膜也较厚，过多的水分转移到印张上，使印张变形、起皱，给产品的质量带来一定的影响。版面和墨辊表面带有过多的水分还会影响油墨的传递，造成严重的油墨乳化，影响正常生产。

二、酒精润湿液

为了提高产品质量，人们在润湿液的配方上下了很大的功夫，研究出了用含有乙醇（酒精）或异丙醇（$CH_3CH(OH)CH_3$）的水溶液作为润湿液，这就是酒精润湿液。在国外，这类润湿液已被广泛使用，在国内，有些厂家也在使用或试用。表 2-2 所示为目前国内外使用的酒精润湿液的配方。乙醇是一种表面活性物质，对溶液表面张力的降低效果可以从图 2-12 中看出。

表 2-2　目前国内外使用的酒精润湿液的配方

组分	酒精润湿液类型		
	一	二	三
乙醇	800mL	250mL	2400mL
阿拉伯胶	400mL	15mL（14°Bé）	
磷酸	220mL（2%）	5mL（10°Bé）	
重铬酸铵		30g	
水	4000mL	2500mL	1000mL

从国内外的一些技术报道及研究论文来看，乙醇浓度的最佳范围为 8%～25%。乙醇改变了润湿液在印版上的铺展性能，使润湿液的用量大大减少了，因此也降低了印张沾水及油墨严重乳化的可能性，保证了产品的质量。乙醇的另一个特点就是挥发速度快，因为它有较大的蒸发潜热，可带走大量的热，减少版面粘脏。但是乙酸挥发又使润湿液中乙醇浓度不稳定，而且乙醇价格昂贵。另外，乙醇和空气的混合物极易爆燃[爆炸极限为 3.3%～19%（空气与乙醇蒸气的体积比）]。这些不利因素都是乙

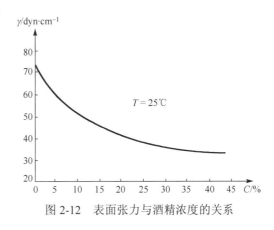

图 2-12　表面张力与酒精浓度的关系

醇作为润湿液添加剂的致命弱点，故而酒精润湿液在我国没有大力推广。

从总体上看，酒精润湿液的优点还是可取的，它减少了润湿液的用量，提高了产品质量。就这个意义上说，酒精润湿液为开发新型润湿液提供了理论和实践依据。

三、非离子表面活性剂润湿液

非离子表面活性剂润湿液是近几年发展起来的新型润湿液，是用非离子表面活性剂取代酒精的低表面张力润湿液，因其表面张力小、润湿性能好、能减少润湿液的用量而成为高速多色胶印中最理想的润湿液，国外已广为普及，国内许多厂家也已使用。

非离子表面活性剂润湿液一般是把非离子表面活性剂加入含有其他电解质的润湿液中配制而成的。国内一些厂家选用 2080 或 6501 作为润湿液添加剂，基本上符合前面所讲的对非离子表面活性剂的要求，把不同量的 2080 加入由磷酸、磷酸二氢铵、硝酸铵配制的润湿液中，就得到了不同浓度的 2080 润湿液，测定每种浓度下润湿液的表面张力，绘制 γ-C 曲线，如图 2-13 所示。当 2080 的浓度为 0.1%时，润湿液的表面张力就从 73.19dyn/cm 下降到41.46dyn/cm；当 2080 的浓度为 0.3%时，润湿液的表面张力约为 36dyn/cm。从图中看出，2080的临界胶束浓度为 0.3%左右。欲将润湿液表面张力降至 40dyn/cm，若用酒精，浓度要为 25%左右，但若使用 2080，浓度只要为 0.1%就可以了。使用 2080 非离子表面活性剂润湿液大大降低了生产成本。2080 非离子表面活性剂润湿液和酒精润湿液相比，除成本低外，还具有无毒、无挥发性、无爆燃危险等优点。

非离子表面活性剂润湿液虽然表面张力小、润湿性能好，但是表面张力的降低在某种程度上，使润湿液与油墨之间的界面张力也有所降低，它们与油墨的乳化能力一般比普通润湿

液高，因此要严格控制非离子表面活性剂的浓度，同时，一定要减少对印版的供液量，如果供液量过大，则会加剧油墨的乳化。

胶印油墨乳化的程度随润湿液表面张力的下降而加剧。不同的胶印油墨，乳化能力也不同，图 2-14 所示是四色胶印油墨的乳化曲线，在润湿液表面张力固定的情况下，青墨的摄水量最大，乳化能力最高；黑墨的摄水量最小，乳化能力最低。为了防止油墨的严重乳化，不同摄水量的油墨应选用不同表面张力的润湿液。青墨应采用表面张力较高的润湿液，黑墨应采用表面张力较低的润湿液。

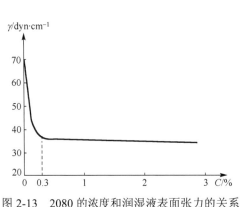

图 2-13　2080 的浓度和润湿液表面张力的关系

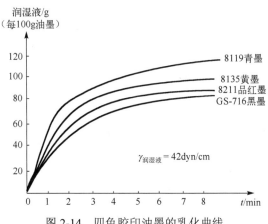

图 2-14　四色胶印油墨的乳化曲线

非离子表面活性剂润湿液尽管还存在许多不完善之处，但它将是润湿液的发展方向，随着新型表面活性剂的开发，其会逐步得到改进，并可能取代酒精润湿液和无机盐配制的普通润湿液，值得大力推广。

第六节　PS 版润湿液

微孔性表面结构具有良好的吸附性能，耐腐蚀和坚硬耐磨性都是 PS 版的阳极氧化膜具有的良好性能。

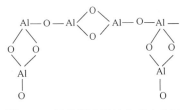

图 2-15　氧化铝分子结合成大分子

由于阳极氧化处理形成的氧化膜使氧化铝分子结合成大分子（见图 2-15），形成了许多细密的微孔，由于微孔的毛细作用，其对含有亲水胶体的润湿液有强大的吸附力，并且贮水性好，所以即使只有很薄的一层水膜，也不会脏版。如果停机较久没有润湿，只要机器空转若干转，使版面涂上水膜，也不会像平凹版那样起脏。它不会被酸的稀溶液或其他电解质腐蚀，氧化膜质量好的印版可以只用稀释的磷酸和适量的阿拉伯胶溶胶作为润湿液。

总之，PS 版对润湿液的要求不如平凹版高，而是比平凹版低，结合亲油疏水性和其他印刷适性的改善，PS 版润湿液采用下列简化配方就能用于印刷。

磷酸　　　2‰～4‰

对耐磨性不够好的 PS 版，建议采用下列的 PS 版润湿液配方。一旦氧化膜被磨损，可以利用电解质与金属铝的化学反应，补充无机盐层来增强非图文部分的稳定性。

磷酸 H_3PO_4	50mL
硝酸铵 NH_4NO_3	150g
磷酸铵 $(NH_4)_3PO_4$	75g
清水	3000mL

这个配方的化学性质与平凹版润湿液基本相似，但是酸性比较弱，缓冲作用大，如果铝版表面氧化膜被破坏，则可以通过生成无机盐层补充亲水基础。

国外还有将 10%～15% 的乙醇、异丙醇等加入清水中作为润湿液的例子，使用这种润湿液需配备冷冻器，将润湿液的温度降低到 10℃ 左右，以抑制乙醇的发挥并降低版面温度。利用乙醇的物理性能来改善"水"的印刷效果时，乙醇有下列作用：

① 因其蒸发快，故油墨、纸张印刷后增加的水分迅速蒸发，从而减少"水"过多对印刷品质量的影响。

② 因为其蒸发潜热大，故可以利用蒸发过程的吸热规律，降低版面温度，减少版面起脏。

③ 利用乙醇较好的流展性，减少版面用"水"量。

乙醇、异丙醇的价格昂贵，相应的设备费用高，用量很大，经济意义上是否值得？而且乙醇稍含毒性，当乙醇蒸发和空气混合，体积占比在 3.3%～19% 之间时，点燃后会立即爆炸，从安全生产和劳动保护的角度来看，也是必须慎重考虑的。

近些年来，随着 PS 版的使用日渐普及，用于 PS 版的润湿液配方也有所改进。在配方添加了几种新的组分，经试用，取得了一定效果，可进一步探索。

一、柠檬酸的作用

PS 版非图文部分的稳定性除取决于封孔后的氧化膜质量外，还有赖于在润湿液中加入磷酸，起清洗作用。既然加入无机中强酸的目的是清除非图文部分的油污，那么，可作为金属清洗剂的有机弱酸——柠檬酸当然可以用于润湿液，而且副作用少。因此，有的润湿液配方中加入适量的柠檬酸，有的润湿液配方甚至以柠檬酸完全取代传统使用的磷酸。

柠檬酸又称枸橼酸，学名 2-羟基丙烷-1、2、3-三羧酸，分子结构式为

$$\begin{array}{c} CH_2 - COOH \\ | \\ HO - C - COOH \\ | \\ CH_2 - COOH \end{array}$$

柠檬酸为无色晶体或粉末，可用作金属清洗剂。通常可将柠檬酸钠与柠檬酸配套使用，使两者成为缓冲对，从而具有缓冲作用。

二、表面活性剂的作用

（1）加入适量的多元醇型非离子表面活性剂——丙三醇。它的亲水性特别好，可与水以任何比例混溶，有很强的吸湿性，不但沸点高、不易蒸发，而且能"夺取"空气中的水分，在版面上起良好的润湿作用。使用含有一定量丙三醇的润湿液时，若停机时间不长，不需擦水、擦胶，但其含量过高对印迹干燥有阻滞作用。

除此以外，还可适量选用 HLB 值为 7～9 的表面活性剂作为润湿剂。

聚乙二醇"200""400"等也可作为润湿剂使用，实践证明，有多种润湿剂可以取代乙醇

等价格昂贵、用量大的润湿剂。如果把清洗剂和润湿剂配合使用，其效果不亚于乙醇润湿液，且有较好的经济效果。

（2）加入适量具有洗净作用的表面活性剂。可供选用的品种较多，例如，"6501"洗净剂，它的学名为烷基二乙醇酰胺，也是非离子表面活性剂，亲水基是多元醇，疏水基由 R 基组成，由于其兼具乳化作用，故应严格限量使用。胰加漂 T（IgeponT）是一种属于烷基酰氨磺酸钠的阴离子表面活性剂，主要成分是油酰甲基片磺酸钠，分子结构式为

$$\begin{array}{c} C_{17}H_{33}CONCH_2CH_2SO_3Na \\ | \\ CH_3 \end{array}$$

它是一种良好的洗净剂。

加入 HLB 值为 13～15 的表面活性剂作为洗净剂，能在具备良好的去污作用前提下，使油墨乳化不超过工艺极限。

"6501"洗净剂的主要缺点是起泡，若用于自动泵吸水的润湿系统，会产生许多泡沫，使水管堵塞、流通不畅，故溶液中应加入适量消泡剂。

PS 版润湿液不再需要通过烦琐的增减原液操作来取得平衡，可以单用一种，将其适当稀释，故比平凹版润湿液简便得多。

第七节　亲水胶体的使用

亲水胶体在胶印中是不可缺少的，其主要用途如下。

①涂布版面，防止版面氧化起脏，便于印版保存；②版面油腻拉脏时去脏，恢复版面非图文部分的亲水性能，提高图文的清晰度；③加入润湿液中，补充损耗了的胶体层，巩固和稳定非图文部分的亲水性能，并能减少润湿液原液的用量，提高印版耐印率。

因此，它至少应有下列特性。

①胶液不但是亲水的，而且是可逆的，胶液呈弱酸性，对版面腐蚀性小；②胶液有强烈的吸附能力和亲水疏油性，对固体表面有良好的吸附活性；③胶液在感胶离子的作用下，具有良好的凝结作用。

几种常用的亲水胶体及其性质如下。

一、阿拉伯胶

阿拉伯胶是热带金合欢树的分泌物，脱水时为白色、淡黄或棕黄色的透明固体，白色的质量最好。它的外形为大小不一的圆形、蛋形、蠕虫形，表面有细密而不规则的皱纹，质地脆硬，断面有光泽像玻璃，比重在 1.34～1.62 之间。

阿拉伯胶具有亲水胶体的特性，是很好的可逆胶体，能大量地吸取水分而膨胀，直至溶解为各种浓度的胶体溶液，它不溶于非极性溶液。

阿拉伯胶是有机高分子碳水化合物，属于多糖类，它的组成物质主要是阿拉伯酸及其钙、镁和钾盐。化学分子式为

$$XCOOH \cdot XCOOK \cdot (XCOO)_2Ca \cdot (XCOO)_2Mg$$

其中，X 是由碳、氢、氧元素组成的糖—$(C_6H_{10}O_5)_n$—，而 n 为一个极大的数值，其分子量大

约为 250000。

因为阿拉伯胶是糖类，所以潮热环境中酵母菌易在其中繁殖，使胶酸游离，酸坏的胶液将不再适合涂布版面使用，故夏天应少量配置，避免酸坏，也可以采取加 $CaCO_3$ 中和酸性、加醛杀菌、冷冻等方法，但是最好的措施是随溶随用，使用新鲜的胶液。

溶胶的浓度应保持一定，考虑到不同环境气候会使水分的蒸发速度不同，故夏天以 12°Bé、冬天以 14°Bé 为宜，并注意溶胶的实际浓度。

溶胶浓度大的原液要避免接触感胶性强的润湿液原液，以防止溶胶的分子形成网状结构而冻结。陈旧的胶液有时由于自发陈化也会形成胶冻。

阿拉伯胶固体中常含杂质，故在溶解时必须过滤。

由于阿拉伯胶中含阿拉伯酸，其溶液具有弱酸性并有良好的吸附性和亲水性，所以当润湿液中有阿拉伯胶溶液存在时，版面的亲水疏油性更好。

二、羧甲基纤维素

羧甲基纤维素又称为乙二醇酸钠纤维素，实际上是羧甲基纤维素钠盐的通称。

它是白色的粒状粉末，吸湿性很强，一般在自然环境中也能从空气中吸收水分而凝结成硬块，故贮藏时必须严格地注意防潮。它能溶解在水中，变成透明的无色溶胶，也是可逆胶体。

胶体溶液的化学性质十分稳定，呈中性或微碱性，在一定时期内保存，化学性质不发生变化。

羧甲基纤维素的黏度范围在制造时分为四种：

高黏度——2%的水溶液在 1000～2000 厘泊以上；

中黏度——2%的水溶液在 500～1000 厘泊；

低黏度——2%的水溶液在 50～100 厘泊；

超低黏度——2%的水溶液在 50 厘泊以下。

由于高黏度的羧甲基纤维素非常容易产生沉淀，所以只有超低黏度的产物才适合加入润湿液。

三、合成胶粉

它是淀粉的再制品，仅能用于涂布版面，不宜加入润湿液。

第八节 润湿液的 pH 值

pH 值是衡量溶液酸碱度的指标（润湿液的 pH 值可以采用 pH 值试纸或酸度计测定）。润湿液保持一定的 pH 值是印版非图文部分生成无机亲水盐层的必要条件，润湿液 pH 值过低或过高都会给印刷带来许多弊端。印刷过程中种种因素又会使润湿液的 pH 值改变，因此，应定时测定润湿液的 pH 值，并控制在印刷工艺所要求的范围内。

一、润湿液 pH 值的影响

润湿液的 pH 值对胶印油墨的转移效果影响很大，pH 值过低或过高的润湿液都不适宜用来润湿印版。

润湿液的 pH 值过低会导致版基的严重腐蚀，油墨干燥缓慢。

胶印中使用的 PS 版、平凹版、蛋白版、印版的版基是铝和锌，这两种金属都是十分活泼的，而且在强酸性和弱碱性介质中都不稳定。润湿液是弱酸性介质，在这种介质中，铝版、锌版表面会被轻度腐蚀，生成一层亲水盐层，如果润湿液酸度增大，pH 值下降过多，则印版非图文部分就会受到重度腐蚀，使印版非图文部分出现砂眼，不能形成坚固的亲水盐层。

有人曾就润湿液酸度对锌版的腐蚀做了定量研究，其方法：将锌版样品放在不同 pH 值的润湿液中浸泡 24 小时，然后取出、洗净、烘干、称重，以$(\Delta W/W)\times1000‰$来测量锌版受腐蚀后的相对减重量，所得结果如表 2-3 所示。表中数据表明，当润湿液酸度增大，pH 值下降时，它对版面的腐蚀也随之加强了；当润湿液接近中性时，它对版面的腐蚀减缓；当 pH 值继续上升，润湿液呈碱性时，润湿液对锌版的腐蚀加剧。常用的铝版基也有类似的情况。版基受到严重腐蚀后，使用寿命大大降低。由于版面非图文部分有砂眼，所以非图文部分会存留较多的润湿液，这些润湿液和墨辊接触时，又会在墨辊上附着，影响油墨的正常传递，最严重的是，随着腐蚀的进一步发展，图文部分和金属版基的结合遭到破坏，造成网点损伤或完全脱落。

表 2-3　润湿液酸度对锌版的腐蚀影响

pH	3	4	5	6	9
$(\Delta W/W)\times1000‰$	−3.1417‰	−2.3643‰	−0.2327‰	−0.1648‰	−2.2390‰

油墨中常含有一定量的催干剂（燥油），它是铅、钴、锰等金属的盐类，对干性植物油连接料有催干作用。当润湿液的 pH 值过低，H^+浓度增大时，就会和金属盐发生反应，改变油墨的干燥时间。实践表明，若使用普通润湿液，当 pH 值从 5.6 下降到 2.5 时，油墨的干燥时间从原来的 6 小时延长到 24 小时；若用非离子表面活性剂润湿液，当 pH 值从 6.5 下降到 4.0 时，油墨的干燥时间由原来的 3 小时延长到 40 小时。

润湿液的 pH 值过高会破坏 PS 版图文部分的亲油层并引起油墨的严重乳化。

光分解型 PS 版非图文部分的重氮化合物见光分解，被显影液除去，留在版面上的是没有见光的重氮化合物，形成图文部分的亲油层，如果润湿液的 pH 值过高，就会使图文部分的重氮化合物溶解，造成印刷的图像残缺不全，印刷质量下降。

油墨中的干性植物油连接料长期放置后，分子中某些化学键发生断裂，和空气中的氧气发生作用生成脂肪酸 RCOOH。脂肪酸的形态和表面活性剂相似，也有亲水和亲油基团，但由于 R 很大，而 RCOOH 的电离常数又很小，故分子不带电，分子的亲水能力显示不出来，在界面处的取向能力很差。RCOOH 在墨层中基本上处于游离态，但是当润湿液的 pH 值较高时，OH^-浓度增加，RCOOH 被中和，从而游离出 $RCOO^-$。$RCOO^-$是典型的阴离子表面活性剂，在水墨界面上，亲油基团端朝向油墨，亲水基团端朝向润湿液，定向排列，使油墨和润湿液的界面张力降低。润湿液的 pH 值越高，$RCOO^-$浓度越高，在界面上吸附的量越大，界面张力下降程度越大。一般界面张力越低，油墨乳化越严重。

界面张力与 pH 值的关系如图 2-16 所示。从图中可以看到，当 pH 值小于 6 时，界面张力很稳定；当 pH 值超过 6 时，界面张力迅速下降。当润湿液显碱性时，以亚麻子油为主要成分的植物油将严重乳化。虽然目前也研发了碱性润湿液，但它只适用于新闻纸（酸性纸）的印刷。

　　润湿液的 pH 值究竟应该是多少？对此，还没有一个确切的答案。一般认为 PS 版润湿液的 pH 值应为 5.0～6.0，平凹版润湿液的 pH 值应控制在 4～6 之间，多层金属版润湿液的 pH 值应为 6.0 左右。

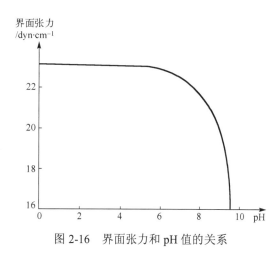

图 2-16　界面张力和 pH 值的关系

　　润湿液的 pH 值和润湿液原液的加放量有关。原液的加放量大，pH 值就低，各印刷厂可结合实际的生产情况增减原液的加放量，将润湿液的 pH 值控制在上述范围内。例如，若墨层厚，催干剂的用量大，车间温度高，则应适当地增加原液的加放量；网点印版比实地印版的图文面积小，应适当减少原液的加放量。

二、pH 值

　　润湿液的酸性、中性和碱性可以用 H^+ 浓度来表示，中性就是酸性和碱性的分界线。pH 值是表示溶液中 H^+ 浓度的一种方法。pH 值可表示为 H^+ 浓度的负对数，即

$$pH = -lg〔H^+〕$$

$$〔H^+〕= 10^{-pH}$$

　　若〔H^+〕= 10^{-4}，则 pH = $-lg(10^{-4})$ = $-(-4)$ = 4；若〔H^+〕= 10^{-8}，则 pH = $-lg(10^{-8})$ = $-(-8)$ = 8。

　　中性溶液的 pH = 7；酸性溶液的 pH < 7；碱性溶液的 pH > 7。

三、pH 值的测定方法

　　测定溶液 pH 值的方法很多，常用的有以下几种测定方法。

　　（1）酸度计测定。酸度计又称为 pH 计，这种利用电位法测定溶液 pH 值的仪器是一种精密的电子管伏特计。当某一电极（一个指示电极为玻璃电极，一个参比电极为甘汞电极）浸入溶液中时，两电极产生的电位差值与溶液的 pH 值有关。若保持参比电极的电位恒定，则指示电极的电位随溶液的 pH 值改变而改变，与电位差值改变相对应的 pH 值可直接在仪表上指示出来。

　　用酸度计测定溶液的 pH 值读数精准，测定迅速，不受溶液原有颜色的影响，是较理想、精密的方法。

　　（2）指示剂测定。各种指示剂在 H^+ 浓度不同的溶液中会呈现出不同的颜色，可根据指示剂变色的范围来确定溶液的 pH 值。

　　此方法的优点是测定迅速，仪器简单、价格低廉，但误差较大，一般精确度为 0.1，有时甚至更低。

　　（3）pH 试纸测定。pH 试纸是用几种变色范围不同的指示剂的混合液浸成的，它在不同 pH 值的溶液中会有不同的颜色表示，将显示的颜色与已知的样板进行比较，可得出所测溶液的 pH 值。pH 试纸分为广泛和精密两种类型。此方法简便而快速，但不够精确。

第九节　润湿液浓度的控制

润湿液的浓度一般以润湿液原液的加放量来计算。正确地掌握润湿液原液的加放量，并使其能充分地发挥应有的作用是个比较复杂的问题。因为原液的加放量要根据一系列的客观因素适当调整，所以很难以具体数值规定，可采用"估计"和"根据"的办法来掌握。

一、原液的增减

油墨的性质：因不同的油墨颜料、含油量、油性、黏度、流动度、耐酸性等性质的差异，故原液的加放量出入较大。一般的规律是：红色 > 黑色 > 蓝色 > 黄色；深色 > 浅色。

印迹墨层厚度：墨层厚度增加，墨斗的下墨量必然相应地增加，而版面图文部分接收的墨量有一定限度，势必要向非图文部分挤压而影响其亲水性能，故必须适当增加原液的用量，保持非图文部分亲水性能的稳定。

催干剂的用量：催干剂的用量增加促进了油墨的干燥速度，并使油墨的颗粒变粗、黏度提高，对版面非图文部分的感脂性增加，因而易产生糊版，故原液的用量可适当增加，但应避免形成恶性循环。

版面图文情况：版面图文一般由实地、线条和网点组成。如果满版是空心字或线条，则原液用量可适当增加，全部是网点的版面应减少原液的用量。较麻烦的是实地网点、线条兼有的版面，这种版面应多方面兼顾，使之有利于非图文部分和图文部分的稳定。

车间温度：温度升高使物质的分子运动加速，油墨的流动度增大，同时能分解出更多的游离脂肪酸，版面容易起脏，需适当增加原液的用量。

纸张的性质：印刷质地疏松并含有微小砂粒的纸张时，由于纸毛和砂粒堆积在橡皮布上，增加对印版的磨损而起脏，故需适当增加原液的用量。印刷洁白而坚韧的纸张时，原液的用量可相应地减少，特别是在印刷涂料纸时，更应减少橙色原液的用量，以防纸面泛黄而影响产品质量。

此外，若印刷压力大、橡皮布及衬垫性质硬，则原液的用量应增加。

上述各种因素均是单独、相对而言，因此在决定原液加放量时，要综合、全面考虑，以尽量少用原液为原则，并观察印刷过程中的变化，及时调整润湿液的浓度，以适应生产的需要。

二、印刷中原液的增减

通常需要增加原液用量，提高润湿液浓度的原因有以下几种。

① 图文扩张，印迹模糊。

② 非图文部分产生油腻（必须是由印刷过程引起的油腻）。由于每一张的油腻很少，并不一定能目测到，所以可以根据橡皮布表面部位余边的墨垢程度进行判断。

减少原液用量，降低润湿液浓度的原因为印迹"消瘦"或花版。

但上述的情况不一定单纯是由于润湿液的酸性掌握不妥而形成的，还需考虑工艺上由其他的原因引起的花版和糊版。必须强调的是，不应将增减润湿液浓度作为控制及解决花版、糊版的唯一手段，特别是不能无限制地增加浓度。增减浓度只是一种使图文部分与非图文部分相稳定的办法，并且应以"使用较少的润湿液原液用量"为原则，找寻花版或糊版的直接原因，加以纠正。

糊版不一定是因为润湿液的酸性太弱，可能由于：各种原因引起的墨辊上油墨量过多；各种原因引起的"堆版"；油墨流动性过大；燥油过多；油墨极性过强；版面砂眼过细；版面干涸氧化；压力过大（同时出现细点子脱落）；……。

花版不一定是因为润湿液的酸性太强，可能由于：各种原因引起的墨辊上油墨量过少，剩余墨层不足；油墨流动情况不好，传布不匀；给墨辊或橡皮布黏性过大（墨层薄时尤为显著）；版面水分过大；墨辊表面吸附性能太差；油墨黏度过大；版面摩擦过大，细点子脱落（包括滚筒线速度不等）；其他故障（如压力不足、印迹转移过程接触不良）。

此外，还应注意以下几点。

（1）配方不宜经常变动，否则会使机上人员掌握不了规律。

（2）稀释时应使用量杯，准确度量成分配比，注意清水纯度。

（3）含铬酸的药水绝对禁止入口，皮肤也应避免接触。

（4）稀释时应先放原液，再放清水，使之充分混合，否则电解质可能下沉。

（5）胶液在稀释后放置。

（6）盛放原液的容器要加盖，避免因水分蒸发而改变浓度。

（7）当换色改印时，润湿液浓度就需做较大程度改变，应在这一印件（色）还剩 500～700 张时，将水斗中的润湿液调整为下一印件（色）所需的浓度。

复习思考题二

1．胶印中可以使用完全拒水的油墨（完全不和润湿液混合的油墨）印刷吗？为什么？

2．印刷中，乳状液有哪几种类型？形成哪种乳化油墨对胶印有利？为什么？

3．说明胶印水墨平衡的含义。

4．胶印中使用润湿液的主要目的是什么？

5．润湿液一般分为几大类？各类润湿液的特点是什么？

6．试分析 H_3PO_4、$NH_4H_2PO_4$ 在润湿液中的作用。

7．试分析 $(NH_4)_2Cr_2O_7$、NH_4NO_3 在润湿液中的作用。

8．γ_o 表示油墨的表面张力，γ_w 表示润湿液的表面张力，在 $\gamma_o>\gamma_w$ 和 $\gamma_o<\gamma_w$ 两种情况下，印刷中会出现什么现象？

9．什么是溶液的 pH 值？用什么方法测量？怎样根据 pH 值判断某一溶液的酸碱性？

10．若润湿液的 pH 值为 5.2，试计算润湿液的 H^+ 浓度。若润湿液的 OH^- 浓度为 $3.13\times10^{-2}M$，试计算润湿液的 pH 值。

11．润湿液的 pH 值在什么范围内较合适？pH 值过高、过低的润湿液会给印刷带来什么不良后果？

12．试说明想要保持印版非图文部分润湿性能的稳定，可以采取哪些措施？

13．说明水油相斥的原理和条件。

14．为什么要重视印版非图文部分润湿性能的稳定？

15．为什么磷酸、铬酐配方必须淘汰？

16．怎样选用胶印平凹版润湿液的配方？

17．什么叫电解质？润湿液中常含哪几种电解质？各起什么作用？

18．近代平凹版润湿液配方中，为什么不直接用磷酸，而用 $H_2PO_4^-$ 或 HPO_4^{2-}？

19．什么叫缓冲作用？叙述缓冲剂的缓冲机理。

20．什么叫同离子效应？怎样使润湿液发挥同离子效应？

21．什么叫氧化剂？为什么平凹版润湿液配方中应含氧化剂？

22．润湿液中常用哪些氧化剂？

23．什么叫感胶作用？润湿液中常采用哪些感胶离子？

24．为什么有的配方中，不能根据 pH 值测定润湿液浓度？可用什么方法来测定？

25．为什么要掌握润湿液的浓度？怎样掌握润湿液的浓度？在什么情况下不能增减润湿液的浓度？

26．为什么糊版不一定是因为润湿液的酸性太弱？

27．为什么花版不一定是因为润湿液的酸性太强？

28．在配置和稀释润湿液时，应注意些什么？

29．为什么 PS 版润湿液的配方与平凹版润湿液的不同？

30．PS 版润湿液的配方可以有哪些改进？

31．为什么胶印工艺中不能缺少亲水胶体？

32．用于胶印的亲水胶体应具备哪些特性？

33．说明常用亲水胶体的性质和使用方法。

34．何为铺展系数？从铺展系数看，选择什么样的润湿液润湿印版效果较好？

35．用杨氏方程分析润湿液润湿印版非图文部分的条件。为什么杨氏方程只能在 $\theta \geq 0°$ 时应用？

36．润湿方程来源于杨氏方程，而比杨氏方程应用广泛，为什么？

37．写出液体在固体表面沾湿、浸湿、铺展的热力学条件。试各举一个印刷中的实例加以说明。

38．什么是粘附功？什么是内聚功？试推导粘附张力 γ_A 和表面张力 γ_{LG} 的关系式，此关系式在油墨转移中有什么实际意义？

第三章　印版的图文基础

内容提要

胶印印版由亲水的非图文部分和亲油的图文部分两部分组成。在印刷过程中，只有始终保持这两部分的稳定性，才能提高印刷品的质量。本章以此为中心，先介绍印版的版材，然后分析四种常用胶印印版的表面结构、印版的变形与损坏形式，介绍了保护印版的方法和提高印版耐印率的基本途径。本章还介绍了印版厚度和变形对印刷品套准精度的影响及合理使用印版的方法。

基本要求

1. 明确第二章所述的润湿与接触角之间的关系。
2. 熟悉常用的胶印印版，了解不同印版的表面结构和印版的检查方法。
3. 了解印版耐印率下降的原因，能在实际生产中通过改变印刷条件来提高印版耐印率。
4. 了解印版的变形对套准精度的影响，能在使用中采取尽量减少印版变形的简单措施。

第一节　版　　材

印版上的图文部分和非图文部分在对水和油的亲疏关系上必须具备截然不同的性质。因此，胶印印版的版材必须具备一定的润湿性能。

版材的润湿性能要以相应的接触角来衡量。把常用的金属铜（Cu）、铁（Fe）、锌（Zn）、铝（Al）、镍（Ni）、铬（Cr）做成光滑的平板，并把表面处理干净，滴一滴水，测定水在金属板表面上的接触角。测得接触角的排列顺序如下：

$$\theta_{Cu} > \theta_{Fe} > \theta_{Zn} > \theta_{Al} > \theta_{Ni} > \theta_{Cr}$$

若改用油做上述试验，测定油在金属板表面上的接触角，则测得接触角的排列顺序如下：

$$\theta_{Cu} < \theta_{Fe} < \theta_{Zn} < \theta_{Al} < \theta_{Ni} < \theta_{Cr}$$

由此可知，各种金属亲水性和亲油性的趋势可表示如下：

由此可以看出，铜的亲水性最差，亲油性最好；铬的亲水性最好，亲油性最差。既有高度亲水性又有高度亲油性的金属无法找到。要使同一块版材上既有亲油性良好的图文部分又有亲水性良好的非图文部分，只能改变金属版材表面的性质。金属铝和锌的亲水性和亲油性都是中等程度，润湿性能容易改变，因此要选择铝板或锌板作版材。下面详细讨论由铝板或锌板作版材制成的印版所具有的亲水性和亲油性。

第二节　印版的表面结构

常用的胶印印版有四种，即 PS 版、平凹版、多层金属版和蛋白版，每种印版的表面都由亲油部分和亲水部分组成，各种印版的介绍分别如下。

一、PS 版

PS 版是预涂感光版的简称，是一种新型的胶印印版，在国外已普及，在国内也已成为胶印中的主要印版。

PS 版的版基是 0.5mm、0.3mm、0.15mm 等厚度的铝版。铝版经过电解粗化、阳极氧化、封孔等处理后，版面上形成一层氧化膜，然后涂布重氮感光胶，制成 PS 版。晒版时，不再涂布感光液，直接用原版晒版。

PS 版分为光聚合型和光分解型两种。光聚合型 PS 版用阴图原版晒版，图文部分的重氮感光膜见光硬化，留在印版上，非图文部分的重氮感光膜见不到光也不硬化，被显影液溶解除去。光分解型 PS 版用阳图原版晒版，非图文部分的重氮化合物见光分解，被显影液溶解除去，留在印版上的是不见光的重氮化合物。PS 版的表面结构如图 3-1 所示。

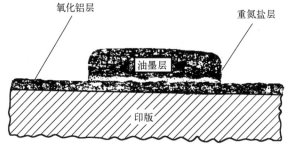

氧化铝层　　重氮盐层

油墨层

印版

图 3-1　PS 版的表面结构

PS 版的亲油部分是高出版基平面约 3μm 的重氮感光树脂层，是良好的亲油疏水膜，油墨很容易在上面铺展。重氮感光树脂膜还有良好的耐磨性和耐酸性，若经 230℃～240℃的温度烘烤 3～5min，使重氮感光树脂层珐琅化，则可提高印版的硬度，印版的耐印力可达 20 万～30 万张。

PS 版的亲水部分是三氧化二铝薄膜，高出版基平面 0.2～1μm，亲水性、耐磨性、化学稳定性都比较好，因而印版的耐印力也比较高。

PS 版的砂目细密、分辨率高、形成的网点光洁完整，故色调再现性好，图像清晰度高。PS 版的非图文部分具有较高的隐藏水分的能力，印刷时印版的耗水量小，水墨平衡容易控制。由于 PS 版具有上述许多优点，所以其已成为目前胶印中理想的印版。

二、平凹版

平凹版的版基是锌版，先把锌版的表面研磨成细密的砂目，再经硝酸、硝酸铝钾溶液的敏化处理，以提高版面的吸附性，最后涂布聚乙烯醇、重铬酸铵等物质组成的感光液，形成感光薄膜。

平凹版用阳图原版晒版，未感光硬化的感光薄膜被显影液除去，露出图文部分的金属，用腐蚀液对金属略加腐蚀后涂上亲油的基漆,亲油疏水的图文部分便形成了。

平凹版的图文部分形成后,除去硬化的感光薄膜,并用磷酸溶液加以处理,再涂上亲水的阿拉伯胶,亲水疏油的非图文部分便形成了。

平凹版的表面结构如图 3-2 所示。

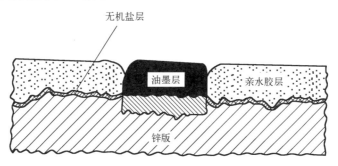

图 3-2 平凹版的表面结构

平凹版的亲油部分是由多种有机化合物配制的基漆,俗称蜡克。蜡克的配方中包括酚醛树脂、硝基清漆、虫胶、乙醇、异丙醇,以及各种酯类和醛类的化合物。蜡克是非极性很强的疏水物质。

平凹版的亲水部分是磷酸锌盐层,磷酸锌不溶于水,且在弱酸性介质中有较高的稳定性,水在磷酸锌盐层表面很容易铺展,磷酸锌盐层是亲水的。

平凹版的砂目没有 PS 版那么均匀,因而色调再现性和图文清晰度均不如 PS 版,而且平凹版的晒版工艺不易掌握,印版质量也不稳定。

三、多层金属版

多层金属版选用两种亲水性和亲油性相反的金属作为版基,可分为双层金属版和三层金属版两种,按照图文凹下或凸起的形态又分为平凹版和平凸版。目前使用最多的是二层平凹版和三层平凹版,铜皮上镀铬便制成了二层平凹版,铁皮上镀铜再镀铬便制成了三层平凹版。

三层平凹版的表面结构如图 3-3 所示。

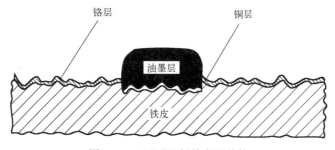

图 3-3 三层平凹版的表面结构

多层金属版的亲油部分采用亲油性最好的金属铜,并经乙基黄原酸钾处理,增强了铜的感脂能力,可直接吸附油墨。

多层金属版的亲水部分采用亲水性最好的金属铬。没有无机盐层和氧化层,水直接在金属铬表面铺展。铬的化学性能稳定、耐磨性高,所以印版的非图文部分不易被磨损,印版的耐印率高。

多层金属版利用铜的亲油性和铬的亲水性直接形成稳定的图文部分和非图文部分，印版的耐印率很高，而且水墨用量容易控制，印刷工艺简单。但是，多层金属版的制作成本较高，制版周期较长，印刷时网点扩大现象较严重，色调再现性不如 PS 版。

四、蛋白版

蛋白版又叫平凸版，版基是铝版。图文部分的亲油疏水薄膜是高出版基平面 3～5μm 的硬化蛋白膜，非图文部分的亲水疏油薄膜是无机盐层。

硬化蛋白膜的耐酸性和耐磨性都比较差，又高出版基，所以蛋白版的耐印率低。印刷质量也比较差。目前，蛋白版已处于被淘汰地位，但因蛋白版的制作成本低、制版周期短，在印刷质量要求不高的印刷品时还有应用。

第三节　印版的变形

胶印彩色印刷至少是四色套印。套印准确是保证胶印印刷品质量的重要环节。为了做到套印准确，必须控制印版的变形。

胶印印版的版基主要用铝、锌等金属，这些金属的弹性模量都比较小，延展性较好，在外力作用下容易变形，而且在去掉外力以后变形不易恢复。

油墨是在印刷压力下转移到承印物表面的，印刷过程中，印版在印刷压力作用下必然要产生变形。

印刷前先要把印版安装到印版滚筒上，这个过程叫上版。这一节只讨论上版过程中及把印版安装到印版滚筒上之后的印版变形。

一、弯曲变形

印版被安装到印版滚筒上之后，便由平板变成了圆筒。假定印版在印版滚筒的轴向（z向）不受外力的作用，则印版在 xOy 平面内的变形必然包括弯曲变形，如图 3-4 所示。下面讨论印版弯曲变形对印版表面各部分相对位置的影响。

印版在 xOy 平面内的弯曲变形可以近似地看作一个矩形截面的直梁的纯弯曲变形，如图 3-5 所示。

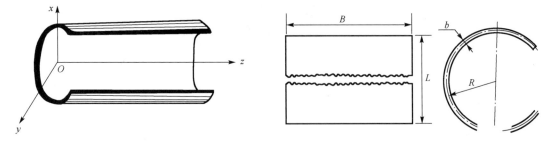

图 3-4　印版在印版滚筒上的弯曲变形　　　　图 3-5　印版弯曲变形的简化图

按照材料力学的理论，直梁在纯弯曲变形过程中，任何一个横截面都保持其平面形状不变而转过一个角度，若假设直梁由纵向纤维组成，随着横截面的转动，直梁的凹边纤维缩短，凸边纤维伸长，中间必有一层纤维长度不变，即"中性层"。矩形截面直梁的中性层位置与直梁的几何中间层的位置是一致的。对于印版来说，中性层的长度等于变形前印版的长度，印版上用于印刷的表面相当于直梁凸边的外缘表面，这里变形最为严重。

设印版的长度为 L，印版的厚度为 b，印版滚筒半径为 R，定义

$$k = \frac{L}{2\pi\left(R + \dfrac{b}{2}\right)}$$

式中，k 为印版利用系数。根据图 3-5 便可求得印版版面因弯曲而产生的绝对伸长 ΔL_1 和相对伸长 $\Delta L_1/L$，即

$$\Delta L_1 = \left[2\pi(R+b) - 2\pi\left(R + \frac{b}{2}\right)\right]k \tag{3-1}$$
$$= \frac{bL}{2R+b}$$

$$\frac{\Delta L_1}{L} = \frac{b}{2R+b} \tag{3-2}$$

根据以上两个公式可知，版面变形随印版利用系数的增大而增加。当印版厚度一定时，版面变形随印版滚筒半径的增大而减小；当印版滚筒半径一定时，版面变形随印版厚度的增大而增大。

胶印高速轮转机的印刷速度很高，印版滚筒的半径比较小，若提高印版的利用系数，则使版面变形增大。为了控制版面变形，只能把印版做薄，如把 PS 版的厚度做到 0.30mm 或者 0.15mm。对于多层金属版来说，表面镀层不能过厚，否则会因版面变形过量致使铬层局部崩裂，形成密布的龟纹，引起印版非图文部分的粘脏。此外，还要求套印的各印版有相同的厚度，而且厚薄均匀，这样各印版的变形大小接近，套印才能准确。

二、拉伸变形

从图 3-6 可以看到，固定到印版滚筒上的印版受到以下几个外力的作用：张紧印版的拉力 T、衬垫给印版的摩擦力 f 和正压力 N。这些力合起来构成的弯矩使印版产生弯曲变形，构成的沿周向的拉力使印版产生拉伸变形，如图 3-6（a）所示。

先来讨论印版拉伸变形的近似估算。

假定印版滚筒的半径非常大，印版上的一段可近似地看作平面，又不考虑衬垫给印版的摩擦力 f 和正压力 N，那么印版的拉伸便可看作等截面直轴的拉伸，如图 3-6（b）所示，相对变形 $\Delta L_2/L$ 可按下式计算。

$$\frac{\Delta L_2}{L} = \frac{T}{EA} \tag{3-3}$$

式中，E 是版材的弹性模量，常用单位是 N/cm² 或 kg/cm²；A 是印版的截面积。从式（3-3）中可以看到，当 E、A 一定时，印版由拉伸产生的相对伸长 $\Delta L_2/L$ 与印版的张紧力 T 成正比；当 T、A 一定时，$\Delta L_2/L$ 与 E 成反比；当 T、E 一定时，$\Delta L_2/L$ 与 A 成反比。PS 版、平凹版等金属版的弹性模量都是一定的，所以要减小 $\Delta L_2/L$，只能从减小印版张紧力和增大印版截面积两方面考虑，印版不可拉得太紧，要以固定住、不滑动为标准，弹性模量小的印版切不可做得过薄，否则会因截面积的大幅度下降而使印版产生过量的拉伸变形。应当指出的是，这些推论都是近似的和定性的。

下面进一步介绍印版拉伸变形的不均匀性。

根据图 3-6（a）可知，由于张紧力 T 的作用，印版一方面要承受衬垫给予的正压力 N；另一方面，因为印版和衬垫间有了相对移动的趋势，所以还受到衬垫对它的摩擦力 f，f 的方向是沿印版滚筒的周向的，其指向如图中所示。如果取印版的一段，把摩擦力 f 和正压力 N 考虑在内，受力图如图 3-6（c）所示。图 3-6（c）中 P_1 和 P_2 表示这段印版的两个断面上所承受的拉力。由于摩擦力的存在，平衡时必然有 $P_1>P_2$。由此得到，从 A 点到 C 点（从 B 点到 C 点也一样），印版各断面上轴向应力（单位面积上的拉力）是递减的，因而印版的拉伸变形也是递减的，A 点和 B 点的拉伸变形最大，C 点没有变形。这就是印版拉伸变形的不均匀性。印版拉伸变形不均匀，结果可能是印版表面产生局部的过量变形甚至断裂（在靠近 A、B 点的地方），也可能影响印版各部分的相对位置。

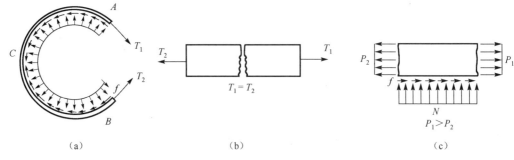

（a）　　　　　　　　　（b）　　　　　　　　　（c）

图 3-6　印版的拉伸变形

三、其他变形

印版固定在印版滚筒上以后，其主要变形是拉伸变形和弯曲变形，上面做了简略的分析。但是，在印版的安装和拆卸过程中，需要调节印版的位置，要敲击或拉动印版，印版便可能产生一些其他形式的变形。这是特殊的情况，要尽力避免这些变形的产生。

当印版需要做轴向移动的时候，必须先行消除对印版周向的张紧力，对印版周向的张紧力消除后，才可能使衬垫对印版的摩擦力消失或减小到足够的程度。否则在张紧力和摩擦力的参与下，当印版再受到轴向力 S 时，有可能出现图 3-7 所示的不正常变形。

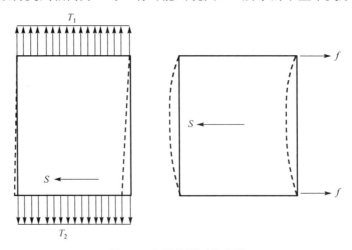

图 3-7　印版的不正常变形

当印版需要做周向移动的时候，要拉动印版的一端就必须消除印版另一端的张紧力，这样才可能松动，而且不能用力过大，否则会使印版的拉伸变形大幅度增加。

实际上，印版的轴向移动和周向移动要配合进行。经验表明，印版的周向移动距离与轴向移动距离之比等于印版的长宽比（一般胶印机是 5∶4）比较合适。

第四节 印版的耐印率

在保证印刷品质量的前提下，印版能承印的最高印刷数量叫作印版的耐印力，其与理论数量的比值称为印版的耐印率。例如，蛋白版的耐印力约为 1 万张，平凹版的耐印力为 3 万张到 5 万张，PS 版的耐印力约为 10 万张，多层金属版的耐印力为 50 万张以上。根据对产品质量的要求和印刷数量的多少选择耐印力不同的印版，可以降低印刷成本，缩短印刷周期。一般印刷数量很大的印刷品选用多层金属版来印刷，50 万张以下的印刷品选用 PS 版来印刷。

不同的胶印印版具有不同的耐印力，这是由印版的表面结构决定的。蛋白版亲油的图文部分是高出版基 3～5μm 的硬化蛋白膜，机械强度较低、不耐磨，因而其耐印率很低；多层金属版的亲油部分由耐磨、耐酸的铜和铬构成，因而其耐印率很高。

同一种胶印印版在印刷过程中，如果亲油薄膜或亲水薄膜易被破坏，版面上的砂目易被磨损，则印版的耐印率便会急剧下降。

一、印版的磨损

印版上的油墨在印刷压力的作用下，通过橡皮布转印到纸张或其他承印物的表面，印刷压力越大，橡皮布和印版之间的摩擦力也越大。

一般胶印机用两根着水辊给印版供水。用四根着墨辊给印版供墨，如图 3-8 所示。印版不仅受到橡皮布的摩擦，还受到着水辊和着墨辊的摩擦。如果油墨颜料的颗粒较大，着墨辊上有干涸的墨皮，纸张的掉毛、掉粉现象严重，那么大颗粒的颜料粒子、脱落下来的纸毛和纸粉、硬结的墨皮在着水辊、着墨辊、橡皮布与印版之间会起到磨料的作用，这就加剧了它们之间的摩擦。印刷机的制造精度不高、印刷机未调节好、印刷机的使用不当，都会引起额外的摩擦。

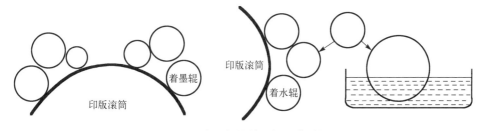

图 3-8 胶印机的着水辊、着墨辊

各类摩擦从印刷开始便对印版的表面结构起破坏作用，随着印刷数量的增加，印版表面被破坏的程度逐渐加剧。

胶印印版的非图文部分是由无机化合物形成的亲水薄膜。这层薄膜在印刷过程中被磨损后，铝质或锌质的版基会裸露出来，与润湿液中的无机酸发生化学反应，生成新的无机盐层。这就补充了被破坏的亲水薄膜，但在此过程中，印版的砂目却遭到了破坏，而这在印刷中是无法补救的。

　　如图 3-9 所示，印版的砂目被分成 A、B、C、D、E 五个等级。印刷开始后，A、B 级砂目先被磨损，但因保留着 C、D、E 级砂目，故印刷质量不会受到很大的影响。当 E 级砂目遭到磨损时，印版的砂目基本上被磨平了。这时，印版亲水部分的总表面积显著地减小，失去了隐藏水分的能力，无法抵抗油墨的浸润，开始吸附油墨，这便使得印刷品的非图文部分出现粘脏。这种情况在印版的叼口部分最为明显。印版的叼口部分与水辊、墨辊、橡皮滚筒接触时有明显的跳动现象，这部分承受着较大的冲击载荷，因而这里的砂目被破坏得最快，最易粘附油墨和起脏。印版的其余部分虽然性能良好，但叼口部分遭到严重磨损且无法补救，印版会因此而报废。

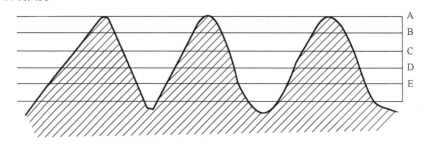

图 3-9　印版砂目的磨损

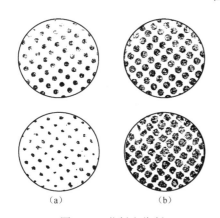

图 3-10　花版和糊版

　　胶印印版的图文部分和非图文部分一样，印刷一开始就受到各种摩擦。印版图文部分高调（亮调）部位的网点面积率小，亲水面积大于亲油面积，有利于润湿液的扩展。当网点周围的砂目被破坏后，润湿液随即浸入，形成亲水疏油的薄膜，网点面积随之缩小，造成"花版"，如图 3-10（a）所示。印版图文部分的低调（暗调）部位的网点面积率大，亲油面积大于亲水面积，有利于油墨的扩展，当网点周围的砂目被破坏后，油墨中游离的脂肪酸、亲水颜料等极性基被吸附，非极性部分伸向空间，形成亲油薄膜，网点面积扩大，造成"糊版"，如图 3-10（b）所示。

二、印版的电化学腐蚀与化学腐蚀

　　胶印印版的版材以锌版和铝版为主。这两种金属的机械强度都比较低，为提高其机械强度要加入少量的其他金属。例如，锌版中金属锌只占 90% 左右，其余 10% 为铅、镉、铁、锡、铜等金属，铝版中也含有少量的铁、镁、锰、铜等金属。由于多种金属在锌版和铝版中存在，所以当锌版和铝版的表面有电解溶液或水膜时，就会形成原电池。以锌版为例，锌的标准电极电位是 –0.7V，铜的标准电极电位是 +34V，两种金属的标准电极电位差很大，如果印版非图文部分的磷酸锌亲水盐层被破坏，图文部分剩余的墨层不足以保护亲油薄膜，亲油薄膜也被磨损，印版的砂目便会露出，并直接与润湿液接触，这就形成了原电池。原电池的阳极（负极）是锌，阴极（正极）是铜。在由锌、铜和润湿液组成的原电池中，锌以锌离子形态进入水膜，多余的电子移向铜，氢氧化锌很不稳定，脱水后生成氧化锌附着在锌表面上，这就是印版的电化学腐蚀，如图 3-11 所示，全部反应可表示为

阳极（锌）　　　　　　　$Zn-2e \Longrightarrow Zn^{2+}$

$$Zn^{2+}+2OH^- \Longrightarrow Zn(OH)_2$$

阴极（铜）　　　　　　　$2H^++2e \Longrightarrow H_2 \uparrow$

总的反应方程式

$$Zn+2H_2O \Longrightarrow Zn(OH)_2+H_2 \uparrow$$

$$Zn(OH)_2 \Longrightarrow ZnO+H_2O$$

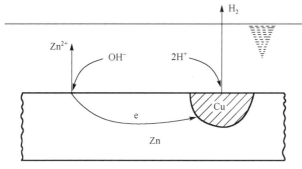

图 3-11　锌版的电化学腐蚀

锌版除发生上述电化学腐蚀外，在和含二氧化碳的潮湿空气接触时，还发生化学腐蚀，生成碱式碳酸锌，反应方程式为

$$4Zn+CO_2+3H_2O+2O_2 \Longrightarrow ZnCO_3 \cdot 3Zn(OH)_2$$

电化学腐蚀和化学腐蚀都会使印版遭到腐蚀，破坏印版表面的砂目，降低印版的耐印率。

三、印版耐印率的提高

各类摩擦是引起印版耐印率下降的主要原因。印刷中对印版的摩擦往往是不可避免的，如水辊、墨辊、橡皮滚筒对印版的摩擦。减少摩擦对印版的破坏是提高印版耐印率的重要途径。引起摩擦的原因很复杂，因素很多，如滚筒的包衬、滚筒间的距离、油墨和纸张的性能等。

电化学腐蚀和化学腐蚀也是导致印版耐印率下降的一个因素。为控制或减弱对印版的电化学腐蚀和化学腐蚀，在印刷中途停机时，要给印版擦拭阿拉伯胶液，胶液中的水分蒸发后，干结的胶膜层不仅降低了印版非图文部分的表面自由能，还隔绝了金属表面和空气的接触，阻止了印版非图文部分的电化学腐蚀和化学腐蚀。此外，为防止图文部分砂目的电化学腐蚀和化学腐蚀，可使着墨辊给印版供给足量的油墨，剩余的墨层对印版的图文部分起保护作用。

还有一些措施可以提高印版的耐印率，如调节油墨的干燥速度以防止油墨干燥过快造成干结的墨层堆积到印版上，清洗橡皮滚筒上的纸毛、纸粉，控制润湿液的酸度，气温高时及时降低印版表面的温度，保证印版供墨、供水的均匀性，等等。

第五节　印版的检查

在胶印印版晒好之后、未上版以前，要做全面的检查，以避免将不合格的印版用于印刷，进而生产出不合格的产品。这种检查主要包括印版版色的鉴别和印版深浅的检查。

一、印版的版色

晒制黄、品红、青、黑四色印版时，要在印版的非印刷部分标出印版的版色。新晒的印版上机前要对印版的版色进行复核，以免发生印版版色和油墨墨色不符合的印刷事故。

黄版的版色最好鉴别，网点角度为 90°的印版就是黄版。其他版色的印版，由于制版工艺不同，网点角度的选用比较灵活，可以根据生产厂家规定的网点角度来鉴别印版的版色。此外，还可利用网点面积率来鉴别印版的版色，具体的方法：把印版与单色样张对照，利用网点面积率的大小来判别印版的版色。例如，人物图像中唇部网点面积率大的印版是品红版，头发、眉毛处网点面积率大的印版是黑版，等等。

由于印刷工艺的改进，单一用网点角度或网点面积率不能准确地鉴别出印版的版色，所以要把上述两种方法结合起来。具体的做法是：先用 90°的网点角度鉴别出黄版，再用 45°的网点角度鉴别出主色版，其他两块印版的版色，根据印版图像上的网点面积率对照单色样张的网点面积率来判断。

二、印版的深浅

胶印印版的深浅层次是以网点面积率来表现的，若网点面积率大，则印版深；若网点面积率小，则印版浅。过深或过浅都不能使印刷品的阶调和色彩得到良好的再现，需对印版的网点面积率进行修正或者重新晒版。

由于油墨在印刷中铺展和光的双重反射作用，网点必然有一定的扩大。因此，每块印版的网点面积率都应略小于单色样张的网点面积率，不能比单色样张的网点面积率大。

用高倍率的放大镜观察印版各个部位的网点分布情况，并和单色样张上对应的各个部位的网点分布情况相对照，如果低调部位的小白点糊没、中间调部位50%的网点搭角太多，则说明印版太深；如果高调部位的小网点丢失，则说明印版太浅。这种检查印版深浅的方法很难掌握，想要做到准确无误，只能凭借长期积累的经验。另外，供四色机印刷的样张一般不附单色样张，用上面的方法将无法鉴别印版的深浅。较科学、先进的方法是利用信号条和测试条来检查印版的深浅，这种方法快速又准确。

信号条和测试条统称为质量控制条。信号条只提供定性的信息，供视觉检查；测试条可以提供数据，以便控制印刷品质量。信号条和测试条往往组合在一起，用来控制印刷品质量。

胶印质量控制条的种类很多，我国使用较多的有两种，一种是瑞士布鲁纳尔公司制作的布鲁纳尔控制条，另一种是美国印刷基金会研发的 GATF 控制条。这两种质量控制条都能同时控制晒版质量和印刷品质量，下面介绍如何用布鲁纳尔控制条的网点方块和150 线/英寸组成的细网图案块检查印版的深浅。

图 3-12 中右边的 6 个小方块分别为 0.5%、1%、2%、3%、4%、5%的网点。晒版时可根据要求选择哪一级网点保留或消失。如果规定 2%的网点要晒出来，结果晒版时 3%的网点存

在，而 2%的网点消失了，则说明印版过浅；反之，若不仅 2%的网点存在，而且 1%的网点也存在，则说明印版过深。

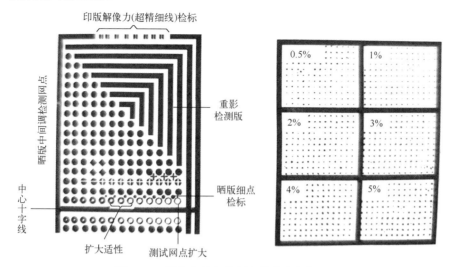

图 3-12　用布鲁纳尔控制条检查印版的深浅

在图 3-12 左边的细网线图案中，中心十字线将网线块分割成 4 个区域。这四个区域的网点数目都相同，每个区域中，紧靠中心十字线横线的第一排都有 13 个网点，其中第一个是实心的，其余 12 个是空心的，它们的网点面积率依次是 0.5%、1%、2%、3%、4%、5%、6%、8%、10%、12%、15%、20%。第二排是与第一排 12 个空心网点相对应的实心网点，网点面积率也与第一排相对应，通过观察网点消失的个数可以检查出印版的深浅。例如，样张上有第二排 4%的网点，印版上第二排 4%的网点却消失了，这说明印版过浅。如果各块印版消失网点的网点面积率相同，则说明印版的深浅也相同。

由中心十字线划分的每个区域内，都有 4 个 50%的标准方网点。正常情况下，4 个方网点的 4 个角恰好相连，如果方网点的 4 个角出现明显的搭角，则说明印版过深；如果方网点的 4 个角互相离开，则说明印版过浅。

除上述印版版色的鉴别与印版深浅的检查外，网点质量的检查也很重要。网点周边要完整，不可出现锯齿状缺口，每个网点的密度要均匀，中心不能有白点，否则吸附油墨的性能会下降。此外，还要检查版面的规线、角线、切口线、色标是否齐全，叼口尺寸是否符合印刷机的规格尺寸。有文字的印版要检查文字晒制的质量，要求笔和胶堆痕迹道均匀而无残缺。最后，要检查印版的清洁程度，要求版面无油污、脏点，背面不能黏附墨皮等。印版经全面检查后，若不立即上机，则应放在干燥、通风的地方保存，防止发生电化学、化学腐蚀。

复习思考题三

1．为什么选用铝版或锌版作为胶印印版的版材？它们的润湿性能是如何改变的？

2．常用的胶印印版有哪几种？它们的表面结构各有什么特点？

3．以表面自由能与热力学的基本理论为基础，分析平版印刷中，为什么只有先给印版供水，再给印版供墨，印刷才能正常进行？

4．印版的变形包括哪些？印版的弯曲变形和拉伸变形有哪些规律？

5．印版的厚度对印版的变形有怎样的影响？

6．拉版操作中要防止哪些不正常的印版变形？如何操作才是正确的？

7．什么是印版的耐印率？印版耐印率下降的主要原因有哪些？摩擦是怎样影响印版耐印率的？

8．什么是电化学腐蚀？其对印版的耐印率有何影响？

9．给新晒的印版擦胶的目的是什么？停机时为什么还要给印版擦胶？

10．如何提高印版的耐印率？

11．上版前的印版检查包括哪些内容？

12．如何鉴别印版的版色？

13．胶印对印版的深浅有何要求？如何检查印版的深浅？

14．试推导公式 $\sin\theta = 2h\gamma/(h^2+\gamma^2)$。把 6 号调墨油滴在光滑、洁净的金属平板表面，形成液滴，测得液滴的高为 0.03mm，底为 0.08mm，计算液体在平板上的接触角。试讨论该金属平板是亲油固体还是亲水固体？

15．把半径为 0.5mm 的玻璃毛细管垂直插入润湿液中，润湿液的密度为 1g/cm²，润湿液在毛细管中上升的高度为 2.9cm，试计算润湿液的表面张力。

16．把两块厚度和长度都相同的 PS 版分别包覆在半径为 R_A 和 R_B 的两个印版滚筒上，已知 $R_A>R_B$，试问哪种印刷机的印版相对伸长大？说明理由。

17．公式 $\Delta L_1 = \dfrac{Lb}{2R+b}$ 和 $\Delta L_2 = \dfrac{LT}{EA}$ 中各符号表示什么？这两个公式分别是在什么条件下得到的？各有什么物理意义？是否矛盾？

18．将版长为 610mm、版厚分别为 0.5mm、0.3mm 和 0.15mm 的 PS 版安装在半径均为 150mm 的三个印版滚筒上，试计算印版未紧固时各印版的相对伸长。从计算结果中，你能得到什么结论？

19．是否固体表面越粗糙，润湿性能越好？

20．试以平凹版为例，说明印版表面的润湿性能是如何改变的？

21．采取哪些措施可以保护平凹版非图文部分的润湿性能？说明理由。

第四章 印刷纸张的黏弹性

内容提要

本章首先介绍了黏弹性物体的剪切变形与弹性变形、黏性流动；其次介绍了黏弹性物体的流变特性、徐变现象、松弛现象、塑性流动；再次介绍了徐变现象、松弛现象、塑性流动的复合模型；最后介绍了纸张压缩的流变方程的建立及其方程参数的赋值。

基本要求

1. 了解黏弹性物质、弹性、黏弹性、塑性及黏弹性物体的形变特点。
2. 了解徐变现象、松弛现象、塑性流动的数学表达式。
3. 掌握将工程问题抽象为数学模型的一般方法。
4. 熟悉徐变现象、松弛现象、塑性流动的基本规律与印刷过程的相互联系。
5. 重点掌握纸张 "Z" 向压缩的特点和在压力作用下的流变方程及其在印刷中的应用。

如前文所述，纸张是由大小不同、长短不齐的纤维交织形成的薄膜物质，主要成分是天然纤维素。天然纤维素本身是由碳、氢、氧元素构成的高分子碳水化合物，既有结晶部分又有非结晶部分，结构比较复杂。另外，纸张中还有填料和胶料，它们又各自有不同的物理属性，从而使纸张的力学特性既不同于弹性物体或塑性物体，又不同于理想流体。当纸张受力变形时，既会呈现弹性变形的某些特征，又呈现流体的黏性，称之为黏弹性现象。这种黏弹性现象不能用一般的弹性理论和塑性理论来解释，因为在一般弹性理论和塑性理论的形变规律中，并不包含作为独立参数的时间。例如，在弹性理论中，形变是由在指定时刻作用的力来决定的，而它与以前的加载历程无关；在塑性理论中，虽然需要知道物体由于以前的加载而得到的应力和形变状态，但是若荷载本身不变，则根据假设求得的新形变维持不变。而在实际的材料中，大多数的形变数值并非常量，而是与加载的速度有关，这表明其基本规律中包含时间因素。研究物体所受外力及其作用时间与变形或流动规律的科学属于流变学范畴。为了研究纸张的印刷适性、了解印刷用纸的压缩特性，同时为了以后研究油墨的流变特性，本章着重介绍流变学的基本概念。

第一节 弹 性 变 形

对于理想的弹性物体来说，在弹性极限以内，其应力 σ 与应变 ε 的关系由胡克定律来描述：

$$\sigma = E\varepsilon \tag{4-1}$$

式中，E 为物体弹性模量或称为杨氏模量，它体现了物体抵抗变形的阻力，其因次为单位面积的力。

如果应力为图 4-1 所示的切应力 τ，则切向应变 γ 与切应力 τ 的关系为

$$\tau = G \cdot \gamma \tag{4-2}$$

式中，G 为物体剪切弹性模量；γ 为相对剪切变形。由图可知

$$\gamma = \tan \alpha = \frac{\Delta X}{r} \tag{4-3}$$

变形规律服从胡克定律的物体称为胡克物体，也是理想的弹性物体。其相对变形量是应力的直线函数。在物体变形中，服从胡克定律的最大应力称为比例极限。

由式（4-2）可知，这种理想弹性物体的变形与作用力在时间上是同相的，变形量仅与应力大小有关，而与作用时间长短无关。

考虑到时间因素，即如果应力随时间变化，则公式（4-2）可写成：

$$\frac{\mathrm{d}\gamma}{\mathrm{d}t} = \frac{1}{G} \cdot \frac{\mathrm{d}\tau}{\mathrm{d}t} \tag{4-4}$$

弹性变形的力学简化模型如图 4-2 所示，用以表示弹性变形的历程或在变形时能量的贮存。

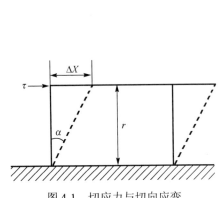

图 4-1 切应力与切向应变

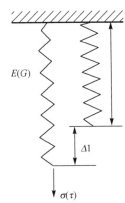

图 4-2 弹性变形的力学简化模型

第二节 黏 性 流 动

在流动的液体中，如果由于某些外界原因使得各层液体的流速不同，则在两层流动速度不同的液层之间有作用力和反作用力存在，作用于原来流速较高的液层的力使液层减速；作用于原来流速较低的液层的力使液层加速，这一对力称为液体的内摩擦力。一般液体都具有这种性质，称为液体的黏性。

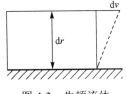

图 4-3 牛顿流体

牛顿黏性定律表明，对理想的黏性流体，切应力与流动的速度梯度成正比。设两层流体的速度差为 dv、两层平面间的距离为 dr（见图 4-3），则速度梯度 $D = \dfrac{\mathrm{d}v}{\mathrm{d}r}$，此时牛顿黏性定律为

$$\tau = \eta D = \eta \frac{\mathrm{d}v}{\mathrm{d}r} \tag{4-5}$$

式中，η 是切应力与相邻两层垂直于层面方向的速度梯度的比例系数，称为液体的黏性系数或黏度。黏度的单位为"泊"，其物理意义为：相邻面积为 $1cm^2$、相距 $1cm$ 的两层液体，以 $1cm/s$ 的速度做相对运动时，产生 $1dyn$ 的摩擦阻力的液体黏度称为 $1P$，即

$$1P = 1dyn \cdot s/cm^2$$

泊（P）的百分之一称为厘泊。

流动状态服从牛顿黏性定律的流体称为牛顿流体。黏度是牛顿流体固有的性质，它表示其抵抗流动的阻力，黏度越大的流体其内摩擦阻力越大。当温度不变时，黏度为一常量。水的黏度在 20℃时为 1002P。

速度梯度亦可写成变形对时间的变率，即

$$\frac{dv}{dr} = \frac{\partial}{\partial r}\left(\frac{\partial x}{\partial t}\right) = \frac{\partial}{\partial t}\left(\frac{\partial x}{\partial r}\right) = \frac{d\gamma}{dt}$$

因此，牛顿黏性定律也可写成

$$\frac{d\gamma}{dr} = \frac{\tau}{\eta} \tag{4-6}$$

由式（4-6）可知，切应力与切变应力率成正比，因此，在相对静止状态下，其切应力必然等于零。这也就是说，理想的牛顿流体不同于固体，静摩擦力是不存在的。

此外，一牛顿流体的流动变形量不仅与作用力的大小有关，而且与作用的时间长短有关。

黏性流动的力学简化模型可用图 4-4 所示的阻尼缸表示，用以展示牛顿流体流动的历程或在变形时能量的消耗。

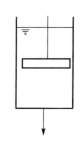

图 4-4　阻尼缸

第三节　黏弹性物体的流变特性

理想的弹性物体和理想的黏性物体实际上是不存在的。许多物体，特别是高分子聚合物，包括纸张、油墨等印刷材料在内，其变形规律是复杂的，既有敏弹性现象，又有滞弹性和塑性流动的现象。黏弹性物体的受力变形不仅与应力的大小有关，而且与这些变形的发展速度有关。它们具有不依赖于时间的应力、能使变形随时间变化或者不依赖于时间的变形、能使应力随时间而变化的特性。前一特性称为徐变现象，后者称为松弛现象。

一、徐变现象

徐变现象是物体变形在荷载不增加的情况下随时间发展的不平衡过程。

设某种物体兼有弹性物体和黏性物体的变形特性，而且当有外力作用于该物体时，弹性与黏性同时起作用。为了研究这种物体的变形规律，假定该物体是由弹性构件和黏性构件并联组成的，可用图 4-5 所示的力学简化模型来描述，这种模型常被称为 Voigt 模型。

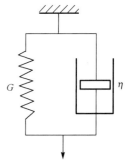

图 4-5　Voigt 模型

当外力作用在相当于 Voigt 模型的试件上时，外力将同时作用于弹性构件和黏性构件。其总应力应该是两部分之和，可根据式（4-2）、式（4-5）求得

$$\tau = Gr + \eta D$$

或写为

$$\tau = G\gamma + \eta\frac{\mathrm{d}\gamma}{\mathrm{d}t} \tag{4-7}$$

为了讨论这种物体在外力不变情况下的变形状态，现将上式整理如下。

设外力不变，试件的应力为一常量，即 $\tau = \tau_0 = $ 常数，则式（4-7）可写成

$$\tau_0 = G\gamma + \eta\frac{\mathrm{d}\gamma}{\mathrm{d}t}$$

对其进行积分，得

$$-\frac{1}{G}\ln(\tau_0 - G\gamma) = \frac{t}{\eta} + C$$

当 $t = 0$ 时，变形还未发生，即 $\gamma = 0$，代入上式可得，积分常数 $C = \dfrac{-1}{G}\ln\tau_0$，因此，

$$-\frac{1}{G}\ln(\tau_0 - G\gamma) = \frac{t}{\eta} - \frac{1}{G}\ln\tau_0$$

整理后得

$$-\frac{G}{\eta}\cdot t = \ln\frac{\tau_0 - G\gamma}{\tau_0}$$

用指数形式表达，即

$$\mathrm{e}^{-\frac{G}{\eta}\cdot t} = \frac{\tau_0 - G\gamma}{\tau_0} = 1 - \frac{\gamma}{\tau_0}G$$

所以变形的表达式为

$$\gamma = \frac{\tau_0}{G}(1 - \mathrm{e}^{-Gt/\eta})$$

再用 λ 代替 η/G，可得

$$\gamma = \frac{\tau_0}{G}(1 - \mathrm{e}^{-t/\lambda}) \tag{4-8}$$

式中，τ_0/G 为一个单纯弹性构件的剪切弹性模量为 G、切应力为一常量 τ_0 时的相对剪切变形，以 γ_∞ 表示，即

$$\gamma_\infty = \frac{\tau_0}{G}$$

因此式（4-8）可写成

$$\gamma = \gamma_\infty(1 - \mathrm{e}^{-t/\lambda}) \tag{4-9}$$

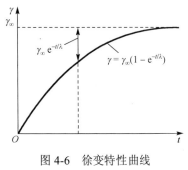

图 4-6　徐变特性曲线

为了进一步表明式（4-9）的物理含义，可以 γ 为纵坐标，以 t 为横坐标描绘上述方程，利用得到的图 4-6 所示的徐变特性曲线来分析。

1. 当外力一定，即物体的应力不变时，变形随作用时间的增加而逐渐从零呈指数增加，并逐渐趋近于最大变形量 $\gamma_\infty = \tau_0/G$。这种不增大外力而缓慢变形的现象称为黏弹性物体的徐变现象。这种变形的缓慢程度由 λ 值来决定，λ 称为

延迟时间，其值取决于黏弹性物体的固有特性 η 与 G 的比值。

当作用时间恰好等于 λ 值时：

$$\gamma = \gamma_\infty(1 - \mathrm{e}^{-t/\lambda}) \approx 0.632\gamma_\infty$$

也就是说，当外力作用时间为 η / G 时，变形量达到最大变形量的 63.2%。

2. 当外力作用于相当于 Voigt 模型的黏弹性物体一段时间之后，再保持其变形量不变时，式（4-7）中 $\dfrac{\mathrm{d}\gamma}{\mathrm{d}t} = 0$，则

$$\tau = G\gamma + \eta\frac{\mathrm{d}\gamma}{\mathrm{d}t} = G\gamma$$

此时，切应力与应变的关系相当于单纯弹性构件的变形规律。

总之，对于相当于 Voigt 模型的黏弹性物体，当应力一定时，其出现徐变现象；当变形量一定时，其相当于单纯弹性构件。

二、松弛现象

松弛现象就是物体在恒定应变条件下，应力随时间而改变的不平衡过程。

某些物体的变形规律相当于弹性构件与黏性构件串联受力的变形特征，这类物体的受力变形状态可用图 4-7 所示的力学简化模型（一般称为 Maxwell 模型）来表达。

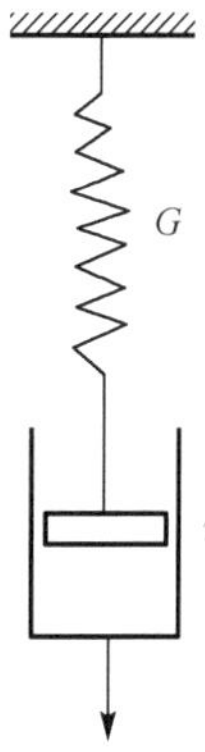

当外力作用在相当于 Maxwell 模型的物体上时，表现出的黏弹性变形为式（4-3）、式（4-5）之和，即表达式可写成

$$\frac{\mathrm{d}\gamma}{\mathrm{d}t} = \frac{1}{G}\frac{\mathrm{d}\tau}{\mathrm{d}t} + \frac{\tau}{\eta}$$

即

$$\frac{\mathrm{d}\tau}{\mathrm{d}t} = G\frac{\mathrm{d}\gamma}{\mathrm{d}t} - \frac{\tau}{\eta}G$$

代入 $\lambda = \dfrac{\eta}{G}$，可得

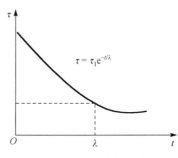

图 4-7　Maxwell 模型

$$\frac{\mathrm{d}\tau}{\mathrm{d}t} = G\frac{\mathrm{d}\gamma}{\mathrm{d}t} - \frac{\tau}{\lambda} \tag{4-10}$$

当变形量一定，即 $\dfrac{\mathrm{d}\gamma}{\mathrm{d}t} = 0$ 时，由式（4-10）可得

$$\frac{\mathrm{d}\tau}{\mathrm{d}t} = -\frac{1}{\lambda}\tau$$

对上式进行积分，边界条件为当 $t = 0$ 时 $\tau = \tau_1$，可得

$$\tau = \tau_1\mathrm{e}^{-t/\lambda} \tag{4-11}$$

以 τ 为纵坐标，以 t 为横坐标描绘 τ-t 曲线，如图 4-8 所示。

由图 4-8 可知，当变形量一定时，初始应力为某个定值，随着作用时间的增加，应力逐渐变小，直至趋近于零，这种应力逐渐变小的现象称为黏弹性物体的应力松弛现象。λ 称为松弛时间，其物理含义与延迟时

图 4-8　松弛特性曲线

间不同，但其数值上同样取决于黏弹性物体的固有特性 η 与 G。当作用时间 $t = \lambda$ 时：

$$\tau = \tau_1 \frac{1}{e} \approx 0.368\tau_1$$

也就是说，当作用时间为 η / G 时，应力减小到初始应力的 36.8%。

此外，若在外力作用过程中，保持应力不变，则式（4-10）中，$\dfrac{\mathrm{d}\tau}{\mathrm{d}t} = 0$，即

$$\frac{\mathrm{d}\gamma}{\mathrm{d}t} = \frac{1}{G}\frac{\mathrm{d}\tau}{\mathrm{d}t} + \frac{\tau}{\eta} = \frac{\tau}{\eta}$$

此时，黏弹性物体相当于黏性构件。

总之，对于相当于 Maxwell 模型的黏弹性物体，当变形量一定时，出现应力松弛现象；当应力一定时，则其相当于一单纯黏性构件。

三、塑性流动

如前文所述，理想牛顿流体的各流层之间是不存在静摩擦力的。也就是说，在相对静止状态下，应力是不存在的。但是实际上，某些流体并不完全服从牛顿黏性定律，例如，印刷油墨等具有塑性流动性质。这种塑性流动性质表现为：当流体承受较小的外力，各流层之间的切应力还未达到一定数值时，流体是不产生相对流动的，只有当外力增加，流层之间的切应力超过某一极限值时，流体才开始产生相对流动，此极限值一般称为流体的屈服值。

上述这种现象与一块物体在一个平面上的摩擦滑动相类似。因此 St. Venant 曾以固体间的摩擦滑动模型来模拟流体的塑性流动现象，不同之处在于他假定静摩擦力和动摩擦力完全相等，这种模型称为 St.Venant 模型，如图 4-9 所示。

如果流体应力超过屈服值后，流体的流动状态服从黏性流动，即应力与屈服值之差与变形对时间的变化率成正比，则这种流体称为宾厄姆（Bingham）流体。其流动状态称为宾厄姆流动，可用图 4-10 所示的模型模拟其流动状态，其数学表达式为

$$\begin{cases} \dfrac{\mathrm{d}\gamma}{\mathrm{d}t} = 0 & \tau < \tau_0 \\ \dfrac{\mathrm{d}\gamma}{\mathrm{d}t} = \eta_P(\tau - \tau_0) & \tau > \tau_0 \end{cases} \tag{4-12}$$

式中，τ_0 为屈服值；η_P 为塑性黏度。

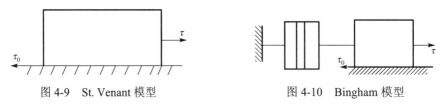

图 4-9 St. Venant 模型　　　　　　图 4-10 Bingham 模型

四、复合模型

高分子聚合物的变形、应力和作用时间的关系往往是很复杂的，具有敏弹性、滞弹性、黏性等力学特征的综合反应。如果采用某种基本模型或 Maxwell 模型、Voigt 模型这种最简单的基本复合模型，则难以描述其流变状态。为了描述荷载下物体性能的实际情况，通常需要

若干弹性构件、黏性构件或塑性构件共同组成较复杂的复合模型。例如，具有强化作用的黏弹性物体，其变形规律可由图 4-11 和图 4-12 所示的模型来表达；具有强化作用的黏塑性物体，其变形规律可由图 4-13 所示的模型来表达。

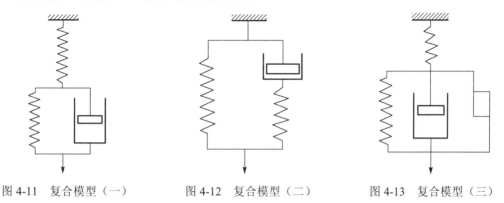

图 4-11　复合模型（一）　　　　图 4-12　复合模型（二）　　　　图 4-13　复合模型（三）

总之，可以用多个基本模型进行不同的组合，力求达到近似所研究物体的变形特性，用数学表达式来说明其变形规律。

第四节　纸张"Z"向压缩流变特性

在研究纸张的力学特性时，通常采用 $oxyz$ 坐标系。一般把纸张平面定为"Y"平面，把垂直于纸面的方向取为 Z 轴，即称之为"Z"向。在印刷过程中，纸张"Z"向受到冲击式加压作用，从而使纸张在"Z"向上产生一定的弹性、黏弹性和塑性变形。

在印刷过程中，为了获得良好的印刷品，要求墨层均匀，印迹清晰，印版图文部分与印刷纸有充分的密着，也就是说要有良好的弹性接触。影响相互密着的有印版、纸张和印刷设备三个方面的因素。以凸印为例，印版的图文部分理论上应该在同一印刷面上，但实际上由于制版条件的限制，图文部分并不是正好在同一印刷面上。另外，印刷机滚筒的形位误差和印版、纸张、包衬材料在厚度、方向上的不均匀性也使印版图文部分不能完全位于同一印刷面上。在纸张方面，因纸张是由纤维交织成的网状多孔物质，不但厚度不均匀，而且其表面结构也是凹凸不平的，基于以上三方面原因，印刷时必须有适当的印刷压力，其作用之一就是要使纸张在"Z"向产生一定变形，以确保纸张和所有印刷面都有良好的弹性接触，这样才有可能把印版上的图文清晰地转移到纸张上来。当纸张离开加压区后，其要能迅速复原而无残余变形存在，这就要求纸张具有良好的压缩特性。

印刷压力、加压时间和纸张变形之间究竟存在着什么关系？纸张产生残余变形的极限压力有多大？描述印刷适性的纸张平滑度在加压状态下又是如何变化的？这种变化对油墨转移有何影响？从理论和实践结合的角度弄清这些问题，不但对印刷过程机理的研究、促进印刷过程数据化、规范化有一定价值，而且对印刷机设备某些参数的选取具有现实意义。因此，对于纸张"Z"向压缩流变特性的研究引起了造纸、印刷和印刷机工作者的重视。

一、纸张的压缩特性

目前，实测纸张"Z"向压缩特性仍然是一种用来分析各种因素对纸张压缩特性影响的

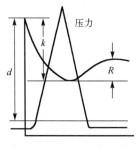

图 4-14 压力、变形与
加压时间的关系

有效方法。

M.Jackson 曾以各种不同纸浆制造的纸张为对象进行压缩试验，利用自动记录仪记录纸张加压后，压力、变形及加压时间的关系，如图 4-14 所示。其中，d 为纸张的原始厚度；k 为压力最大时的全部压缩量；R 为压力消除后的弹性恢复量；P 为永久变形量（$P = k-R$）。

图 4-15、图 4-16 所示为纸浆打浆度与纸张压缩率的实测关系。图中符号如下：A 代表经过漂白的亚硫酸法红松纸浆；B 代表未经过漂白的牛皮纸红松纸浆；C 代表未经漂白的亚硫酸法红松纸浆；D 代表经过漂白的牛皮纸红松纸浆；E 代表磨木浆；F 代表经过漂白的亚硫酸法桦木纸浆；G 代表未经漂白的牛皮纸桦木纸浆；H 代表经过漂白的半化学桦木纸浆；k/d 代表弹性恢复率。

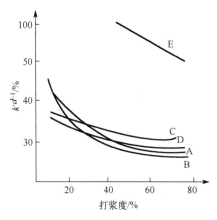

图 4-15 纸浆打浆度与纸张压缩率的
实测关系（一）

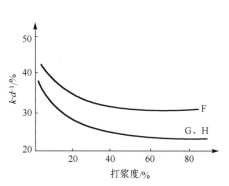

图 4-16 纸浆打浆度与纸张压缩率的
实测关系（二）

由图 4-15、图 4-16 可知，一般经过漂白的纸浆制造的纸张较未经漂白的纸浆制造的纸张压缩率大，可能是由于漂白液的膨润作用所致；阔叶树木材纸浆制造的纸张较针叶树木材纸浆制造的纸张的压缩率小；水磨浆制造的纸张的压缩率较化学木浆制造的纸张大十倍左右。

图 4-17 所示为纸浆的打浆度与纸张弹性恢复率的关系，一般未经漂白的纸浆制造的纸张较经漂白的纸浆制造的纸张弹性恢复率大；磨木浆制造的纸张的弹性恢复率较小。

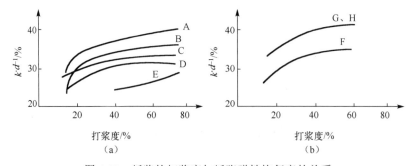

图 4-17 纸浆的打浆度与纸张弹性恢复率的关系

日本森木正和曾对纸张的压缩性与弹性进行过实验，得到的数据如表 4-1 所示。由表 4-1

可知，西班牙草木植物纸浆（Spanish Grass）制造的纸张的压缩率比较大。目前，国外铜版纸多掺有西班牙草木植物纸浆，这种草浆与我国的龙须草浆性质相似。

表4-1 纸张的压缩性与弹性

压缩性与弹性	制造纸张所用的纸浆		
	针叶树与阔叶树混合纸浆	稻草纸浆	西班牙草木植物纸浆
原始纸厚（μm）	109	114	171
全压缩量（μm）	35.0	37.1	95.0
弹性恢复量（μm）	15.5	17.0	27.8
永久变形量（μm）	19.5	20.1	67.2
纸张压缩率（%）	32.1	32.5	55.6
弹性恢复率（%）	44.3	45.8	29.3
塑性变形率（%）	55.7	52.2	70.7

铜版纸的表层涂有涂料，涂料量对压缩率和弹性恢复率的影响如图4-18所示。涂料层越厚，压缩率越小，而弹性恢复率几乎不变。

纸张含水量也对纸张的压缩特性有较大的影响。图4-19所示为纸张含水量与压缩特性的关系，含水量增加使纸质柔软，压缩率随之增大，弹性恢复率减小。

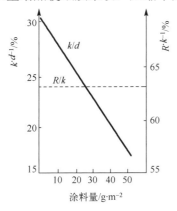

图 4-18 涂料量对压缩率和弹性恢复率的影响　　图 4-19 纸张含水量与压缩特性的关系

二、纸张压缩流变方程图

纸张是由长短不齐的纤维、填料、胶料组成的。所有组成物质均有不同的物理属性，纤维平行于纸面呈无规则排列，这种具有复杂物质结构的纸张，若想用一个力学模型来表达它的压缩流变特性是十分困难的，必须对纸张进行压缩试验，详细记录其流变过程，分析其变形的属性，做出若干简化的假定，才能建立模拟纸张变形规律的模型。

有人曾对铜版纸和不含磨木浆的压光纸施加 $183.26N/cm^2$ 的压力，加压 5～6h 后，解除压力，再经过 36h，观察其变形量，并以时间为横坐标，以相对变形 ε 为纵坐标记录其变形量，得到图 4-20 所示的曲线。由图可知，加压之初，纸张的应变立即由 0%上升到 3%～7%，表现出敏弹性的性质，加压 5～6h，在此时间段内又表现为黏弹性的性质，压力解除之后，纸张不能恢复到原有厚度，又有塑性变形的特点。因此，为了所建立的模型能接近纸张的实际

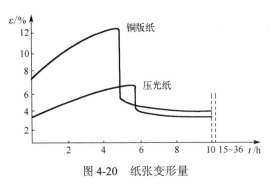

图 4-20　纸张变形量

变形过程，可进行如下几点假定和物理描述。

（1）纸张是由弹性构件、黏性构件和塑性构件组成的复合体，在受力后表现出敏弹性、滞弹性和塑性变形特性。

（2）纸张在单位体积内平行于"Z"向存在 n 个压缩弹性模量不同的弹性构件。当外力一定时，在单位体积内有 P（$P < n$）个弹性构件受压。现将这些受压弹性构件的综合当量弹性模量计作 E_1。显然，外力大小改变会引起加压元件与纸张实际接触面积的改变，受力的弹性构件数 P 发生变化，使得综合当量弹性模量 E_1 发生变化，成为压力的函数。为了简化计算，可假定一种纸张在印刷压力范围内的基 E_1 为常量。

（3）纸张在单位体积内也存在 m 个黏性系数不同的黏性构件。当外力一定时，在单位体积内有 q（$q < m$）个黏性构件受力，将这些受力的黏性构件的综合当量黏性系数计作 η_2，这些黏性构件在综合当量弹性模量为 E_2 的弹性构件的并联作用下，压力解除后能全部恢复变形，即纸张表现出滞弹性特性。同样，为了简化计算，假定一种纸张在印刷压力范围内的 η_2、E_2 均为常量。

（4）当外力足够大时，在单位体积内受压的黏性构件增多，压力解除之后，有一部分黏性构件不能复原而形成永久变形，这些黏性构件的综合当量黏性系数计以 η_3。

（5）纸张进入印刷滚筒时，受到的线压和由 0 到 D_{max}，经过最大压力后又恢复到 0，其压力分布如图 4-21 中虚线所示。在这里为了分析方便，可用图 4-21 中的实线来替代，即压力为一常量，这种假定也符合纸张裁切时压纸力的加压状态。

综上所述，结合图 4-20 可建立纸张"Z"向压缩流变模型，如图 4-22 所示。此模型中，E_1 将能模拟纸张的敏弹性，并联的 E_2、η_2 能模拟纸张的徐变现象，并联的滑块 F 和阻尼缸 η_3 能模拟纸张的永久变形。三者串联的五要素模型能反映图 4-8 所示的纸张受压后的变形状态。

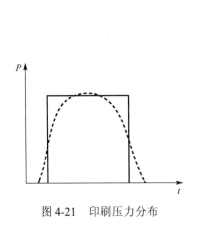

图 4-21　印刷压力分布

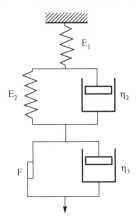

图 4-22　纸张"Z"向压缩流变模型

根据以上模型可得，变形、压力、时间之间相互关系的表达式为

$$\varepsilon = \varepsilon_1 + \varepsilon_2 + \varepsilon_3 \tag{4-13}$$

$$E_1\varepsilon_1 = P \tag{4-14}$$

$$\eta_2\frac{\mathrm{d}\varepsilon_2}{\mathrm{d}t} + E_2\varepsilon_2 = P \tag{4-15}$$

$$\begin{cases} \varepsilon_3 = \dfrac{P-F}{\eta_3}t & P>F \\ \varepsilon_3 = 0 & P\leqslant F \end{cases} \tag{4-16}$$

式中，ε_1 为和加压时间同相的弹性压缩的相对变形；ε_2 为和加压时间不同相的滞弹性压缩的相对变形；ε_3 为外力过大时产生的塑性变形；F 为不产生塑性变形的极限压力；P 为纸张单位面积所受的力。

三、纸张在"Z"向压缩的流变方程

根据纸张"Z"向压缩流变模型确立的表达式 $\varepsilon = f(P,t)$ 来建立流变方程。

由于压力大小不同、纸张的变形不同，外力解除后，敏性或滞性地完全恢复变形。定义开始产生永久性变形的极限压力为 F，当 $P\leqslant F$ 时，纸张能在外力解除后，敏性或滞性地完全恢复变形。当 $P>F$ 时，纸张在外力解除后留下永久变形，其结果如图 4-23 所示。

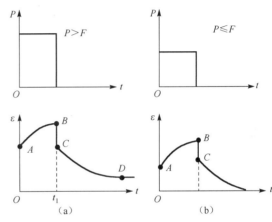

图 4-23 纸张"Z"向压缩流变曲线

下面分析 $P>F$ 时的变形状态。

OA 段：纸张受力的瞬间，模型中由于存在 η_2、η_3 阻尼装置，使 $\varepsilon_2 = 0$，$\varepsilon_3 = 0$，仅有 E_1 起作用，所以变形方程为

$$\varepsilon = \varepsilon_1 = \frac{P}{E_1} \tag{4-17}$$

AB 段：纸张受力从 $t=0$ 开始到 $t=t_1$ 为止，由于模型中黏弹性构件起作用，纸张具有徐变现象，所以变形方程为

$$\eta_2\frac{\mathrm{d}\varepsilon_2}{\mathrm{d}t} + E_2\varepsilon_2 = P$$

$$\eta_3\frac{\mathrm{d}\varepsilon_3}{\mathrm{d}t} = P-F$$

令 $\dfrac{\eta_2}{E_2} = \lambda$，称 λ 为徐变时间。

当 $t=0$ 时，$\varepsilon_2=0$，$\varepsilon_3=0$，解微分方程可得

$$\varepsilon_2 = \frac{P}{E_2}(1-\mathrm{e}^{-t/\lambda})$$

$$\varepsilon_3 = \frac{P-F}{\eta_3}t$$

所以 AB 段曲线可以由下式描述：

$$\varepsilon = \frac{P}{E_1} + \frac{P}{E_2}(1 - e^{-t/\lambda}) + \frac{P - F}{\eta_3}t \qquad (4\text{-}18)$$

BC 段：当外力在 $t = t_1$ 时解除的瞬间，弹性装置 E_1 立即返回初始位置，变形立即由 ε_B 降至 ε_C，ε_B 与 ε_C 分别为

$$\varepsilon_B = \frac{P}{E_1} + \frac{P}{E_2}(1 - e^{-t_1/\lambda}) + \frac{P - F}{\eta_3} \cdot t_1$$

$$\varepsilon_C = \frac{P}{E_2}(1 - e^{-t_1/\lambda}) + \frac{P - F}{\eta_3}t_1 \qquad (4\text{-}19)$$

CD 段：当 $t > t_1$ 时，外力全部解除，纸张产生的徐变现象恢复，其变形方程为

$$\eta_2 \frac{\mathrm{d}\varepsilon_2}{\mathrm{d}t} + E_2\varepsilon_2 = 0$$

解微分方程得

$$\varepsilon_2 = \frac{P}{E_2}(1 - e^{-t/\lambda})e^{-(t-t_1)/\lambda}$$

考虑到外力解除后，黏性构件 η_3 不再恢复，其变形为不变值，即

$$\varepsilon_3 = \frac{P - F}{\eta_3}t_1$$

所以，CD 段可用下式来描绘其变形曲线：

$$\varepsilon = \varepsilon_2 + \varepsilon_3 = \frac{P}{E_2}(1 - e^{-t/\lambda})e^{-(t-t_1)/\lambda} + \frac{P - F}{\eta_3}t_1 \qquad (4\text{-}20)$$

综上所述，当外力较大，纸张产生永久变形时，其变形方程可由式（4-17）～式（4-20）、分别表示。

当外力小于或等于产生永久变形的极限压力（$P \leqslant F$）时，其变形方程可从式（4-18）～式（4-20）三式中减去 $\dfrac{P - F}{\eta_3}t$ 项得到。

四、流变方程参数的确定

流变方程是否能如实反映纸张的压缩变形规律，或者说与实际变形状态相差大不大，关键取决于纸张特性参数（E_1、E_2、η_1、η_2、F）的正确确定。由于造纸原料、成分和造纸工艺的差异，各种纸张有其不同的特性参数，这些参数是压力函数，因此从理论上导出参数值是困难的，也可以说是不太可能的。为了求得接近实际状态的参数值，可对某种纸张进行恒压试验，测得该纸张在恒压下和解除压力后的流变实验曲线，利用这些实测数据来拟合流变方程，从而对特性参数赋值。其步骤简述如下。

（1）进行恒压实验，实测不同时间的变形量，绘制类似图 4-23（b）所示的变形曲线。实验用的压力不宜过大，以纸张不产生永久变形为原则。

（2）利用实验数据 ε_1 计算弹性模量 E_1，即

$$E_1 = \frac{P}{\varepsilon_1}$$

（3）将 AB 段的三组实验数据(t_a, ε_a)、(t_b, ε_b)、(t_c, ε_c)和已确定的 E_1 值分别代入下式：

$$\varepsilon = \frac{P}{E_1} + \frac{P}{E_2}(1 - e^{-t/\lambda}) \tag{4-21}$$

求得三条 $E_2 = f(\lambda)$ 的曲线，其交点分别为(E_{ab}, λ_{ab})、(E_{bc}, λ_{bc})、(E_{ca}, λ_{ca})。以此三点为顶点画三角形，其形心为所求的 E、λ 值，从而可由 $\lambda = \dfrac{\eta_2}{E_2}$ 求得 η_2 值。

此外，也可利用下述方法对 η_2、E_2 赋值。

在式（4-21）中，将 $e^{-t/\lambda}$ 进行泰勒展开，取其前两项，可得

$$\varepsilon \approx \frac{P}{E_1} + \frac{P}{E_2}\left[1 - \left(1 - \frac{t}{\lambda}\right)\right]$$

$$\varepsilon \approx \frac{P}{E_1} + \frac{P}{\eta_2}t \tag{4-22}$$

将实验数据代入式（4-22），可得 η_2 值。将 η_2 及实验数据代入式（4-21），E_2 值即可得到。

（4）以不同的较大压力（能使纸张产生永久变形的压力）P_a、P_b 和不同的加压时间 t_a、t_b 进行实验，分别测得 ε_a、ε_b，分别代入 $\varepsilon_3 = \dfrac{P - F}{\eta_3}t$，可得

$$\varepsilon_a = \frac{P_a - F}{\eta_3} \cdot t_a$$

$$\varepsilon_b = \frac{P_b - F}{\eta_3} \cdot t_b$$

两式相除则可消去 η_3、算出 F 值，再代入 $\varepsilon_3 = \dfrac{P - F}{\eta_3}t$，即可算出 η_3 值。

从以上讨论中，可得如下结论。

（1）纸张在"Z"方向的压缩变形状态可用五要素模型来描述。

（2）可利用五要素模型分段求出流变方程 $\varepsilon = f(P, t)$ 来表示纸张变形与压力、加压时间的关系。

（3）纸张压缩变形特性参数可根据实验数据拟合上述流变方程来确定。

复习思考题四

1．解释如下术语概念：黏弹性、弹性、塑性、徐变、松弛、"Z"向压缩。

2．试根据图 4-5 建立徐变现象的数学模型。

3．试根据图 4-7 建立松弛现象的数学模型。

4．根据图 4-22 和 4-23 建立纸张"Z"向压缩流变方程，并对方程中的参数赋值。

5．如何把纸张"Z"向压缩的流变方程与印刷过程有机结合，并指导实际印刷过程的质量控制？

第五章 印刷油墨的流变性

内容提要

本章首先在讲述油墨流动性的基本性能的基础上,介绍了油墨黏度与黏性的区别与联系;其次讲述了基本流体的流动型式(流型)、黏度与屈服值对油墨传递转移的影响,主要介绍了油墨的流变特性与基本流体的数学表达式;再次介绍了流变方程的建立及其在印刷过程中的应用;最后介绍了几种典型的流变曲线及其特点。

基本要求

1. 了解油墨流动性、黏度、黏性与屈服值的基本概念。
2. 掌握油墨流变的基本形式。
3. 重点掌握油墨流变方程、曲线及其在印刷过程中的应用。
4. 掌握如何用基本流变方程分析油墨的流变特性及其表述方法。

第一节 基 本 流 体

油墨的印刷适性与油墨在印刷过程中的流变行为密切相关,油墨的流变特性早已受到普遍的重视。油墨本身的成分、油墨在印刷过程中的受力情况非常复杂,致使油墨在印刷过程中呈现出复杂多样的流变状态,这给油墨流变特性的研究带来了很大的困难。

油墨在一般情况下呈流体状态,具有黏滞性,在切力作用下做黏性流动;在高速转移的情况下,力的作用时间非常短暂而近似于冲击,油墨又会明显地表现出弹性,油墨是一种黏弹性流体。黏弹性流体的一个重要的特性是必须在流变行为中考虑时间效应。

本章讨论油墨的黏性流动,暂且不考虑油墨的弹性效应和时间效应;本章要介绍油墨的流动型式、黏度、流变方程和流变曲线等基本概念,这是深入研究油墨的流变特性和印刷适性的基础。

牛顿流体在流动过程中,切应力 τ 和切变速率 D 成线性关系:

$$\tau = \eta_N D \tag{5-1}$$

式中,η_N 为不依赖于切变速率 D 的常数,叫作牛顿流体的黏度。关于黏度这个概念,后面要进行深入的讨论。图 5-1 所示为几种典型牛顿流体的 τ-D 关系曲线,它们都是过原点 O 的直线,直线的斜率就是各自的黏度:

$$\eta_N = \tau / D \tag{5-2}$$

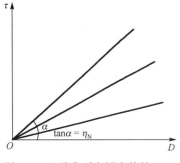

图 5-1 几种典型牛顿流体的 τ-D 关系曲线

在式(5-1)中,切应力 τ 和切变速率 D 是描述牛顿流体流变状态的力学变量;黏度 η_N 是表征牛顿流体物理性质的特性参量。一般来说,描述物体流变状态的力学变量和表征物体物理性质的特性参量的方程称为物体的流变方程。式（5-1）就是牛顿流体的流变方程。

在一般情况下，物体的流变行为要用两组方程来描述。一组是流变方程，这组方程的建立有多种方法；另一组是"场方程"，这组方程的建立依据是质量守恒原理、能量守恒原理和动量守恒原理。对牛顿流体来说，这两组方程的建立都没有什么困难，而且在许多给定的边值条件下，可求得解。然而，印刷过程中的油墨在大多数情况下，并不能看作牛顿流体。因此，研究印刷过程中油墨流变特性的第一步就是必须弄清油墨可能表现出的流动型式，并建立相应的流变方程。

油墨通常呈流体状态。流体微团在切应力的作用下很容易变形，流体微团变形的宏观表现就是流动。从研究流体流变特性的角度看，我们关心的不是流体切变 γ 本身，而是流体切变的快慢，即流体切变 γ 对时间 t 的变化率 D，$D = \gamma' = d\gamma / dt$。这是因为，给定的流体在给定的切应力 τ 的作用下，所产生的切变速率 D 是唯一的，而发生的切变 γ 却是没有限制的。事实上，流体的切变速率 D 是个可测的物理量，而流体的切变 γ 却是无法测量的。所以，我们可以用切应力 τ 和切变速率 D 作为构成流变方程的力学变量。如果以切变速率为横坐标，以切应力 τ 为纵坐标，在直角坐标系中绘制 τ-D 关系曲线，那么这就是流体的流变曲线。出现在流变方程中的物理特性参量主要是各种形式的流体黏度。

由切应力引起的流动称为剪切流动。实验表明，黏性液体的剪切流动可以分为五种主要的流型。油墨作为黏性液体，在印刷过程中所表现的流变行为大多在这五种流型之中。图 5-2 所示为五种流型的流变曲线，下面分别予以说明。

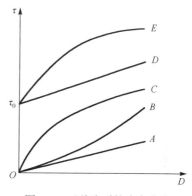

图 5-2 五种流型的流变曲线

曲线 A 代表的是牛顿流动，它表明：只要有切应力 τ，不管它多么小，在切应力 τ 的作用下，液体的切变速率 D 都瞬间产生，并且始终与切应力 τ 成正比。

曲线 B、C 同曲线 A 一样通过原点，同样表明：只要有切应力 τ，不管它多么小，在切应力 τ 的作用下，液体的切变速率都瞬间产生。但在切变速率产生以后，随着切应力的增加，曲线 B 代表的流型的切变速率增加得越来越快；而曲线 C 代表的流型的切变速率却增加得越来越慢。曲线 B 代表的流型叫假塑性流动；曲线 C 代表的流型叫胀流型流动。与此相应地，我们把符合假塑性流动规律的流体模型叫假塑性流体；把符合胀流型流动规律的流体模型叫胀流型流体。

曲线 D 代表的是宾厄姆流体的宾厄姆流动；曲线 E 代表的是塑性流体的塑性流动。这两种流型在前一章介绍过。它们的共同特点是当作用在流体上的切应力小于或等于某个确定的应力时，流体并不发生流动，这时切变速率为零；而当切应力大于这个确定的应力时，流体才发生流动，这个确定的应力叫流体的屈服应力或屈服值。它们的不同之处是当流动发生后，宾厄姆流动的切变速率随切应力成比例地增大；而塑性流动的切变速率却增加得越来越快。

假塑性流体、胀流型流体、宾厄姆流体、塑性流体统称非牛顿流体。印刷过程中的油墨在很多情况下要看作宾厄姆流体，但有时要看作胀流型流体，如雕刻凹版油墨，有时还要看作假塑性流体，如某些凹版油墨。

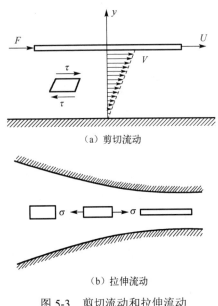

（a）剪切流动

（b）拉伸流动

图 5-3　剪切流动和拉伸流动

以上五类流型都是由剪切引起的流动，流体中的所有流体微团都呈现简单剪切变形状态，这样的流动称为剪切流动。图 5-3（a）所示为剪切流动，黏性流体充斥在两个平行平板之间，一板固定，另一板在力 F 作用下以匀速 U 平移，板间流体的运动就是剪切流动。

还有一种流动如图 5-3（b）所示，当流体通过截面积逐渐收缩的孔道时，流体微团在正压力作用下呈现拉伸变形状态，这种流动是近年来才引起重视的拉伸流动。事实上，任何一种真实的流动总是同时含有剪切流动和拉伸流动两种成分，纯粹的剪切流动和拉伸流动都是不存在的。有资料显示，在聚合物的加工过程中，拉伸流动的阻力可能比剪切流动的阻力大两个数量级，并由此推断，拉伸流动的成分只要占全部流动的1%，其作用就非常可观，甚至占支配地位。油墨在印刷过程中不断地被均匀化和转移，拉伸流动是存在的。油墨的拉伸流动是个有待进一步研究的课题。

剪切流动和拉伸流动都没考虑流动中的弹性效应，它们叫作非弹性流动。在非弹性流动中，出现在流变方程中的物理特性参量是流体的黏度和屈服值，其中黏度更具有普遍的意义。

第二节　黏度与屈服值

流体的黏滞性是流体在流动中表现出来的内摩擦特性，度量流体黏滞性的物理量为流体的黏度。流体的黏度与很多因素有关，如流体的切应力和切变速率、流体的温度和压力、作用力作用时间的长短，以及流体的组成、结构、浓度等。我们这里只讨论黏度和切应力、切变速率的依赖关系，并按照流体的切应力和切变速率间的关系来定义流体剪切流动时的黏度。

牛顿流体的黏度 η_N 是个不依赖于切变速率的常量，由式（5-1）来定义，η_N 的单位是泊（P）。

由于 η_N 有动力学的量纲，所以叫作流体的动力黏度。在讨论流体的运动时，经常出现比值 η_N/ρ，ρ 是流体的密度，由于 η_N/ρ 具有运动学的量纲，所以把这个比值叫作流体的运动黏度，记作

$$v = \eta_N/\rho \tag{5-3}$$

v 的单位是 m^2/s。在温度为 20℃、压力为 1atm（1atm = 0.101325MPa）的条件下，水的运动黏度 $v = 0.1 \times 10^{-5} m^2/s$。

在油墨的检测中，习惯把 η_N 的倒数（$1/\eta_N$）叫作油墨的流动度，表示为

$$f = 1/\eta_N \tag{5-4}$$

屈服值很小的油墨在切变速率不大的情况下，可以看作牛顿流体，f 就可以用来表征这样的油墨的流动情况。油墨的流动度可以用流动度测定仪或者其他简易设备测定。

假塑性流体、胀流型流体和塑性流体的黏度都依赖于切变速率；理想宾厄姆流体的黏度

不依赖于切变速率。黏度依赖于切变速率的流体，其 τ-D 关系曲线不是直线，黏度在形式上采用与 η_N 类似的方法，仍然以 τ-D 的关系来表示；在实质上，已转变为描述流变曲线（τ-D 关系）的参量了。

　　在切变速率很小时，几乎所有的黏性流体都表现出牛顿流体的性质，即切应力 τ 与切变速率 D 成线性关系，这阶段流体的黏度可以用 τ-D 关系曲线的初始斜率来表示，叫作零切变黏度：

$$\eta_0 = \frac{d\tau}{dt} \quad D = 0 \tag{5-5}$$

　　当切变速率较大，τ 与 D 为非线性关系时，对应于某一切变速率的黏度可以用表观黏度 η_a 和微分黏度来表示。

　　表观黏度是连接原点 O 和给定的切变速率在 τ-D 关系曲线上的对应点 P 所作的割线 OP 的斜率。

$$\eta_a = \tau / D \tag{5-6}$$

　　微分黏度是过 P 点所作的 τ-D 关系曲线的切线斜率。

$$\eta_d = \frac{d\tau}{dD} \tag{5-7}$$

　　图 5-4 所示为假塑性流体和胀流型流体的黏度，可以看出 $\eta_0 = \tan\alpha_1$；$\eta_a = \tan\alpha_2$；$\eta_d = \tan\alpha_3$。

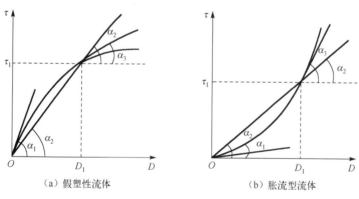

（a）假塑性流体　　（b）胀流型流体

图 5-4　假塑性流体和胀流型流体的黏度

　　假塑性流体的表观黏度和微分黏度随切变速率的增大而降低，这种现象叫作剪切变稀现象。胀流型流体的表观黏度和微分黏度随切变速率的增大而升高，这种现象叫剪切稠化现象。剪切变稀现象和剪切稠化现象是流体具有非牛顿流体特征的证明。

　　塑性流体和宾厄姆流体都只在切应力超过屈服值时才发生流动。

　　塑性流体的黏度定义方法和假塑性流体的黏度定义方法相似。

　　宾厄姆流体的黏度用塑性黏度来表示，后面要和宾厄姆流体的屈服值一起进行详细讨论。

　　以上关于黏度的定义都是对剪切流动而言的，叫作剪切黏度。对于拉伸流动，则可定义拉应力 σ 与拉伸应变速率 $\dot{\varepsilon}$ 之比为该拉伸应变速率所对应的拉伸黏度 η_t：

$$\eta_t = \sigma / \dot{\varepsilon} \tag{5-8}$$

式中，$\dot{\varepsilon}$ 是拉伸应变速率，$\dot{\varepsilon} = d\varepsilon/dt$。

　　还应指出，上述剪切黏度的定义都是针对稳态流动和层流流动而言的。

　　稳态流动是指当流体流动时，流体中给定点的动力状态不随时间而变化。在这种情况下，流体的黏性对流体的流变行为起主导作用，流体的弹性效应才能够忽略不计。如果流动是不稳定的（如两平行板间流体的流动，如果上板的相对速度不是常量，而是按时间的正弦函数变化，那么流体的弹性效应就不容忽视），那么流动方程中所包含的物理特性参量应该是两部分，即与稳态黏度相关的、确定能量耗散速率的动态黏度和作为弹性或储能度量的虚数黏度。

　　层流流动是指这样的流动：相邻流体层在做相对运动时，必须形成光滑的流线，而没有流体质点宏观上的掺混。如果流动不能形成光滑的流线，流体质点无规则地随机脉动且有宏观上的掺混，这样的流动就叫湍流流动。只有在层流流动状态下，速度梯度、切变速率才有意义。

　　大多数的纯溶液、低分子稀溶液在一定温度下的黏度是个定值，不依赖于切变速率和切应力，所以可看作牛顿流体。对于有两相存在的体系，由于分散相粒子使流体的流动受到额外的阻力，消耗额外的能量，所以黏度增加。

　　如果体系是刚性小球的稀悬浮液，则体系的黏度 η 可用爱因斯坦公式计算：

$$\eta = \eta_1(1+k\phi) \tag{5-9}$$

式中，η_1 为分散介质（流体）的黏度；ϕ 为分散相小球在体系（稀悬浮液）中所占的份数；k 为爱因斯坦系数，如果小球的表面没有液体的滑移现象，则 $k = 2.5$。

　　式（5-9）仅适用于分散相浓度很低的情况，如果分散相的浓度高，则其流动时分散相粒子之间存在较强的牵制作用力，使得黏度升高。此时，黏度公式为

$$\eta = \eta_1(1+2.5\phi+1.4\phi+\cdots)$$

　　如果分散相粒子具有结构上的不对称性或者分散相粒子因带电等原因而有相互作用，则体系的黏度计算会更为复杂。由前文中的公式可知，如果分散介质的黏度是常数，则分散体系也为牛顿流体，只要分散体系较分散介质的黏度有所增加。实际上，高分散度体系大多数并非牛顿流体，它们的 τ-D 关系都比较复杂，黏度（表观黏度或微分黏度）并非常数，而是依赖于切变速率和切应力的。

　　假塑性流体和塑性流体都有剪切变稀现象。对于有不对称粒子的液体，剪切变稀现象可以这样解释：当液体静止时，粒子可以有各种不同的取向；当切变速率逐渐增大时，粒子的长轴逐渐顺向流动方向，流动阻力相应地降低，黏度随之减小。切变速率越大，这种定向排列越彻底，黏度就越小，直到所有的粒子都定向排列，黏度也就不变了。图 5-5（a）所示为几种假塑性流体的流变曲线。

　　胀流型流体有剪切稠化现象。对于分散相粒子排列得很紧密的分散体系，剪切稠化现象可以这样解释：当体系静止时，由于粒子排列很紧密，粒子之间的液体所占有的空隙体积最小；当体系有切变速率（体系被搅动）时，空隙体积便有所增加，体系的总体积便膨胀，所以这种流体为胀流型的。同时，由于空隙增大，粒子接触到的液层量减少，液层间原有的润滑作用降低，流动阻力升高，于是体系的黏度便增大了。图 5-5（b）所示是几种胀流型流体的流变曲线。

　　最后，我们来讨论宾厄姆流体的屈服值和塑性黏度，这对研究印刷过程中油墨的流变特性是十分重要的。

　　我们知道，理想宾厄姆流体的 τ-D 关系是线性的，宾厄姆流体在 τ 小于或等于某个确定

的 τ_B 时，就像牛顿流体那样流动。这样的特性可以用下式来表示：

$$\tau - \tau_B = \eta_P D \quad \tau > \tau_B$$
$$D = 0 \qquad \tau \leqslant \tau_B$$

（5-10）

式中，τ_B 为宾厄姆流体的屈服值；η_P 为宾厄姆流体的塑性黏度。

$$\eta_P = (\tau - \tau_0)/D$$

（5-11）

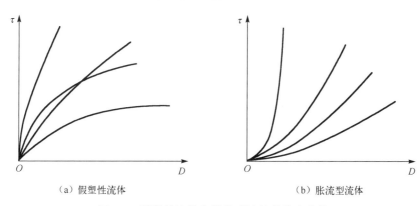

| （a）假塑性流体 | （b）胀流型流体 |

图 5-5　假塑性流体和胀流型流体的流变曲线

　　只有切应力超过屈服值时才发生流动的现象叫体系的塑性现象。只有分散相粒子的浓度达到可以使粒子彼此接触的程度，体系才有塑性现象发生。分散体系的可塑性质可以认为是由于体系中存在不对称粒子的网状结构引起的。要使体系流动，必须有足够大的切应力来破坏网状结构，黏度便随着下降。网状结构被破坏后，又可能重新组合，当网状结构的被破坏速度超过重新组合的速度时，黏度就成常数了。所以，实际上的流动并不像理论上的宾厄姆流动那样简单，而是像图 5-6 所示的 τ-D 曲线那样：当 $\tau \leqslant \tau_c$ 时，流体不发生流动；当 $\tau > \tau_c$ 时，流体才有流动。从图上看，开始可能有一段极短的直线，随后是一段较短的曲线，在这段曲线上，流体的表观黏度 η_a 越来越小，直到 $\tau = \tau_m$ 为止；此后 τ-D 关系呈线性，黏度为一常数，即塑性黏度 η_P，而 τ_B 则是这段直线外延得到的。τ_c、τ_B、τ_m 有不同的物理意义，τ_c 是开始流动的切应力，流体

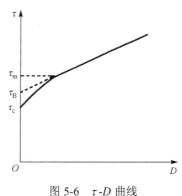

图 5-6　τ-D 曲线

只有部分发生变形，还有部分流体并未发生变形，而是仍按原来的结构形式一起移动，形成"塞流"。随着切应力的增加，流体变形的部分增加，塞流部分减少，当 $\tau = \tau_m$ 时，流体全部变形，塞流部分消失，流动型式就和牛顿流体一样了。τ_B 介于 τ_c 和 τ_m 之间，只有用于计算塑性黏度的理论意义。事实上 τ_c 和 τ_m 都是很难测定的，所以要用式（5-11）来计算塑性黏度。

　　油墨的分散相是颜料，颜料粒子的形状很复杂，有球形、棒形、片形等，粒子的分散度很高，对油墨流动性的影响十分复杂。影响油墨流动性的主要因素有颜料和连接料的体积比、颜料粒子的大小和形状等。

　　表面活性剂的存在对于油墨的流动性有很大的影响，表面活性剂使颜料粒子产生保护性的外壳，同时也增大了颜料粒子的体积，由于表面活性剂溶于油墨的连接料，从而改变了连接料本身的黏度。但影响油墨黏度和流动性的因素太多，从理论上说明还有困难，可以得到

的一些经验规律是：如果颜料粒子等固体粒子的浓度以百分比计算，则 η_P 以指数规律随固体粒子浓度的增加而升高。若以 $\lg\eta_P$ 对粒子的百分比体积（V%）作图，得到的是近似于直线的关系，τ_B 与 V% 的关系也大致如此。如果固体粒子的浓度不变，则粒子越小，η_P 越大。Weltman 和 Green 研究了多种颜料在不同连接料中，η_P、τ_B 与粒子体积浓度 ϕ（固体粒子在油墨中所占的体积百分比 V%）的关系，得到下列公式：

$$\eta_P = (\eta_1 + A)\mathrm{e}^{B\phi} \tag{5-12}$$

$$\varepsilon = M\mathrm{e}^{N\phi} \tag{5-13}$$

式中，A、B、M、N 均为经验常数；η_1 为连接料的黏度。

表 5-1 所示为常用油墨的黏度和屈服值。

表 5-1 常用油墨的黏度和屈服值

油墨类别	油墨品种	黏度（P）25℃	屈服值（dyn/cm^2）
凸版油墨	橡皮凸版油墨	0.2～2	0～20
	凸版轮转油墨	2～50	50～100
	印书墨	100～800	2000～15000
	普通铅印油墨	200～1000	2000～20000
凹版油墨	塑料凹印油墨	0.2～2	0～20
	照相凹印油墨	0.5～3	0～20
	雕刻凹印油墨	5000～8000	>10000
胶印油墨	单张纸胶印油墨	200～800	2000～20000
	卷筒纸胶印油墨	100～400	2000～15000

第三节 流 变 方 程

前文已建立了牛顿流动和宾厄姆流动的流变方程。事实上，给出的是切应力、切变速率和流体黏度之间关系的表达式，而没有考虑流动中的弹性效应、温度效应、时间效应及其他因素，这两组方程不能用来描述具有剪切变稀现象和剪切稠化现象的流动。本节介绍三组方程，它们都描述了流体黏度与切变速率间不同的依赖关系。

一、幂律流动

如果切应力 τ 和切变速率 D 可以表示为指数关系，即

$$\tau = kD^n \tag{5-14}$$

这样的流动就叫作幂律流动。式（5-14）中的 k 和 n 均为常数，是流体的物理特性参量。

当 $n = 1$ 时，$\tau = kD$，描述的就是牛顿流动，k 就是流体的黏度 $k = \eta_N$。

当 $n < 1$ 时，τ-D 关系曲线凸向 τ 轴，表观黏度 η_a 随 D 的增加而减小，具有剪切变稀现象，可以用来描述假塑性流动。

当 $n > 1$ 时，τ-D 关系曲线凸向 D 轴，表观黏度 η_a 随 D 的增加而增大，具有剪切稠化现象，可以用来描述胀流型流动。

图 5-7 所示为根据式（5-14）作出的曲线。

幂律流体的表观黏度 η_a 为

$$\eta_a = \tau / D = kD^{n-1} \tag{5-15}$$

但是，当 $n \neq 1$ 时，k 的量纲取决于 n，为了使 k 的量纲与 η_a 无关，且具有和 η_a 相同的量纲，可将式（5-14）和式（5-15）改写为

$$\tau = k\,|D \cdot t|^{n-1} D \tag{5-16}$$

$$\eta_a = k\,|D \cdot t|^{n-1} \tag{5-17}$$

当 D 为中等大小的数值时，式（5-14）对于假塑性流动和胀流型流动有较好的拟合效果，是工程中常用的流变方程。

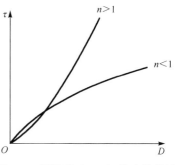

图 5-7　根据式（5-14）作出的曲线

二、欧基得（Oldryd）流动

如果流体的表观黏度 η_a 满足下列关系：

$$\eta_a = \beta \left(\frac{1 + \alpha_1 D^2}{1 + \alpha_2 D^2} \right) \tag{5-18}$$

则此流体叫作欧基得流体，流变方程可写为

$$\tau = \beta \left(\frac{1 + \alpha_1 D^2}{1 + \alpha_2 D^2} \right) D \tag{5-19}$$

式中，β、α_1、α_2 均为常数，是流体的物理特性参量。

当 $\alpha_1 = \alpha_2 = 0$ 时，此流体为牛顿流体，且 $\beta = \eta_N$；当 $\alpha_1 > \alpha_2$ 时，流体剪切变稀，此流体是假塑性流体；当 $\alpha_1 < \alpha_2$ 时，流体剪切稠化，此流体是胀流型流体。

当 $D \to 0$ 时，$\eta_a \to \beta$；当 $D \to \infty$ 时，$\eta_a \to \beta \alpha_1 / \alpha_2$，$\eta_a$ 是有限值，因而扩大了方程的应用范围。

三、卡里奥（Carreau）流动

如果流体的表观黏度 η_a 满足下列关系：

$$\eta_a = \eta_\infty (\eta'_0 - \eta_\infty)(1 + \lambda^2 D^2)^{(n-1)/2} \tag{5-20}$$

则此流体叫作卡里奥流体，流变方程可写为

$$\tau = \eta_\infty (\eta'_0 - \eta_\infty)(1 + \lambda^2 D^2)^{(n-1)/2} \cdot D \tag{5-21}$$

式中，η_∞、η'_0、λ、n 均为常数，是流体的物理特性参量。

对于剪切变稀流体，当 $D \to 0$ 时，$\eta_a \to \eta_\infty (\eta'_0 - \eta_\infty)$；当 $D \to \infty$ 时，$\eta_a \to \eta_\infty$，η_a 是有限值。当 D 为中等大小的数值时，卡里奥流体又有幂律流体的特点，所以方程的应用范围更广。

比较已经介绍过的五组流变方程可以发现，牛顿流体的流变方程仅含一个物理特性参量，即流体的黏度；宾厄姆流体的流变方程含有两个物理特性参量，即宾厄姆流体的屈服值和塑性黏度。牛顿流体的黏度、宾厄姆流体的塑性黏度都是不依赖于切变速率的，流变方程中的物理特性参量是充分的。对于表观黏度依赖于切变速率的流体，流变方程中物理特性参量的

数量是可以选择的：幂律流体是 2 个（k 和 n）；欧基得流体是 3 个（α_1、α_2 和 β）；卡里奥流体是 4 个（η_∞、η_0'、λ 和 n）。一般来说，流变方程中的物理特性参量用得较多，方程的应用范围就较广，但同时也会带来确定参量和分析上的困难。构成流变方程的一个重要原则是尽量使方程具有简单的形式。

第四节　综合流变曲线

前文介绍了牛顿流动、假塑性流动、胀流型流动、塑性流动和宾厄姆流动的流变曲线、流变方程及方程中的物理特性参量。伦克（Lenk）提出一个综合流动理论，认为上述流型都是一种综合流动响应的一部分，这种综合流动响应可以用一条综合流变曲线来表示。

综合流变曲线如图 5-8（a）所示。图 5-8（b）所示为一条坚韧固体的拉伸应力（σ）-应变（ε）曲线（该曲线所用的拉伸应力σ是真实应力）。可以看出，这两条曲线的形状相同，曲线上各区段的物理意义相似，不过，综合流变曲线的横坐标是切变速率，而拉伸应力-应变曲线的横坐标却是拉伸应变。

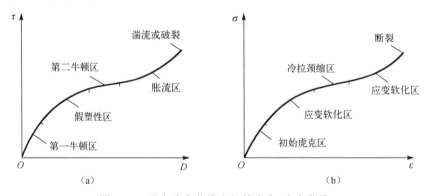

图 5-8　综合流变曲线和拉伸应力-应变曲线

上述五种流型都符合综合流变曲线的概念，分别说明如下。

一、牛顿流动

若切变速率在零到某一有限值的范围内，牛顿流动不偏离线性，若超出此范围，实验也显示不出这种流动偏离线性的现象。这是因为在出现偏离线性现象之前，流动中就产生了湍流，而综合流变曲线对于湍流流动是没有意义的。如果在足够大的切变速率下，流动并不产生湍流，那么任何流体都会在流动中出现偏离线性现象。

二、假塑性流动

假塑性流动有剪切变稀现象出现，综合流变曲线凸向切应力轴。但在切变速率极小时，综合流变曲线总有很短的一段是线性的，这是综合流变曲线上的第一牛顿区。同时还存在一个非常低的切变速率转变点，超过此点，综合流变曲线偏离线性而凸向切应力轴，进入综合流变曲线的假塑性区。如果在足够大的切变速率下，流动并不发生湍流，则在假塑性流动中会出现一个切变速率的上限，超过此限，综合流变曲线又恢复线性，进入综合流变曲线的第二牛顿区。

三、胀流型流动

胀流型流动有剪切稠化现象，综合流变曲线凸向切变速率轴。在发生胀流型流动之前，流动的线性关系不一定很明显，如果能够识别线性区段的存在，则可以认为那是综合流变曲线的第二牛顿区，而第一牛顿区和假塑性区都已退化到可以忽略的程度。

四、塑性流动

理想的塑性流动未必存在，也就是说任何流体在很小的切应力作用下，总会有很小的切变速率产生。如果确有塑性流动存在，则可以认为在切应力达到屈服值以前，综合流变曲线是与切变速率相重合的，即流体有个无穷大的初始黏度。超过屈服值以后，塑性流动就和假塑性流动相似了。

五、宾厄姆流动

在综合流变曲线上，可以这样得到宾厄姆流动的流变曲线：假设流体有个无穷大的初始黏度，综合流变曲线上的假塑性区退化为一点，使得表示假塑性流动特点的非线性区段消失，那么，第二牛顿区就可以用来表示宾厄姆流动了。这里的屈服值被认为是表征偏离初始黏度的开始及第二牛顿区的开始。

实际上，宾厄姆流动在进入线性的第二牛顿区之前，非线性的假塑性区并不会消失。这在第三节中曾详细讨论过，这样的流变特性和油墨的流变特性相似。

综合流变曲线是把流体的流变行为加以综合演绎而得到的，还不能对一种流体用实验的方法画出一条完整的综合流变曲线。综合流动理论的意义在于把个别的、理想化的流体模型的流变行为纳入流动的综合响应中来考虑，使我们对实际流体的流变特性有更全面的认识，这对分析印刷过程中油墨的流变特性是有益的。

复习思考题五

1. 什么是黏度、黏性、屈服值？
2. 牛顿流体与宾厄姆流体的主要区别是什么？如何区分这两种流体？
3. 用表 5-1 说明在每种印刷方式中，黏度与屈服值的差异表明了什么。
4. 宾厄姆流体的流变方程可应用于哪种油墨的表征及其相关计算？
5. 三种基本流型各自的特点及其应用是什么？
6. 在图 5-6 中，三种切应力分别表示什么？它们对印刷过程有什么影响？
7. 在图 5-7 中，两条 τ-D 曲线各自的特点是什么？说明 n 值的大小对曲线的影响。
8. 根据本章的知识，写出胶印油墨的流变方程并说明其主要应用。

第六章　油墨颜色调配

内容提要

印刷图文的忠实复制主要表现为色彩上的忠实复制。而色彩在印刷中的表现方法主要为网点的并列与网点的叠合，专色通过专色油墨来实现。而专色油墨因原稿的需要而千变万化，故一般要用三原色油墨来调配所需的颜色。本章先通过两组三原色油墨的分光反射率曲线和反射密度值介绍了油墨的四个基本参数；然后介绍了 GATF 色轮图在油墨调配中的应用及三原色油墨在 CIE 色度图中的位置、三原色按一定的组分和色素量混合出很大范围的多种色相的方法及其混合公式、调墨的目的及色墨调配方法、简易水调油墨的制作方法及应用；最后介绍了调墨的基本操作。

基本要求

1. 了解调墨的基本原理及三原色油墨的显色范围。
2. 掌握油墨的四个基本参数和油墨混合公式。
3. 了解简易水调油墨的制作方法及应用。
4. 掌握一般调墨过程及操作方法。

第一节　油墨的基本属性

物体本身的化学结构使其对来自空间的可见光波具有选择性吸收、透射和反射的特性，其呈现各种颜色是物体对白光的组分有选择地吸收和反射的综合结果。人眼见到的物体颜色是吸收了白光中它的"补色"，而反射了余下的物体本身的颜色，因此色料所产生的色相是从白光中减去了某些色光，将其余的色光综合显现的结果。

一切能被用于涂染的有色物质都称为色料，多种色料的混合或叠合称为减色法。彩色油墨也是产生彩色印刷品的色料物质，无论是把彩色油墨调和混合，还是以分色版套叠印刷，使印刷品色彩丰富、鲜艳夺目，都是遵循减色法原则实现的。在照相制版的分色工作中使用的各种滤色片也是应用减色法原则实现的。

色料中最基本的、非其他色彩合成的原色有三种，它们称为色料三原色或减色三原色，其与三原色光不同。可见光谱中的三原色光是红、绿、蓝，而色料的三原色是品红、黄、青，名称不能混淆。有些参考书中所研究的色料三原色与本书中色料三原色的色相一致，但所用的名称不同。色料三原色（品红、黄、青）具有吸收减掉白光中某一色光的性质，如图 6-1 的虚线部分所示，故在减色法中又可称品红为减绿色（-绿），黄为减蓝色（-蓝），青为减红色（-红）。

对两组三原色油墨进行色彩测定能了解三原色油墨所能产生的颜色范围及它们的彩色偏向程度，从而进行比较、选择、采用。用分光光度计能求得分光反射率，图 6-2 所示是两组三原色油墨的分光反射率曲线，经过计算，它们的特性就能充分表现出来。

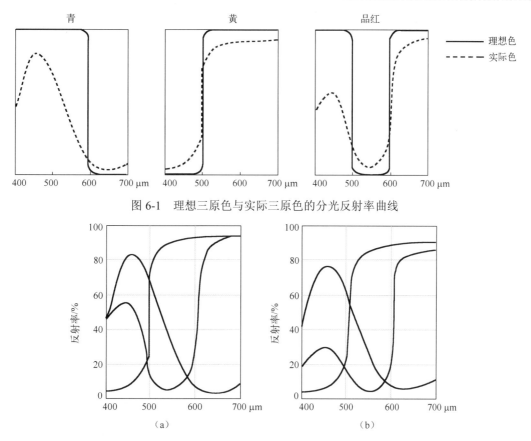

图 6-1 理想三原色与实际三原色的分光反射率曲线

（a）　　　　　　　　　　（b）

图 6-2 两组三原色油墨的反射率对比

用彩色反射密度仪对三原色油墨进行色彩测量、计算和比较就能确定一组三原色油墨的色彩变化范围和正确性。计算的依据是在反射密度仪的镜头前分别加三种滤色片后，测得的每一种原色油墨在实地块上的反射密度值。反射越强，反射密度值越小；反射越弱，反射密度值越大。

例如：A、B 两组三原色油墨经测定后，其反射率对比如图 6-2 所示，而由反射密度仪测得的数据如表 6-1 所示。

表 6-1 两组三原色油墨的反射密度值

油　墨		滤色片		
		红　色	绿　色	蓝　色
A 组	黄	0.03	0.06	1.12
	品红	0.09	1.25	0.35
	青	1.27	0.40	0.12
B 组	黄	0.03	0.07	1.10
	品红	0.14	1.20	0.53
	青	1.23	0.50	0.14

根据这些数据可以求得这两组三原色油墨的四个基本参数：①色强度；②色相误差；③灰度；④效率。

一、色强度

为了比较相同色相的不同油墨的强度，将它在三种滤色片下测定的反射密度值中最高的一个数据称为该色的色强度，如 A 组三原色油墨的黄色强度为 1.12，品红色强度为 1.25，青色强度为 1.27。B 组三原色油墨的色强度就不同了。

油墨的色强度是很重要的参数，因为色强度决定了用该油墨可以得到的颜色范围和深度、混合重叠后色彩偏色的倾向，如黄墨和青墨的色强度将决定重叠后所得的是绿色还是黄绿色。因此，控制各色油墨的单色强度和掌握它们的色相同样重要。在单色印刷机上测量第一色油墨的色强度特别重要，应该用反射密度仪来确保第一色油墨色强度的正确性。对第二色油墨的色强度估计可以通过检查叠印后所产生的色相来获得，如先印黄墨，其色强度适当，再叠印青墨，就可以通过黄墨、青墨叠印成的绿色实地来检查青墨的色强度是否正确，从而保证叠印后色相一致。

二、色相误差

颜色的色相是由物体对可见光谱吸收与反射的综合结果来决定的，理想的三原色油墨可以吸收可见光谱中三分之一的波段，而反射三分之二的波段。例如，理想的品红墨应该吸收光谱中的全部绿色，而反射全部的红色和蓝色。但实际上只是吸收和反射其中一部分的光谱，所以用色相误差表示与理想油墨相比较的偏色情况。

因此，一种三原色油墨的色相误差可以由反射密度仪测得的它反射红色、绿色、蓝色光的相对能量来决定。如表 6-1 中所示的 B 组品红墨，用红色滤色片测得的反射密度值为 0.14，用绿色滤色片测得的反射密度值为 1.20，用蓝色滤色片测得的反射密度值为 0.53，由此可知，用红色滤色片测得的反射密度值最低，用 L 表示；用绿色滤色片测得的反射密度值最高，用 H 表示；用蓝色滤色片测得的反射密度值为中间值，用 M 表示。

用下列公式计算色相误差：

$$色相误差 = \frac{M-L}{H-L} \times 100\%$$

根据上述公式和表 6-1 所示的数据可得，B 组品红墨的色相误差为

$$品红墨的色相误差 = \frac{0.53-0.14}{1.20-0.14} \times 100\% = \frac{0.39}{1.06} \times 100\% \approx 36.8\%$$

同理可得，B 组黄墨的色相误差约为 3.7%，青墨的色相误差约为 33.0%。色相误差越小，偏色情况越佳，从图 6-2 中也能看出，B 组黄墨的色相误差很小，稍微偏红，青墨偏蓝，青墨和品红墨的色相误差都很大。

若为理想的品红墨，则对绿色滤色片完全反射，反射密度值为 0，所以理想三原色油墨的色相误差为 0%。

$$色相误差 = \frac{0-0}{1.50-0} \times 100\% = 0\%$$

三、灰度

三原色油墨的色彩饱和度可通过它的灰度来判断。当油墨印在纸上反射的光谱色少于这

个颜色应该反射的光谱色时，这个颜色就变灰了，也就是饱和度降低。

品红墨应该反射光谱中所有的红色和蓝色，但实际上它反射的红色和蓝色比印在白纸上应该反射的量要少。一个颜色的灰度将影响用它调配的混合色范围。

$$灰度 = \frac{L}{H} \times 100\%$$

在灰度计算中再次应用了最高反射密度值 H 和最低反射密度值 L。由表 6-1 所示的 B 组品红墨反射密度值可得品红墨的灰度为

$$品红墨的灰度 = \frac{0.14}{1.20} \times 100\% \approx 11.7\%$$

B 组黄墨的灰度约为 2.7%，青墨的灰度约为 11.4%。

三原色油墨的灰度越低，它的饱和度（纯度）越高，色彩越鲜艳。

四、效率

前文讨论色相误差时曾经指出，三原色油墨应吸收光谱中三分之一的波段，而反射三分之二的波段，它的正确程度以它的效率来度量。一组三原色油墨的效率与它应该反射但却吸收了的光量成反比例关系。油墨效率根据它对光不正确的吸收与它对光正确吸收的百分比来测定，总之是和理想三原色油墨的比较值，计算公式为

$$效率 = \left(1 - \frac{L+M}{2H}\right) \times 100\%$$

计算表 6-1 所示的 B 组品红墨的效率，可以得到

$$品红墨的效率 = \left(1 - \frac{0.14+0.53}{2 \times 1.20}\right) \times 100\% \approx (1-0.279) \times 100\% = 72.1\%$$

同理可求得，B 组黄墨的效率约为 95.5%，青墨的效率约为 74.0%。由此可见，B 组三原色油墨中黄墨质优，青墨次之，品红墨最差。

两组三原色油墨与它们叠印的间色墨经测定和计算后，其基本参数如表 6-2 所示。

表 6-2　基本参数

色别		色相误差（%）	灰度（%）	效率（%）
A 组	黄	2.8	2.7	96.0
	品红	22.4	7.2	82.4
	青	24.3	9.4	79.5
	红	98.3	8.3	
	绿	92.1	28.2	
	蓝	83.3	25.0	
B 组	黄	3.7	2.7	95.5
	品红	36.8	11.7	72.1
	青	33.0	11.4	74.0
	红	86.8	12.3	
	绿	85.7	30.0	
	蓝	70.0	37.5	

效率是用来衡量三原色油墨色彩质量的数据之一，两种不同的油墨可以有相同的效率，而它们的色相误差和灰度则是不一致的。

五、GATF 色轮图

GATF 色轮图如图 6-3 所示，它是美国印艺技术基金会（原美国平印技术基金会）所推荐的油墨色相与饱和度的图表，它提供了一个简便的方法来检查和表示三原色油墨的色相误差和灰度等情况，环绕着圆轮的字母 M 表示理想的品红色，B 表示理想的蓝色（品红色与青色的重叠色），C 表示理想的青色，G 表示理想的绿色（黄色与青色的重叠色），Y 表示理想的黄色，R 表示理想的红色（黄色与品红色的重叠色）。

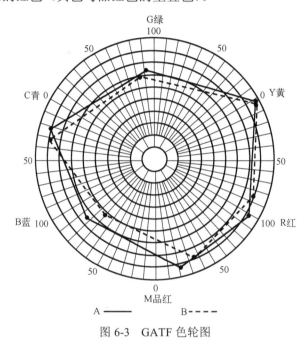

图 6-3　GATF 色轮图

GATF 色轮图的组成有六个颜色区域、圆周上的梯形和方向中心的直线。它有六个从零到一百的颜色区域，圆周上的梯形一格代表百分之十的数字，色相标注在圆周上，边缘向圆心划分为代表不同灰度的同心圆。在图上以不同的颜色画上一些相应的点，然后可进行比较和修正。小点的标注位置由根据反射密度仪对这组油墨的测量结果而求得的色相误差和灰度来确定。

例如，由表 6-2 可知，B 组品红墨的色相误差为 36.8%；由表 6-1 可知，红色的反射密度值最小，所以品红墨的色相由理想的 M0 处向红色移动约三格半，因其灰度为 11.7%，故小点应向中心移一格多些，这样就能确定 B 组品红墨在 GATF 色轮图中的位置。B 组的黄墨和青墨与 A 组的三原色油墨也可根据求得数据，标注在图内。

另外，若为两原色油墨叠印，将两实地版所重叠之色经反射密度仪测量，也能得到各反射密度值，经上述方法计算后，同样标注在图内。如品红墨与黄墨重叠得到红色，由 A 组品红墨和黄墨叠印后得到的红色经反射密度仪测定，用蓝色滤色片得到的反射密度值为 1.30，用绿色滤色片得到的反射密度值为 1.32，用红色滤色片得到的反射密度值为 0.11；B 组的品红墨与黄墨叠印所得的红色经反射密度仪测定，用蓝色滤色片得到的反射密度值为 1.30，用绿色滤色片得到的反射密度值为 1.15，用红色滤色片得到的反射密度值为 0.16。色相倾向于反射密度值较小的颜色。

在单色原色油墨测量中，色相误差以小为佳，而两原色叠印成间色的色相误差则越高越好。理想油墨间色的色相误差应为 100%，灰度则一次色、间色都以小为佳。

将黄、品红、青三原色油墨和它们叠印后得到的红、绿、蓝的实际数据，经计算后得到的各色点都画在 GATF 色轮图上，然后围绕圆周在各点间连上直线，由直线所围成的面积大致表示了用这一组油墨所能产生的颜色范围，线外的点代表比这组油墨所能产生的颜色更饱和的色彩。这组油墨所能产生的两色混合最饱和的色相将直接落在直线上，可用于比较两组三原色油墨色彩的优劣。

GATF 色轮图能表示所应用的三原色油墨的色相误差及灰度与理想油墨之间的差异程度，也可以用于两组不同的三原色油墨的比较及同一组三原色油墨印在不同纸张上或油墨层的变化引起的色相误差和灰度变化。

此外，GATF 色轮图能表明一组三原色油墨的调和色彩范围、第二色油墨附着在第一色油墨上的情况和油墨的透明程度等，也可以预测两种颜色叠印后产生的间色。将这个预测结果的计算数据与实际叠印后颜色的测量数据相比较来判断油墨叠色效果的优劣。

两原色油墨叠印后产生的间色情况可以由这两种油墨的相对密度值来确定，将两原色油墨经过各滤色片后得到的反射密度值分别相加，用与计算单色油墨相同的方法来计算叠印后间色的色相误差和灰度，并将这些数据与实际叠印后的测量数据相比较。

例如，预测表 6-1 中 B 组的黄墨和品红墨叠印后的间色。先将黄墨和品红墨用三种滤色片得到的反射密度值分别相加，得到用红色滤色片得到的反射密度值为 0.17，用绿色滤色片得到的反射密度值为 1.27，用蓝色滤色片得到的反射密度值为 1.63。然后用上述方法计算，得到叠印后的颜色是红色（三个数字中最低的），色相误差是 75.3%（倾向于绿色，三个数据中较低的），灰度经计算为 10.4%。将计算得到的色相误差和灰度与 B 组红墨的实际测量数据（色相误差为 86.8%，灰度为 12.3%）相比较可知，它们是不一致的。

假使叠印上去的第二色油墨是完全透明的，且第二色油墨很好地附着在第一色油墨上，那么叠印后的实际色调应该与预测的色调相同。但在实际生产中，由于第二色油墨的透明度、墨层厚度、纸张与油墨的适应性能等因素，叠印后的色调一般从预测的色调移向第二色，因而产生差别。

第二节　调配油墨的理论

一、色料三原色的性质

每种色料原色能吸收白光中相应的 1/3（一种原色光），而反射 2/3（其余两种原色光），因此色料原色就是两种原色光混合的结果。例如，品红色是红色光和蓝色光的混合，黄色是红色光和绿色光的混合，青色是绿色光和蓝色光的混合。但实际三原色油墨对可见光谱的反射是不完善的，所以各组三原色油墨的色彩都有误差。若用反射密度仪测量 A、B 两组三原色油墨，则从图 6-2、图 6-3 和表 6-1、表 6-2 中可以看出它们与理想油墨的差别。

二、色料三原色在 CIE 色度图的位置

一切色彩均能在 CIE 色度图上显示出来，在 CIE 色度图上也能表示出三原色油墨的性质误差。一组三原色油墨在 CIE 色度图上和孟塞尔表色法的三属性如表 6-3 所示。

表 6-3　一组三原色油墨在 CIE 色度图上和孟塞尔表色法的三属性

颜色	CIE 色度图			孟塞尔表色法
	主波长	亮度	饱和度	
黄墨	572.5μm	83.7%	78.0%	9Y 9/12
品红墨	500.3μm	20.6%	56.7%	5RP 5/14
青墨	482μm	33.7%	60.0%	7.5B 6/12

图 6-4 所示为这组三原色油墨在 CIE 色度图中的相应位置，通过理想色料三原色与三原色油墨对光谱的吸收与反射率的比较可知，实际三原色仅在理想的色料三原色中占据很小的部分。

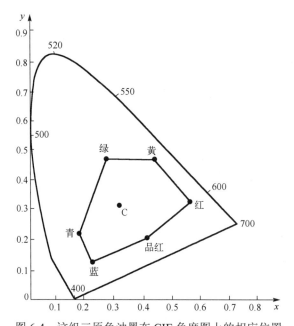

图 6-4　这组三原色油墨在 CIE 色度图上的相应位置

色料三原色在理论上有混合或叠合成种种色彩的全能性，但实际上它不可能完全吸收和反射它应该吸收和反射的色光。在图 6-4 中，以 C 为中心，各色的坐标值为

$$黄墨：Y = 0.86；x = 0.437；y = 0.485$$

$$品红墨：Y = 0.26；x = 0.408；y = 0.226$$

$$青墨：Y = 0.28；x = 0.176；y = 0.226$$

$$黄+品红 = 红色：Y = 0.25；x = 0.565；y = 0.356$$

$$黄+青 = 绿色：Y = 0.20；x = 0.257；y = 0.477$$

品红+青 = 蓝色：$Y = 0.06$；$x = 0.230$；$y = 0.129$

由图 6-4 可知，色料三原色在整个 CIE 色度图中对光谱色饱和度范围很小。因此，色料三原色对空间物体的色彩不可能复现出理想的色相、亮度和饱和度。由亮度 Y 值可知，混合后各色的亮度均比色料三原色低。

用反射密度仪测出三原色油墨和混合后所得间色的色相误差和灰度，三原色油墨的混合范围也可以由 GATF 色轮图表示出来。

三、色料的混合和叠加

实现减色的方式有两种，即色料的混合和叠加。彩色印刷的印刷品通过彩色油墨的混合或叠加来表现多种色彩，因形式不同和条件限制，故成色结果只能相似。

油墨的混合。以黄墨和品红墨混合为例，黄墨与品红墨混合分散于油墨连接料中，印刷于白纸上。将其一部分加以放大，如图 6-5 所示。当白光照射时，先透过黄墨吸收蓝光，再经过品红墨吸收绿光，剩余的红光经过白纸反射而出，故为红色。同理，当黄墨与青墨混合时，蓝光被黄墨吸收，红光被青墨吸收，只有绿光反射出来，故为绿色。当品红、黄、青三原色油墨混合时，三原色光分别被三种色料所吸收，所以应该为黑色，但由于未完全吸收且各色吸收量也有差别，所以只能得到偏色的近似黑色，这就是减色法的应用之一。色料的混合可以用下列关系式表示：

$$Y+M = W–B–G = R$$
$$Y+C = W–B–R = G$$
$$M+C = W–G–R = B$$
$$Y+M+C = W–B–G–R = BK$$

油墨的叠加。在彩色印刷中，经常利用两种或两种以上原色油墨的叠印来产生新的色彩或使色调柔和，其结果与色料混合相同。图 6-6 所示为黄墨叠印于品红墨层上的情况。白光透过黄墨，蓝光被吸收，再透过品红墨，绿光被吸收，只剩红光，由底层白纸反射出来。故有：

$$Y+M = R$$
$$Y+C = G$$
$$M+C = B$$
$$Y+M+C = BK（近似）$$

以上均针对透明色料而言，若透明的黄、品红、青色的薄膜片相互重叠，也能得到上述效果。

若为不透明色料的重叠，则不论什么底色，只显示出表面颜色，如图 6-7 所示。

将色料三原色中的两种原色混合所得的红、绿、蓝色以不同比例混合获得的橙、青莲、草绿等称为间色。将色料三原色按不同的比例混合而成的颜色称为复色。

总之，减色的结果是其色彩亮度大为降低，越减越暗。从分光曲线上可以看出，它们的叠加是反射率的乘积值，如图 6-8 所示。例如，某组三原色油墨中品红墨与黄墨叠加后的红色反射率为 85%，色相稍有偏差。

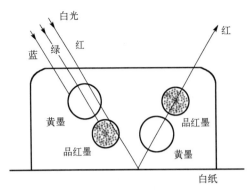

图 6-5　黄墨和品红墨混合后的显色

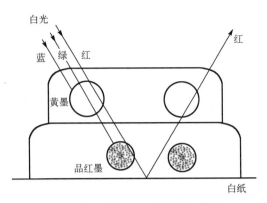

图 6-6　黄墨叠印于品红墨层上的情况

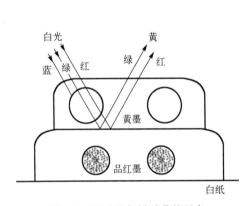

图 6-7　不透明色料重叠的显色

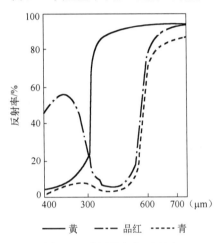

图 6-8　油墨叠加与反射率

由此可见，减色法是色料三原色按一定的组分和色素量，像加色法一样混合出很大范围的多种色相的方法，其混合公式为

$$\phi = \alpha M + \beta Y + \gamma C$$

式中，ϕ 为减色混合的结果（包括消色类）；M、Y、C 代表品红、黄、青色油墨；α、β、γ 为三原色油墨的可变墨量。根据这样的配比，利用色料三原色可以获得多种色相，即单色、间色和复色。

在彩色印刷品中，彩色网点版印刷是通过增、减原色网点形成其复杂彩色变化的工艺过程，其中有三原色网点的叠合和并列两个部分。各透明原色的网点重叠属于减色现象，而彩色网点非叠合的并列部分与纺织品的经纬不同色线交织而成新色的现象一样，均属于色光的空间混合，实际效果与减色法相同。

四、灰色油墨

物体显示的颜色是其反射的各种可见光波能量对人眼刺激的结果。在太阳光谱中，没有白、灰、黑颜色，这些颜色称为消色类颜色，白、灰、黑颜色的物体均匀地反射和吸收各种光谱，由于均匀反射率不同，相对能量有大小，故它们的差别仅在于亮度的不同。在消色色标中，有许多从最亮到最暗的过渡颜色，一般称为白、淡灰、灰、深灰、黑等。这些颜色的区分取决于物体被照射到的光量和反射光量。被照射物体表面反射的光量越多，颜色就越亮。例如，钡白的反射率为 99%，锌白的反射率为 94%，如果反射率为 70%，那么眼睛看到的是灰色；如果只反射 10%左右，那么眼睛看到的是深灰色。黑色油墨的反射率约为 2.4%。消色类颜色的反射率如图 6-9 所示。

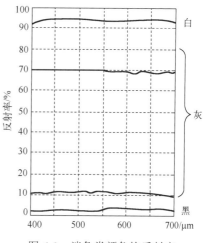

图 6-9 消色类颜色的反射率

消色类颜色也只能相对比较而言，因为物体不能十分均匀地反射各种可见光波的能量，故光谱分光曲线不是水平直线，因而总是出现偏色现象，如新闻纸偏黄、描图纸偏青、A 光源偏红、C 光源偏蓝、书刊黑墨偏黄等。这些物体颜色虽然都属于消色类颜色，但是实际上也含有彩色倾向。

从理论上讲，可用等量三原色油墨来调得灰色系列墨，但这样做会浪费很多彩色油墨，而且很难得到准确的某一灰色。在实际应用中，常根据原稿的要求，用黑墨和白墨来产生黑色与白色之间的灰色，既容易调配又容易获得准确的某一灰色。

第三节 调 墨

一、调墨的基本工作

调墨的基本工作有以下四个方面。

① 调节油墨的适应性：利用干燥剂、调墨油、冲淡剂等来调节油墨的干燥速度、黏稠度、流动度等，以适应各种产品印刷的需要。

② 调配彩色油墨：有很多印刷品用的油墨是彩色的，有些色相的彩色油墨需要由三种或四种，甚至更多种不同比例的单色油墨调配而成（调配套色用的油墨比叠印用的油墨更容易，因为几种色相重叠后的变化较多）。

③ 调配特种油墨：为了满足特种印刷的需要，要进行调墨，如印金、印银、印塑料、印透明纸的油墨调配，还要预防第二色套印不上，需在第二色中加入 389-4 季戊四醇树脂或硅油混合油（硅油混合油的配比：821 硅油 10g，香蕉水 20g，松节油 5g）等，以提高油墨的光泽及适印性。

④ 剩墨的利用：由于纸张性质不同，用墨量不一，因此一般均有剩墨，这些剩墨如果处理得当，仍可作为配色用墨使用。

调墨工作，特别是彩色印刷的调墨工作，是一项细致而又重要的工作，调墨的质量往往直接影响产品的质量。

为了保证调墨的质量，我们建议采用密度计作为检验调得的油墨颜色好坏的工具，基本参数的计算见本章第一节。在有条件的情况下，应采用分光光度计对所调油墨的质量进行控制。

二、间色和复色的调配

间色是由两种原色油墨调配而成的，也称为二次色。

两种原色油墨按不同比例调配，可以得到很多种间色，如表6-4所示。

表6-4　油墨混合比例及所得间色色相

原色			混合比例	间色色相
品红	黄	青		
50	50	0	1：1：0	大红
25	75	0	1：3：0	深黄（老虎黄）
75	25	0	3：1：0	金红
0	50	50	0：1：1	绿
0	75	25	0：3：1	翠绿
0	80	20	0：4：1	苹果绿
0	25	75	0：1：3	墨绿
50	0	50	1：0：1	蓝紫
75	0	25	3：0：1	（近似）青莲
25	0	75	1：0：3	深蓝紫

复色是由三种原色油墨调配而成的，也称为三次色。

三种原色油墨按不同比例调配，可以得到很多种复色，如表6-5所示。

表6-5　油墨混合比例及所得复色色相

原色			混合比例	复色色相
品红	黄	青		
50	25	25	2：1：1	棕　红
100	25	25	4：1：1	红　棕
25	25	50	1：1：2	橄　榄
25	25	100	1：1：4	暗墨绿（绿味）
33	33	33	1：1：1	黑色（近似）

三、深色油墨的调配

仅用原色油墨、不加任何冲淡剂的调配统称为深色油墨的调配。调配时根据印刷需耗用的墨量、色彩分析确定的主色墨和辅色墨及其比例，称取所需的油墨。先将主色墨放入墨盘或墨桶内，然后加入辅色墨，调和均匀，用比较的办法观看与原样色相的差异，调整到色相符合原样为止，记下配比成分和数量备用。

根据减色法理论，调配油墨时应尽量减少原色油墨的种数，否则会降低油墨的亮度，影响色彩的鲜艳程度。但某些产品对墨色有特殊的要求，如深棕色一般用红墨和黄墨，有时也加少量黑墨来调配。当用三原色油墨以不同比例混合调配茶色、假金、赤紫、古铜、橄榄绿等一系列深浅不一的色相时，在调配过程中必须用补色理论来纠正其色相。例如，当某色相的绿味太重时，可加入少量红墨来纠正；紫味太重时，可加入黄墨来纠正；红（赤）味太重时，可加入蓝墨来纠正。如果要加深黑墨浓度，可加入深红墨、射光蓝墨来调整。

四、淡色油墨的调配

加入冲淡剂调配成的油墨统称为淡色油墨。其调配方法与深色油墨不同，必须采用在冲淡剂中逐渐加入原色油墨的调配方法，而且多数先小量试调，待色相达到要求后，再按成分比例调配印刷需要的墨量。

一般浅色油墨的调配可参考如下配比。

粉红：以白墨为主，略加桃红墨、橘红墨。

湖蓝：以白墨为主，略加孔雀蓝墨。若需深些，可略加品蓝墨；若需耐光，可加亮光型蓝墨。

肉色：以白墨为主，略加秀明橘红墨、中黄墨。

米色：以白墨为主，略加橘黄墨、中黄墨、黑墨。

灰色：以白墨为主，略加黑墨、品蓝墨。若需偏黄、偏蓝、偏红，可分别略加深黄墨、亮光型蓝墨、桃红墨。

淡白青：以白墨为主，略加桃红墨、品蓝墨。

湖绿：以白墨为主，略加亮光型蓝墨、淡黄墨。若需深些，可略加中黄墨。

翠绿：孔雀蓝墨加淡黄墨。

橄榄黄绿：以白墨为主，加淡黄墨和孔雀蓝墨，略加桃红墨。

墨绿：深黄墨加中蓝墨，再略加深红墨。若需嫩些，可略加中黄墨、孔雀蓝墨。

银灰：以冲淡剂为主，略加银浆、黑墨。若需淡些，可加白墨。

假金：以黄墨为主，略加深红墨，中蓝墨。若需深些，可略加黑墨；若需淡一些，可略加白墨。

金色：以中黄墨及淡黄墨为主，略加金粉墨。

象牙黄：以白墨为主，加中黄墨、孔雀蓝墨和橘红墨。

青莲：孔雀蓝墨加桃红墨。

古铜：以深黄墨为主，略加大红墨、黑墨。

第四节　简易水调油墨

水调油墨是指用水代替调墨油，在机械的高速搅拌下，使水分散为极细小的粒子悬浮在油墨中，成为水油型的乳状液，即乳化油墨。

由于印刷的要求不同，纸张的性质不同，因此对油墨的要求也不同。有的要求稀一些，有的要求稠一些，而油墨稀稠的调整在于水和油的加入量（加水量为 20%～80%，但 40%左右为宜）。

一、施水原则

白墨作为冲淡剂时可以多加水，因为白墨的主要成分是钛白粉、锌钡白，有亲水作用，能增强乳化的稳定性，在调墨时，凡白墨成分较多的，乳化效果均较好。

油墨黏稠度大的可以多加水，因为黏稠度大的油墨本身具有较强的凝聚力，这种凝聚力可以阻止分散的水粒子重新聚集，保持乳化的稳定性。

单色油墨可以多加水，这种油墨不与其他油墨调配时，其原来结构未被破坏，加水后较易乳化，稳定性也较好。

当配色的成分复杂时，要少加水。有时为了符合原稿要求，需要用几种不同的原色油墨进行调配，这样各种油墨的原来结构便被破坏了，因此乳化的稳定性较差，加水要适当少些。

调和剩墨时要少加水。调墨时经常遇到一些剩墨，为了避免浪费，常把一些颜色近似的油墨混在一起，或加少量新墨调配使用。在这种情况下，油墨的成分复杂，所以加水应少些。

若纸张表面粗糙、质地松软（如国产白板纸、胶版纸），印刷墨层较厚，则要求油墨的黏稠度较低，因此，使用水调油墨时，可以适当多加水；与此相反，若纸张表面光滑、质地坚实（如铜版纸），印刷墨层较薄，则要求油墨的黏稠度稍高一些，使用水调配油墨时，加水就要少些。

印刷叠色产品时，第一色加水可以多些，第二色加水就应减少，并加适量干燥剂。凸印时，从产品来看，图版、实地版可以多加水，文字版则应少加水。

水油分离与分散相的粒子大小及油墨的凝聚力（内聚力）有很大关系。根据水油乳化的原则，加入一定量适用于一定型号油墨的乳化剂是不可少的。分散的水粒子越小，水油分布得越均匀，其混合后的稳定性越好。如果加水太多，超过了油墨能接受的饱和度，则会造成水油分离现象。目前使用的乳化剂为三乙醇胺，这对大部分油墨是适用的。如果在墨斗里出水，则可以加 389-4 季戊四醇树脂来增加油墨的内聚力。

水调油墨从使用效果来看，可以减少产品的粘连情况，在产品印第二色时容易着墨，印刷墨层减薄，有利于氧化结膜。对淡色油墨来说，水调油墨的耐晒性强，褪色速度慢，节约调墨油（使用 500g 水，可节约 250g 调墨油，油墨经过乳化后，体积膨胀，可增加油墨的使用量十分之一左右）。

二、水调油墨

水调油墨应现调现用，不宜存放过久。

在水调油墨过程中，不仅水的加入量要适当，煤油的加入量也很重要。若加入的煤油少，则油墨打滑；若加入的煤油太多，则油墨很稀，影响黏度。

水调油墨最好用软水（蒸馏水），避免使用自来水，因为自来水的矿物质含量较高，不利于乳化。

按三乙醇胺、煤油、水的顺序加入油墨，要注意少加三乙醇胺，否则会引起油墨变质。此外，在水调油墨的基础上，进一步发展了白油状的脂化乳液，它具有水调油墨的特点，是油墨的辅助材料，可随用随加，便于存储。

三、脂化乳液

脂化乳液的调配步骤如下。

在 100g 硬脂酸中加入 900g 水，加热溶解后，滴加 20g 氨水（同时搅拌），可得到硬脂酸铵。

在 100g 油酸中加入 400g 水，加热至 90℃左右，搅拌并滴加 20g 氨水可得到油酸铵。

在 800g 调墨油中加入 800g 甘油松香，加热溶解，冷却后加入 400g 煤油可得到树脂油。

在 25g 聚乙烯醇中加入 500g 水，加热溶解成聚乙烯醇胶水。

取 50g 石花菜，加入 5000g 水浸泡，浸涨后加热至石花菜溶解，然后过滤，得到石花菜溶液。

将硬脂酸铵、油酸铵、树脂油混合搅拌数分钟后，加石花菜溶液、聚乙烯醇胶水搅拌至聚合即可得到脂化乳液。使用脂化乳液时需加 2% 389 醇酸树脂油。

脂化乳液的测试内容如下。

① 耐曝晒测试：在曝晒机内进行 20、40、80 小时测试，加过脂化乳液与未加脂化乳液的油墨无明显色差。具体标准为红墨的耐光色牢度达到 5 级，绿墨的耐光色牢度达到 6 级以上（根据 GB/T 8427—2019 测定 1～8 级）。

② 耐水化测试：经过 144 小时离子水水化，加过脂化乳液与未加脂化乳液的油墨都无水化现象。

③ 耐碱测试：用 1%氢氧化钠溶液进行测试，经 24、48 小时浸泡，加过脂化乳液与未加脂化乳液的油墨结果一样。

④ 耐酸测试：用 1%盐酸溶液进行测试，浸泡 24、48 小时，加过脂化乳液与未加脂化乳液的油墨结果一样。

第五节　油墨调配过程

一、色稿分析

分析色稿首先要掌握一个基本原则，即三原色油墨（品红、黄、青）是调配一切墨色的基础色。用三原色油墨的原理来分析颜色，任何复杂的颜色都能很快地被调配出来。但在实际工作中，想要只使用三原色油墨调配出无数种颜色是无法实现的，因为制造油墨的颜料不是十分标准的，而且每次制出的油墨在颜色上总有不同程度的差异，所以在实际应用中还必须采用深黄、中黄、淡黄、深蓝、中蓝、淡蓝、射光蓝、深红、金红、橘红、淡红、绿、黑等十多种油墨才能满足使用要求。油墨的种类虽然多，但除三原色油墨外，其他颜色都是用来补充三原色不足的，不管多么复杂的颜色，不管如何变化，都无法超出三原色的范围，在调配油墨时，只要掌握住这个原则，调配墨色的问题就基本上可以得到解决。

调配油墨时要注意合理掌握用墨量。调配油墨量和印刷实际用量完全相同是不可能的，总要略多于印刷实际用量，但差距应当控制在最低范围之内，以免造成浪费。

用墨量的多少主要由以下几个因素决定。

印刷数量：印刷数量与用墨量成正比，印刷数量越多，用墨量也越多，反之则越少。

印刷面积：印刷面积越大，用墨量越多，反之则越少，它们之间也成正比例关系。

墨层厚度：墨层厚度与用墨量也有关系，若墨层厚，则用量多；若墨层薄，则用量少。

纸张性质：若纸张表面光滑，则用墨量少；若纸张表面粗糙不平，则用墨量多。

油墨本身的体积与比重与其用量也有很大关系，如黄墨比重大，体积小，用量就多些，而黑墨比重小，体积大，用量就相应少些。

分析了原稿的颜色后，就可以着手调配墨色。在调配墨色时，根据分析出的色相选择需要用到的油墨，如调配绿色，用黄墨和青墨混合，如果色稿的绿色偏黄色，则调墨时以黄墨为主，青墨少许，此外还要考虑应用哪种黄墨、青墨才能符合原稿色相。主色墨决定了之后，其他都是辅色墨，根据主色墨的需要，逐渐加入辅色墨。将一小部分调和均匀的油墨稀释到符合印刷要求的程度，用两块小纸片打成小色样（在打小色样时，一定要把油墨打均匀，并且墨层越薄越好）和原色样对照。在对照时要选择小色样油墨最薄、最淡的地方，这样看得比较准确，否则看不准确。在调配油墨颜色时，不可能加一次辅色墨就能调出与原色样相符的墨色，需要多次加入才行。

在调配墨色时应该尽量少用不同颜色的油墨，若用的颜色太多，则调配出的墨色的光泽就会减弱，使墨色灰暗、不鲜明。另外，调配出的墨色要比原色样稍深一点。打小色样的纸张最好与印刷时所用的纸张相同，这样打出的色样才会比较准确。

在调配某种印刷品的全部用墨量之前，必须先做好油墨试样工作，只有在确定试样之后，才能进行大量调配。在调配浅淡的墨色时，必须在同一种照明条件下进行。例如，同一印刷品用的油墨，不能先在白天调配，再在晚上灯光下调配。

淡色油墨多半用来印实地，因此调墨时应注意白墨的透明度，采用不透明的白墨。白墨的选择取决于印版、颜色、纸张表面的结构和光滑度，如果纸张的表面有暗斑小点或纸质不符合规定的要求，那么这种纸张的底色必须印上不透明的淡色油墨，这时就要采用不透明的白墨。

二、燥油的用量

燥油的用量涉及到许多因素，如气温、纸张的吸墨性、墨层厚度、辅助材料、油墨本身的性质、印刷数量等。要综合分析这些因素，从而得出一个较适当的比例。燥油加入量不当会给生产带来很多麻烦，影响产品质量。燥油的用量一般根据以下原则来确定：铜版纸印刷品比胶版纸印刷品多；冬天比夏天多；浓色墨多；后色比前色多；印刷数量少比印刷数量多的多。

不同油墨的燥油用量如表6-6所示（仅供参考），其说明如下。

① 以白墨冲淡剂为主的淡色墨，一般可根据白墨的量加入燥油。

② 以亮光浆冲淡剂为主的淡色墨，一般应以红燥油为主，适量地加入一些白燥油，红燥油的比例为在0℃左右时加3%，在35℃左右时加1%。

③ 大红、深红墨中应加入红燥油，其用量在上述比例的基础上降低$\frac{3}{4}$。

④ 一般情况下可参考上述比例，若情况特殊，则应根据具体情况加以调整。因辅助材料加入过多而影响干燥时，应适当增加燥油的比例。例如，用铜版纸印刷时，上述比例应增加0.5%～1%。

表6-6　不同油墨的燥油用量

型　号	色　别	燥油用量	
		0℃左右	35℃左右
10-21	淡　黄	1/25	1/60
10-24	中　黄	1/25	1/60
10-27	深　黄	1/25	1/80
10-06	大　红	1/25	1/60
10-09	深　红	1/20	1/40
10-03	金　红	1/20	1/40
10-16	淡　红	1/15	1/40
10-31	孔雀蓝	1/25	1/60
10-33	中　蓝	1/25	1/60
10-36	品　蓝	1/20	1/40
10-37	深　蓝	1/25	1/40
10-39	射光蓝	1/20	1/40
10-52	黑　墨	1/20	1/40

续表

型　号	色　别	燥油用量	
		0℃左右	35℃左右
10-40	白　墨	1/20	1/50
30-44	钛白墨	1/40	1/100
05-20	柠檬黄	1/50	
05-24	中　黄	1/50	√
05-25	透明黄	1/50	
05-27	深　黄	1/50	√
05-03	金　红	1/30	
05-06	大　红	1/40	
05-07	大　红	1/40	
05-08	深　红	1/40	
05-09	深　红	1/40	
05-15	桃　红	1/25	√
05-17	淡　红	1/25	√
05-30	孔雀蓝	1/40	
05-32	天　蓝	1/40	
05-31	中　蓝	1/40	
05-37	深　蓝	1/40	
05-52	黑　墨	1/30	√
05-53	黑　墨	1/30	√
05-50	亮光浆	1/30	

注：√表示燥油的用量为百分之一左右时最佳。

三、墨层厚度

墨层厚度决定了调墨时调墨油的用量，它对印刷品的质量影响很大，因为墨层厚度影响其黏度及流动性。在一般情况下，墨层越厚，油墨的黏度也越大，流动性就小，在墨斗内的油墨就不容易下墨，墨辊上的油墨也不易均匀，以致印版上的油墨不能保持均匀一致，并且容易堆积在印版上，还会产生拉毛等现象。所以墨层过厚会给印刷造成许多困难，并且难以进行正常生产。

但是，如果油墨的黏度过小，流动性很大，则会使印刷品淡而无光。同时墨层过薄使网点吸墨、扩大、发糊，印刷品失真，也易产生版面拉脏现象。由此可见，墨层过厚或过薄都不利于正常印刷。墨层厚度要达到什么程度才算合适取决于很多客观条件，也就是说墨层厚度应根据油墨的性质、版面、气温、机器运转速度及性能、纸张表面的光滑程度、产品图文的分布等不同情况来加以调整。

调整墨层厚度的一般原则如下。

① 当气候干燥时，墨层可以适当薄些。

② 当温度高时，墨层要厚些（天气热时墨层要厚些，天气冷时墨层要薄些）。

③ 若纸张表面粗糙、质地松软、吸收性大，则墨层应调薄些；反之，墨层应调厚些。

④ 若图文均为网线，则墨层应调厚些，若满版实地印刷，则墨层应调薄些。

⑤ 若机器运转速度快，则墨层应比机器运转速度慢的厚一些。

以上只是一般原则，在日常工作中还要灵活应用。

根据日常油墨的使用情况来看，一般红墨、黑墨应调配得厚些，其次为蓝墨。通常图版用的淡色油墨，如黄墨、淡红墨、淡蓝墨等均应调薄些。如果墨色对了，墨层调得太薄了，可用少量 650 固化剂浓缩，其色泽不变。

四、调墨操作

调墨的操作分为机械操作和手工操作，机械操作为搅拌机和轧墨机调墨，手工操作为双手使用单刀调和，也可使用双刀调和，在调和少量油墨时，单手操作比较灵活。

（1）单刀调墨。

① 双手操作。右手握住刀柄，左手辅助右手，右手一方面用力来回推拉并控制幅度，另一方面略带向上推的力（见图 6-10），与此同时，左手必须密切配合，按照图形支撑方向，使墨刀有换向翻墨的作用。墨刀向右时，墨刀左半部压挤翻合油墨，墨刀向左时，墨刀右半部压挤翻合油墨。每当换向时，刀角按图形圆滑且迅速地转变。

② 单手操作。右手握住刀柄上半部，大拇指抵住刀柄的另一面，使用手腕的力量来回推动，其形状有两种，一种如图 6-10 所示，另一种如图 6-11 所示，刀半部换向。向上如同向右，向下如同向左。

图 6-10　单刀调墨

图 6-11　双刀调墨

（2）双刀调墨。双刀调墨在绝大多数情况下用于初步调和油墨，而且以右手为主。

操作时，左、右手对称地按照图 6-11 所示形状翻合，不仅要将墨盘四角向中间翻合，并且要彻底地将底部油墨向上翻合，这仅仅是初步的，接着采用右手单刀调墨的方法，按照"8"字形继续调墨，左手在旁边添墨（将旁边的油墨推过去）。

复习思考题六

1．什么是色料？什么是减色法？

2．说明图 6-1 中虚线和实线不重合的原因。

3．在 GATF 色轮图上，如果一组油墨与其补色形成颜色六边形，则每个边上任一点代表什么？为什么？

4．说明 $\phi = \alpha M + \beta Y + \gamma C$ 所表示的含义及其应用。试用表 6-4 或表 6-5 中的数据进行验证。

5．灰色油墨调配的原则是什么？为什么？

6．在水调油墨中，水的加入量一般为多少？其最佳加水量是多少？

7．为什么要分析色稿？调墨时为什么要做好油墨试样工作？

8．调墨操作应注意些什么才能将油墨快速调匀？

9．表 6-7 所示为用密度计测得的 A、B 两组油墨的数据，请回答下列问题。

（1）计算两组油墨的色强度、色相误差、灰度、效率。

（2）试问哪组油墨的色域大？

表 6-7　用密度计测得的 A、B 两组油墨的数据

油墨		滤色片		
		R	G	B
A	Y	0.04	0.08	1.20
	M	0.10	1.30	0.40
	C	1.32	0.47	0.15
B	Y	0.05	0.07	1.15
	M	0.16	1.25	0.57
	C	1.28	0.50	0.17

第七章 印刷压力

内容提要

印刷过程中的油墨转移必须在一定的印刷压力作用下完成。对于不同的印刷形式，印刷压力的产生方式不同，一般都是通过橡皮布和衬垫的压缩变形产生的。胶印主要借助于中间滚筒上的橡皮布和衬垫的压缩变形而形成印刷压力。按照胶印的工艺要求，印刷压力必须调整到适当的大小才能保证印刷的正常进行，从而获得高质量的印刷品。

本章介绍了不同类型印刷机的总压力，进而详细讲述了胶印印刷压力。在介绍印刷压力分布时，主要阐明了 λ 与 b 的关系。印刷压力的改变使实际滚压过程中滚筒半径发生改变，从而使印刷品质量发生变化，进而引出速差的概念及速差产生的原因，包衬不当是产生速差的主要原因之一。通过对接触弧滑动量的数学推导及综合分析，重点介绍了 λ 的合理分配，将印刷过程中影响质量的一个重要参数予以量化。

基本要求

1. 了解印刷压力的一般表示方法，明确总压力、压力的分布和检验方法。

2. 在了解油墨转移率与印刷压力关系的基础上，理解工作压力的概念，明确影响印刷压力的主要因素，能根据给定的印刷条件确定适当的印刷压力。

3. 了解压力与速差、包衬、摩擦之间的相互影响关系，能进行滑动量的综合分析。

4. 掌握用速差曲线解析 λ 值的分配方法，能根据实际生产条件合理分配 λ 值。

第一节 印刷总压力

印刷根据印刷机压印机构的设计原理可分为平压平、圆压平、圆压圆三种形式。

一、平压平

平压平是指印版、版台及施压的平板都是平面型的。整个印版印刷部分的压印时间由于机构不同，虽也有一致的和不一致的两种，但整个版面的压印几乎是同时进行的。因此如果印版的组成部分和机器的构件制造得没有偏差，且在加压的情况下不变形，则总压力的大小应等于单位面积压力与印刷部分全部面积的乘积，即

$$Q = PS$$

如果印 16 开，假设为 18cm×26cm 大小的图版，P 以 245N/cm^2 计算，则作用于版面的总压力为

$$Q = P \cdot S = 245 \times 18 \times 26 = 114660\text{N}$$

由此可见，平压平型印刷机的两拉杆必须具有足够的强度，才能承受这样大的印刷压力。

二、圆压平

在圆压平型印刷机中，印刷过程是循序进行的，完成压印的每一瞬间，只有印版的某一部分和滚筒包衬相接触，如图 7-1 所示，因此整个接触面积为

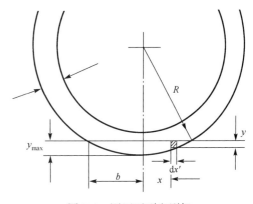

$$S = 2ab$$

式中，a 为印版总长；$2b$ 为在压印瞬间，印版与滚筒包衬接触面的宽度。

图 7-1 圆压平型印刷机

为计算在此接触面上的总压力 Q，我们在此接触面中取一微面，其微面积为

$$dS = adx$$

式中，dx 为此微面的宽度。

设 E 为滚筒包衬的弹性系数，则在微面上，滚筒包衬对印版的作用力应为

$$dQ = E\frac{y}{l}dS \tag{7-1}$$

式中，l 为滚筒包衬的厚度；y 表示此微面上包衬的变形。

由图 7-1 可知

$$y = \sqrt{R^2 - x^2} - \sqrt{R^2 - b^2}$$

所以式（7-1）可写为

$$dQ = \frac{aE}{l}(\sqrt{R^2 - x^2} - \sqrt{R^2 - b^2})dx$$

对上式由 0 到 b 积分且图形为对称关系，因此有

$$Q = \frac{2aE}{l}\int_0^b (\sqrt{R^2 - x^2} - \sqrt{R^2 - b^2})dx$$

$$= \frac{2aE}{l}\left(\frac{x}{2}\sqrt{R^2 - x^2} + \frac{R^2}{2}\arcsin\frac{x}{R} - \sqrt{R^2 - b^2}\cdot x\right)\Bigg|_0^b$$

$$= \frac{aE}{l}\left(R^2\arcsin\frac{b}{R} - \sqrt{R^2 - b^2}\cdot b\right)$$

为简化计算步骤，上述方程可采用近似解法，展开级数

$$\arcsin\frac{b}{R} = \frac{b}{R} + \frac{b^3}{6R^3} + \cdots$$

因为这个级数很快地收敛，所以略去第三项及以后所有项后不会有很大误差。在这种情况下，我们可以得到

$$Q \approx \frac{aE}{l}\left[R^2\left(\frac{b}{R} + \frac{b^3}{6R^3}\right) - \sqrt{R^2 - b^2}\right]$$

$$= \frac{abE}{l}\left[R + \left(\frac{b^2}{6R}\right) - \sqrt{R^2 - b^2}\right] \tag{7-2}$$

由图 7-1 可知

$$y_{\max} = R - \sqrt{R^2 - b^2}$$

$$b^2 = R^2 - (R - y_{\max})^2 = 2Ry_{\max} - y_{\max}^2$$

因为 $y_{\max}$ 很小，可舍去 $y_{\max}^2$，所以 b^2 可近似等于 $2Ry_{\max}$，将其代入式（7-2），可得

$$Q \approx \frac{abE}{l}\left(y_{\max} + \frac{2Ry_{\max}}{6R}\right) = \left(\frac{4abE}{3l}\right)y_{\max}$$

因印刷所需的单位面积压力（压强）为

$$P = \frac{E}{l}y_{\max}$$

故可得

$$Q = \frac{4}{3}abP \qquad\qquad （7-3）$$

式（7-3）是圆压平型印刷机总压力的计算公式。

例：设装 16 开的图版八块，取 $P = 245\text{N/cm}^2$，$y_{\max}$ 视衬垫的材料而定，一般为 $0.02 \sim 0.03\text{mm}$，现假设为 0.03mm，滚筒半径 $R = 26.7\text{cm}$，求压印时的总压力。

解：从实际测得

$$a = 18 \times 4 = 72 \text{ cm}$$

而

$$b = \sqrt{2Ry_{\max}} = \sqrt{2 \times 26.7 \times 0.03} \approx 1.26\text{cm}$$

$$Q = \frac{4}{3}abP = \frac{4}{3} \times 72 \times 1.26 \times 245 = 29635.2\text{N}$$

由这一例题可看出，在平压平型印刷机中，印一块 16 开的图版，机器所受到的载荷就有 114660N。而在圆压平型印刷机中，印 8 开大小的图版，印刷机所受的载荷也只有 29635.2N。如果把此图版装在对开圆压平型印刷机上，总压力可更小，这就是圆压平型印刷机可印较多、较大版面的原因。

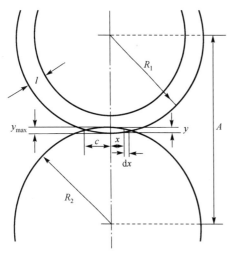

图 7-2　圆压圆型印刷机

三、圆压圆

在圆压圆型印刷机中，确定整个接触面上总压力的方法与圆压平型印刷机相同，只在接触宽度上的计算略有区别。如图 7-2 所示，设 R_1 为压印滚筒半径，R_2 为装版滚筒半径。同样，在两滚筒的接触面上取一微面为

$$\text{d}S = a\text{d}x$$

在此微面上，包衬对印版的作用力应为

$$dQ' = \frac{Ey}{l}dS = \frac{aE}{l}y dx$$

式中，E 为包衬的弹性系数；l 为包衬的厚度；y 为此微面上的包衬变形；a 为印版的实际接触长度；dx 为此微面的宽度。

由图 7-2 可知

$$y = \sqrt{R_1^2 - x^2} + \sqrt{R_2^2 - x^2} - A$$

由此可得

$$dQ' = \frac{aE}{l}(\sqrt{R_1^2 - x^2} + \sqrt{R_2^2 - x^2} - A)dx$$

对上式从 0 到 c 积分且图形具有对称性，所以有

$$Q' = \frac{2aE}{l}\int_0^c (\sqrt{R_1^2 - x^2} + \sqrt{R_2^2 - x^2} - A)dx$$

$$= \frac{2aE}{l}\left[\frac{x}{2}\sqrt{R_1^2 - x^2} + \frac{R_1^2}{2}\arcsin\frac{x}{R_1} + \frac{x}{2}\sqrt{R_2^2 - x^2} + \frac{R_2^2}{2}\arcsin\frac{x}{R_2} - Ax\right]_0^c$$

$$= \frac{aE}{l}\left(c\sqrt{R_1^2 - c^2} + R_1^2\arcsin\frac{c}{R_1} + c\sqrt{R_2^2 - c^2} + R_2^2\arcsin\frac{c}{R_2} - 2Ac\right)$$

展开级数

$$\arcsin\frac{c}{R_1} = \frac{c}{R_1} + \frac{c^3}{6R_1^3} + \cdots$$

$$\arcsin\frac{c}{R_2} = \frac{c}{R_2} + \frac{c^3}{6R_2^3} + \cdots$$

略去第 3 项及以后的各项，可求得 Q' 的近似解为

$$Q' \approx \frac{aE}{l}\left[c\sqrt{R_1^2 - c^2} + R_1^2\left(\frac{c}{R_1} + \frac{c^3}{6R_1^3}\right) + c\sqrt{R_2^2 - c^2} + R_2^2\left(\frac{c}{R_2} + \frac{c^3}{6R_2^3}\right) - 2Ac\right]$$

$$= \frac{caE}{l}\left(\sqrt{R_1^2 - c^2} + R_1 + \frac{c^2}{6R_1} + \sqrt{R_2^2 - c^2} + R_2 + \frac{c^2}{6R_2} - 2A\right)$$

由图 7-2 可知

$$\sqrt{R_1^2 - c^2} + \sqrt{R_2^2 - c^2} = A$$

$$R_1 + R_2 - A = y_{max}$$

将其代入上式，可得

$$Q' = \frac{caE}{l}\left(y_{max} + \frac{c^2}{6R_1} + \frac{c^2}{6R_2}\right)$$

由图 7-2 可知，$c^2 = R_1^2 - (R_1 - y_1)^2 = 2R_1y_1 - y_1^2$ 且 $c^2 = R_2^2 - (R_2 - y_2)^2 = 2R_2y_2 - y_2^2$。因为 y_1 与 y_2 都很小，所以略去 y_1^2 项与 y_2^2 项，取 $c^2 = 2R_1y_1$ 与 $c^2 = 2R_2y_2$，其误差极微小。由此可得

$$Q' = \frac{caE}{l}\left(y_{max} + \frac{2R_1 y_1}{6R_1} + \frac{2R_2 y_2}{6R_2}\right)$$

$$= \frac{caE}{l}\left(y_{max} + \frac{y_1 + y_2}{3}\right)$$

显然 $y_1 + y_2 = y_{max}$，由 $P = \frac{E}{l} y_{max}$ 得

$$Q' = \frac{4}{3} acP \qquad (7\text{-}4)$$

当装版滚筒半径 $R_2 \rightarrow \infty$ 时，圆压圆型印刷机就成为了圆压平型印刷机，$R_1 = R$，$c = b$，式（7-4）等于式（7-3）。

由 $c^2 = 2R_1 y_1 = 2R_2 y_2$ 可得

$$R_1 y_1 = R_2 y_2 = R_2(y_{max} - y_1) = R_2 y_{max} - R_2 y_1$$

进而可得

$$y_1 = \frac{R_2}{R_1 + R_2} y_{max}$$

当装版滚筒半径与压印滚筒半径一样大且等于圆压平压印滚筒半径，即 $R_1 = R_2 = R$ 时

$$y_1 = \frac{1}{2} y_{max}$$

$$c = \sqrt{R y_{max}}$$

而圆压平型印刷机的接触面宽度为

$$b = \sqrt{2R y_{max}}$$

若两压印滚筒（圆压圆型印刷机和圆压平型印刷机的压印滚筒）半径相等，所用包衬材料一样，包衬厚度一样，那么包衬的最大变形对某一种印件来讲也应该一样，所以有

$$c = \frac{\sqrt{2}}{2} b$$

比较式（7-3）和式（7-4）可得

$$\frac{Q - Q'}{Q} \times 100\% = \frac{b - c}{b} \times 100\% = \left(1 - \frac{\sqrt{2}}{2}\right) \times 100\% \approx 30\%$$

由此可知，在上述条件下，圆压圆型印刷机在印刷中的总压力比圆压平型印刷机总压力小将近 30%。将印同样幅面的圆压圆型印刷机的滚筒与圆压平型印刷机的滚筒进行比较，圆压圆型印刷机的滚筒半径更小，接触宽度更小，总压力也更小。

第二节　印刷压力的分布

压力是一个滚筒对相邻的另一个滚筒的作用力，而且这个作用力是相互的。习惯上，常常把这两个力中的任意一个力叫作作用力，另一个力叫作反作用力。

根据牛顿第三定律分析滚筒之间的滚压关系,相滚压的滚筒之间的作用力和反作用力总是同时存在,它们的大小相等,方向相反,并且属于同一性质的力。

如图 7-3 所示,滚筒滚压时的作用力(压力)是相互作用的。从各个滚筒本身来分析,过中心线的轴承和轴颈承受大小相等、方向相反的压力。

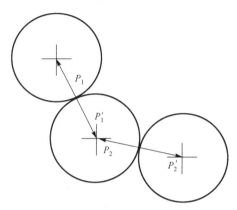

图 7-3 滚筒滚压时的相互作用力

一、接触宽度上的压力分布

接触宽度上压力的分布可用作图法得出,图 7-4 所示为压力分布作图法示意图。图中,直线 KN 为印版与滚筒的接触宽度,包衬最大变形为 y_{max}。把直线 KN 分成若干相等的线段,如 4-3、3-2 等。由每一等分点 4、3、…、N 作 KN 的垂线,分别交弧于 4′、3′ 等各点,11′、22′ 等即为该点的包衬变形 y。

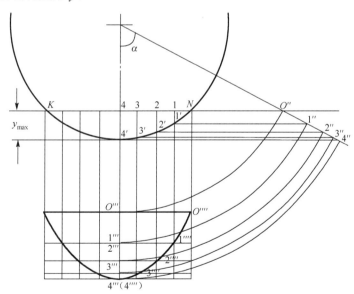

图 7-4 压力分布作图法示意图

在弹性变形范围内,包衬的变形与压力的关系由式(7-1)可知,表示为

$$y = \frac{l}{E}\frac{dQ}{dS}$$

选取比例尺（$y = \dfrac{N/cm^2}{cm}$）为 μ，则有

$$y\mu = \frac{l}{E} \cdot \mu \cdot \frac{dQ}{dS}$$

令 $\cos\alpha = \dfrac{l}{E} \cdot \mu$，可得

$$y = \frac{dQ}{dS} \cdot \frac{1}{\mu} \cdot \cos\alpha$$

$$\alpha = \arccos \frac{l}{E} \cdot \mu$$

包衬厚度 l 及其材料的弹性模数 E 都是已知的，且 E 的数值远大于 l，所以 α 可求得。作直角三角形 $\triangle ABC$，使 $\angle A = \alpha$，$AB = y$，那么

$$AC = \frac{dQ}{dS} \cdot \frac{1}{\mu}$$

$$\frac{dQ}{dS} = AC \cdot \mu$$

所以，从圆心处作 α 角，交 KN 的延长线于 O''，过每个'点（1'、2'、3'、4'）作弦的平行线交斜线于"点（1"、2"、3"、4"），以"点到圆心的距离为半径，画弧线交连心线于'''点，过'''点作弧的切线交对应竖线于''''点（O''''、1''''、2''''、3''''、4''''），把所有''''点连成光滑曲线，便可得到在接触宽度上的压力分布曲线。

这里的压缩变形量 y 实际上就是印刷机的压力 λ，则不难求得平均变形量和平均压力。

平均变形量为

$$\lambda_{平均} = \frac{\lambda_1 + \lambda_2 + \lambda_3 + \cdots + \lambda_n}{n}$$

平均压力为

$$P_{平均} = E\frac{\lambda_{平均}}{l}$$

最大压力是图中 4 点处的压力，称为 λ_{max}。

二、压力测量的基本准则

压力的绝对值目前还很难精确地计算出来，有的资料所记载的数据是通过模拟试验求得的，与实际情况存在出入，实用价值不大，如果工艺过程中实现了"理想压力"，那么即使没有压力的计算数据，对生产也无妨碍。实际生产中一般采用下列两种方法作为相对的衡量依据。

（1）检验滚筒之间的接触宽度。

（2）求滚筒受压后的压缩厚度。

由弹性变形的公式可知，上述两种方法都有可变因素，并影响其精确度。因为 λ、E、l 都是决定压力的条件，只有在 E、l 取值一定时，λ 才是决定性条件，所以 λ 值只能用作相对

比较。由于度量厚度时可能有误差、橡皮布拉伸时厚度有减小、滚筒受压时也会产生机械上的离让，所以压缩变形量为

$$\lambda_A = (p+b)-H_A-y$$

$$\lambda_B = (b+a)-H_B-y'$$

式中，H_A 为印版滚筒与橡皮滚筒壳体的间隙；y 为印版滚筒与橡皮滚筒离让值；H_B 为橡皮滚筒与压印滚筒壳体的间隙；y' 为橡皮滚筒与压印滚筒离让值。

如果细心地测量上述数据，则求得的 λ_A、λ_B 就比较精确。

要想求得精确的 λ 值，关键在于对 p、b 的度量，对橡皮布和毡呢厚度的准确度量是关键中的关键，因为它们的弹性都较好，如前文所述，常有许多因素影响度量的精确性。

正确有效的方法是：利用现有的胶印机滚筒壳体、滚枕等的精确数据，由已知的 $D'_{枕}$ 和 $D'_{印}$ 或 $D'_{橡}$ 之差求得各滚筒的切削量，将印版或橡皮布及它的衬垫物包绕在滚筒上。校好压力使其达到理想状态，然后用筒径尺或筒径仪测得 b 超过滚枕的高度，就能计算出 b 的实际厚度，即滚筒切削量加上 b 超过滚枕的高度，就是它的实际厚度。

对于 λ 值的正确测量，应该予以重视。由于 λ 值测量不准，有人就采用"大概、估计"的办法，凭主观臆断，提出不符合实际的数据，这对理论建设是一种干扰，如果采用仪表测量的办法，测得精确的 λ 值，就能排除这种干扰。

同理，为了简化测量过程，根据已知相邻两滚筒的滚枕间隙 C_A 或 C_B，采用上述同样的方法，求得实际的 p、b 值，用 p、b 超过滚枕的高度，减去 C_A 和离让值 y，可求得 λ_A，同理可求得 λ_B。这比根据 H_A、H_B 求 λ 值要方便得多。橡皮滚筒的压缩厚度除可用测量法测得外，还可以根据图 7-5 所示的接触弧上 λ 与 b 的关系来进行计算。并且从图中可以推出，不同的滚筒半径的"接触宽度"所对应的压缩厚度是各不相同的。

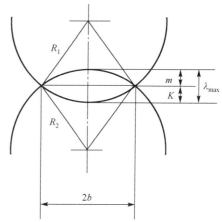

从图中两个相滚压的滚筒的接触弧可以看到：它的最大压缩厚度为 λ_{max}，过中线可分割成 K 和 m 两部分，接触弧弦长的 1/2 为 b，则

$$\frac{b}{K} = \frac{2R_1-K}{b} \ \text{或}\ b = \sqrt{2R_1K-K^2}$$

$$\frac{b}{m} = \frac{2R_2-m}{b} \ \text{或}\ b = \sqrt{2R_2m-m^2}$$

取近似值可得

$$b \approx \sqrt{2R_1K}$$

$$b \approx \sqrt{2R_2m}$$

图 7-5　接触弧上 λ 与 b 的关系

通过上述两式可得

$$R_2m = R_1K$$

因为 $m+K = \lambda_{max}$，移项可得 $m = \lambda_{max}-K$。故上式可写为

$$R_2(\lambda_{max}-K) = R_1K$$

由此可得

$$R_2\lambda_{max} = R_1K + R_2K = (R_1+R_2)K$$

$$K = \frac{R_2\lambda_{max}}{R_1+R_2}$$

将 K 代入计算式 $b=\sqrt{2R_1K}$，可得

$$b = \sqrt{\frac{2R_1R_2\lambda_{max}}{R_1+R_2}}$$

接触宽度为

$$B = 2b$$

于是

$$B = 2\sqrt{\frac{2R_1R_2\lambda_{max}}{R_1+R_2}}$$

最后得

$$B = 2\sqrt{R\cdot\lambda_{max}}$$

如果已知滚筒半径和压缩厚度，可用上述公式计算出接触弧的宽度。但是在实际生产中，B 是已知数，需要求得的是橡皮滚筒的压缩厚度，故可将上式转化为求 λ_{max} 的计算式：

$$\lambda_{max} = \left(\frac{B}{2}\right)^2 \cdot \frac{1}{R} = \frac{b^2}{R}$$

$D_0 = 300mm$ 的机型的计算结果如表 7-1 所示。

表 7-1　$D_0 = 300mm$ 的机型的计算结果

R（mm）	λ_{max}（mm）	b^2（mm²）	b（mm）	B（mm）
150	0.10	15	3.87	7.74
150	0.15	22.5	4.74	8.98
150	0.20	30	5.48	10.96
150	0.25	37.5	6.12	12.24
150	0.30	45	6.71	13.42

以接触宽度衡量压力大小是比较方便的，只要"合压"空转，在滚筒表面涂满油墨滚压的情况下，使机器停转数秒钟，再将机器点动少许，即见"压扛"痕，并可求得橡皮布的压缩厚度，包括 λ_A 及 λ_B。但应考虑到其他条件的影响，如橡皮布的弹性模数、橡皮布及其衬垫物的总厚度，而且只有在同类型、滚筒半径相同的机器上才可进行比较。

第三节　压印滚筒半径与印刷品质量

压印滚筒的大小与印刷质量也有一定关系，滚筒每一点的压印过程可看作滚筒表面包衬由开始变形到变形消失的过程，对印刷质量来说，这一过程的时间一般长一些比较好。印刷压力不是由滚筒大小来决定的，印同一种产品、用同一种衬垫材料与同样厚度的包衬，虽然可在大小不同的滚筒下进行印刷，但其变形深度必须一样。因为单位面积压力取决于变形 Δl

的大小。由此，大滚筒对版面接触部分所张开的角度
反而要比小滚筒对版面接触部分所张开的角度小，这
可利用图 7-6 进行证明。

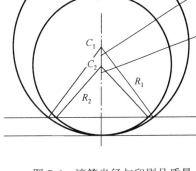

设大滚筒半径为 R_1，小滚筒半径为 R_2，大滚筒
对版面接触部分所张开的角度为 ϕ_1，小滚筒对版面接
触部分所张开的角度为 ϕ_2，变形大小为 Δl，则

$$\cos\frac{\phi_1}{2}=\frac{R_1-\Delta l}{R_1}=1-\frac{\Delta l}{R_1}$$

$$\cos\frac{\phi_2}{2}=\frac{R_2-\Delta l}{R_2}=1-\frac{\Delta l}{R_2}$$

图 7-6 滚筒半径与印刷品质量

因为 $R_1>R_2$，所以

$$\frac{\Delta l}{R_2}>\frac{\Delta l}{R_1}$$

$$1-\frac{\Delta l}{R_1}>1-\frac{\Delta l}{R_2}$$

$$\cos\frac{\phi_1}{2}>\cos\frac{\phi_2}{2}$$

由此可知，$\phi_1<\phi_2$。

我们一般所讲的车速，如每分钟 30 张，都是以角速度为依据的，若两滚筒的车速相
同，则

$$\omega_1=\omega_2$$

式中，ω_1 为大滚筒的角速度；ω_2 为小滚筒的角速度。用 t_1 表示转过 ϕ_1 角度所需的时间，用 t_2
表示转过 ϕ_2 角度所需的时间，则

$$\omega_1=\frac{\phi_1}{t_1}$$

$$\omega_2=\frac{\phi_2}{t_2}$$

因为 $\omega_1=\omega_2$，$\phi_1<\phi_2$，所以 $t_1<t_2$。

由此可知，在同一车速下，滚筒表面的包衬从开始变形到变形消失，小滚筒用的时间比
大滚筒长，即力的作用时间长，这对纸面变平、油墨的转移都有好处。

上述情况对一般产品质量的影响并不显著，但对于网纹图版、实地版印刷，车速这一因
素就需加以考虑。

要获得同样质量的印迹，较大的圆压圆型印刷机的车速必须比较小的圆压圆型印刷机的
车速慢。并且当两滚筒车速相同时，有

$$V_1=R_1\omega_1$$

$$V_2=R_2\omega_2$$

$$V_1>V_2$$

式中，V_1 为大滚筒表面的线速度；V_2 为小滚筒表面的线速度。

因此，对于目前利用线带传纸的印刷机来讲，小的圆压圆型印刷机传纸要稳定得多，这对印刷图版等精细产品有利。

第四节 滚筒速度和速差

根据胶印工艺要求，印版、橡皮布和压印滚筒在滚压时，通过斜齿轮啮合，不但要求传动平稳，瞬时传动比恒定不变，并且要求三滚筒表面的线速度一致，表面只有滚动接触而没有滑动。

如果齿轮的加工精度高，又啮合在节圆相切的标准位置上，则两个相啮合的节圆线上的线速度是一致的。但是要想使滚筒印刷表面的线速度一致，从理论上说三滚筒的半径都必须和齿轮节圆直径一样大，否则会产生滑动。众所周知，滚筒要在工艺过程中进行包衬，压印滚筒所带的纸厚度也有不同，这就要求包衬的结果是它们的直径必须与齿轮节圆直径相等或者在三滚筒直径的基础上同样加、减某个数。但是橡皮滚筒是个弹性体，不可避免地会有压缩变形，怎样使三滚筒的线速度相等呢？这就值得深入研究。

一、线速度与角速度

在物体的匀速直线运动中，运动物体所通过的路程和通过这段路程所用的时间比叫作物体的运动速度，以 v 表示，其可以用路程 s 和对应的时间 t 来表示：

$$v = \frac{s}{t}$$

也可以求对应时间内的路程：

$$s = v \cdot t$$

这是物体最简单的一种运动形式。

滚筒做匀速圆周运动时，速度的方向随时发生改变，但速度大小（V）不变，它等于通过的弧长（S）与所用时间的比，即

$$V = \frac{S}{t}$$

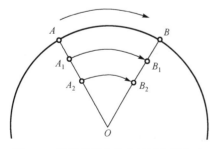

图 7-7 不同半径上各点转过相同角度的弧长比较

质点做曲线运动时的速度称为线速度，圆周上某一点的线速度方向就是该点的切线方向，线速度大小与圆的半径有关。如图 7-7 所示，转动的物体上各点的半径不同，但相同时间内转过的角度相同。半径越大，相同时间内通过的弧长 S 也越大，即线速度越大；反之，则越小。

根据滚筒转动的这个特性，即各点的半径在相同时间内都转过相同的角度，我们引入一个叫角速度的物理量来描述滚筒的转动。

角速度是转动物体上任何垂直于转轴的直线所转过的角度和转过这一角度所需的时间的比，可表示为

$$\omega = \frac{\phi}{t}$$

式中，ω 为角速度；ϕ 为垂直于转轴的直线所转过的角度；t 为转过这一角度所需的时间。

显然，在匀速转动中，ω 是一个恒量，这和匀速运动的速度含义相似。

在工程技术上还常用单位时间内的转数来表示角速度，如果用 n 表示每秒的转数。则

$$\omega = 2\pi n \ (\text{rad/s})$$

滚筒转动一周，表面质点通过了 $2\pi R$ 的距离，所以质点的线速度 V 为

$$V = 2\pi R n$$

式中，R 为滚筒的半径。

由此可见，ω 与 V 的关系为

$$V = \omega \cdot R$$

这个公式很重要，它既可以指导机器的设计、抢修和使用，又可以作为滚筒包衬的理论依据。因为知道了滚筒转动的角速度，就可求出任意半径对应的线速度。对滚筒传动比 $i = 1$ 的胶印机来说，它们的角速度关系为

$$\omega_{印} = \omega_{橡} = \omega_{压}$$

故要实现 $V_{印} = V_{橡} = V_{压}$，只要使 $R_{印} = R_{橡} = R_{压}$就可以了。

对于滚筒传动比为整数的胶印机，只要 ω 与 R 成反比例关系即可。

如果计算相滚压的滚筒线速度之差 ΔV，则可以由下式计算：

$$\Delta V = (R_1 - R_2)\omega = (R_1 - R_2)2\pi n$$

实际上，一般只要算出滚筒之间每转一周的滑动距离 ΔS 就可以衡量包衬和计算的结果是否合理，设 $n = 1$，则

$$\Delta S = (R_1 - R_2)2\pi$$

很明显，若 $R_1 - R_2 = 0$，则 $\Delta S = 0$；若 $R_1 > R_2$，则 ΔS 为正值；若 $R_1 < R_2$，则 ΔS 为负值。

如果三滚筒都是刚体，则 $\Delta S = 0$，即线速度相等，这是不难实现的。现在探讨的关键问题应该集中在弹性体的压缩变形上，并且明确如何从工艺上减少由弹性体压缩变形造成的速差和摩擦，这是我们对滚筒滚压过程进行理论分析的着眼点，任何脱离这个范围的说法都是不适当的。

二、滚筒的速差

1. 橡皮滚筒的自由半径和压缩半径

由图 7-8 可知，假定在印版滚筒 A（或压印滚筒）相对橡皮滚筒 B 静止的情况下施加压力，则橡皮滚筒变形的表面受到沿印版滚筒法线方向的压力，我们研究分别加在 n 和 n' 点处的压力 P 和 P'，根据静力学的规则，可把 P' 和 P 分别分成两个力，一个指向橡皮滚筒 B 的中心（N 和 N'），而另一个则沿切线的方向（Q 和 Q'），N 和 N' 使橡皮布紧压在滚筒表面，

而 Q 和 Q' 使橡皮布沿这些力的方向移动，产生图 7-9 所示的变形。图中所示虚线表示没有估计到的变形，实线表示 Q 和 Q' 作用的结果。

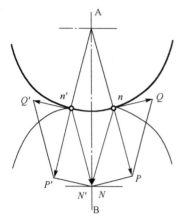

图 7-8 滚筒的静压力

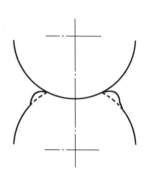

图 7-9 滚筒在静压力下的橡皮布变形

由此可知，即使在静压力状态下，橡皮滚筒也有未压缩的自由半径（$R_{橡自}$）和被压缩半径（$R_{橡缩}$）的存在，如图 7-10 所示。

橡皮滚筒由于压缩变形的存在及它本身的半径在滚压中也不可能绝对相等，故对这个半径的变化范围来说，滚筒之间的速差是绝对存在的，由速差引起的滑动也是不可避免的，但是从工艺技术上应该使速差和摩擦尽可能小。

在 B-B 型的 JJ201 卷筒纸胶印机上，两个印版滚筒和两个橡皮滚筒组成一个双色组，两个橡皮滚筒各自代替了另一色的压印滚筒，因此省去了压印滚筒。在滚压时，两个橡皮滚筒相对滚动，都有压缩变形，因此有各自的自由半径和压缩半径。

2．由压缩变形引起的速差分析

滚筒滚压运转时的情况要比图 7-9 所示的复杂得多，这时压缩变形引起的不同半径导致压印面之间产生速差。如图 7-11 所示，滚筒 A 和 B 以不变的角速度按图中箭头所示的方向滚压，假定滚筒 A 的 a 点线速度为 V_A，滚筒 B 的 a' 点线速度为 V_B，若 $R_印 = R_{橡自}$，则 $V_A = V_B$。而压印面内其他点的线速度则不相等，如 C 点的线速度，由图 7-11 可得 $V'_A > V'_B$。

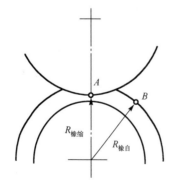

图 7-10 橡皮滚筒的自由半径和压缩半径

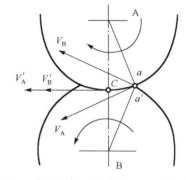

图 7-11 自由半径和压缩半径的线速度比较

也就是说，由于橡皮布及其衬垫的压缩变形在接触宽度内的各点上是不同的，除 a 点外，两个滚筒接触面上其他各点的线速度都不相同。为了进一步分析速差的存在,如图 7-12 所示,假定 V'_A 是滚筒运动的基本速度, 即 $R_印 = R_橡缩$, 也就是说在这一点, 两个滚筒的线速度是相等的, 在接触弧上任意取一点 C, 以 O 为圆心, OC 为半径作弧 $\overset{\frown}{CC_1}$, 自 C_1 点引一直线平行于 V'_A, 延长 OV'_A, 交该直线于 V_C, 得线段 C_1V_C, 则其长度为 C 点的速度 V_C。自 V'_A 作一直线垂直于 C_1V_C, 得到的截线即为速差 ΔV。

　　由此可以看到, 当 $R_印 = R_橡自$ 时, 印版滚筒的线速度与橡皮滚筒未压缩表面的线速度相等, 而接触弧内任意一点的线速度都比印版滚筒慢。

　　当 $R_印 = R_橡缩$ 时, 印版滚筒的线速度与橡皮滚筒压缩变形最多的一点线速度相等, 除这一点外, 接触弧内其他各点的线速度都比印版滚筒快。

　　因此, 由于压缩变形的存在, 橡皮滚筒的接触弧上只有一点或者两点的线速度能与相压的滚筒线速度相等, 其他任何各点都不相等, 故滚筒间的速差是不可能避免的。

　　接触弧上的速差情况可用图 7-13 所示的曲线来说明, 由滚筒圆心 O_2 分别向开始接触点 1 和结束接触点 9 引出连线, 可得 β 角和平均分布的接触点 1、2、3、4、5、6、7、8、9。按照计算滚筒衬垫变形的基本准则, 接触点 5 的速度往往被当作该滚筒的基本速度。假定接触点 5 的速度以线段来表示, 这一线段附加在这个点上并垂直于指向滚筒旋转方向的半径, 为了确定另外各点的速度, 以 O_14、O_13、O_12、O_11 为半径, 将 4、3、2、1 各点转移到滚筒的中心连线上, 就分别得到了 4′、3′、2′、1′各点, 并连接 O_1 与表示速度的 V_1 的末端。如果从 1′、2′、3′、4′各点画出中心连线的垂直线并与 O_1V_5 的延长线相交, 就可以看出橡皮滚筒受压面积上的速差曲线。

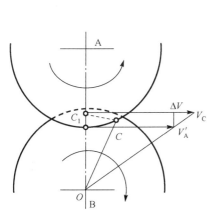

图 7-12　滚筒速差分析

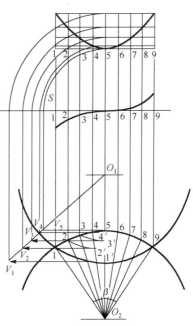

图 7-13　接触弧上的速差情况

　　图 7-13 还展示了积分曲线, 即橡皮布的滑动量。根据图 7-13 可以进一步设想, 如果橡皮布受压的绝对变形越大, 则相对速差 V_{CK} 的值越大, 滑动量也成正比关系剧增。所以从减少滑动量的角度考虑, 为了避免由此产生的一系列问题, 必须严格地执行实现理想压力的原则。

三、滚筒包衬与速差

如果不从滚筒之间线速度应尽可能一致的原则着眼，任意改变滚筒中心距、增大橡皮滚筒的半径并减小印版滚筒的半径或者相反，总之使

$$R_{印} > R_{橡自} \text{ 或 } R_{印} > R_{橡缩}$$

这样就不是前文所述的滚压情况了，不但接触弧内没有一点线速度相等，而且速差会在原有的基础上显著增加。正如图 7-14 所示的那样，滚筒被包衬为

$$R_{印} < R_{橡缩}$$

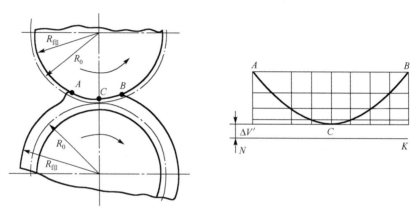

图 7-14　$R_{印} < R_{橡缩}$ 时的速差、摩擦和变形

我们把曲线图上与滚筒线速度相等的 NK 线叫作基本速度线，这时，在 NK 线的上面，曲线上的任意一点都与 NK 线间隔一定距离。间隔距离的大小取决于滚筒包衬不适当的程度。图上的 C 点因与滚筒齿轮节圆的切点 M 不相重合，故在 CA 曲线上也有 ΔV 的存在。速差曲线上的所有接触点也都相应地增加 $\Delta V'$ 的数值，图中所示的 A、B 点的速差最大，包括滚筒包衬不适当引起的速差 $\Delta V'$ 和弹性体压缩变形引起的速差 ΔV，即 A、B 点的速差为 $\Delta V + \Delta V'$。

印刷面的速差越严重，摩擦量也就越大。如果包衬 $L_p = L_b$，则除滚筒包衬不适当引起的速差外，还会使压印滚筒与橡皮滚筒之间增加额外的压力，这时，P_B 比 P_A 大得多。由于压力过大而产生的后果就不可避免了，单从受压变形情况来说，橡皮布的挤伸量大、印刷纸承受的压力大、纸张及橡皮布的变形增大必然造成印刷纸上所印的图文增宽多。当然还有其他种种有害的后果。如果为了不使 P_B 过大而增加 L_b，则会影响齿轮的啮合精度和传动的平稳性。

反之，如图 7-15 所示，假设过多地增大印版滚筒的包衬和半径，使橡皮滚筒的半径相对应地缩小，也会出现不正常的情况，这时，速差曲线处于 NK 线的下面，正好与图 7-14 所示的情况相反，C 点的速差最大。接触弧上任一质点都存在速差，而且额外增加的 $\Delta V''$ 是相似的，在 C 点处最大速差为 $\Delta V + \Delta V''$。

滚筒表面之间的速差和摩擦量也很大，但摩擦方向相反。同理，如果这时包衬 $L_p = L_b$，而且 P_B 将减小，当然也不可能获得令人满意的印刷效果。为使 $P_A = P_B$ 或者 P_A、P_B 都符合印刷要求，那么只能选择另一途径，即扩大 L_p 而减小 L_b，随着滚筒半径的增减，L_p 和 L_b 也增减相对应的数值，这也是不合理的。

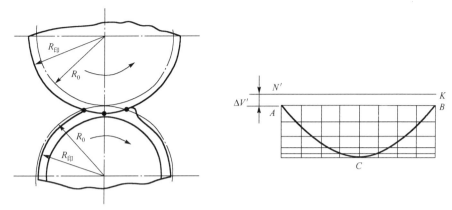

图 7-15　$R_{印} > R_{橡皮}$ 时的速差、摩擦和变形

第五节　保持最小速差的方法

通过以上分析，我们明确了在机器正常的情况下，印刷标准的纸张时应使滚筒中心距处于节圆相切，包衬以后滚筒线速度应尽可能一致，弹性体的压缩变形引起的速差要尽可能减小，滚筒半径的差不允许超过压缩变形的厚度。那么我们怎样解决由弹性体压缩变形造成的速差问题呢？具体地说，在接触弧上选取哪一点，使其 ΔV 趋近于零呢？即压缩变形厚度值应该按什么比例分配于 p 或 b 才合理呢？

一、滚筒接触弧滑动量的数学推导

要说明这一问题并且考虑到速差在印刷工艺中的各种影响，我们除分析以前提到的滚筒每转一周的累积滑动量以外，还得进一步探讨滚筒滚压时接触弧上的滑动情况，滚筒表面的任一质点通过接触弧所受到的相对滑动（S_{CK}^{max}），以及接触弧上的积分滑动量（σS_{CK}）。

我们分析一下滚筒滚压时的相互接触情况，如图 7-16 所示，图中，印版滚筒 Φ 与橡皮滚筒 Π 相滚压，并通过相同的、节圆半径为 R_0 的齿轮进行强制传动。

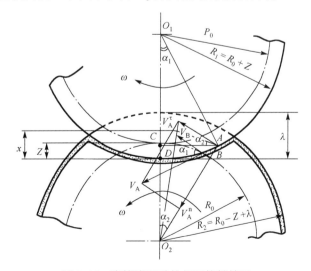

图 7-16　滚筒滚压时的相互接触情况

若在橡皮滚筒受压变形的接触弧上取 A 点，这时图示印版滚筒的线速度 V_A 取决于下列公式：

$$V_A = \frac{V_A^\tau}{\cos(\alpha_1 + \alpha_2)} = \frac{V_B(R_0 - Z + x)}{R_0 \cos(\alpha_1 + \alpha_2)}$$

式中，α_1、α_2 为 A 点接触面所对应的中心角的一半；x 为 A 点上橡皮布及其衬垫物的绝对变形；Z 为高于滚筒齿轮节圆半径的数值；V_A^τ 为橡皮滚筒 A 点的线速度，可以用下列公式求得。

$$V_A^\tau = V_B \frac{OA}{OB} = V_B \frac{R_0 - Z + x}{R_0}$$

因为

$$\frac{V_B}{R_0} = \omega = \frac{V_1}{R_1} = \frac{V_1}{R_0 + Z}$$

式中，ω 为滚筒转动的角速度；V_1 为印版滚筒任意点的线速度。则

$$V_A^\tau = V_1 \frac{R_0 - Z + x}{R_0 + Z}$$

所以

$$V_A = V_1 \frac{R_0 - Z + x}{\cos(\alpha_1 + \alpha_2)(R_0 + Z)}$$

这时橡皮布表面对于印版表面滑动的相对速差 V_{CK}（假定橡皮布及衬垫物背面与滚筒壳体没有位移）为

$$V_{CK} = V_A - V_1 = V_1 \left[\frac{R_0 - Z + x}{\cos(\alpha_1 + \alpha_2)(R_0 + Z)} - 1 \right] \tag{7-5}$$

若将橡皮布的压缩变形厚度与滚筒直径相比较，当相邻两滚筒的半径近似相等（$R_1 \approx R_2$）时，可以认为

$$\alpha_1 \approx \alpha_2 = \alpha$$

式（7-5）就可以写成下面的形式：

$$V_{CK} = V_1 \left[\frac{R_0 - Z + x}{\cos 2\alpha(R_0 + Z)} - 1 \right] \tag{7-6}$$

橡皮布及其衬垫物在 A 点的绝对变形可根据下式计算：

$$\cos\alpha = \frac{OC}{OA} = \frac{OD + CD}{OA} \approx \frac{R_0 - Z + \dfrac{x}{2}}{R_0 - Z + x}$$

从上式可得

$$x = \frac{2(R_0 - Z)(1 - \cos\alpha)}{2\cos\alpha - 1}$$

将此式代入式（7-6），经过换算可得

$$V_{CK} = V_1 \left[\frac{\dfrac{R_0 - Z}{R_0 + Z} - (2\cos\alpha - 1)\cos 2\alpha}{(2\cos\alpha - 1)\cos 2\alpha} \right]$$

上式中分母近似等于 1，所以

$$V_{CK} = V_1 \left[\frac{R_0 - Z}{R_0 + Z} - (2\cos\alpha - 1)\cos 2\alpha \right]$$

$$= V_1 \left(\frac{R_0 - Z}{R_0 + Z} - \cos\alpha + \cos 2\alpha - \cos 3\alpha \right) \qquad (7\text{-}7)$$

假如上式在坐标系中表示出来，则可得到一系列的谐波曲线，如图 7-17 所示。每条曲线在纵轴方向隔开，由于 Z 值不同，故曲线间的距离为

$$V_1 \left(1 - \frac{R_0 - Z}{R_0 + Z} \right) = V_1 [1 - f(z)]$$

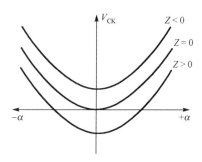

图 7-17　$V_{CK} = f(\alpha, Z)$ 曲线

（1）α 值或接触区宽度增大，相对速差也随之增加。

（2）假如 $Z \leqslant 0$，相对速差是正值，则在接触弧上的任意一点处，橡皮滚筒的线速度都比印版滚筒大。$Z \leqslant 0$ 指把弹性体的压缩变形值（λ）全部分配给橡皮滚筒，甚至其分配值超过 λ。

（3）假如 $Z > 0$，$V_{CK} = f(\alpha, Z)$ 因"$\pm$"符号而变化。

橡皮滚筒和印版滚筒之间相对滑动量的大小可通过对式（7-7）进行积分求得

$$S_{CK} = \int V_{CK} \cdot \mathrm{d}t = \int \frac{V_1}{\omega} \left(\frac{R_0 - Z}{R_0 + Z} - \cos\alpha + \cos 2\alpha - \cos 3\alpha \right) \mathrm{d}\alpha$$

$$= R_1 \left(\frac{R_0 - Z}{R_0 + Z}\alpha - \sin\alpha + \frac{1}{2}\sin 2\alpha - \frac{1}{3}\sin 3\alpha \right)$$

$$= (R_0 + Z) \left(\frac{R_0 - Z}{R_0 + Z}\alpha - \sin\alpha + \frac{1}{2}\sin 2\alpha - \frac{1}{3}\sin 3\alpha \right) \qquad (7\text{-}8)$$

橡皮滚筒和印版滚筒之间相对滑动量的总和可通过对式（7-7）在极限 $\alpha = 0$ 到 $\alpha = \alpha_K$ 内积分而得到：

$$\alpha = \alpha_K \approx \arctan\frac{b}{2R_0} = \arctan\sqrt{\frac{\lambda}{R_0}}$$

式中，α_K 为接触弧所对应的中心角的一半；b 为接触宽度；λ 为橡皮布及其衬垫物的最大压缩变形厚度。

这时

$$\Sigma S_{CK} = 2 \int_0^{\frac{t_K}{2}} V_{CK} \cdot \mathrm{d}t$$

$$= 2R_1 \left(\frac{R_0 - Z}{R_0 + Z}\alpha_K - \sin\alpha_K - \frac{1}{3}\sin 3\alpha_K \right) \qquad (7\text{-}9)$$

式中，ΣS_{CK} 为接触时间内，橡皮布和印版的总滑动量；t_K 为接触时间。

当 $\alpha = \alpha_0$ 时，式（7-8）的最大值可以通过下式求得：

$$\frac{dS_{CK}}{d\alpha} = V_{CK} = V_1\left(\frac{R_0 - Z}{R_0 + Z} - \cos\alpha + \cos 2\alpha + \cos 3\alpha\right) = 0 \tag{7-10}$$

以胶印机一般工艺过程中的滚压状况为例，设 $R_0 = 150mm$，$\lambda = 0.2mm$，$V_1 = 1m/s$，将橡皮布及其衬垫物的压缩变形厚度按下列四种不同情况分配于印版滚筒：$Z = 0$；$Z = \frac{\lambda}{3}$；$Z = \frac{\lambda}{2}$；$Z = \lambda$。

在这个例子中，b 的范围是从 $-\alpha_K$ 到 $+\alpha_K$，其中

$$\alpha_K = \arctan\sqrt{\frac{\lambda}{R_0}} = \arctan\sqrt{\frac{0.2}{150}} = 2°5'$$

根据式（7-9）计算的结果如表 7-2 所示。

由式（7-10）可以推出，当 $\alpha = \alpha_0$ 时，函数 $S_{CK} = f(\alpha)$ 具有最大值，为此我们解下列方程：

$$\frac{R_0 - Z}{R_0 + Z} - \cos\alpha_0 + \cos 2\alpha_0 - \cos 3\alpha_0 = 0$$

表 7-2　四种不同情况下的总滑动量

分配值（mm）	ΣS_{CK}（mm）
$Z = 0$	0.01431
$Z = \frac{\lambda}{3}$	0.00408
$Z = \frac{\lambda}{2}$	−0.00027
$Z = \lambda$	−0.01487

经过换算可得

$$4\cos^3\alpha_0 - 2\cos^2\alpha_0 - 2\cos\alpha + \left(1 - \frac{R_0 - Z}{R_0 + Z}\right) = 0$$

此式与下列方程式相同：

$$ax^3 + bx^2 + cx + d = 0$$

式中，$a = 4$；$b = -2$；$c = -2$；$d = 1 - \frac{R_0 - Z}{R_0 + Z}$。

将方程式除以 a，并用 $y = x + \frac{b}{3a}$ 代替 x，则得

$$y^3 + 3py + 2q = 0 \tag{7-11}$$

式中，$2q = \frac{2b^3}{27a^3} - \frac{bc}{3a^2} + \frac{d}{a}$；$3p = \frac{3ac - b^2}{3a^2}$。

很明显，式（7-11）的实数值取决于判别式 $D = q^2 + p^3$：当 $D < 0$ 时，方程有三个不同的实数值；当 $D > 0$ 时，方程有一个实数值，两个虚数值。

利用高尔顿定律可解方程式（7-10）：

$$y_1 = u + v；\quad y_2 = \varepsilon_1 u + \varepsilon_2 v；\quad y_3 = \varepsilon_2 u + \varepsilon_1 v$$

式中，$u = \sqrt[3]{-q + \sqrt{p^3 + q^2}}$；$v = \sqrt{-q - \sqrt{p^3 + q^2}}$；$\varepsilon_1$ 和 ε_2 为方程式 $x^2 + x + 1 = 0$ 的解，即

$$\varepsilon_{1,2} = -\frac{1}{2} \pm i\frac{\sqrt{3}}{2}$$

在上述所举的例子中，p、d 和 q 的具体参数如表 7-3 所示。

表 7-3　p、d 和 q 的具体参数

分配值（mm）	p	d	q
$Z = 0$	−0.1944	0.0000	−0.0463
$Z = \dfrac{\lambda}{3}$	−0.1944	0.0009	−0.0462
$Z = \dfrac{\lambda}{2}$	−0.1944	0.0013	−0.0461
$Z = \lambda$	−0.1944	0.0027	−0.0460

为计算 u 和 v 的值，并注意 p^3 是负值，其绝对值大于 q^2，将根号内用三角函数表示，并利用欧拉公式，从而可得：

$$u,v = \sqrt[3]{-q \pm i\sqrt{p^3 + q^2}} = \sqrt{\gamma(\cos\varphi \pm i\sin\varphi)}$$

$$= \sqrt[3]{\gamma}\left(\cos\frac{\varphi + 2k\pi}{3} \pm i\sin\frac{\varphi + 2k\pi}{3}\right)$$

$$= \sqrt{p}\left(\cos\frac{\varphi + 2k\pi}{3} \pm i\sin\frac{\varphi + 2k\pi}{3}\right)$$

式中，φ 为综合数；γ 为综合数的模量，其值为

$$\gamma = \sqrt{(-q)^2 + \sqrt{(p^3 - q^2)^2}} = \sqrt{p^3}$$

由运算结果可知，在接触弧的范围内，当 $k = 0$ 时，方程式只有一个根 y_1。所以

$$y_1 = u + v = 2\sqrt[3]{\gamma}\cos\frac{\varphi}{3} = 2\sqrt{p}\cos\frac{\varphi}{3}$$

$$\alpha_0 = \arccos\left(y_1 - \frac{b}{3a}\right) = \arccos\left(y_1 - \frac{-1}{6}\right)$$

利用得到的值 α_0，相对滑动量的最大数值可通过下式计算：

$$S_{CK}^{max} = 2\int_0^{\alpha_0}\frac{V_{CK}}{\omega}d\alpha = 2uR_0\int_0^{\alpha_0}\left(\frac{R_0 - Z}{R_0 + Z} - \cos\alpha + \cos 2\alpha - \cos 3\alpha\right)d\alpha$$

$$= 2(R_0 + Z)\left(\frac{R_0 - Z}{R_0 + Z}\alpha_0 - \sin\alpha_0 + \frac{1}{2}\sin\alpha_0 - \frac{1}{3}\sin\alpha_0\right)$$

计算最大相对滑动量的具体数值如表 7-4 所示。

表 7-4　计算最大相对滑动量的具体数值

分配值（mm）	$\sqrt{p}$	$\cos\varphi$	$\dfrac{\varphi}{3}$	y_1（mm）	α_0	S_{CK}^{max}（mm）
$Z = 0$	0.4409	0.5403	19°6′	0.8333	0°	0.0145
$Z = \dfrac{\lambda}{3}$	0.4409	0.5391	19°8′	0.8331	±1°15′	0.0036
$Z = \dfrac{\lambda}{2}$	0.4409	0.5388	19°9′	0.8330	±1°30′	0.0061
$Z = \lambda$	0.4409	0.5368	19°11′	0.8329	±1°42′	0.0187

注：当 $Z = 0$ 时，曲线 $S_{CK} = f(\alpha)$ 的转折点为 $\alpha_1 = 0°$，这时 $S_{CK}^{max} = \Sigma S_{CK}$。

二、滑动量的分析

从上述推导和运算的过程来分析所得到的ΣS_{CK}值，单从滑移方面来说。我们可以清楚地知道：

（1）$Z=\dfrac{\lambda}{2}$时的ΣS_{CK}最小，而此时的S_{CK}^{max}比$Z=\dfrac{\lambda}{3}$时大些，对减少接触弧的摩擦是有利的。

（2）$Z=\dfrac{\lambda}{3}$时的S_{CK}^{max}比$Z=\dfrac{\lambda}{2}$时小，而ΣS_{CK}则比$Z=\dfrac{\lambda}{2}$时大些，效果与1相似。

（3）$Z=0$和$Z=\lambda$不是理想的状态，两者的ΣS_{CK}和S_{CK}^{max}值都比较集中，绝对值相近，仅仅是ΣS_{CK}符号相反而已。

（4）如果能实现将λ值减小而又能印得结实，则可使ΣS_{CK}和S_{CK}^{max}的运算值都相应减小。

（5）如果滚筒包衬后的半径差超过λ值，显然是很不合理的。

如果从接触弧的滑动量来分析，应该是将λ值平均分配，或按$1:2$分配给印版滚筒及橡皮滚筒较好。但是考虑到滚筒之间每转的实际累积滑动量也是影响印刷各方面效果的重要因素，并且由于橡皮滚筒本身存在压缩半径和自由半径，而各种机器滚筒印刷面的利用角（θ）又各不相同，我们可以用下列两式分别计算出印版滚筒与橡皮滚筒的压缩半径、自由半径之间经过重合、抵消后的实际累积滑动量ΔS。

$$\Delta S_1 = (R_{印} - R_{橡自})2\pi \cdot \dfrac{\theta}{360°}$$

$$\Delta S_2 = (R_{印} - R_{橡自})2\pi \cdot \dfrac{\theta}{360°}$$

$$\Delta S = \Delta S_1 + \Delta S_2$$

以$R=150mm$，$\lambda=0.2mm$为例，设θ为$240°$。在齿轮节圆相切时，假设不考虑离让值，根据不同的分配值可得表7-5所示的累积滑动量。

表7-5　$R=150mm$，$\lambda=0.2mm$，$\theta=240°$时的累积滑动量

分配值（mm）	$R_{印}$（mm）	$R_{橡缩}$（mm）	ΔR_1（mm）	ΔS_1（mm）	$R_{橡自}$（mm）	ΔR_2（mm）	ΔS_2（mm）	ΔS（mm）
$Z=0$	150.00	150.00	0	0	150.20	−0.20	−0.8373	−0.8373
$Z=\dfrac{\lambda}{5}$	150.04	149.96	0.08	0.3349	150.16	−0.12	−0.5024	−0.1675
$Z=\dfrac{\lambda}{4}$	150.05	149.95	0.10	0.4187	150.15	−0.10	−0.4187	0
$Z=\dfrac{\lambda}{3}$	150.07	149.93	0.14	0.5861	150.13	−0.06	−0.2525	0.3336
$Z=\dfrac{\lambda}{2}$	150.10	149.90	0.20	0.8373	150.10	0	0	0.8373
$Z=\lambda$	150.20	149.80	0.40	1.6747	150.00	0.23	0.8373	1.6747

从以上结果可以看出，当$Z=\dfrac{\lambda}{4}$时，单向滑动量相等，$\Delta S=0$且最小；$Z=\dfrac{\lambda}{5}$时的ΔS值较小；$Z=0$及$Z=\dfrac{\lambda}{2}$时的ΔS较大，单向滑动量不等；$Z=\lambda$时的单向滑动量和ΔS最大。

从 ΣS_{CK}、S_{CK}^{max} 和 ΔS 等方面来综合分析，如果选取 $Z = \dfrac{\lambda}{4}$，则接触弧的单向滑动量和每转累积滑动量能够达到最小值。

三、滚筒间的摩擦因素

必须强调的是，上述滑动量还不能与摩擦量画等号。在相同滑动量的情况下，摩擦力大小还与压力大小、相滚压的印刷面的摩擦系数及橡皮布的弹性等有关系，这里因为只探讨印刷压力的问题，故着重研究一下压力与摩擦力的关系。从图 7-4 的压力分布情况可以看到，两滚筒的公法线上的压力最大，而该线两侧相对称的压力逐点递减，至 N、K 点压力趋近于零，这两点的压力最小。所以，我们应该从滑动量和正压力两方面完整地考虑。

如前文所述，我们目前还无法从机器的结构上或者借助于其他方法在工艺中直接获得压力的数值，只能用 λ 或 b 来加以间接估量，所以目前还不能提出数学推导的方法和数据。尽管如此，我们已经有足够理由在接触弧上选取一个点（或两个点），使相邻两滚筒的半径相等，即在该点上它们的线速度是一致的，并实现"最少摩擦量"的目的，应该选取总的摩擦情况最好的 $Z = \dfrac{\lambda}{3}$。

四、λ 值分配

图 7-18 所示为三种分配的速差分布曲线，从图中也可以得到如下结论。

图 7-18（a）所示为将 λ 值完全分配在橡皮滚筒上而作出的速差分布曲线，在 C 点处滚筒半径相等，$\Delta V = 0$，用与图 7-13 同样的方法作速差分布曲线，可见 A、B 点处的速差最大，在整个曲线上各点 ΔV 都是正值。

图 7-18（b）所示为将 λ 值完全分配在印版滚筒上而作出的速差分布曲线，这时 A、B 点处 $\Delta V = 0$，基本速度线的横坐标与 AB 的横坐标重合，而 C 点处的速差最大，在整个曲线上各点 ΔV 都是负值。在这种情况下，最大速差和图 7-18（a）相同，而方向不同。从表面看来，好像与图 7-18（a）相似，但实际上，效果却不相同，因为 C 点处的压力最大，速差也最大，速差在压力最大处分配，而 A、B 点压力和速差均为最小，所以实际摩擦情况比前一种更坏。

图 7-18（c）所示为按 1：2 分配在印版滚筒和橡皮滚筒上而作出的速差分布曲线，基本速度线 NK 在 DE 上，这样，在 E、D 处 $\Delta V = 0$，整个接触弧被划分为三段，$\overset{\frown}{ED}$ 的 ΔV 为负值，$\overset{\frown}{AD}$ 及 $\overset{\frown}{EB}$ 的 ΔV 为正值。在接触弧中间压力最大的 1/3 段 $R_{印} > R_{橡}$，接触弧的两侧 1/3 段 $R_{印} < R_{橡}$，由于摩擦力方向相反，部分滑动距离重合，因此可以达到减少摩擦和摩擦距离的目的，获得较好的效果。

λ 值按 1：2 的比例分配，不但可以减少摩擦，而且在生产中还有以下优点。

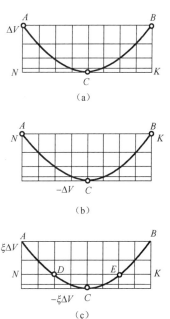

图 7-18 三种分配的速差分布曲线

（1）能减少图文尺寸在印刷过程中变宽的程度。

（2）能提高图文尺寸变宽后的允许调节量，而不致出现由过大的速差引起的种种副作用。

（3）在滚筒中心距处于 $L_p = L_b$ 的标准状态，以及印版滚筒与橡皮滚筒之间压力不变的情况下，印刷常用 0.1mm 厚的纸张。橡皮滚筒与压印滚筒之间的压力可额外增加 0.04～0.05mm 的压缩变形厚度，保证印迹结实，滚筒运转平稳。

五、λ 值分配的计算

在实际生产中，还应该考虑到机械应变、滚筒轴承和轴颈的制造误差和磨损，更应该注意到由于机器设计、制造、调节等环节及印张厚度变化等因素，往往会有必需的或者不正常的使滚筒齿轮不啮合在节圆相切的标准位置上的情况。如果这样的话，前述的分析、计算就会存在误差的内在因素。

通过长期的实践，我们注意到上述种种因素不是偶然出现的个别现象，而是大多数胶印机都可能存在的、比较普遍的现象，所不同的是这些因素造成的滚筒滚压时的离让值，即实际滚压时的 L_p、L_b 额外增大值可能不完全相同而已。例如，有的机器说明书上把 $R_{印}$、$R_{橡自}$、C_A、C_B 的宽容度规定得较大，那么当 C_A、C_B 取公差上限时，L_p（或 L_b）$>D_0$；有时滚筒齿轮及轴承严重磨损，为了解决"条头"，机器使用者不得不使 L_p（或 L_b）$>D_0$。凡此种种，实例很多。所以，实际使用时应该用下列两式计算滚筒包衬：

$$R_{印} = R_0 + \frac{1}{3}\lambda + \frac{1}{2}y$$

$$R_{橡自} = R_0 + \frac{2}{3}\lambda + \frac{1}{2}y$$

式中，y 为滚筒的应变、离让及其他各种因素造成的中心距增大值，即把 y 值平均分配于相邻两滚筒，以消除各种因素对 y 值造成的影响，大多数情况下，y 值是正值，但偶尔也可能是负值。如果把 $R_{印}$ 分配正确了，则经压力校正后 $R_{橡自}$ 也就合适了。

通过以上分析来论证合理包衬的必要性和重要性是具有一定指导意义的。除可以用上述数学推导和论证来评价各种胶印机滚筒的印刷性能外，我们还可以在印刷工艺中运用它来确定滚筒包衬的最佳值，较大限度地避免由过量摩擦造成的各种故障，有利于得到高质量的印刷品，特别是 150 线以上的高网点的正确复制；有利于提高印版耐印力，特别是对印版耐印率的提高有普遍的现实意义。因为我国各地印刷厂所承印的胶印产品批量大、印刷数量多、印刷材料的质量还有一定限制，如果在工艺上对滚筒包衬严格地加以控制，则可以在材料、印版条件较差的情况下，取得优质的印刷效果。

从累积滑动量计算式 $\Delta S = (R_1 - R_2) 2\pi \cdot \dfrac{\theta}{360°}$ 来看，随着机器印刷速度的日益提高，滚筒利用角 θ 将相应地递增，$\dfrac{\theta}{360°}$ 的数值将更加趋近于 1，也就是说印刷面所经受的实际摩擦量将更加集中。所以展望未来，现代化高速机必将普及，我们运用滚筒齿轮节圆相切、印刷面线速度一致的理论来指导生产，有助于预防高速机产生滚筒滚压的工艺故障。

我们提倡 $Z = \dfrac{\lambda}{3}$ 的包衬方法，并不是这个方法的绝对值不允许变动，y 是个变量，那么印版滚筒和橡皮滚筒所分配到的包衬数应该随着 y 值的变动而相应地变动。

在第八章里,我们还将谈到如果遇到图文宽度的套印误差时,可以在允许范围内通过改变 $R_印$、$R_橡缩$ 来调整,使其套准。这个允许范围:低速机约为+0.1mm,中速机约为±0.05mm,高速机要求更小些,有了标准值就可以使允许误差值能被有效地控制,在工艺过程做到数据化,取得主动权。

复习思考题七

1. 为什么胶印压力是胶印工艺中的重要技术内容?

2. 为什么说"有压力必然有摩擦"?

3. 滚筒之间的摩擦是由哪些因素引起的?

4. 胶印机的印刷压力是怎样获得的?为什么压力过大的可能性较大?

5. 试述压力与压缩变形厚度的关系。

6. 怎样把接触宽度 B 换算为 λ?

7. 了解求解接触宽度的方法,并会实际操作。

8. 什么是角速度?什么是线速度?如何计算?

9. 为什么印刷机滚筒之间要达到一致的线速度?为什么线速度不可能绝对一致?

10. 在国产机上,哪些因素会引起半径差?

11. 怎样用速差分布曲线解析 λ 的分配?

12. λ 值一般应如何分配,才能获得满意的印刷效果?

13. 在一定条件下,圆压圆型印刷机在印刷中的总压力比圆压平型印刷机在印刷中的总压力小将近30%,试对此进行证明。

14. 已知圆压圆型印刷机 $R = 150$mm,$\lambda_{max} = 0.20$mm,试计算 B 和 b。

15. 在14题的基础上,设 $V_1 = 1$m/s,且 Z 值按下列几种情况分配。

$$Z = 0, \quad Z = \frac{\lambda}{3}, \quad Z = \frac{\lambda}{2}, \quad Z = \frac{\lambda}{4}, \quad Z = \lambda$$

求:①各 Z 值对应的滑动量是多少?

②最大滑动量是多少?

③滑动量最小时的 Z 值是多少?

16. λ 值如何分配可减少摩擦,获得高质量的印刷品?

第八章　包衬与图文变形

内容提要

在实际应用中，印刷压力主要依靠滚筒上橡皮布及其衬垫的压缩变形来获得，包衬的性质不同，产生的压力也不同。只有按印刷工艺的基本要求，合理包衬滚筒，才能获得高质量的印刷品。本章首先介绍了接触宽度上相对位移的计算及滚筒衬垫的性能分析；然后介绍了包衬厚度与印迹相对位移的关系及其计算方法；最后介绍了摩擦力的分配与转化及减少摩擦的途径。

基本要求

1. 了解软、硬衬垫的性能及其印刷适性，能结合生产实际选择合适的包衬。
2. 了解包衬厚度与印迹相对位移的关系，会根据相对滑移量选择适当的包衬厚度，会计算接触宽度上的相对滑移量。
3. 了解滚压过程中摩擦力的产生原理，会用所学理论结合实际，从而减少摩擦。
4. 会分析橡皮布的变形给印刷品造成的图文变形及网点扩大；会使用印刷橡皮布。

第一节　接触宽度上相对位移的计算

一、圆压平

在接触宽度上，对于印版与印刷纸张产生位移的计算，由于衬垫材料和印版材料等方面因素，要得到精确的求解方法尚有一定困难。

为使问题简单化，我们先从下面的假设出发，即在印刷过程中变形只产生在压印滚筒表面的衬垫上。印版和印刷机各部件都是刚性的，接触时并不产生变形。

设压印滚筒以角速度 ω 按箭头所示方向转动（见图 8-1），印版以速度 V 按其箭头所示方向运动。在压印滚筒与印版接触宽度内的印刷纸张面上，任意取一点 B，则印刷纸张在 B 点沿 x 方向的速度应为

$$V_{\mathrm{B}} = \overrightarrow{BA} = \overrightarrow{BC} = \frac{1}{\cos \alpha_{01}}$$

而

$$\overrightarrow{BC} = \omega \cdot OB = \omega \frac{R + Z - \lambda}{\cos \alpha_{01}}$$

所以

$$V_{\mathrm{B}} = \omega \frac{R + Z - \lambda}{\cos^2 \alpha_{01}}$$

式中，R 为压印滚筒的半径；Z 为包衬（包括印刷纸张）超过压印滚筒半径的部分；α_{01} 为该点接触中心角的一半；λ 为衬垫绝对变形的最大值。

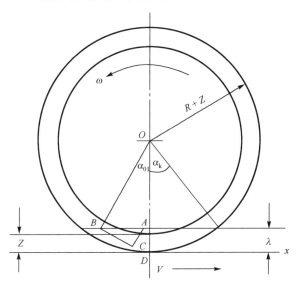

图 8-1 压印滚筒的转动

显然 V_B 为一变量，在接触面上点 B 取在不同的位置有不同的值。在压印过程中，任何圆压平型印刷机都需满足下式

$$V_{版} = \omega R$$

在圆压平型印刷机中，ω 的值有常量也有变量，如二回转印刷机在压印过程中，ω 为一常量，做匀速运动；转停式印刷机的 ω 为一变量，但因为 R 为一常量，由此沿版台运动的方向上就一定会出现一个相对速度，其大小为

$$V_C = V_{版} - V_B = \omega R - \omega \frac{R + Z - \lambda}{\cos^2 \alpha_{01}}$$

$$= \omega \left(R - \frac{R + Z - \lambda}{\cos^2 \alpha_{01}} \right)$$

它的瞬时相对位移为

$$\mathrm{d}S_C = V_C \mathrm{d}t = \omega \left(R - \frac{R + Z - \lambda}{\cos^2 \alpha_{01}} \right) \mathrm{d}t$$

而 $\mathrm{d}t = \dfrac{\mathrm{d}\alpha_{01}}{\omega}$，故

$$\mathrm{d}S_C = \left(R - \frac{R + Z - \lambda}{\cos^2 \alpha_{01}} \right) \mathrm{d}\alpha_{01}$$

在 $0 \sim \alpha_k$（α_k 为最大接触角的一半）范围内，如果用 α_{01} 表示在相对速度 $V_C = 0$ 的一点所对应接触角的一半（半角），那么假设在此点之前印刷纸张的速度大于印版速度，而过此点后印版速度开始大于印刷纸张速度，其相对速度在该点前后应是一负一正。因为这两部分相对速

度在不同的瞬时产生，对印迹所产生的影响不能抵消。所以该点前后应分两部分积分，即对上式从 $0 \sim \alpha_{01}$ 和 $\alpha_{01} \sim \alpha_k$ 范围内分别积分，且因图形具有对称性，所以相对位移为

$$S_{C_1} = 2R \int_0^{\alpha_{01}} \mathrm{d}\alpha_{01} - 2(R + Z - \lambda) \int_0^{\alpha_{01}} \frac{\mathrm{d}\alpha_{01}}{\cos^2 \alpha_{01}}$$

$$= 2R\alpha_{01} - 2(R + Z - \lambda)\tan \alpha_{01} \qquad (8\text{-}1)$$

和

$$S_{C_2} = 2R \int_{\alpha_{01}}^{\alpha_k} \mathrm{d}\alpha_{01} - 2(R + Z - \lambda) \int_{\alpha_{01}}^{\alpha_k} \frac{\mathrm{d}\alpha_{01}}{\cos^2 \alpha_{01}} \qquad (8\text{-}2)$$

$$= 2R(\alpha_k - \alpha_{01}) - 2(R + Z - \lambda)(\tan \alpha_k - \tan \alpha_{01})$$

式中，S_{C_1} 表示 $0 \sim \alpha_{01}$ 范围内所出现的相对位移；S_{C_2} 表示 $\alpha_{01} \sim \alpha_k$ 范围内所出现的相对位移。

式（8-1）和式（8-2）即为圆压平型印刷机上，印刷纸张与印版在接触过程中印迹所产生的相对位移计算公式。

因为 α_{01} 为 $V_C = 0$ 的一点所对应的接触角的一半，所以有

$$V_C = \omega\left(R - \frac{R + Z - \lambda}{\cos^2 \alpha_{01}}\right) = 0$$

$$\cos^2 \alpha_{01} = \frac{R + Z - \lambda}{R}$$

α_{01} 不难求出，而 α_k 为最大接触角的一半（半角），它有如下关系：

$$\cos \alpha_k = \frac{R + Z - \lambda}{R + Z}$$

$$\alpha_k = \arccos \frac{R + Z - \lambda}{R + Z}$$

二、圆压圆

我们为使问题易于分析，先假设圆压圆型印刷机的印版滚筒与压印滚筒的两个传动齿轮节圆半径一样大，且印版材料的弹性系数远大于包衬材料的弹性系数，变形仅产生在压印滚筒表面。因此从它的轴向剖面来看（见图 8-2），印刷纸张和印版的接触面是一条圆弧。因为从印刷纸张表面每一点到压印滚筒中心 O 的距离在接触角 α_k 所对应的范围内都不一样。所以在此接触区域内的线速度也不可能取得一致。

我们可进行如下分析，如图 8-2 所示，在两滚筒接触表面上，任取一点 A，则有方程

$$V_{\alpha_{01}} = \omega \cdot O_1 A = \omega(R + Z)$$

$$V_{\alpha_{02}} = \omega \cdot OA = \omega \frac{2R - (R + Z)\cos \alpha_{01}}{\cos \alpha_{02}}$$

式中，$V_{\alpha_{01}}$ 为印刷纸张在压印滚筒表面 A 点的切向速度；R 为压印滚筒和印版滚筒的传动齿轮节圆半径；Z 为印版滚筒半径大于它的传动齿轮节圆半径部分；ω 为两滚筒的角速度；α_{01} 和 α_{02} 分别为两滚筒对应于 A 点的接触角（见图 8-2）；$V_{\alpha_{01}}$ 为印版滚筒在 A 点的线速度。

如果压印滚筒上衬垫的变形仅仅发生在半径方向上，则下列公式成立：

$$V'_{\alpha_{02}} = \frac{V_{\alpha_{02}}}{\cos(\alpha_{01} + \alpha_{02})} = \omega \frac{2R - (R+Z)\cos\alpha_{01}}{\cos(\alpha_{01} + \alpha_{02}) \cdot \cos\alpha_{02}}$$

式中，$V'_{\alpha_{01}}$ 表示印刷纸张在压印滚筒表面 A 点沿着印版滚筒切线方向上的速度。

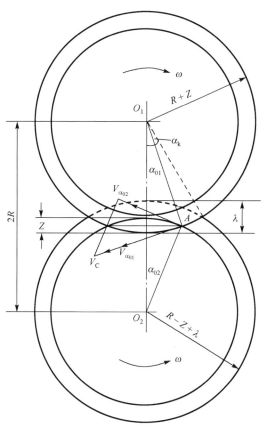

图 8-2　印版滚筒和压印滚筒的轴向剖面

因为只有在衬垫的最大变形 λ 为 $0.2 \sim 0.3$mm 或更小的情况下才进行印刷，和两滚筒接触半径相比，即与 OA、O'_1A 比较，λ 远小于 OA、O'_1A。α_{02} 角可近似地看作 α_{01} 角，所以上式可近似地看作

$$V'_{\alpha_{02}} = \omega \frac{2R - (R+Z)\cos\alpha_{01}}{\cos 2\alpha_{01} \cdot \cos\alpha_{01}} = \omega \frac{2R - (R+Z)\cos\alpha_{01}}{\cos^3\alpha_{01} - \sin\alpha_{01} \cdot \cos\alpha_{01}}$$

印版滚筒在 A 点的切向速度应为

$$V_{\alpha_{01}} = \omega(R+Z)$$

所以两滚筒在 A 点的相对速度为

$$V_C = V_{\alpha_{01}} - V'_{\alpha_{02}}$$

$$= \omega \frac{(R+Z)\cos^3\alpha_{01} - (R+Z)\cos\alpha_{01}\sin^2\alpha_{01} - 2R + (R+Z)\cos\alpha_{01}}{\cos^3\alpha_{01} - \cos\alpha_{01}\sin^2\alpha_{01}}$$

$$= 2\omega \frac{(R+Z)\cos^3\alpha_{01} - R}{\cos^3\alpha_{01} - \cos\alpha_{01}\sin^2\alpha_{01}}$$

因为 α_{01} 一般只有 $2°30'$ 左右，$\sin^2 \alpha_{01} \cdot \cos \alpha_{01}$ 与 $\cos^2 \alpha_{01}$ 相比很小，所以舍去 $\sin^2 \alpha_{01} \cdot \cos \alpha_{01}$ 项后，其误差并不大，由此得

$$V_{\mathrm{C}} = 2\omega \frac{(R+Z)\cos^3 \alpha_{01} - R}{\cos^3 \alpha_{01}} \tag{8-3}$$

它的瞬时位移是

$$\mathrm{d}S_{\mathrm{C}} = V_{\mathrm{C}}\mathrm{d}t = 2\frac{(R+Z)\cos^3 \alpha_{01} - R}{\cos^3 \alpha_{01}}\mathrm{d}\alpha_{01}$$

对上式分两部分积分，且考虑图形的对称性，可以得到

$$\begin{aligned}
S_{\mathrm{C_1}} &= 2\int_0^{\alpha_{01}} 2\frac{(R+Z)\cos^2 \alpha_{01} - R}{\cos^2 \alpha_{01}}\mathrm{d}\alpha_{01} \\
&= 4(R+Z)\int_0^{\alpha_{01}}\mathrm{d}\alpha_{01} - 4R\int_0^{\alpha_{01}}\frac{\mathrm{d}\alpha_{01}}{\cos^2 \alpha_{01}} \\
&= 4(R+Z)\alpha_{01} - 2R\left[\frac{\sin \alpha_{01}}{\cos^2 \alpha_{01}} + \mathrm{lntan}\left(\frac{\alpha_{01}}{2} + 45°\right)\right]
\end{aligned} \tag{8-4}$$

和

$$\begin{aligned}
S_{\mathrm{C_2}} &= 2\int_{\alpha_{01}}^{\alpha_{\mathrm{k}}} 2\frac{(R+Z)\cos^3 \alpha_{01} - R}{\cos^3 \alpha_{01}}\mathrm{d}\alpha_{01} \\
&= 4(R+Z)(\alpha_{\mathrm{k}} - \alpha_{01}) - 2R\left[\frac{\sin \alpha_{\mathrm{k}}}{\cos^2 \alpha_{\mathrm{k}}} - \frac{\sin \alpha_{01}}{\cos^2 \alpha_{01}} + \ln\frac{\tan\left(\dfrac{\alpha_{\mathrm{k}}}{2} + 45°\right)}{\tan\left(\dfrac{\alpha_{01}}{2} + 45°\right)}\right]
\end{aligned} \tag{8-5}$$

因为 α_{01} 为接触弧上相对速度 $V_{\mathrm{C}} = 0$ 的一点所对应的接触角的一半（半角），所以由式（8-3）可求得

$$\cos \alpha_{01} = \sqrt[3]{\frac{R}{R+Z}}$$

$$\alpha_{01} = \arccos\sqrt[3]{\frac{R}{R+Z}}$$

根据余弦定理可知

$$\begin{aligned}
\cos \alpha_{\mathrm{k}} &= \frac{(2R)^2 + (R+Z)^2 - (R-Z-\lambda)^2}{2(2R)(R+Z)} \\
&= \frac{4R^2 + 4RZ + 2R\lambda - 2Z\lambda - \lambda^2}{4R(R+Z)}
\end{aligned}$$

$$\alpha_{\mathrm{k}} = \arccos\frac{4R^2 + 4RZ + 2R\lambda - 2Z\lambda - \lambda^2}{4R(R+Z)}$$

三、相对位移与印迹变形

在接触表面上，印刷纸张与印版之间出现相对位移，印迹就变形拖长。拖多长是我们接下来要讨论的问题，但这个问题较复杂，这里我们试进行下面一些假设，用图解法来说明相对位移与印迹变形之间的关系。

我们把印刷纸张与印版接触的表面划分为四个区间（见图 8-3）。1 和 4（$\alpha_k - \alpha_{01}$ 所对区间）表示压印滚筒快于印版的两个区间，1mm 的印迹在该区间产生的相对位移应是 $\dfrac{S_{C_2}}{2(\alpha_k - \alpha_{01})} \cdot \dfrac{1}{R}$。2 和 3（$\alpha_{01}$ 所对区间）表示印版快于压印滚筒的两个区间，1mm 的印迹在此区间产生的相对位移应是 $\dfrac{S_{C_1}}{2\alpha_{01}} \cdot \dfrac{1}{R}$。

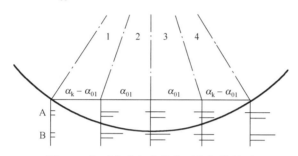

图 8-3 相对位移与印迹变形之间的关系

假设有 a mm 长的印迹经过此四个接触区间，在 $\dfrac{S_{C_1}}{\alpha_{01}}$ 与 $\dfrac{S_{C_2}}{\alpha_k - \alpha_{01}}$ 的不同关系下来探讨纸面上的印迹变形情况。

（1）假设 $\left| \dfrac{S_{C_1}}{\alpha_{01}} \right| = \left| \dfrac{S_{C_2}}{\alpha_k - \alpha_{01}} \right|$。

① 在 1 区间内的两条同样长度的黑线（见图 8-3 中的 A）：上面的一条表示纸面印迹，下面的一条表示印版上的印迹，因为刚进入接触区，所以可以认为尚未产生变化，纸面印迹与版面印迹是一样长的。

② 在 2 区间内的两条黑线：上面的一条表示经过 1 区间后的印迹长度，由于在该区间内，压印滚筒快于印版，使纸面的印迹拖长了 $\dfrac{S_{C_2}a}{2(\alpha_k - \alpha_{01})R}$，拖长部分用一定的比例长度来表示。下面的一条仍为印版上的印迹长度，但表示已经完全进入 2 区间了。

③ 在 3 区间内的两条黑线：上面的一条表示经过 2 区间后的印迹长度，由于在 2 区间内，压印滚筒慢于印版，印版的印迹对纸面来讲，相对位移了 $\dfrac{S_{C_1}a}{2\alpha_{01}R}$。因为是在假设 $\left| \dfrac{S_{C_1}}{\alpha_{01}} \right| = \left| \dfrac{S_{C_2}}{\alpha_k - \alpha_{01}} \right|$ 的情况下，所以有 $\left| \dfrac{S_{C_1}a}{2\alpha_{01}R} \right| = \left| \dfrac{S_{C_2}a}{2(\alpha_k - \alpha_{01})R} \right|$。

因此我们可以这样来理解，印版的印迹只是在纸面的印迹上重复地移动，由原来对齐后面的印迹转变为对齐前面的印迹了。也就是说，纸面的印迹拖长部分 $\dfrac{S_{C_2}a}{2(\alpha_k-\alpha_{01})R}$ 由在印版印迹前面转变为在印版印迹后面了。而对整个纸面印迹来讲，还是保持原来经过 1 区间后的长度。

④ 在 4 区间内的两条黑线：上面的一条表示由于经过 3 区间后，印版印迹仍快于纸面，在纸面上出现新的印迹，其大小仍是 $\dfrac{S_{C_1}a}{2\alpha_{01}R}$。所以此时纸面上的印迹比印版印迹长了 $\dfrac{S_{C_1}a}{\alpha_{01}R}$。

⑤ 在区间外面的两条黑线表示已经脱离接触区后的纸面印迹和印版印迹。纸面印迹虽经过 4 区间时又向前相对位移了 $\dfrac{S_{C_2}a}{2(\alpha_k-\alpha_{01})R}$ 部分，但对印版上的印迹来讲，只是在原拖长部分上重复地移动而已，纸面印迹不再拖长。

由此可知，在假设 $\left|\dfrac{S_{C_1}}{\alpha_{01}}\right|=\left|\dfrac{S_{C_2}}{\alpha_k-\alpha_{01}}\right|$ 的情况下，印版上一段 a mm 长的印迹通过压印将伸长 $\dfrac{S_{C_1}a}{\alpha_{01}R}$。

（2）假设 $\left|\dfrac{S_{C_1}}{\alpha_{01}}\right|=\left|\dfrac{S_{C_2}}{2(\alpha_k-\alpha_{01})}\right|$。

① 印迹经过 1 和 2 区间时，基本情况与图 8-3 中 A 相同（见图 8-3 中 B）。纸面印迹相对印版印迹前移了 $\dfrac{S_{C_2}\cdot a}{2(\alpha_k-\alpha_{01})R}$ 部分。

② 印迹由 2 区间到 3 区间，印版印迹相对纸面前移了 $\dfrac{S_{C_1}a}{2\alpha_{01}R}$。因为假设情况为 $\left|\dfrac{S_{C_1}}{\alpha_{01}}\right|=\left|\dfrac{S_{C_2}}{2(\alpha_k-\alpha_{01})}\right|$，所以有 $2\left|\dfrac{S_{C_1}}{2\alpha_{01}R}\right|=\left|\dfrac{S_{C_2}}{2(\alpha_k-\alpha_{01})R}\right|$。

因此印版印迹虽前移了 $\dfrac{S_{C_1}a}{2\alpha_{01}R}$ 部分，但仍没和纸面印迹前面部分对齐，尚相差 $\dfrac{S_{C_1}a}{2\alpha_{01}R}$ 部分。纸面印迹还是保持在经过 1 区间后的长度。

③ 印迹由 3 区间到 4 区间，此时印版印迹相对纸面又前移了 $\dfrac{S_{C_1}a}{2\alpha_{01}R}$ 部分，开始和纸面印迹前面部分对齐了，而纸面印迹后面多了 $\dfrac{S_{C_2}a}{2(\alpha_k-\alpha_{01})R}$ 部分，这仍是原来经过 1 区间后的拖长部分。

④ 经过 4 区间时纸面印迹相对印版印迹又前移了 $\dfrac{S_{C_2}a}{2(\alpha_k-\alpha_{01})R}$ 部分，但也只是纸面印迹相对印版印迹重复移动而已，并不再拖长。

由此可知，在假设 $\left|\dfrac{S_{C_1}}{\alpha_{01}}\right|=\left|\dfrac{S_{C_2}}{2(\alpha_k-\alpha_{01})}\right|$ 的情况下，印版上一段 a mm 长的印迹通过接触区，

纸面获得的印迹拖长将仍是 $\dfrac{S_{C_1}a}{\alpha_{01}R}$ 或 $\dfrac{S_{C_2}a}{2(\alpha_k-\alpha_{01})R}$。

（3）由上述分析可得出，在假设 $\left|\dfrac{S_{C_1}}{\alpha_{01}}\right| \geqslant \dfrac{1}{2}\left|\dfrac{S_{C_2}}{\alpha_k-\alpha_{01}}\right|$ 的情况下，印迹的伸长均为

$$\Delta a = \frac{S_{C_1}a}{\alpha_{01}R} \tag{8-6}$$

在假设 $\left|\dfrac{S_{C_1}}{\alpha_{01}}\right| < \dfrac{1}{2}\left|\dfrac{S_{C_2}}{\alpha_k-\alpha_{01}}\right|$ 的情况下，印迹的伸长均为

$$\Delta a = \left|\frac{S_{C_2}a}{\alpha_k-\alpha_{01}} + \frac{S_{C_1}a}{\alpha_{01}R}\right| \tag{8-7}$$

式中，Δa 为整个印迹绝对伸长；$\dfrac{S_{C_1}}{\alpha_{01}R}$ 和 $\dfrac{S_{C_2}}{(\alpha_k-\alpha_{01})R}$ 为每 1mm 印迹的绝对伸长。

四、滑移量的计算

在圆压平型或圆压圆型印刷机上，只要印刷纸张与印版的接触表面有相对位移，就对印版印迹部分的磨损有一定影响。相对位移越大，印版磨损得越快。相对位移与印版磨损的快慢有着一定的量值关系，我们称这个量值为滑移量，其表示印版对印刷纸张或印刷纸张对印版相对位移（摩擦）的大小。

滑移量的大小在数值上等于相对位移，只是相对位移 S_{C_1} 和 S_{C_2} 在接触宽度内以 $V_C=0$ 的一点为界，有着正负之分。而滑移量无论在 $\alpha_k-\alpha_{01}$ 所对的接触区间还是 α_{01} 所对的接触区间内，都把相对位移作为正值来看。它与印迹的绝对伸长 Δa 不一样，因为 Δa 在四个接触区间内有互相重复遮盖的可能，而只要印刷纸张与印版之间有一点相对位移，不管方向是正是负，滑移量都对印版印迹部分磨损有影响，所以都应作为滑移量的量值计算，即滑移量可视为一个标量，而不是矢量。因此滑移量的量值应该是

$$S_C = \left|S_{C_1}\right| + \left|S_{C_2}\right| \tag{8-8}$$

式中，S_C 为滑移量。

第二节　滚筒软、硬衬垫的分析

一、滚筒软、硬衬垫的性质比较

从前文 ΣS_{CK}、S_{CK}^{max} 的数学推导中可以得到启发：如果滚筒的 R 不变，λ 减小，则运算所得结果必然会使滑移量相对应地减少，这也是一个减少滑移量的途径。有人认为：软性衬垫的 λ 值大则压力大，硬性衬垫的 λ 值小则压力小。这是不够妥当的，如果按此逻辑推论，那么用铁版代替橡皮布，λ 值为 0，不是压力更小了吗？恰恰相反，当采用硬性衬垫时，为了

使印迹结实，必然需要增加压力或选用弹性好的橡皮布，才能减小 λ 值，而压力增加对减少摩擦不利，因此几十年来，摩擦成为国内外各种胶印机设计、制造中常常考虑的问题。在国际上，近些年来橡皮布的质量有了重大突破，可以在不损失橡皮布抗张力的前提下，减小它的厚度，增加它的弹性，如采用气垫橡皮布，使印刷面的摩擦可以通过橡皮布的性能改善而相对地减少。再加上 PS 版的普及，印版的耐磨性大大提高，同时采用了接触滚枕，所以采用硬性衬垫的机器日渐增多。我国生产的机器从实际的材料和工艺条件出发，通过反复实践、讨论，选用橡皮滚筒切削量为 3.25mm 的中性衬垫，遇到机器检修，各种旧的、规格比较混乱的机器也通过磨削使其具有 3.25mm 左右的切削量。事实证明，这是符合我们现有的技术条件的，同时可以预见，由于材料、印版的不断发展及机器精度的不断提高，通过减小 λ 值来减少印刷面的摩擦是可以实现的。

在胶印工艺中，除少数机器外，即使包衬总厚度已由机器制造厂所固定，也可以通过选用不同材料来改变它的软硬性质。

由公式 $P = \dfrac{E\lambda}{l}$ 可以推出，如果 P 取一定值不变，l、E、λ 都可能是变量，可以在一定范围内调节。假设只改变 l，采用弹性模量完全相同的包衬材料，必然是 l 值越大，λ 值也越大；如果要使 λ 值近似不变，则在 l 值增大时，必须采用弹性模量大的包衬材料。除此之外，还可以进行更多推导，这就是不同机型、不同包衬材料可以改变滚筒包衬软硬性质及压缩变形的依据。

现在运用这些规律来分析各类型胶印机滚筒设计中的 l 值，大致可以分为以下三种类型。

① l 值在 2mm 以下的属于硬性包衬。如美国制造的 Harris 胶印机和 Hantscho 卷筒纸胶印机等，它们的橡皮滚筒壳体直径比齿轮节圆直径小 3.6mm，因此 l 值为 1.8mm，只能采用厚度为 1.65mm 以下的橡皮布，再加入少量的垫纸。它只能是硬性包衬，机器使用过程中不能改变它的软硬性质，可以在压缩厚度很小的情况下获得印迹。为了克服由此产生的较大压力，它采用接触滚枕的结构形式，把部分压力分配在滚枕上，并利用滚枕间的滚压，使滚筒运转平稳，特别是保证线速度的严格一致和齿轮的安全使用。

② l 值在 2～3.5mm 之间的属于中性包衬。国产的各型高速对开胶印机、Roland 和 Heidelberg 对开胶印机的 l 值都是 3.25mm。它们选用包衬材料的灵活性比较大，多数机器采用滚压时不相接触的"测量滚枕"，少数机器采用"接触滚枕"，如 Heidelberg 的 Speed Master 型印刷机，它可以采用硬包衬而达到相应的印刷效果。

③ l 值在 4mm 以上的属于软性包衬。如德国的 PZO-5、PZO-6 型全张胶印机，J4104 型四开胶印机，它们只能被调节为中性，而不能被调节为硬性。

由于"硬性包衬"的机器对制造精度和金属材料的耐磨性要求特别高，"软性包衬"的机器又不能在需要时被调节为硬性，同时考虑到选用包衬材料的广泛性，因此国产胶印机大多数采用"中性包衬"，l 值取 3.25mm，许多旧的、规格比较混乱的胶印机通过检修也可转变为"中性包衬"，即 l 值取 3～3.5mm，多数也是 3.25mm。

对于"中性包衬"的胶印机，可以包衬为：

① 中性偏软，在 1.60～1.85mm 的橡皮布下垫一张毡呢，再加入具有一定厚度的垫纸。一般 λ 值为 0.20mm 左右。

② 中性偏硬，在 1.6～1.85mm 的橡皮布下垫厚度为 0.5mm 的硬性绝缘纸，或者没有表面胶层的橡皮布基（硬垫）下加具有一定厚度的垫纸，一般 λ 值为 0.15mm 左右。

对于"软性包衬"的胶印机，可以包衬为：

① 软性，与中性偏软相似，但它的垫纸厚度较大，一般 λ 值为 $0.25\sim0.3$mm，遇到粗糙的纸张，甚至超过 0.3mm。

② 软偏中性，采用两张橡皮布或者一张橡皮布加若干张硬性的绝缘纸。其 λ 值与中性偏软相近，印刷性能也相似。

对于"硬性包衬"的胶印机，它只能是硬性的，不可能改变，λ 值可以达到 0.1mm 左右。

印版滚筒的包衬厚度也有所不同，最小的为 0.35mm 左右，最大的可达到 $0.75\sim0.8$mm，它主要与不同的版基厚度相适应，在与橡皮滚筒相滚压时，即使是 0.8mm 的厚度，仍被视为刚体，其 λ 值忽略不计。

二、滚筒软、硬包衬的印刷性能比较

1. 硬性及中性偏硬包衬的印刷性能

① 网点清晰、光洁、再现性好，用于印制精细的艺术复制品最为合适。

② 图形的几何形状变化少，特别是图文宽度的增量比较小。

③ 纸面受墨量较少，墨层厚度比"软性包衬"薄。若超过允许厚度，低调部位容易糊没。

④ 表面摩擦多，印版不耐磨，如果不是使用多层金属版或 PS 版，则印版耐印率较低。

⑤ 加、减少量衬垫厚度都对印迹的结实程度有影响，垫补橡皮布时容易起"硬口"。

⑥ 由于版面摩擦多，所以对机器的精度要求比较高，否则容易产生印版局部"花""糊""条头"等问题。

⑦ 遇到输纸"歪斜""摺角""多张"的情况时，容易轧坏橡皮布。

2. 软性及中性偏软包衬的印刷性能

① 版面摩擦少，多数滑移量因橡皮布的位移而消除，故印版的使用寿命长，水斗溶液中的除感脂剂用量可以减少。

② 印迹墨层可以印得比较厚实，故较适用于印制线条实地图文，用于印制版画、油画等有较好的艺术效果。

③ 橡皮布变形位移多，网点不够光洁、容易变形，印制高网线的精细产品时，效果稍差。

④ 图文宽度的增量比较大。

⑤ 垫补橡皮布时，不易起硬口；加、减衬垫对印迹结实程度的影响较小。

⑥ 在输纸"歪斜"等情况下，基本不会轧坏橡皮布。

⑦ 其他性能与硬性包衬相反，可进行相对比较。

因此，必须全面地分析软、硬包衬的优缺点，根据产品特点和质量要求，考虑本厂所使用的印版版式及其他各种条件，从对生产有利的角度出发，适当改变滚筒包衬的软硬性质，不要机械地做出不符合实际的规定。

第三节　包衬厚度与相对位移

我们从前面的讨论中已经知道，印迹的绝对伸长及对印版产生磨损有关的滑移量都与接触宽度上的相对位移 S_{C_1} 和 S_{C_2} 有关。相对位移越大，印迹的绝对伸长和滑移量也越大。而相对位移 S_{C_1} 和 S_{C_2} 又与包衬的厚度有关，这就是我们讨论的中心问题，下面我们来研究包衬厚度与印迹的绝对伸长 Δa、滑移量 S_C 之间的关系。

一、Z 值大小与印迹的绝对伸长、滑移量的关系

由图 8-1 和图 8-2 可知，Z 值对圆压平型印刷机来讲，就是超过压印滚筒半径的这部分包衬（包括印刷纸张在内）或包衬小于压印滚筒半径的部分。对圆压圆型印刷机来讲，是指印版滚筒大于或小于其传动齿轮节圆直径的部分。

图 8-4 所示为圆压平型印刷机压印滚筒包衬的四种情况。

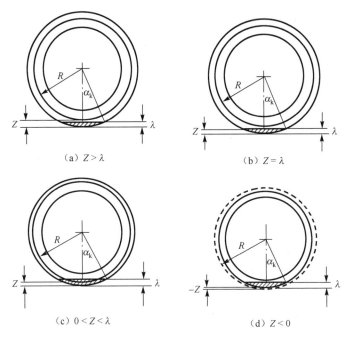

（a）$Z > \lambda$ （b）$Z = \lambda$

（c）$0 < Z < \lambda$ （d）$Z < 0$

图 8-4　圆压平型印刷机压印滚筒包衬的四种情况

分析图 8-4（a），在 $Z > \lambda$ 的情况下，因为

$$V_C = \omega\left(R - \frac{R + Z - \lambda}{\cos^2 \alpha_{01}}\right) = 0$$

故

$$\cos^2 \alpha_{01} = \frac{R + Z - \lambda}{R}$$

当 $Z > \lambda$ 时，$\dfrac{R + Z - \lambda}{R} > 1$。

显然，α_{01} 不存在，即在接触宽度内，每一点在沿版面前进的方向上，印刷纸张的速度都快于印版的速度，所以也不存在 S_{C_1}。

分析图 8-4（b），在 $Z = \lambda$ 的情况下，因为

$$V_C = \omega\left(R - \frac{R + Z - \lambda}{\cos^2 \alpha_{01}}\right) = \omega\left(R - \frac{R}{\cos^2 \alpha_{01}}\right) = 0$$

故

$$\cos^2 \alpha_{01} = 1$$

显然 $\alpha_{01} = 0°$，即只有接触宽度内最中间的一点为 $V_C = 0$，同样也不存在 S_{C_1}。在 $Z \geqslant \lambda$ 时，印迹的绝对伸长为

$$\Delta a = \frac{S_{C_2} a}{\alpha_k R}$$

滑移量为

$$S_C = \left| S_{C_2} \right|$$

例如，设压印滚筒的半径 $R = 180\text{mm}$，最大变形 λ 取 0.3mm，当包衬比滚枕大的部分 Z 也等于 0.3mm 时，可得到

$$\alpha_k = \arccos \frac{R + Z - \lambda}{R + Z} = \arccos \frac{180}{180.3} \approx 0.05769$$

根据式（8-2）求得 $S_C = \left| S_{C_2} \right| = 0.02308$。那么印迹的绝对伸长应为

$$\Delta a = \frac{0.02308a}{0.05769 \times 180} \approx 0.0022a$$

也就是说，1mm 的印迹要伸长约 0.002mm。

分析图 8-4（c），在 $0 < Z < \lambda$ 的情况下，因为 $V_C = 0$ 时，有

$$\cos^2 \alpha_{01} = \frac{R + Z - \lambda}{R}$$

$$\cos \alpha_k = \frac{R + Z - \lambda}{R + Z}$$

比较两式可知，$\alpha_k > \alpha_{01}$。在 α_k 所对的接触宽度内存在 $V_C = 0$ 的点，该点前后产生的相对位移为 S_{C_1} 和 S_{C_2}，它们的符号相反。在此情况下，印迹的绝对伸长应为

$$\Delta a = \frac{S_{C_1} a}{\alpha_{01} R} \quad 或 \quad \Delta a = \left| \frac{S_{C_2}}{\alpha_k - \alpha_{01}} + \frac{S_{C_1}}{\alpha_{01}} \right| \frac{a}{R}$$

滑移量为

$$S_C = \left| S_{C_1} \right| + \left| S_{C_2} \right|$$

同样，我们以压印滚筒半径 $R = 180\text{mm}$，λ 为 0.3mm 为例，包衬比滚枕大的部分 Z 取 0.2mm，我们可得

$$\alpha_{01} = \arccos \sqrt{\frac{R + Z - \lambda}{R}} = \arccos \sqrt{\frac{179.9}{180}} \approx 0.02357$$

$$\alpha_k = \arccos \frac{R + Z - \lambda}{R + Z} = \arccos \frac{179.9}{180.2} \approx 0.05771$$

根据式（8-1）、式（8-2）可求得 $S_{C_1} = 0.00314\text{mm}$，$S_{C_2} = -0.01468\text{mm}$。所以滑移量为

$$S_C = \left| S_{C_1} \right| + \left| S_{C_2} \right| = 0.00314 + 0.01468 = 0.01782\text{mm}$$

因为 $\left|\dfrac{S_{C_1}}{\alpha_{01}}\right| < \dfrac{1}{2}\left|\dfrac{S_{C_2}}{\alpha_k - \alpha_{01}}\right|$，所以印迹绝对伸长为

$$\Delta a = \left|\frac{S_{C_2}}{\alpha_k - \alpha_{01}} + \frac{S_{C_1}}{\alpha_{01}}\right|\frac{a}{R}$$

$$= \left|\left(-\frac{0.01468}{0.03414} + \frac{0.00314}{0.02357}\right)\right|\frac{a}{180}$$

$$\approx \left|(-0.42999 + 0.13322)\right|\frac{a}{180} \approx 0.00165a$$

由此可知，每 1mm 印迹将伸长约 0.00165mm。

分析图 8-4（d），在 Z 取负值的情况下：

（1）当 $\dfrac{\sqrt{R^2 - 4R\lambda} - R}{2} < Z < 0$ 时，与 $0 < Z < \lambda$ 时的情况一样，在 α_k 所对应的接触宽度内能找到 $V_C = 0$ 的点。我们仍以 $R = 180$mm，$\lambda = 0.3$mm 为例，取 $Z = -0.2$mm，即比滚筒半径小了 0.2mm。同样可得到

$$\alpha_{01} = \arccos\sqrt{\frac{R + Z - \lambda}{R}} = \arccos\sqrt{\frac{179.5}{180}} \approx 0.05273$$

$$\alpha_k = \arccos\frac{R + Z - \lambda}{R + Z} = \arccos\frac{179.5}{179.8} \approx 0.05777$$

和 $S_{C_1} = 0.03516$mm，$S_{C_2} = -0.00050$mm。所以滑移量为

$$S_C = 0.03516 + 0.00050 = 0.03566\text{mm}$$

因为 $\left|\dfrac{S_{C_1}}{\alpha_{01}}\right| > \dfrac{1}{2}\left|\dfrac{S_{C_2}}{\alpha_k - \alpha_{01}}\right|$，所以

$$\Delta a = \frac{S_{C_1}a}{\alpha_{01}R} = \frac{0.03516}{0.05273}\cdot\frac{a}{180} \approx 0.0037a$$

由此可知，每 1mm 印迹将伸长约 0.0037mm。

（2）$\dfrac{\sqrt{R^2 - 4R\lambda} - R}{2} < Z < \lambda$ 时，显然 α_{01} 也不存在，它和 $Z > \lambda$ 时的情况相反，在接触宽度内每一点在沿版面前进的方向上，印刷纸张的速度都慢于印版的速度。显然滑移量 S_C、印迹的绝对伸长 Δa 比 $\dfrac{\sqrt{R^2 - 4R\lambda} - R}{2} < Z < 0$ 时大。

综合上述几种情况可知，在 $\dfrac{\sqrt{R^2 - 2R\lambda} - R}{2} < Z < \lambda$ 范围内一定可以找到一个较理想的数值，使印迹的绝对伸长和滑移量都较小。

二、圆压平型印刷机上的滚筒包衬厚度

由于各种印刷机设计上的不同，所以单纯地考虑包衬厚度并不能说明问题。对圆压平型

印刷机来讲，应以滚筒半径为标准，然后再考虑比滚枕大多少，这个问题就是上面讨论的 Z 的取值问题。

印刷厂中有着各种不同规格的圆压平型、圆压圆型印刷机，当决定某一台圆压平型印刷机上的包衬厚度时，严格来讲，应根据该印刷机的滚筒半径，并把 λ 作为一个定值来看，取不同的 Z 值，逐个计算出印迹的绝对伸长与滑移量，取其中绝对伸长和滑移量较小时的 Z 值作为该印刷机包衬比滚筒半径大多少的数据。

表 8-1、表 8-2 所示为假设压印滚筒半径分别为 180mm 和 267mm，最大绝对变形 λ 取 0.3mm，Z 取 $-0.3 \sim +0.3$mm 情况下的计算结果。

表 8-1　$R = 180$mm，$\lambda = 0.3$mm 时的计算结果

Z（mm）	α_{01}	$\tan\alpha_{01}$	α_k	$\tan\alpha_k$	S_{C_1}（mm）	$-S_{C_2}$（mm）
−0.3	0.05776715	0.05783149	0.05779125	0.0578557	0.04623359	0.00000014
−0.2	0.05272906	0.05277799	0.05777517	0.05783954	0.0351646	0.00049936
−0.1	0.04715795	0.04719294	0.05775911	0.05782343	0.02916059	0.00205368
0	0.04083618	0.04085889	0.05774305	0.05780732	0.01633758	0.00478899
0.1	0.03333954	0.0333519	0.05772708	0.05779123	0.00889116	0.00886795
0.15	0.02887154	0.02887956	0.05771899	0.05778318	0.00577551	0.01154615
0.2	0.022357243	0.0235768	0.05771099	0.05777514	0.00314288	0.01468437
0.3			0.05769498	0.05775909		0.02307744

表 8-2　$R = 267$mm，$\lambda = 0.3$mm 时的计算结果

Z（mm）	α_{02}	$\tan\alpha_{02}$	α_k	$\tan\alpha_k$	S_{C_1}（mm）	$-S_{C_2}$（mm）
−0.3	0.04742233	0.04745791	0.04743554	0.04747127	0.03794816	0.00000972
−0.2	0.04328776	0.04331482	0.04742676	0.04746235	0.02886318	0.00040909
−0.1	0.03871533	0.03873469	0.04741788	0.04745345	0.02065711	0.00168487
0	0.03352636	0.03353893	0.04740899	0.04744455	0.01341152	0.00392809
0.1	0.02737248	0.02737932	0.04740011	0.04743564	0.0071997	0.00730007
0.15	0.02370452	0.02370896	0.04739568	0.0474312	0.00474066	0.00948059
0.2	0.01935406	0.01935648	0.04739124	0.04742676	0.00258008	0.01205867
0.3			0.04738238	0.04741787		0.01895326

表 8-3、表 8-4 所示分别为根据表 8-1 和表 8-2 中的数据计算的结果。

表 8-3　根据表 8-1 所示的数据计算的结果

Z（mm）	−0.2	−0.1	0	0.1	0.15	0.2	0.3
Δa（mm）	0.0037	0.00296	0.00222	0.00148	0.00111	0.00165	0.00222
S_C（mm）	0.03566	0.02721	0.02113	0.01776	0.01732	0.01782	0.02308

表 8-4　根据表 8-2 所示的数据计算的结果

Z（mm）	−0.2	−0.1	0	0.1	0.15	0.2	0.3
Δa（mm）	0.00249	0.002	0.0015	0.00099	0.00074	0.00111	0.0015
S_C（mm）	0.02927	0.02234	0.01734	0.0145	0.01422	0.01463	0.01895

分析这4个表中的数据可知，滑移量S_C、1mm印迹的绝对伸长Δa与Z/λ的关系如图8-5所示。图8-5（a）纵坐标表示滑移量S_C，图8-5（b）的纵坐标表示1mm印迹的绝对伸长Δa，两图的横坐标都表示Z/λ，其图形类似于开口向上、顶点在$\dfrac{Z}{\lambda}=\dfrac{1}{2}$直线附近的一条曲线，极小值就是图形的顶点。

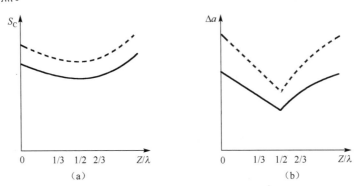

图8-5　滑移量S_C、1mm印迹的绝对伸长Δa与Z/λ的关系

不同的R对应不同的顶点，图中虚线表示R为180mm时的曲线，实线表示R为267mm时的曲线。因为印迹的绝对伸长Δa与R成反比关系，所以R越大，顶点越向下移。

从图8-5来看，显然$Z=0.5\lambda$时，印迹的绝对伸长和滑移量最小，所以Z取0.5λ最好。如果印刷质量允许印迹的绝对伸长在0.0015mm范围内，那么对压印滚筒的半径R为180mm的印刷机来说，Z值可在$\dfrac{\lambda}{3}\sim\dfrac{2}{3}\lambda$范围内变动，而对$R$为267mm的印刷机来说，$Z$值可在$0\sim\lambda$范围内变动。这说明压印滚筒的半径越小，$Z$值的范围越靠近$0.5\lambda$。

同时图8-5（b）又说明另外一个问题，因为压印滚筒的半径R不同，印迹的绝对伸长不同，所以对套印叠色要求高的一类印件（如四色版）最好用压印滚筒半径相同的印刷机来套色，否则叠成的网纹将会产生不同程度的条纹或套印不准。

现在再讨论包衬的厚度就较容易了，因为Z就是印刷纸张表面到滚筒滚枕的距离，当衬垫的最大绝对变形λ决定后（λ越小，印迹的绝对伸长和滑移量将会越小，这里不做讨论了，λ一般为0.3mm左右），包衬厚度只要比滚筒滚枕大0.5λ，再减去印刷纸张的厚度就可以了。例如，假设λ为0.3mm，Z就是0.15mm，如果印刷纸张的厚度为0.07mm，那么包衬厚度应比滚筒滚枕大0.08mm。一般滚筒滚枕比它的筒身大1.5mm，所以实际包衬厚度应为1.58mm。因为一般产品允许印迹的绝对伸长在0.0015mm范围内，所以包衬厚度的误差允许在一定范围内，全张印刷机的包衬厚度误差允许在±0.15mm以内，对开印刷机的包衬厚度误差则允许在±0.05mm以内，而四开印刷机的包衬厚度误差范围就更小了。

三、圆压圆型印刷机的包衬厚度

假设压印滚筒与印版滚筒传动齿轮的节圆半径为150mm，λ为0.3mm，Z分别等于0mm、0.05mm、0.1mm、0.15mm和0.2mm，计算各项数据，如表8-5所示。表8-6中的数据是根据表8-5中的数据计算得到的。

表 8-5 R = 150mm，λ = 0.3mm 时的计算结果

Z（mm）	α_k	$\dfrac{\sin\alpha_k}{\cos^2\alpha_k}$	$\ln\tan\left(\dfrac{\alpha_k}{2}+45°\right)$	α_{01}	$\dfrac{\sin\alpha_{01}}{\cos^2\alpha_{01}}$	$\ln\tan\left(\dfrac{\alpha_{01}}{2}+45°\right)$
0	0.040841107	0.04090157	0.040856106	0.009607343	0.009605945	0.007603854
0.05	0.040833461	0.040890256	0.040844778	0.013607454	0.013609554	0.013607891
0.1	0.040822192	0.040878939	0.040833546	0.019241918	0.019247856	0.019243059
0.15	0.040810919	0.040867619	0.040822219	0.023564075	0.023574982	0.023566222
0.2	0.040799642	0.040856296	0.040810986	0.027207454	0.027224245	0.027210805

表 8-6 根据表 8-5 所示数据得到的各项计算结果（R = 150mm，λ = 0.3mm）

Z（mm）	0	0.05	0.1	0.125	0.15	0.2
S_{C_1}（mm）	0	0.0018	0.00515	0.00485	0.00944	0.01451
$-S_{C_2}$（mm）	0.02498	0.01816	0.01333	0.00873	0.00943	0.00635
S_C（mm）	0.02498	0.01997	0.01848	0.01573	0.01887	0.02087
Δa（mm）	0.0034	0.00297	0.00195	0.00155	0.00222	0.00296

　　虽然我们没有对特别多的 Z 值进行计算，但从这 6 列数据中，已可以看出它与表 8-3、表 8-4 具有类似的性质，即 Z 趋近 0.125mm 时，印迹的绝对伸长和滑移量都会出现极小值。

　　我们在推导接触宽度上的相对位移时，圆压圆型印刷机的 Z 值表示印版大（或小）于滚筒传动齿轮节圆半径的部分，而压印滚筒的半径（包括印刷纸张在内）为 $R-Z+\lambda$，即比节圆包大 $\lambda-Z$。以 λ 为 0.3mm，印刷纸张厚度为 0.07mm 为例，应比节圆包（0.3、0.125、0.07）大 0.115mm。

　　从表 8-6 中的数据来看，若 Z 的误差在 ±0.05mm 范围内，则对质量的影响将不会太大。

第四节 滚筒滚压中的摩擦力及其分配和转化

一、滚压中的摩擦力和它的方向

　　如图 8-6 所示，根据静力学的规则可以将静压力 P 和 P' 分别分解为 Q、N 和 Q'、N' 两种分力，一种力 N、N' 指向橡皮滚筒的圆心，即对橡皮滚筒的正压力，而另一种力 Q、Q' 则沿橡皮滚筒的切线方向，即橡皮布受到的切向摩擦力。滚筒在静压力作用下，摩擦力 F 与正压力 N 成正比，用公式表示为

$$F = f \cdot N$$

式中，f 为摩擦系数。

　　由上式可知，N 越大，摩擦力也越大。上述公式也同样适用于动摩擦，但在相同条件下，静摩擦系数略大于动摩擦系数。在滚筒滚压时会有

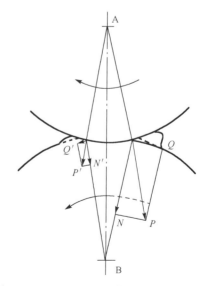

图 8-6 $R_A < B_B$ 时，力的分解及摩擦力方向

速差存在，故 Q 和 Q' 不可能相等，即由于滚筒的接触过程有不同步的因素存在，就有可能出现 $Q > Q'$ 或者 $Q < Q'$ 的情况。

图 8-6 所示为 $R_A < R_B$ 时，力的分解及摩擦力方向。

如图 8-6 所示，当 $R_A < B_B$ 时，$V_A < V_B$，滚筒 B 就对滚筒 A 的表面产生推挤的滑动摩擦力，若 $R_{印} < R_{橡自}$，则 $Q > Q'$，橡皮布在滑动摩擦力 Q 的作用下发生变形，并使接触弧后方区域的变形增加，而前方区域的变形减少，这时滑动摩擦力也稍向后方偏移，为了说明这种变形的偏移，图上加以夸大，并称之为"后凸包"。

而且根据速差和压力大小的不同情况，相应的差值也不同，如果 Q' 趋近于 Q 不存在图 8-6 所示的关系，滚筒在受压状态下不同步，在 Q 的作用下，根据牛顿第三定律可知，当一个物体在另一个物体的表面上滑动时，总要受到一个阻碍滑动的力的作用，这种力叫作滑动摩擦力，滑动摩擦力的方向总是跟滑动趋向相反。当 $V_B > V_A$ 时，滑动趋向是顺运转方向，那么滚筒 B 的表面必然受到相反方向的摩擦力，在摩擦力 Q' 沿圆周的切线方向推挤下，橡皮布会在接触弧的后缘发生"凸包"，这种凸包称为后凸包或者橡皮布的挤伸形变。

反之，如果 $R_A > R_B$，而且 R_A 与 R_B 的差值超过了压缩变形厚度，那么 $V_A > V_B$，如图 8-7 所示，滑动摩擦力的方向相反，这时，

$$Q' > Q$$

在摩擦力 Q' 的作用力下，橡皮布会受到图 8-7 所示的与前进方向相反的推挤。这样橡皮布在接触弧的前缘发生凸包，为了与后凸包区分，这种凸包称为前凸包或潜进形变。

必须明确的是，上面叙述的 Q 或 Q' 的方向是橡皮滚筒表面所受到的摩擦力方向。

为了便于分析印版滚筒表面所受到的摩擦力的方向，因为摩擦力的方向总是与运动趋势的方向相反，所以当 $R_A > R_B$ 时，A 滚筒表面所受到的摩擦力为逆运转方向，如图 8-8 所示。

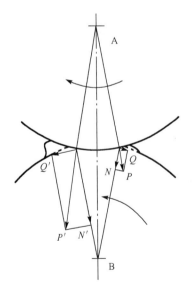
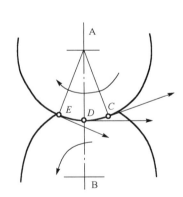

图 8-7　$R_A > R_B$ 时，力的分解及摩擦力方向　　图 8-8　$R_A > R_B$ 时，A 滚筒表面所受的摩擦力方向

因为滚筒之间滚压时，两个滚筒表面都要受到摩擦力，它们的摩擦力大小相等，方向相反，同时存在又同时消失，所以印版滚筒或压印滚筒所受到的摩擦力与橡皮滚筒正好相反。

了解滚筒表面所受摩擦力的方向很重要,可以通过各种有关的现象推测滚筒之间的大小、快慢,或者通过滚筒包衬后的半径大小预测由速差引发的各种现象。通过橡皮滚筒受到的摩擦力的方向可推知印版滚筒受到的摩擦力的方向;反之,通过印版滚筒受到的摩擦力的方向也可推知橡皮滚筒受到的摩擦力的方向。

如果机器的滚筒规格是精确的、调节使用也是合理的,则橡皮滚筒与压印滚筒之间的摩擦力方向与上述的一样,但有下列区别。

(1)印张的"叼口"由咬牙控制着,所以当$R_压 > R_橡$引起速差时,部分速差可能在纸张挤宽上被消除,这时纸张的变形状况随着它的性质不同而不同。敏弹性变大的纸张被挤宽后,作用力消除即恢复原状;塑性变形大的纸张被挤宽后,不能再恢复原状,从而增宽了。

如果滚筒咬牙的咬力不足,那么纸张在滚压过程中就可能因受挤压而位移,发生微量的从咬牙处被挤出的现象,所以压印滚筒咬牙的咬力通常要求比较大就是由于这个原因。

(2)当$R_压 < R_橡$时,因橡皮滚筒表面的摩擦系数不同,橡皮布的摩擦系数远比钢铁大,滑动量可在纸张背面与压印滚筒表面的摩擦中消除,这时对图文形状及印张上的网点点形变化无明显影响,所以工艺过程中若把印版滚筒的衬垫厚度等量移入橡皮滚筒,图文宽度会有变化,而单在橡皮滚筒中加入同样的厚度并不能见到同样多的图文宽度的变化。R_B稍大时网点印迹变形并不明显就是这个道理。

二、橡皮布的表、背面摩擦

1. 表、背面摩擦量的分配

在一般情况下,由压缩变形和半径不等引起的滑移量并不会全部在表面摩擦方面消除。橡皮布的挤伸形变或者潜进形变实质上就是它位移的结果,位移—复位—位移—复位—……,其循环位移和复位过程就形成了橡皮布的背面摩擦。这与墨辊不同,墨辊表面胶层与辊芯为一个整体,而橡皮布却是包绕在滚筒上面的。这时存在着相当复杂的力的关系,另一滚筒对它施加作用力,而橡皮布又有抗张力,在其背面绷紧的情况下,抗张力又转化为正压力(总称为橡皮布抗张阻力),阻挠位移的发生,不同的摩擦力和抗张阻力造成了橡皮布的不同位移,也就是出现不同的表、背面摩擦量的分配。其分配状况可以通过滚筒滚压中的摩擦力Q和橡皮布的抗张阻力(W)之间的平衡关系来说明:若$W > Q$,则$S_表 > S_背$;若$W < Q$,则$S_表 < S_背$。其中,$S_表$为橡皮布的表面摩擦量;$S_背$为橡皮布的背面摩擦量。

除硬性包衬的背面摩擦量较少,可忽略不计外,其余包衬的表面摩擦量和背面摩擦量是同时存在着的,而且滚筒之间的累积滑移量(ΔS)为

$$\Delta S = S_表 + S_背$$

橡皮布在摩擦力推挤下的位移(背面摩擦)与下列因素有关系。
(1)橡皮布的抗张力:抗张力越大,位移越少。
(2)橡皮布的绷紧程度:绷得越紧,位移越少。
(3)包衬的总厚度及材料性质:软性包衬位移多,硬性包衬则相反。
由此,软、硬性包衬不同印刷性能的形成原因就比较清楚了。
由于弹性很强的橡皮布在承受推挤力时,会因受挤伸而增大它的抗张阻力W,所以应把W值视为变量。在滚压时,抗张阻力可能在推挤力的作用下由小变大,故在W和Q相近时,

可以由 $W<Q$ 逐渐转化为 $W>Q$，如果这种转化在每转一转中反复地出现，这样表、背面摩擦就会间歇性地在印刷表面发生，进行周期性的转化：

$$S_表 \rightarrow S_背 \rightarrow S_表 \rightarrow S_背 \rightarrow \cdots\cdots$$

这种表、背面摩擦称之为"蠕动形变"。

这种蠕动形变现象并不罕见，当滚筒包衬的大小明显不等，即半径的差值超过了压缩变形的厚度或者压力过大时，都会出现蠕动形变现象。

如果滚筒在压印一周的范围内，始终保持抗张阻力大于推挤力或推挤力大于抗张阻力，则为单纯的表面摩擦或背面摩擦。

胶印工艺的技术要求：橡皮布在推挤力作用下，如果发生明显的背面摩擦，那么必须使滚筒的非印刷面（或称"空档"）在压力消失的瞬间立即复位。高速机滚筒的利用系数越高，复位的允许时间随之越短，包角越大，而背面阻力也越大，因此对橡皮布的质量、滚筒包衬的精确性等要求更趋严格。因为每次压印的质点不重合会造成严重后果，使产品质量变差。

2. 橡皮布表、背面摩擦的转化

上述蠕动形变实际上是表、背面摩擦严重时的自然转化，在摩擦力不太大的情况下，当 W 值有所改变时，也可能自然转化。由此可以得到启发：当某些产品有需要或其他条件限制使表面摩擦对生产有影响时，可以通过放松橡皮布的绷紧程度或者换用软性包衬，使之部分转化为背面摩擦。反之，当背面摩擦的矛盾突出时，则可采取相反的措施，使之转化为表面摩擦。

第五节　关于摩擦的归纳

一、减少摩擦的基本途径

通过前文中的种种分析可知，滚压过程中要绝对消除摩擦是不可能的，但是可以、也应该最大限度地减少摩擦。

减少摩擦的基本途径有如下几种。

（1）必须强调使用"理想压力"。在印迹足够结实的基础上，尽可能减少印刷压力是技术水平高低的重要标志之一，也是保证优质高产的重要条件。

（2）在尽量避免增加压力的条件下，减少橡皮布的压缩变形。迄今为止，采用硬性包衬而又把压力的一部分分配在接触滚枕上是有效果的，但是这对机器的制造精度和金属材料的耐磨性要求很高。

（3）包衬滚筒时，必须严格地根据线速度的理论指导生产实践，合理地包衬滚筒。

（4）选用弹性好的橡皮布，如气垫橡皮布。

二、印刷面过量摩擦的害处

在滚筒滚压时，如果印刷面之间存在过量的摩擦，则会造成多种不良后果。由前述的规律可以知道，摩擦力是有方向的矢量，由诸多因素引起的摩擦都会因累积滑移量及其方向不同而出现不同的现象。摩擦着的双方（相滚压的滚筒）同时承受摩擦力，而且方向相反，橡皮布在有方向的摩擦力作用下，可能存在着表、背面不同的摩擦，还会形成表、背面摩擦相互交替的现象；有的表、背面摩擦是由累积滑移量造成的，而有的表、背面摩擦则是印刷面的质点在接触弧上对滚时产生的，再加上其他客观因素的影响等，造成了印版和橡皮布不同程度的摩擦。所以同样是由过量摩擦造成的后果，往往会有许多不同的现象，有的从表面看起来好像是"毫不相干"的，其实却有着密切的内在联系，它们又可能由于客观条件改变而相互转化。所以了解摩擦规律是十分重要的，只要我们充分认识前述的规律，就有可能从各种现象中掌握它们的来龙去脉，识别其产生原因，从而做到有效而及时地解决故障，特别是可以通过印版或橡皮布表面的摩擦情况，获得滚筒之间大小、快慢的关系。只要能做到这件事，我们在工艺技术上就十分主动了，就能预防或及时解决各种形式的"心脏"（滚筒）病。

过量摩擦的害处主要表现在以下几个方面。

（1）由压力过大造成的过量摩擦导致滚筒轴承和轴颈承受过大的压力和摩擦，加速它们的磨损，使机器的使用寿命降低，对于材料耐磨性差的机件，损害尤为严重。

（2）由于压力过大造成的过量摩擦，还会使橡皮布早期"蠕变"，很快地失去弹性，导致橡皮布的耐用率降低。

（3）使印版的图文基础及非图文部分的砂眼加速磨损，印版耐印率降低，特别是硬性衬垫，摩擦集中在表面，故印版尤其容易被磨损。网点图文被磨损后，细点子丢失，形成"花版"；低调部位糊脏，形成"糊版"。

（4）表面摩擦过量反映在印迹点形变化上，轻微时用高倍放大镜观察稍呈链状，网点被拉长，发生有方向的扩张，网点扩大后显色较多，工艺上不得不减小墨层厚度，这会使产品的画面平淡、干瘪、色彩陈旧、轮廓不明显、层次不清、质量差。

（5）当存在比较明显的过量表面摩擦时，由于滚筒表面同时受到较大的相对摩擦，网点会发展到成为椭圆形，这种后果如果在新版初印时已呈现，以后可能会因版面引起相对应的脏糊而更趋严重，这就是印迹"铺展"。

（6）当存在特别大的表面摩擦，图文属于"实地空心字或线"，而且油墨极性较强，颜料颗粒粗而硬，起到磨料的作用时，会使印迹大面积或面积小而均匀地发生"毛"的现象，印刷术语称之为"长胡须"。它是印版所受到的摩擦力作用的结果，印版受到什么方向的摩擦，就会产生什么方向的"毛"，向叼口方向的"毛"称为"倒毛"，向拖梢方向的"毛"称为"顺毛"，如果已经掌握了滚筒大小、快慢的规律，了解了印版表面在正负速差时所承受的不同方向的摩擦力，这"毛"是极易明白的。而且可以从"毛"的方向知道滚筒之间速差的方向，从而准确、有效地解决之，如果印版表面受到特大的指向叼口（顺运转方向）的摩擦力，必然是橡皮滚筒的速度过大，反之，则是印版滚筒的速度过大。但是，不要把"双印""网点椭圆"与由"条头"转化的"毛"相混淆。

（7）双印的根本原因是本次印迹与上一转次橡皮布上的剩余墨层不相重合，其具体原因比较多，由速差引起的橡皮布背面摩擦多，而橡皮布又能瞬时复位也是发生双印的原因之一。有时摩擦虽不大，但橡皮布绷得太松，也会产生"双印"。所以不要混淆双印的产生原因，也可以由双印的方向推想到速差的方向，不要认为各种双印都是过量摩擦引起的。

（8）橡皮布的背面摩擦大还会使橡皮布下面的垫纸和毡呢发生位移，位移量累积到一定距离就会发生"跳纸""跳呢"现象，同样，也可以根据"跳"的方向获得滚筒之间的速差方向，由于"跳纸""跳呢"由橡皮布所受到的摩擦力导致，如果往前"跳"（朝叼口方向），说明印版滚筒速度过快；反之，则是橡皮滚筒速度过快。因为摩擦现象不可能消除，所以虽然摩擦力不太大但如果橡皮布绷得太松，也同样会"跳"，只是位移量很小而已。如果垫纸及毡呢左叼口处被紧固，而 $V_{印} > V_{橡}$，则转化为垫纸"皱弓"。

（9）在较大的摩擦力作用下，如果间歇性的橡皮布表、背摩擦交替出现，这时版面则产生相对应的间歇性表面摩擦，于是类似齿痕的"蠕动痕"就出现了，这是间歇性的版面磨损或印迹"挤铺"，应与齿痕区分开。

复习思考题八

1．二回转印刷机的压印滚筒如图 8-1 所示，$\omega = 1 \text{rad/s}$，$R = 165 \text{mm}$，$Z = 0.3 \text{mm}$，$OD = 165.15 \text{mm}$，求 V_D、α_k、S_C 的值。

2．在圆压圆型印刷机上，为使压印滚筒上衬垫的变形仅发生在径向，必须满足的条件是什么？试证明。

3．试求圆压圆型印刷机滚筒接触弧上任意一点的相对位移 S_C。

4．在圆压圆型印刷机中，根据图 8-3 说明，当 $\left| \dfrac{S_{C_1}}{\alpha_{01}} \right| < \dfrac{1}{2} \left| \dfrac{S_{C_2}}{\alpha_k - \alpha_{01}} \right|$ 成立时，整个印迹的绝对伸长 Δa 为多少？

5．试证明：$S_C = \left| S_{C_1} \right| + \left| S_{C_2} \right|$。

6．包衬分为几种？各有什么特点？

7．高速胶印机与低速胶印机选用的包衬是否相同？试说明理由。

8．选用不同印版（如实地版、线条版、网点版），哪种印版的压力应大一些？为什么？

9．一台胶印机中印版滚筒的标准直径为 300mm，印版图文的包角为 270°，若要使印张上图文增大 0.1mm，则印版滚筒应减少的衬垫厚度是多少？

10．同一印刷机采用 A 包衬获得的最大压缩变形量为 0.2mm，采用 B 包衬获得的最大压印线宽为 6mm，试问哪种包衬的弹性模量大？

11．印迹的绝对伸长 Δa 与滚筒半径 R 之间有什么关系？

12．印刷机滚筒在滚压时，摩擦力是如何产生的？

13．在滚压时，橡皮布的背、表面摩擦是如何分配的？

14．在印刷时，如何减少滚压中的摩擦？

第九章 油墨转移原理

内容提要

油墨从墨斗里由传墨辊传出，再在许多匀墨辊的剪切作用下，被展布成均匀的膜，通过着墨辊传到印版表面的图文部分。印版表面图文部分的油墨经过橡皮布表面，转移到承印材料的表面上，便完成了油墨转移的全部过程。

本章先介绍了理想条件下油墨在墨辊间的分离状态，分析了墨辊上墨膜的分配规律，阐述了油墨转移方程的建立和应用、油墨转移方程的参数赋值及油墨转移方程的修正；然后介绍了在油墨从印版转移到承印材料表面这一过程中，影响印刷品质量的因素，包括印刷材料的性能、印版、印刷机、印刷速度、印刷压力等；最后介绍了胶印、照相凹印的油墨转移。

基本要求

1．了解理想条件下墨辊上墨膜的分配规律，并理解印刷过程中减少停印次数对油墨传递正常进行的意义。

2．掌握油墨转移方程及其应用。

3．了解对油墨转移方程的参数赋值的三角形形心法和优化法。

4．正确理解对油墨转移方程进行修正的意义及其实用性。

5．了解胶印和照相凹印的油墨转移。

油墨转移一般指油墨从印版或橡皮布向承印材料表面的转移，它是印刷的基本过程，其本身就是印刷。

附着于涂料纸上的墨层厚度大约为 1μm；附着于新闻纸上的墨层厚度为 2～3μm。如果在 1μm 厚的墨层上增减 0.1μm，将会使印刷品的密度发生±0.1 的变化，这一变化超出了印刷厂所允许的范围，这就要求每小时 15000 转的单张纸印刷机或每小时 20000～30000 转的卷筒纸印刷机的输墨系统以很高的供墨精度向印版均匀地传送油墨。

印刷机的输墨系统一般由给墨、匀墨、着墨三个部分组成。图 9-1 所示为胶印机的输墨系统。若去掉图中的供水部

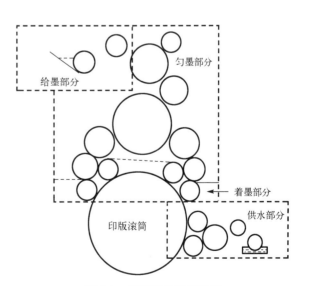

图 9-1　胶印机的输墨系统

分，则变成了凸版印刷机的输墨系统。照相四版印刷机输墨系统中的匀墨、着墨部分可以被印版滚筒上附装的刮墨刀所代替。

第一节　油墨在印刷机上的传输

油墨转移广义上指从墨斗到匀墨辊、各匀墨辊之间、着墨辊到印版、印版到承印材料表面的整个行程间的油墨转移。因此，油墨在印刷机上的行为可以分成三个行程：给墨行程、分配行程、向承印材料表面转移行程。

一、给墨

给墨装置采用图 9-2 所示的装置，通过一个间歇摆动的传墨辊，由缓慢转动的墨斗辊向快速旋转的匀墨辊传递油墨。给墨量可通过给墨辊的旋转角度、墨斗刀片和墨斗辊形成的间隙来调节。

从图 9-2 中可以看出，墨斗中的油墨在墨斗辊周围受到很大的切变应力，墨斗辊上的油墨除自身的重力外，再没有受到其他起作用的力，油墨只能靠重力流向墨斗辊。重力或分子运动的力很难克服油墨的屈服值，从而使给墨行程易发生"堵墨"现象。

"堵墨"与下列因素有关：

（1）当油墨的屈服值和触变性过大时，易堵墨。

（2）当墨丝短度 τ_B/η_p 值大时，墨丝短，易堵墨。

（3）根据平行板黏度计测得的数据，绘制油墨扩展直径 d 与时间 t 的 d-$\lg t$ 特性曲线，如图 9-3 所示。当其方程 $d = \mathrm{SL}\lg t + I$ 中的直线斜率 $\mathrm{SL} = \tan\theta$ 的值较小时，则墨丝短，易堵墨，I 为油墨在平行板上的初始直径极限值，一般为 3mm。

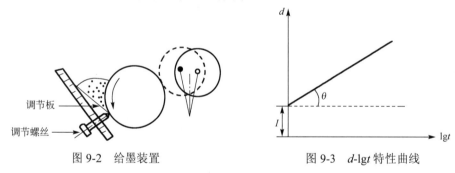

图 9-2　给墨装置　　　　　　图 9-3　d-$\lg t$ 特性曲线

解决堵墨的方法：①在墨斗中安装搅拌器，以破坏油墨的内部结构；②用墨刀将油墨充分调匀之后，再放入墨斗（也可以用黏度低的调墨油稀释油墨，改变油墨的触变性）。

二、油墨分配

印刷机输墨系统中的匀墨辊把油墨结构充分破坏后，延展成均匀的薄膜，经着墨辊传递到印版上。

匀墨辊由金属辊和橡胶辊间隔排列组成，墨辊间的接触面积不超过全部墨辊面积的 5%。金属辊对轴的方向可做大约 3cm 的轴向传动，保证了油墨在墨辊径向及轴向分布的均匀性。

油墨在各墨辊间受到的切变应力很大，而且非常复杂，呈不连续状态。较大的切变应力作用于油墨的时间占各墨辊整个周期的 1/20 左右，其余时间油墨的触变性几乎不出现回复现象。

1. 油墨分裂率

在输墨系统中，所有匀墨辊、着墨辊的表面速度都是基本相同的（与印版滚筒表面的速度一致，即使有差距，也只在百分之一以内）。油墨在墨辊间的传递是由相邻两个墨辊上的墨层连续分离来完成的。

在图 9-4 中，给墨辊 A 是靠近传墨辊的墨辊，受墨辊 B 是靠近印版的墨辊，A、B 的表面非常光滑且具有非吸收性能。若油墨通过 A、B 辊隙前，A 辊上的墨层厚度为 a μm，B 辊上的墨层厚度为 b μm；油墨通过 A、B 辊隙后，A 辊的墨层厚度为 c μm，B 辊的墨层厚度为 d μm。显然 $a + b = c + d$，油墨分裂率为

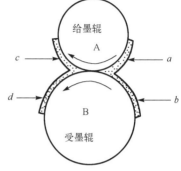

图 9-4　墨膜分裂

$$\beta = \frac{d}{c}$$

在适当的印刷压力下，当墨辊间的油墨分裂处于稳定状态时，任何墨辊间的油墨分裂率 $\beta = 1$，即油墨通过辊隙后，留在每个墨辊上的墨层厚度都相同，为通过辊隙前全部墨层厚度的一半。

2. 墨辊上墨量的分配规律

（1）着墨量的计算：在正常的印刷压力下，假定印版的覆盖面积率为 100%，依照每对墨辊接触前后的墨层厚度关系，可计算出墨辊的着墨量。

设：χ_0 是印版上剩余的墨层厚度，χ_1、χ_2、χ_3、χ_4、χ_5、χ_6 分别是图 9-5 中各墨辊的墨层厚度，且 $\chi_6 - \chi_5 = 100$。100 为转移到纸面上的墨层厚度。

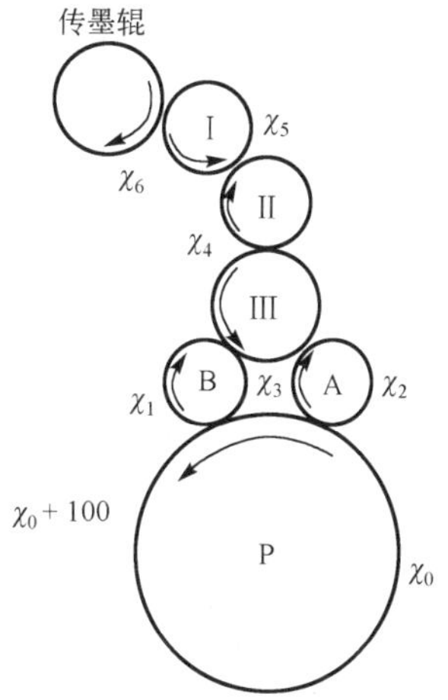

列出方程组：

$$\begin{cases} \chi_6 - \chi_5 = 100 \\ \chi_6 + \chi_4 = 2\chi_5 \\ \chi_2 + \chi_5 = 2\chi_4 \\ \chi_1 + \chi_3 = 2\chi_2 \\ \chi_0 + 100 + \chi_4 = 2\chi_3 \\ \chi_0 + \chi_2 = 2\chi_1 \\ \chi_1 + \chi_3 = 2(100 + \chi_0) \end{cases}$$

图 9-5　输墨装置简图

解此方程组（按油墨从印版→传墨辊的顺序排列）得

$$\chi_1 = \chi_0 + 50 \qquad \chi_4 = \chi_0 + 200$$

$$\chi_2 = \chi_0 + 100 \qquad \chi_5 = \chi_0 + 300$$

$$\chi_3 = \chi_0 + 150 \qquad \chi_6 = \chi_0 + 400$$

如果知道了纸面上最终所转移的墨层厚度，就可以按照上面的计算方法，计算出理想输墨系统中各墨辊的墨层厚度。

（2）各墨辊间的油墨分裂是以一定的百分比完成的。

（3）依照墨辊顺序出现的墨层厚度增减梯度，只有在传递油墨时才出现。在非印刷状态下，附着在墨辊上的油墨将重新分配，使每根墨辊具有同等的墨层厚度，故开始印刷时，着墨辊上的墨层比所需的墨层厚。

（4）着墨率。

我们经常看到油漆工在涂刷物体表面时，最初几刷搅有足够的油漆量且用力较大，其目的是供给物体表面足够的油漆。尔后几刷则不添加油漆，只是轻刷细拖而过，其目的是均匀油漆。

同样的道理，胶印机的着墨辊根据印版的旋转方向大致可以分成 A、B 两组。前面的 A 组辊（靠近着水辊的一组）以供给印版油墨为主要目的，后面的 B 组辊以均匀印版上的油墨为主要目的。

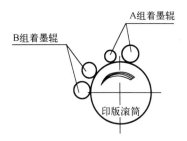

图 9-6　前后着墨辊组

某一着墨辊的着墨率就是该着墨辊供给印版的油墨量与所有着墨辊供给印版的总油墨量之比。在一定程度上，着墨率在各着墨辊上的不同分配反映了版面墨层的均匀程度。

着墨率的计算公式为

$$a_i = \frac{\text{第 } i \text{ 根着墨辊供给印版的油墨量}}{\text{所有着墨辊供给印版的总油墨量}} \times 100\%$$

式中，a_i 为第 i 根着墨辊的着墨率。

例 1： 由图 9-6 可知

$$\begin{aligned}
a_A &= \frac{\chi_1 - \chi_0}{100} \times 100\% \\
&= \frac{\chi_0 + 50 - \chi_0}{100} \times 100\% \\
&= 50\%
\end{aligned}$$

$$\begin{aligned}
a_B &= \frac{\chi_0 + 100 - \chi_1}{100} \times 100\% \\
&= \frac{\chi_0 + 100 - (\chi_0 + 50)}{100} \times 100\% \\
&= 50\%
\end{aligned}$$

显然，A、B 两组着墨辊的着墨率相等。

例 2： 根据图 9-7 可得下面的方程组：

$$x_0 + x_1 = 2x_2$$

$$x_2 + x_3 = 2x_4$$

$$x_2 + x_3 = 2x_1$$

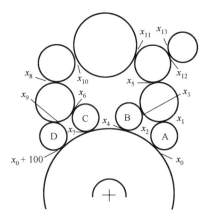

图 9-7　四根着墨辊的输墨装置示意图

$$x_1 + x_{12} = 2x_3$$

$$x_4 + x_3 = 2x_3$$

$$x_{11} + x_{13} = 2x_{13}$$

$$x_4 + x_0 = 2x_7$$

$$x_7 + x_8 = 2(x_0 + 100)$$

$$x_7 + x_9 = 2x_6$$

$$x_{10} + x_6 = 2x_9$$

$$x_0 + 100a + x_9 = 2x_8$$

$$x_9 + x_{11} = 2x_{10}$$

$$x_5 + x_{10} = 2x_{11}$$

$$x_{13} - x_{12} = 100$$

解上述方程组，可得

$$x_2 = x_0 + \frac{250}{6}$$

$$x_4 = x_0 + \frac{250}{3}$$

$$x_7 = x_0 + \frac{550}{6}$$

则

$$a_A = \frac{x_2 - x_0}{100} \times 100\%$$
$$\approx 41.67\%$$

$$a_B = \frac{x_4 - x_2}{100} \times 100\%$$
$$\approx 41.67\%$$

$$a_C = \frac{x_7 - x_4}{100} \times 100\%$$
$$\approx 8.33\%$$

$$a_D = \frac{x_0 + 100 - x_7}{100} \times 100\%$$
$$\approx 8.33\%$$

显然，$a_A + a_B + a_C + a_D = 100\%$

　　通过上述求解可知，第一组着墨棍（A 和 B）向印版提供的油墨量占总油墨量的 83.34%，其主要任务是完成印版的着墨；而第二组着墨棍（C 和 D）的作用是弥补第一组着墨棍着墨的不均匀性，并进一步均匀油墨，起到拾遗补阙的作用。所以两组着墨棍的作用有所不同，这也告诉我们，传墨路线短（着墨辊数量少）的那一组的主要作用是着墨，而另一组仅仅起到辅助作用。

三、油墨转移行程

油墨转移行程是印刷的基本行程，在印刷的一瞬间，印版或橡皮布上的墨层分裂成两部分，一部分残留在印版或橡皮布上；另一部分附着在纸张或其他承印材料表面，经过干燥后，就完成了油墨转移的全过程。

1. 油墨的附着

油墨附着于纸张或其他承印材料表面的现象很复杂，大体可以归纳为以下两大类。

（1）机械投锚效应：纸张或其他承印材料表面有凹凸、空隙，油墨流入其中，犹如机械投锚而附着在承印材料表面。

（2）二次结合力：二次结合力主要包括色散力、诱导力、取向力。油墨的亲憎结构如表9-1所示。油墨和纸张均为非对称型分子，当它们相互靠近时，固有偶极之间同性相斥、异性相吸。当两个分子在空间按异极相邻状态取向时，产生取向力，并因有非极性物质混入又产生色散力，从而使油墨附着于纸张上。油墨与纸张之间的二次结合力越大，附着效果越好。简言之，亲水性分子或疏水性分子本身易发生牵引效果，而亲水性分子和亲油基相互排斥。

表 9-1　油墨的亲憎结构

	亲水性部分	中间	憎水性部分
油墨（连接料：亚麻仁油）	游离脂肪酸的羧基脂肪酸在油脂的酯基胶剂中	碳链的二重结合	剩余的长碳链部分
	存在的松香羧基	松香中的共轭二重结合	松香中剩余的碳链结合部分
	铝原子		
	矿物性填料		

油墨在承印材料表面上的附着往往因油墨、承印材料、印刷方式的不同而有所差异。

铜版纸因有亲水性的黏土、淀粉、酪素等涂料层，故疏水性强的油墨在其上附着比非涂料纸难，但涂料层的毛细管可以吸收油墨中的连接料，这样机械投锚效应便弥补了二次结合力的附着不足。

照相凹印或柔性印刷使用挥发干燥型油墨，油墨的附着没有机械投锚效应，只能依赖于油墨和承印材料之间的二次结合力。当用微极性的油墨在非极性的聚乙烯、聚丙烯薄膜上印刷时，油墨附着非常困难，故在印刷前要进行热处理、氯处理、氧化剂处理等，使承印材料表面极性化，便于油墨附着。

2. 油墨的润湿

为了使油墨皮膜具有较强的附着力，除使油墨皮膜分子和承印材料充分靠近外，还需将油墨充分润湿。

设 γ_S、γ_L、γ_{SL} 分别代表固体、液体、液-固界面的表面自由能，当下式成立时，表明润湿充分。

$$\gamma_S > \gamma_{SL} + \gamma_L \cos\theta \tag{9-1}$$

如果油墨本身凝聚所需的功为 W_c，附着时的功为 W_a，则因凝聚力小致使油墨本身切断时，

$$W_c < W_a \tag{9-2}$$

当从附着面将油墨取走时，

$$W_a < W_c \tag{9-3}$$

又设油墨、被印刷面、附着面的表面自由能分别为 γ_L、γ_S、γ_{SL}。当油墨切断时，产生两个油墨表面，则

$$W_c = 2\gamma_L \tag{9-4}$$

$$W_a = \gamma_S + \gamma_L - \gamma_{SL} \tag{9-5}$$

将式（9-4）、式（9-5）代入式（9-3）、式（9-2）中得，当油墨本身切断时，$\gamma_L > \gamma_S - \gamma_{SL}$；当油墨自印刷面分离时，$\gamma_L < \gamma_S - \gamma_{SL}$。

以上是油墨在理想的平滑表面上润湿、分离的情况。实际上，油墨的附着除受承印材料的表面粗糙度、与油墨分子间的二次结合力影响外，印刷压力这一强大的外力具有强制性压印功能，其使油墨的附着情况变得非常复杂。

3．油墨转移系数

设印刷前印版单位面积上的油墨量为 x g，印刷后转移到纸面单位面积上的油墨量为 y g[也可以用墨层厚度（μm）表示]，则转移到纸面单位面积上的油墨量与印版单位面积上残留的油墨量之比称为油墨转移系数，用 V 表示：

$$V = \frac{y}{x-y} \tag{9-6}$$

图9-8所示为凸版印刷的油墨转移量曲线。其中，曲线 A 为油墨完全附着于纸面上的理想曲线；曲线 B 为实地凸版印刷的油墨转移量曲线。当印版和凹凸不平的纸面接触时，若油墨量过少，则不能均匀地附着于整个纸面，随着印版上油墨量的增多，纸面逐渐被覆盖完全。纸张的平滑度越高，曲线 B 越接近曲线 A。

4．油墨转移率及油墨转移率的测定

（1）油墨转移率 R：印刷后转移到纸面单位面积上的油墨量 y g 与印刷前印版单位面积上的油墨量 x g 之比称为油墨转移率，用 R 表示：

$$R = \frac{y}{x} \tag{9-7}$$

图9-9所示为油墨转移率曲线。直线 A 为理想的油墨转移率曲线；曲线 B 为塑料薄膜、金属箔等非吸收性承印材料的油墨转移率曲线；曲线 C 为纸张等吸收性承印材料的油墨转移率曲线。

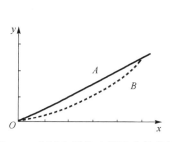

图9-8　凸版印刷的油墨转移量曲线

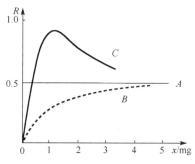

图9-9　油墨转移率曲线

（2）油墨转移率的测定：目前多采用印刷适性试验机在固定的印刷压力、印刷速度下，通过以下两种方法来测定油墨转移率。

① 测定印刷前与印刷后印版的质量，计算差值。

设：印刷前印版的质量为 G g，印刷前印版加油墨的质量为 G_S g，印刷后印版的质量为 G_P g，则

$$R = \frac{G_S - G_P}{G_S - G} \tag{9-8}$$

② 测定印刷前、后纸张的质量，计算差值。

设：印刷前纸张的质量为 G_C g，印刷后纸张的质量为 G_D g，则

$$R = \frac{G_D - G_C}{G_S - G} \tag{9-9}$$

方法②必须在恒温、恒湿的条件下，使纸张水分充分平衡后，才能精确测定 R。否则，纸张吸收或放出的水分质量往往超过油墨本身的质量。

第二节　油墨转移方程

一、油墨转移方程的建立

油墨转移过程指油墨在印版与纸张接触的瞬间从印版转移到纸张上的过程。由于纸张表面存在粗糙不平的地方，使印版上的油墨不能与纸张的表面充分接触，所以，从印版转移到纸张上的油墨量取决于印版上的油墨与纸张表面的接触面积及在单位面积内从印版转移到纸张上的油墨量。如果从印版转移到纸张单位面积上的油墨量为 y，在印版与纸张表面的接触面积内从印版转移到单位面积的纸张上的油墨量为 Y，则

$$y = FY$$

式中，F 为在单位面积的纸张上，印版上的油墨与纸张表面的接触面积，称为接触面积比。

印版上的油墨与纸张表面的接触面积取决于印版上的油墨量及纸张表面在印刷压力下与印版上油墨的接触程度。当印版上的油墨量较少时，油墨不能填满纸张表面的凹陷处，印版上的油墨与纸张表面的接触面积较小；随着印版上油墨量的增加，印版上的油墨与纸张表面的接触面积增大，直至印版上的油墨与纸张表面完全接触，此时的接触面积比 F 等于 1。印版上的油墨与纸张表面的接触面积比对印版上油墨量的变化率与纸张表面未与油墨接触的非图文部分面积成正比，由此建立微分方程式为

$$\frac{\mathrm{d}F}{\mathrm{d}x} = k(1 - F) \tag{9-10}$$

式中，k 为比例系数；F 为接触面积比；x 为印版上的油墨量。由式（9-10）得

$$\frac{\mathrm{d}F}{1 - F} = k\mathrm{d}x$$

$$\frac{\mathrm{d}(1 - F)}{1 - F} = -k\mathrm{d}x$$

$$\ln(1-F) = -kx + C$$

$$F = 1 - e^{-kx+C} \tag{9-11}$$

式中，C 为积分常数。当印版上没有油墨时，其接触面积比为零，根据这个初始条件可知，积分常数 C 等于零，由此得到接触面积比为

$$F = 1 - e^{-kx} \tag{9-12}$$

在油墨转移的过程中，在印版上的油墨与纸张表面的接触区域内，从印版转移到纸张上的油墨量 Y 中的一部分是在短暂的压印时间内从印版上填入纸张表面凹陷处的油墨量 Y_1，另一部分是印版与纸张表面之间剩余的自由油墨在分裂时以一定比例从印版向纸张表面转移的油墨量 Y_2，如图 9-10 所示。如果在印刷过程中印版上的油墨填满纸张表面凹陷处的极限油墨量为 b，那么，在实际的印刷过程中，从印版上填入纸张表面凹陷处的油墨量 Y_1 必然小于极限油墨量 b，即

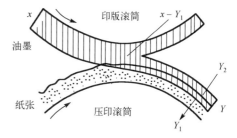

图 9-10　油墨的转移过程

$$Y_1 = \phi b \qquad 0 \leqslant \phi \leqslant 1 \tag{9-13}$$

其中，ϕ 为从印版上填入纸张表面凹陷处的油墨量与极限油墨量的比值，它与印版上的油墨量 x 及极限油墨量 b 的大小有关。比值 ϕ 对印版上油墨量 x 的变化率与纸张表面凹陷处未填满油墨的容积成正比，与极限油墨量成反比，由此建立的微分方程式为

$$\frac{\mathrm{d}\phi}{\mathrm{d}x} = \frac{1}{b}(1-\phi) \tag{9-14}$$

$$\frac{\mathrm{d}\phi}{1-\phi} = \frac{1}{b}\mathrm{d}x$$

$$\frac{\mathrm{d}(1-\phi)}{1-\phi} = -\frac{\mathrm{d}x}{b}$$

$$\ln(1-\phi) = -\frac{x}{b} + C$$

$$\phi = 1 - e^{-\frac{x}{b}+C} \tag{9-15}$$

式中，C 为积分常数。根据 x 等于零时，ϕ 为零的初始条件，得到积分常数 C 等于零，故比值 ϕ 为

$$\phi = 1 - e^{-\frac{x}{b}}$$

由此得到从印版上填入纸张表面凹陷处的油墨量为

$$Y_1 = \phi b = b(1 - e^{-\frac{x}{b}}) \tag{9-16}$$

这时，印版与纸张表面之间剩余的自由油墨量为

$$x - Y_1 = x - b(1 - e^{-\frac{x}{b}})$$

这部分油墨以一定的比例分裂，一定比例的油墨从印版转移到纸张上。如果分裂后从印版转移到纸张表面的油墨量为 Y_2，则

$$Y_2 = f(x - Y_1) = f[x - b(1 - e^{-\frac{x}{b}})] \tag{9-17}$$

式中，f 为分裂后转移到纸张表面的油墨量与印版和纸张之间剩余的自由油墨量的比值，称为分裂比。由此得到，在压印区域内，印版上的油墨与纸张表面接触的单位面积内从印版转移到纸张上的油墨量为

$$Y = Y_1 + Y_2 = b(1 - e^{-\frac{x}{b}}) + f[x - b(1 - e^{-\frac{x}{b}})]$$

因此，从印版转移到单位面积纸张上的油墨量为

$$y = FY = (1 - e^{-kx})\{b(1 - e^{-\frac{x}{b}}) + f[x - b(1 - e^{-\frac{x}{b}})]\} \tag{9-18}$$

式（9-18）表明了印版上的油墨量与转移到纸张上的油墨量之间的关系，称其为油墨转移方程。

二、油墨转移方程的应用

如果将油墨看作一个均匀的分散体系，那么就可以用平均墨层厚度来代替油墨量，油墨转移方程仍然是成立的。图 9-11 所示的油墨转移曲线为根据油墨转移方程所表示出来的印版上的平均墨层厚度与转移到纸张上的平均墨层厚度之间的关系。

根据油墨转移方程可得到油墨转移系数为

$$V = \frac{y}{x - y}$$

$$= \frac{(1 - e^{-kx})\{b(1 - e^{-\frac{x}{b}}) + f[x - b(1 - e^{-\frac{x}{b}})]\}}{x - (1 - e^{-kx})\{b(1 - e^{\frac{x}{b}}) + f[x - b(1 - e^{-\frac{x}{b}})]\}} \tag{9-19}$$

由此可以得到表示印版上的平均墨层厚度与油墨转移系数之间关系的油墨转移系数曲线，如图 9-12 所示。

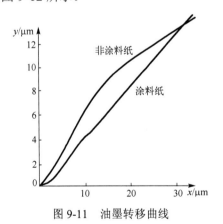

图 9-11　油墨转移曲线　　　　　图 9-12　油墨转移系数曲线

根据油墨转移方程可得到油墨转移率为

$$R = \frac{y}{x} = \frac{1 - e^{-kx}}{x}\{b(1 - e^{-\frac{x}{b}}) + f[x - b(1 - e^{-\frac{x}{b}})]\} \tag{9-20}$$

由此可以得到表示印版上的平均墨层厚度与油墨转移率之间关系的油墨转移率曲线，如图 9-13 所示。

在油墨转移方程中，比例系数 k 表示的是纸张表面在印刷过程中与印版上的油墨接触时的平滑度。纸张表面的平滑度越高，在印刷时纸张表面与印版上油墨的接触程度就越好，k 值就越大。图 9-14 所示为纸张表面的平滑度对接触面积比 F 的影响。k 值不仅与纸张表面本身的平滑度有关，还受到改变印版上的油墨与纸张表面接触状况的因素的影响，这些影响因素包括印刷压力、印刷速度和油墨的流动特性等。k 值受印刷压力的影响是因为纸张在印刷压力下产生变形，使纸张的平滑度发生变化，从而改变了纸张表面与印版上油墨的接触面积；k 值受印刷速度的影响是因为印刷速度的变化改变了纸张表面与印版上油墨的接触时间，进而使纸张表面与印版上油墨的接触面积发生变化；k 值受油墨流动特性的影响是因为油墨流动特性的改变使流入纸张表面凹陷处的油墨量发生变化，从而使纸张表面与印版上油墨的接触面积发生变化。用 k 值评价纸张表面的平滑度，考虑了在印刷过程中各种因素对纸张表面平滑度的影响，更符合印刷的实际情况，所以将 k 值称为纸张的印刷平滑度系数。

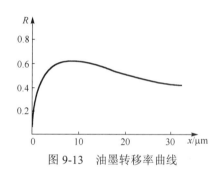

图 9-13　油墨转移率曲线

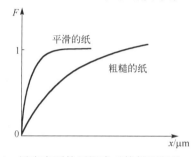

图 9-14　纸张表面的平滑度对接触面积比 F 的影响

油墨转移方程中的极限油墨量 b 表示印刷过程中在印版上的油墨与纸张表面接触的瞬间，纸张上附着的油墨量。由于压印的时间很短，可以认为极限油墨量 b 只表示在压印的瞬间填满纸张表面凹陷处的油墨量，而渗透进入纸张毛细孔的油墨量可忽略不计。所以，极限油墨量 b 主要受到印刷压力与印刷速度的影响，印刷压力越大或印刷速度越慢，则极限油墨量 b 就越大。油墨中连接料的黏度也会影响极限油墨量 b 的大小，但由于在压印的瞬间纸张表面的毛细孔吸收油墨的时间很短，所以在高速印刷中，油墨中连接料的黏度对于极限油墨量 b 的影响是比较小的。

油墨转移方程中的分裂比 f 表示印版与纸张表面之间自由油墨的分裂性能。显然，分裂比 f 受油墨流动特性的影响最大，同时也受油墨中颜料分子结构的影响。分裂比 f 的大小还与纸张表面的平滑度及纸张的吸收性有关，对于吸收性大、表面粗糙的纸张，分裂比 f 较小。印刷速度对于分裂比 f 也有较大的影响，印刷速度越慢，印版与纸张表面之间自由油墨的分裂处就越靠近墨层的中央，使分裂比 f 趋近于 0.5。

油墨转移方程为定量地描述印刷的油墨转移过程建立了一个比较实用的数学模型，对于印刷适性的研究具有重大的意义。

第三节　油墨转移方程的参数赋值

油墨转移方程在表面平滑度较高的涂料纸上的应用非常成功，油墨转移量的计算数据与实验数据吻合；但油墨转移方程对表面平滑度较低的非涂料纸的适用性较差，油墨转移量的计算数据与实验数据有些差别。因此，一些研究人员对油墨转移方程中的参数赋值进行了探讨，到目前为止，已经提出了近似法、实验法、逼近法、三角形形心法、优化法等多种赋值方法，其目的是力求使油墨转移方程对非涂料纸的计算数据具有较高的精度，能够与实验数据吻合，从而扩大油墨转移方程的适用范围。

油墨转移方程中有印刷平滑度系数 k、极限油墨量 b 和分裂比 f 这三个参数。其中，印刷平滑度系数 k 主要影响的是当印版上的油墨量较小时，从印版转移到纸张上的油墨量；极限油墨量 b 主要影响的是当印版上的油墨量中等时，从印版转移到纸张上的油墨量；分裂比 f 主要影响的是当印版上的油墨量较大时，从印版转移到纸张上的油墨量。所以，对油墨转移方程中的参数赋值时，需要选择印版上的油墨量为不同大小时油墨转移量的实验数据分别进行计算，以便使参数的赋值更符合实际的印刷条件。

一、近似法

对于油墨转移方程，当印版上的油墨量 x 较大时，可以近似地认为

$$e^{-kx} \to 0 , \quad e^{-\frac{x}{b}} \to 0$$

则油墨转移方程近似地变成直线方程：

$$y = b + f(x-b) \tag{9-21}$$

由此可以得到

$$y = fx + b(1-f)$$

在上述直线方程中，直线的斜率为 f，截距为 $b(1-f)$。

在一定的印刷条件（以一定的印刷压力、一定的印刷速度及选定的纸张和油墨进行印刷）下，所得到的油墨转移量的实验曲线在印版上的油墨量 x 较大时趋近于一条直线，图 9-11 所示的油墨转移曲线中就可以看到这一直线。如果油墨转移曲线中这段直线的斜率为 s，截距为 I，那么就可以得到极限油墨量 b 和分裂比 f 的值为

$$f = s \tag{9-22}$$

$$b = \frac{I}{1-f} = \frac{I}{1-s} \tag{9-23}$$

用上述赋值方法求得油墨转移方程中参数 b 和 f 的值以后，就可以将当印版上的油墨量较小时油墨转移量的实验数据代入油墨转移方程，得

$$y = (1-e^{-kx})\{b(1-e^{-\frac{x}{b}}) + f[x - b(1-e^{-\frac{x}{b}})]\} \tag{9-24}$$

$$e^{-kx} = 1 - y / \{b(1-e^{-\frac{x}{b}}) + f[x - b(1-e^{-\frac{x}{b}})]\}$$

两边求对数，变换可得

$$k \approx -\frac{2.3026}{x} \lg\{1 - y / [b(1-e^{-\frac{x}{b}}) + f(x - b + be^{-\frac{x}{b}})]\}$$

由此求得纸张的印刷平滑度系数 k。为了提高参数 k 的精度，需要将当印版上的油墨量较小时的几组油墨转移量的实验数据代入上式求得 k 值，然后取平均值作为参数 k 的赋值。

表 9-2 所示的油墨转移量的实验数据是在胶印打样机上获得的。对于铜版纸，选择两组当印版上油墨量较大时的实验数据(10, 4.30)和(15, 6.30)，将其代入直线方程的两点式可得

$$\frac{y-4.30}{4.30-6.30}=\frac{x-10}{10-15}$$

$$y=0.4x+0.3$$

由此可得，油墨转移方程中参数 f 和 b 的值为

$$f=0.4, \quad b=\frac{0.3}{1-0.4}=0.5$$

表 9-2　油墨转移量的实验数据

纸张种类	铜版纸						新闻纸					
印版墨层厚度 x（μm）	1	2	3	5	10	15	1	2	3	5	15	20
纸张墨层厚度 y（μm）	0.54	1.06	1.49	2.30	4.30	6.30	0.25	0.83	1.58	3.20	8.90	10.55

再从表 9-2 中选择铜版纸的三组印版上的油墨量较小时的油墨转移量的实验数据(1, 0.54)、(2, 1.06)和(3, 1.49)，将其代入 k 值的计算公式，得

$$k_1 \approx 1.7089$$

$$k_2 \approx 1.7285$$

$$k_3 \approx 1.6958$$

由此可得，油墨转移方程中参数 k 的值为

$$k=\frac{k_1+k_2+k_3}{3}=\frac{1.7089+1.7285+1.6958}{3}$$
$$\approx 1.7111$$

同理，根据实验数据可求得新闻纸的油墨转移方程中参数的值为

$$f=0.33, \quad b=5.90, \quad k \approx 0.3475$$

应用近似法对纸张表面平滑度较高的涂料纸（如铜版纸）的油墨转移方程的参数赋值是比较精确的。例如，求得铜版纸的油墨转移方程的参数为 $k \approx 1.7111$ 和 $b=0.5$，当 $x=5$μm 时，可得

$$e^{-kx}=e^{-1.7111\times5} \approx 0.0002$$

$$e^{-\frac{x}{b}} \approx 0.0001$$

所以，省略上述两项后，再根据油墨转移曲线在 $x=10\sim15$μm 时的直线斜率和截距来确定参数 b 和 f 的值是比较精确的。

近似法对纸张表面平滑度较低的非涂料纸（如新闻纸）的油墨转移方程的参数赋值具有较大的误差。例如，求得新闻纸的油墨转移方程的参数为 $k \approx 0.3475$ 和 $b=5.90$，当 $x=5$μm 时，可得

$$e^{-kx} = e^{-0.3475 \times 5} \approx 0.1760$$

$$e^{-\frac{x}{b}} \approx 0.4285$$

所以，省略上述两项后确定的参数 b 和 f 的值存在较大的误差，必须采用 x 较大时的实验数据来计算参数 b 和 f 值，而这在实验中是很难做到的。

二、实验法

由于油墨的流动特性会影响油墨转移过程，特别是当印版上的油墨量较大时，油墨的流动特性是影响油墨转移过程的决定性因素，主要影响分裂比 f 的值。所以可以根据油墨流动特性的实验数据，应用经验公式确定分裂比 f 的值。

影响分裂比 f 的油墨流动特性主要有连接料的黏度、油墨的塑性黏度和屈服值，以及油墨中颜料的多少等因素。

油墨中连接料的黏度会影响油墨转移的分裂比。如果只使用连接料进行油墨转移的实验，就会发现只有黏度接近于牛顿流体黏度的连接料在油墨转移过程中的分裂比才接近于 0.5，而一般情况下连接料的分裂比小于 0.5，并且其分裂比随着连接料黏度的增大而下降。图 9-15 所示为连接料的黏度与分裂比的关系，当连接料的黏度增大到 250P 时，其分裂比为 0.38。显然，连接料的黏度影响其本身分裂比，也必然影响油墨转移过程中分裂比的大小。

油墨的塑性黏度和屈服值会影响油墨转移的分裂比。油墨转移的分裂比将随着油墨塑性黏度的增大而下降。如果油墨中所采用的连接料不同，则油墨的塑性黏度取决于颜料所占体积的比例，图 9-16 所示为两种采用不同连接料的黑色凸印油墨的塑性黏度与分裂比的关系。油墨屈服值是油墨重要的流动特性，实验证明，油墨的分裂比也是随着油墨屈服值的增大而下降的，图 9-17 所示为油墨屈服值与分裂比的关系。油墨转移的分裂比与油墨的塑性黏度和屈服值之间都不是线性关系，但是实验证明，油墨转移的分裂比与油墨的拉丝短度成线性关系。油墨的拉丝短度表示油墨在转移过程中拉伸成丝的特性，油墨的塑性黏度越大或屈服值越小，油墨越容易拉伸形成较长的墨丝，所以将油墨的屈服值与塑性黏度之比称为油墨的拉丝短度。图 9-18 所示为油墨的拉丝短度与分裂比的关系。

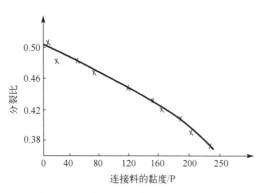

图 9-15　连接料的黏度与分裂比的关系

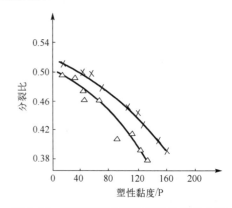

图 9-16　两种采用不同连接料的黑色凸印油墨的塑性黏度与分裂比的关系

根据上述分析和大量的实验数据，可得油墨转移分裂比 f 的经验公式为

$$f = f_v - \frac{\tau_B}{\eta_P} 10^{\left[\frac{C_1 (\lg \eta_P - \lg \eta_0)}{\phi \lg \eta_0} + C_2 \right]} \tag{9-25}$$

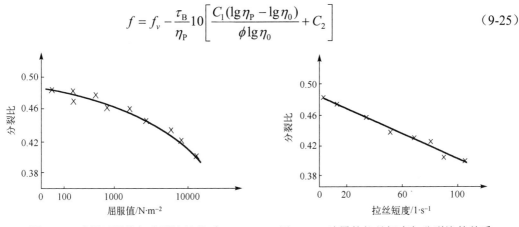

图 9-17 油墨屈服值与分裂比的关系   图 9-18 油墨的拉丝短度与分裂比的关系

式中，f_v 为油墨中连接料的分裂比；τ_B 为油墨的屈服值；η_P 为油墨的塑性黏度；η_0 为连接料的黏度；ϕ 为油墨中颜料与连接料的体积比；C_1 和 C_2 为常数，分别为

$$C_1 = -0.624 （1g 泊）$$

$$C_2 = -1.240 （1g 泊）$$

由经验公式确定分裂比 f 的值以后，就可以根据印版上的油墨量从小到大时所得到的几组油墨转移量的实验数据求得极限油墨量 b 的平均值。油墨转移方程的近似直线方程为

$$y = b + f(x - b)$$

由此可得，极限油墨量 b 为

$$b = \frac{y - fx}{1 - f}$$

由上述赋值方法求得油墨转移方程中参数 f 和 b 的值以后，参数 k 的赋值方法与近似法完全相同。

表 9-3 所示为油墨流动特性及油墨转移量的实验数据。将油墨流动特性的实验数据代入求分裂比 f 的经验公式，得

$$f = 0.397$$

表 9-3 油墨流动特性及油墨转移量的实验数据

测试项目	η_P（P）	τ_B（N/cm²）	ϕ（%）	f_v	η_0（P）	x_1, y_1	x_2, y_2	x_3, y_3	x_4, y_4	x_5, y_5
实验数据	81.7	68.3	11.8	0.452	42	1, 0.54	2, 1.06	3, 1.49	5, 2.30	15, 6.30

将油墨转移量的三组实验数据(2, 1.06)、(5, 2.30)和(15, 6.30)代入求取 b 值的公式，得

$$b_1 \approx 0.4411$$

$$b_2 \approx 0.5224$$

$$b_3 \approx 0.5721$$

油墨转移方程中参数 b 的值为

$$b = \frac{b_1 + b_2 + b_3}{3} = \frac{0.4411 + 0.5224 + 0.5721}{3} \approx 0.5119$$

油墨转移方程中参数 k 的值为

$$k = \frac{k_1 + k_2 + k_3}{3} = \frac{1.6918 + 1.7017 + 1.7127}{3} \approx 1.7021$$

应用实验法确定油墨转移方程中的参数值时，由于考虑了油墨的内部结构和流动特性对分裂比 f 的影响，因此根据经验公式求出的 f 值更符合实际情况。对于纸张表面平滑度较低的非涂料纸，即使没有 x 较大时的实验数据，也可以根据油墨转移方程的近似直线公式求得参数 b 的平均值，由此确定的参数 f 值和 b 值与近似法相比是比较精确的，特别是 f 值非常精确，但参数 b 值与 k 值仍然存在一定的误差。

三、逼近法

由于近似法和实验法在确定油墨转移方程的参数 b 时，不但省略了 e^{-kx} 项，而且省略了包含参数 b 的 $e^{-x/b}$ 项，从而使参数 b 的精度下降，特别是对极限油墨量 b 值较大的非涂料纸来说，参数 b 的精度较低也影响到了参数 k 的精度。逼近法则认为，当印版上的油墨量 x 较大时，在油墨转移方程中可以省略 e^{-kx} 项，但不能省略包含参数 b 的 $e^{-x/b}$ 项，故油墨转移方程近似地变为

$$y = b(1 - e^{-x/b}) + f[(x - b(1 - e^{-x/b})] \tag{9-26}$$

由此可以得到

$$y = fx + b(1-f)(1 - e^{-x/b})$$

$$\frac{y}{x} = b(1-f)\left(\frac{1 - e^{-x/b}}{x}\right) + f$$

在上述方程中，y/x 与 $(1-e^{-x/b})/x$ 成线性关系，在这个直线方程中，斜率为 $b(1-f)$，截距为 f。

在上述方程中，设 $(1-e^{-x/b})/x$ 项中参数 b 的假定值为 b_0，将印版上的油墨量较大时所得到的油墨转移量的实验数据代入上述方程，求得 y/x 与 $(1-e^{-x/b})/x$ 的直线方程的斜率为 s，截距为 I，则

$$f = I, \quad b = \frac{s}{1-f} = \frac{s}{1-I}$$

当然，由此求得的 b 值与假定值 b_0 不一定是相同的。所以，需要多次设假定值 b_0 进行重复计算，分别求得所对应的 b 值和 f 值。

参数 b 可以通过作图法赋值，如图 9-19 所示。图中横坐标为 b_0，纵坐标为 b，则假定值 b_0 与相对应的计算值 b 就可以在这个坐标系中确定一个点，多次设假定值 b_0，其与相对应求得的 b 值就可以在这个坐标系中得到几个点，将这些点连接起来就形成了一条直线，根据这条直线与直线 $b = b_0$ 的交点，就可以确定参数 b 的值。

同样，参数 f 也可以通过作图法赋值，根据极限油墨量 b 与分裂比 f 成线性关系而求得参数 f 的值。因为极限油墨量 b 与纸张表面的平滑度、纸张的吸收性及油墨的黏度有关，而分裂比 f 也与纸张表面的平滑度、纸张的吸收性及油墨的流动特性有关，所以，极限油墨量 b 与分裂比 f 之间存在内部的相互关系。实验证明，参数 b 与 f 之间存在近似的线性关系，图 9-20 所示为极限油墨量 b 与分裂比 f 之间的关系。利用参数 b 与 f 之间的线性关系就可以确定参数 f 的值。如果横坐标为参数 b，纵坐标为参数 f，将多个假定值 b_0 对应求得的 b 值和 f 值在这个坐标系中标示出来，可以得到几个点，将这些点连接起来就形成一条直线，再根据上述的作图法所确定的 b 值求得在这条直线上对应的 f 值，从而确定参数 f 的值。

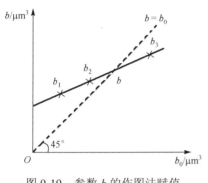

图 9-19　参数 b 的作图法赋值

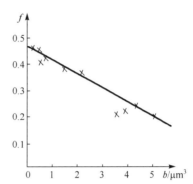

图 9-20　极限油墨量 b 与分裂比 f 的关系

对于参数 k 的赋值则与近似法和实验法相同，根据印版上的油墨量较小时所得到的几组油墨转移量的实验数据求得 k 的平均值，将其作为纸张的印刷平滑度系数 k 的赋值。

对于表 9-2 所列的某种新闻纸，选择当印版上的油墨转移量较大时所得到的两组油墨转移量的实验数据(15, 8.90)、(20, 10.55)，设假定值 b_0 分别为 6、9、12，则可求得相应的 y/x 和 $(1-\mathrm{e}^{-x/b_0})/x$ 的值，然后利用这两者的线性关系，应用直线方程的两点式求得 b 值和 f 值，相应的数据如表 9-4 所示。

表 9-4　油墨转移方程的逼近法赋值数据

$b_0(\mu m^3)$	6		9		12	
(x, y)	(15, 8.90)	(20, 10.55)	(15, 8.90)	(20, 10.55)	(15, 8.90)	(20, 10.55)
y/x	0.5933	0.5275	0.5933	0.5275	0.5933	0.5275
$(1-\mathrm{e}^{-x/b_0})/x$	0.0612	0.0482	0.0541	0.0446	0.0476	0.0406
$b(\mu m^3)$	7.0642		9.0493		11.0057	
f	0.2835		0.2032		0.1459	

根据表 9-4 中假定值 b_0 与对应的计算值 b 和 f，可以通过作图法进行赋值，如图 9-21 和图 9-22 所示，由此求得 $b = 9.2$，$f = 0.21$。选择表 9-2 中印版上的油墨量较小时的三组油墨转移量的实验数据(1, 0.25)、(2, 0.83)、(3, 1.58)，在油墨转移方程中代入 b 值和 f 值，求得参数 k 的平均值为

$$k = \frac{k_1 + k_2 + k_3}{3} = \frac{0.3024 + 0.3004 + 0.2968}{3} \approx 0.2999$$

应用逼近法确定油墨转移方程的参数时，由于只省略了 e^{-kx} 项，并且没有使用经验公式，因此，对于非涂料纸来说，特别是吸收性较大的非涂料纸，参数赋值的精度与近似法和实验法相比有所提高。但是，由于在参数赋值时省略了 e^{-kx} 项，所以，逼近法对于纸张表面平滑度比较低的非涂料纸的参数赋值还存在一定的误差。另外，逼近法还存在作图误差。

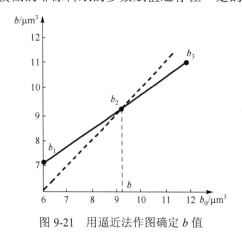

图 9-21　用逼近法作图确定 b 值

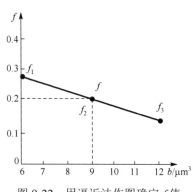

图 9-22　用逼近法作图确定 f 值

四、三角形形心法

为了进一步提高油墨转移方程中参数的赋值精度，经研究，编者提出了直接从油墨转移方程赋值的三角形形心法。在油墨转移方程中，既不省略 e^{-kx} 项，也不省略 $e^{-x/b}$ 项，式（9-24）经变换形式后得

$$f = \frac{\dfrac{y}{1-e^{-kx}} - b(1-e^{-x/b})}{x - b(1-e^{-x/b})} \tag{9-27}$$

在上式中设参数 k 的假定值为 k_0，并将任一组油墨转移量的实验数据 (x, y) 代入上式，则得到 $f = F(b)$ 的关系式，并在横坐标为 b、纵坐标为 f 的直角坐标系中绘制出一条曲线。

如果将印版上的油墨量较大时所得到的三组油墨转移量的实验数据 (x_1, y_1)、(x_2, y_2)、(x_3, y_3) 代入上述方程，就得到了三条 $f = F(b)$ 的曲线。它们两两相交，三个交点的坐标分别为 (b_{12}, f_{12})、(b_{23}, f_{23})、(b_{31}, f_{31})，以这三个交点为顶点形成一个三角形，其形心坐标为

$$b = \frac{b_{12} + b_{23} + b_{31}}{3}$$

$$f = \frac{f_{12} + f_{23} + f_{31}}{3}$$

三角形形心法认为以此求得的三角形的形心坐标为参数 b 和 f 的最佳值。

求得 b 和 f 的值后，根据印版上的油墨量较小时的几组油墨转移量的实验数据，求得参数 k 的平均值。将此 k 值与假定值 k_0 相比较，如果两者不等，则需重新设定 k_0 值。重复上述计算步骤，直至 k 值与 k_0 值相等为止，将这时求得的参数 b、f 和 k 的值作为最佳赋值。当然，如此烦琐的重复计算，只能由电子计算机来求解，其程序流程如图 9-23 所示。

对于表 9-2 所列的某种新闻纸，设假定值 $k_0 = 0.2$，根据印版上的油墨量较大时所得到的

三组油墨转移量的实验数据，求得参数 b 和 f 的值，然后，根据印版上的油墨量较小时所得到的三组油墨转移量的实验数据，求得 k 值，利用计算机对比 k 值与 k_0 值，进行反复计算，求得

$$b = 11.1568, \quad f = 0.1753, \quad k = 0.2829$$

此时，$k_0 = 0.2828$，$k - k_0 = 0.0001$，满足精度要求。

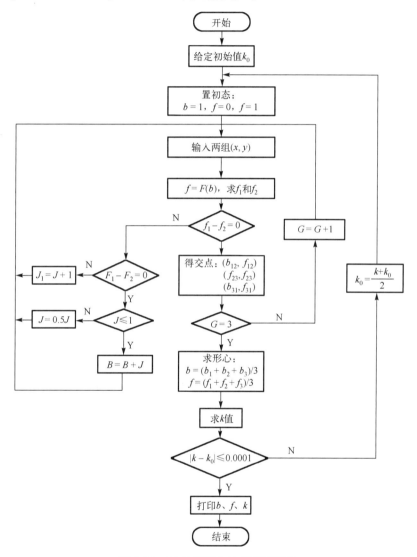

图 9-23 三角形形心法的程序流程

五、优化法

虽然三角形形心法对于油墨转移方程的参数赋值具有较高的精度，但是，上述四种赋值方法都有一个共同的问题，即根据印版上的油墨量较小时的几组油墨转移量的实验数据，采用平均法求取参数 k 值来拟合油墨转移曲线，存在着平均法固有的误差，而这段油墨转移曲线正是研究实际的油墨转移过程的关键之处。为了进一步提高参数的赋值精度，经研

究，作者提出了以最小二乘法建立目标函数，采用优化方法中的单纯形法，利用计算机寻优赋值。

如果得到油墨转移的一组实验数据为 (x_i, y_i)（$i = 1, 2, 3, \cdots, m$），则印版上的油墨量 x_i 为被测量 x 的估计值，选定参数值 k_j、b_j、f_j（$j = 1, 2, 3, \cdots, m$），利用油墨转移方程可得到对应于 x_i 的油墨转移量的估计值 y_i'，即

$$y_i' = f_i(x_i, V_j)$$

式中，$V_j = [k_j, b_j, f_j]^T$ 是由赋值参数组成的三维向量。

对应于油墨转移量 y 的测量值为 y_i，则测量值为 y_i 的剩余误差为

$$F_i(V_j) = f_i(x_i, V_j) - y_i$$

根据最小二乘法的原理，当剩余误差的平方和最小时，测量的结果最准确，即此时求得的参数 $V^* = [k^*, b^*, f^*]^T$ 是最佳赋值。由此建立的目标函数为

$$f(V_j) = \sum_{i=1}^{m} F_i^2(V_j)$$
$$= \sum_{i=1}^{m} [f_i(x_i, V_j) - y_i]^2$$

这是一个无约束的非线性规划问题，只要选取适当的 $V^* = [k^*, b^*, f^*]^T$ 值，就可以使目标函数值达到最小，其数学模型为

$$\min f(V_j) \cdot V_j > 0$$

对于上述这样一个计算目标函数最优值的问题，可用单纯形法直接求解，即在三维欧氏空间内任取四个顶点，形成一个四面体，算出各个顶点的目标函数，比较各个目标函数值，找出最小点和最大点。然后丢掉最大点，向最小点方向按一定规则形成一个新的四面体，再找出最小点和最大点。重复上述步骤，直至四面体最终缩小为一个最优点。具体解法如下。

（1）首先设定 $[k_0, b_0, f_0]^T$ 为初始点 V_0^1，再根据等距离的原则确定顶点 V_0^2、V_0^3 和 V_0^4，构成初始单纯形。

（2）将 V_0^1、V_0^2、V_0^3 和 V_0^4 分别代入油墨转移方程，再利用印版油墨量的实验数据 x_i 对每个 V_0 求出 m 个 y_i' 值。

（3）将 m 个 y_i' 和实验数据 y_i 代入目标函数，求出对应每个 V_0 的目标函数值 $f(V_0)$。

（4）将各顶点的目标函数值 $f(V_0)$ 进行比较，决定下一步是否反射、扩张或压缩，从而构成一个新的单纯形，各顶点为 V_1^1、V_1^2、V_1^3 和 V_1^4。

（5）重复上述计算步骤，直至求出使目标函数值最小的 $V^* = [k^*, b^*, f^*]^T$ 为止。

当然，对于上述烦琐的计算，只有计算机才能求解，其程序流程如图 9-24 所示。

对于表 9-2 所列的某种新闻纸，由计算机进行反复计算，求得

$$k = 0.3, \quad b = 10, \quad f = 0.17$$

由优化法确定的参数值，其赋值精度最高。

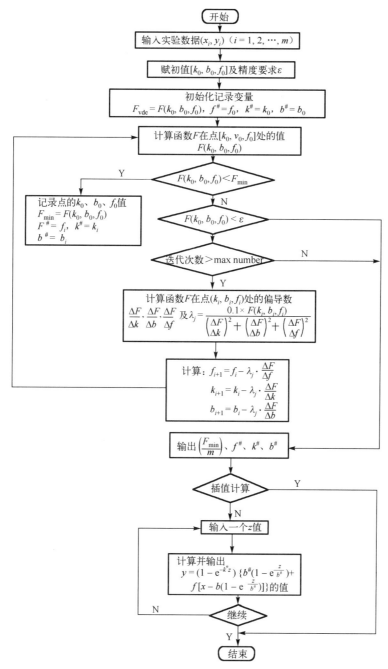

图 9-24 优化法的程序流程图

第四节 油墨转移方程的修正

即使在参数的赋值精度很高的条件下，油墨转移方程要同时适用于涂料纸和非涂料纸的油墨转移过程也是有一定困难的。特别是将接触面积比假设为印版上油墨量 x 的指数函数的真实性还存在着疑问。为此，一些研究人员试图修改油墨转移方程的数学模型或者建立新的油墨转移方程的数学模型，以便使得到的油墨转移方程更接近于实际的油墨转移过程。到目前为止，已经提出了二次项修正法、指数修正法、扩大系数修正法、概率分布修正法和纸面形状修正法等多种修正油墨转移方程的方法，其目的是无论是对于涂料纸还是非涂料纸，都能够使油墨转移量的计算数据与实验数据较吻合，并且使油墨转移方程中的参数也较容易赋值。

一、二次项修正法

对于油墨转移方程，二次项修正法认为其中的接触面积比 F 随印版上油墨量 x 的变化率不但与纸张表面未与油墨接触的非图文部分面积成正比，而且与印版上的油墨量成正比，由此建立的微分方程式为

$$\frac{\mathrm{d}F}{\mathrm{d}x} = 2a^2 x(1-F)$$

式中，$2a^2$ 为比例系数。由上述微分方程式得

$$\frac{\mathrm{d}F}{1-F} = 2a^2 x\mathrm{d}x$$

$$\ln(1-F) = -a^2 x^2 + C$$

$$F = 1 - \mathrm{e}^{-a^2 x^2 + C}$$

式中，C 为积分常数。当印版上没有油墨时，其接触面积比为零，根据这个初始条件可知，积分常数 C 等于零，由此得到接触面积比为

$$F = 1 - \mathrm{e}^{-a^2 x^2}$$

修正后的油墨转移方程为

$$y = FY = (1 - \mathrm{e}^{-a^2 x^2})\{b(1 - \mathrm{e}^{-x/b}) + f[x - b(1 - \mathrm{e}^{-x/b})]\} \tag{9-28}$$

在油墨转移方程中引入二次项 $a^2 x^2$ 代替原来的一次项 kx，从实验结果来看比较符合实际的油墨转移过程。比例系数中 a 是与纸张表面平滑度和吸收性有关的常数，单位为 m^2/g，表示在一定的印刷条件下，每克油墨所能覆盖的纸张面积，称其为油墨覆盖力。

油墨覆盖力 a 可以由经验公式求得

$$a = \frac{V_{max} + 1}{V_{max} \cdot x_{max}}$$

式中，V_{max} 为油墨转移系数曲线的最大值，x_{max} 为油墨转移系数曲线中 V_{max} 值对应的印版上的油墨量。根据上述经验公式得到的油墨覆盖力 a 的计算数据与实验数据对比如表 9-5 所示。

表 9-5　油墨覆盖力 a 的计算数据与实验数据对比

纸张种类	a 值的计算数据（m^2/g）	a 值的实验数据（m^2/g）
高级铜版纸	0.91	1.00
铜版纸 A	0.71	0.83
铜版纸 B	0.68	0.80
铜版纸 C	0.63	0.82
铜版纸 D	0.56	0.55

纸张种类	a 值的计算数据（m²/g）	a 值的实验数据（m²/g）
胶版纸	0.20	0.18
凸版纸	0.20	0.18

经二次项修正的油墨转移方程不但其数学模型更接近于实际的油墨转移过程，而且其中的参数 a 可以根据经验公式比较精确地赋值，从而使油墨转移方程的参数赋值比较简单，也具有一定精度。

二、指数修正法

综合油墨转移方程中接触面积比为一次项或二次项指数的特点，指数修正法认为接触面积比更适合下式

$$F = 1 - \mathrm{e}^{-(ax)^n}$$

修正后的油墨转移方程为

$$y = FY = [1 - \mathrm{e}^{-(ax)^n}]\{b(1 - \mathrm{e}^{-x/b}) + f[x - b(1 - \mathrm{e}^{-x/b})]\}$$

实验证明，指数 $n = 1.5$ 比 $n = 1$ 或 $n = 2$ 更能够使根据油墨转移方程得到的油墨转移量与实验数据吻合。

三、扩大系数修正法

在油墨转移过程中，在纸张表面与油墨的接触面积上，油墨从印版转移到纸张表面，但是油墨转移过程是在印刷压力下完成的，在接触面积内的油墨必然在印刷压力下向未与印版上的油墨接触的纸张表面扩展。当印版上的油墨量为 x 时，如果从接触面积内扩展出来的油墨量为 q，则得到修正后的油墨转移方程为

$$y = FY = (1 - \mathrm{e}^{-kx})\{b(1 - \mathrm{e}^{-x/b}) + q + f[x - q - b(1 - \mathrm{e}^{-x/b})]\} \tag{9-29}$$

从印版上的油墨与纸张表面的接触面积内扩展出来的油墨量 q 不但与印版上的油墨量 x 和纸张表面的平滑度有关，而且与温度、印刷油墨的黏度、网点周长、网点面积率及印刷压力有关。实验证明，从接触面积内扩展出来的油墨量 q 可由经验公式近似求得

$$q = \sqrt{x^2 + c^2} - c$$

式中，c 为与接触面积内油墨扩展程度有关的系数，称为扩大系数，其根据纸张表面平滑度的大小在零到无穷大的范围内变化。对于纸张表面平滑度极高的涂料纸，扩大系数 c 趋于无穷大，扩展油墨量 q 趋于零，油墨转移方程保持原式；对于纸张表面平滑度较低的非涂料纸，通过在油墨转移方程中引入扩大系数 c 可以使油墨转移方程更接近于非涂料纸实际的油墨转移过程，使非涂料纸的油墨转移量的计算数据与实验数据较吻合。

四、概率分布修正法

纸张表面的凹凸不平是随机的，其概率分布影响印刷的油墨转移过程，如果将纸张表面与印版上油墨的接触面积比 F 简单地以印版上的油墨量 x 的指数形式表示，就不能精确地描述实际的油墨转移过程。所以，应该将油墨转移作为一种随机现象来考察接触面积比 F 与印

版上油墨量 x 之间的关系。根据实验结果，假设接触面积比 F 与印版上油墨量 x 之间的关系满足对数正态分布的规律，则

$$F(\lg x) = \frac{1}{\sqrt{2\pi}} \int_{-\infty}^{\lg x} e^{\frac{(\lg x - \mu)^2}{2\sigma^2}} d(\lg x)$$

式中，μ 和 σ 分别为随机变量 $\lg x$ 的数学期望和均方差。

在对数概率坐标系中，横坐标为对数，纵坐标是根据标准正态分布为一条 45°直线的正态分布函数。在这个坐标系中，任何符合对数正态分布的函数都满足线性关系。表 9-6 所示为接触面积比与印版上油墨量的实验数据，将其绘制到对数概率坐标系中，如图 9-25 所示。由图 9-25 可以看出，两者之间有非常好的线性关系，可以证明接触面积比与印版上油墨量之间满足对数正态分布规律的假设符合实际的油墨转移过程。

表 9-6 接触面积比与印版上油墨量的实验数据

铜 版 纸		胶 版 纸		新 闻 纸	
印版油墨量 x（μm）	接触面积比 F	印版油墨量 x（μm）	接触面积比 F	印版油墨量 x（μm）	接触面积比 F
0.16	0.148	0.36	0.020	0.55	0.081
0.30	0.366	0.39	0.065	0.83	0.150
0.46	0.711	0.66	0.081	1.20	0.364
0.62	0.745	0.78	0.199	1.56	0.492
0.79	0.863	1.38	0.426	2.28	0.711
0.95	0.855	1.69	0.549	2.90	0.771
1.08	0.925	2.34	0.811	3.75	0.906
1.39	0.953	2.98	0.865	4.49	0.924
1.71	0.951	3.32	0.928	4.99	0.971
2.04	0.966	4.45	0.958	6.28	0.983
2.35	0.978	5.15	0.977		
2.66	0.987	5.77	0.972		
3.12	0.991				

根据对数概率坐标系及概率论可知，$F = 0.5$ 时所对应的 $\lg x_\mu$ 值为数学期望 μ，$F = 0.8413$ 时所对应的 $\lg x_\sigma$ 值为数学期望 μ 加上均方差 σ，故求得

$$\mu = \lg x_\mu$$

$$\sigma = \lg x_\sigma - \mu = \lg x_\sigma - \lg x_\mu$$

$$= \lg(x_\sigma / x_\mu)$$

根据图 9-23 及上式可得，新闻纸的接触面积比对应的对数正态分布的参数为

$$\mu = \lg 1.6 \approx 0.2041$$

$$\sigma = \lg(3.2 / 1.6) \approx 0.3010$$

将接触面积比 F 关于 $\lg x$ 的函数式转换为关于 x 的函数式，则得到

$$F(x) = \frac{1}{\sqrt{2\pi}\sigma} \int_{-\infty}^{\lg x} e^{-\frac{(\lg x - \mu)^2}{2\sigma^2}} d(\lg x)$$

$$= \frac{1}{\sqrt{2\pi}\sigma} \int_{0}^{x} e^{-\frac{(\lg x - \mu)^2}{2\sigma^2}} \frac{\lg e}{x} dx$$

$$= \frac{\lg e}{\sqrt{2\pi}\sigma} \int_{0}^{x} \frac{1}{x} e^{-\frac{(\lg x - \mu)^2}{2\sigma^2}} dx$$

在直角坐标系中，图 9-26 中的实线表示 $F(x)$ $= \frac{\lg e}{\sqrt{2\pi}\sigma} \int_{0}^{x} \frac{1}{x} e^{-\frac{(\lg x - \mu)^2}{2\sigma^2}} dx$，虚线表示 $F(x) = 1 - e^{-kx}$，两者可做比较。

由此得到接触面积比为对数正态分布所确定的油墨转移方程为

$$y = FY = \frac{\lg e}{\sqrt{2\pi}\sigma} \int_{0}^{x} \frac{1}{x} e^{-\frac{(\lg x - \mu)^2}{2\sigma^2}} dx \{ b(1 - e^{-x/b}) + f[x - b(1 - e^{-x/b})] \}$$

式中，共有 μ、σ、b、f 四个参数，参数 μ 和 σ 可由对数概率坐标系中的 $F(\lg x)$ 实验曲线确定，这样，参数 b 和 f 的赋值就比较容易了，而且误差也很小。

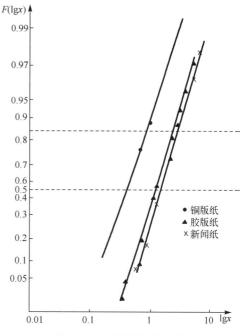

图 9-25　对数概率坐标系

纸张的印刷平滑度不但取决于纸张表面的平滑度，而且取决于纸张在印刷的瞬间所表现的流变特性。纸张表面的凹凸不平满足正态分布的规律，而在印刷压力下又满足对数正态分布的规律就很好地证明了这一点。所以可以根据印版上的油墨在印刷压力下覆盖纸张表面的难易程度来判断纸张的印刷平滑度。

根据接触面积比对印版上油墨量的变化率与纸张表面未与印版上油墨接触的非图文部分面积成正比，建立微分方程式：

$$\frac{dF}{dx} = \frac{1}{\alpha}(1 - F)$$

式中，α 为比例常数。对上式两端进行积分得

$$\int_{0}^{\infty} dF = \int_{0}^{\infty} \frac{1}{\alpha}(1 - F) dx$$

$$1 = \frac{1}{\alpha} \int_{0}^{+\infty} (1 - F) dx$$

$$\alpha = \int_{0}^{+\infty} (1 - F) dx$$

由图 9-27 可知，α 等于图中阴影部分的面积，面积越大，印版上的油墨就越不容易覆盖纸张的表面。所以可用 α 来表示油墨覆盖纸面的困难程度，称其为油墨覆盖阻力，以此作为衡量纸张的印刷平滑度的依据，α 值越大，表示纸张的印刷平滑度越低。

将接触面积比 $F(x)$ 对 x 进行求导，可得到随机变量 x 的概率分布密度为

$$\phi(x) = F'(x) = \frac{\lg e}{\sqrt{2\pi}\sigma x} e^{\frac{(\lg x - \mu)^2}{2\sigma^2}}$$

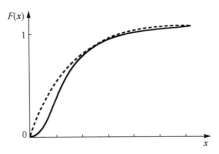

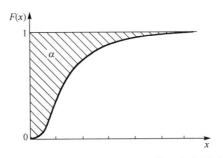

图 9-26 接触面积比与印版上油墨量的两种关系　　　图 9-27 接触面积比与油墨覆盖阻力的关系

由此可得

$$\alpha = \int_0^{+\infty} (1-F)\mathrm{d}x$$

$$= [x(1-F)]_0^{+\infty} - \int_0^{+\infty} x\mathrm{d}(1-F)$$

$$= \int_0^{+\infty} x\mathrm{d}F - \int_0^{+\infty} x\phi(x)\mathrm{d}x$$

$$= \int_0^{+\infty} \frac{\lg \mathrm{e}}{\sqrt{2\pi}\sigma} \mathrm{e}^{-\frac{\lg x - \mu}{2\sigma^2}} \mathrm{d}x$$

$$= \mathrm{e}^{\frac{\mu}{\lg \mathrm{e}} + \frac{1}{2}\left(\frac{\sigma}{\lg \mathrm{e}}\right)^2}$$

根据表 9-6 所示的接触面积比与印版上油墨量的实验数据，在对数概率坐标系中求得 μ 和 σ 值，代入上式即可计算出 α 值，表 9-7 所示为以此求得的三种纸张的油墨覆盖阻力 α。未经修正的油墨转移方程中表示纸张印刷平滑度的参数 k 是根据假设求得的，而且计算复杂，赋值误差也较大，而油墨覆盖阻力 α 是根据实验和理论求得的，赋值精度较高，更具有实用意义。

表 9-7　三种纸张的油墨覆盖阻力 α

纸张种类	铜版纸	胶版纸	新闻纸
油墨覆盖阻力 α（%）	0.49	1.7	2.0

五、纸面形状修正法

在前面所述的修正油墨转移方程的方法中，为表现纸张表面与印版上油墨接触的瞬间所反映的印刷平滑度特性而选择的一些函数，已经成功地应用于描述实际的油墨转移过程，但仍然在有些场景下与实际数据不符。这是因为这些修正方法都是在原有油墨转移方程的基础上进行的修正和变更，而本质上对于油墨转移过程的物理现象并没有增加任何新的解释。为此，在重新考察油墨转移过程的物理现象的基础上，研究人员提出了油墨转移方程的纸面形状修正法。

首先假设纸张表面的凹凸不平是由于均匀分布的凸峰和凹谷造成的，并且在印刷压力下的纸张表面凸峰的水平面上，其凸峰的表面积等于凹谷的表面积，凹谷的平均深度为 R_a，实际上比 R_a 深或比 R_a 浅的凹谷的数量是很少的。

当印版上的油墨量较小时，在压印时间内从印版上转移到纸张上的油墨量为 y_1，其中一部分是渗透入纸张表面凸峰的毛细孔而附着的油墨量 y_p；另一部分是流入纸张表面凹谷内的油墨在印版与纸张表面分离后留下的油墨量 y_v，如图 9-28 所示。如果渗透入纸张表面凸峰的毛细孔而附着的油墨量 y_p 和印版与纸张表面之间的自由油墨量成正比，这个自由油墨量为印版上的油墨量 x 与附着在印版表面的油墨量 x' 之差，则由此可得

$$y_p = a(x - x')$$

式中，a 为与油墨的流变特性和纸张吸收性有关的比例系数。假设流入纸张表面凹谷内的油墨在印版与纸张表面之间的分裂比为 f_1，则

$$\begin{aligned}
y_1 &= y_p + y_v \\
&= a(x - x') + f_1[(x - x') - a(x - x')] \\
&= a(x - x') + f_1(1 - a)(x - x')
\end{aligned}$$

当印版上的油墨量较大时，在压印时间内从印版上转移到纸张上的油墨量为 y_2。这时，渗透入纸张表面凸峰的毛细孔内的油墨量达到极限值，这个极限油墨量为 b。同时，油墨填满纸张表面的凹谷，这部分油墨在印版与纸张表面之间以一定的分裂比 f_2 分离，即留在纸张表面凹谷的油墨量为 $f_2 R_a$。这样，留在纸张表面凸峰处的自由油墨量为 $x - x' - b - f_2 R_a$，这部分自由油墨在印版与纸张表面之间以一定的分裂比 f 分离，如图 9-29 所示。由此可得

$$\begin{aligned}
y_2 &= b + f_2 R_a + f(x - x' - b - f_2 R_a) \\
&= (1 - f)(b + f_2 R_a) + f(x - x')
\end{aligned}$$

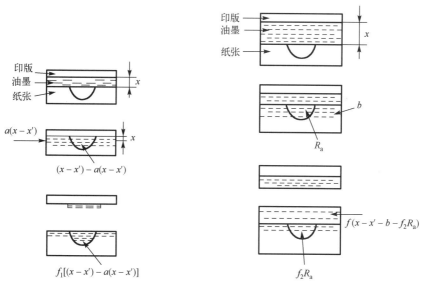

图 9-28 印版上油墨量小时的油墨转移过程　　图 9-29 印版上油墨量大时的油墨转移过程

由此可见，油墨没有填满纸张表面凹谷时的油墨分裂比与油墨填满了纸张表面凹谷时的油墨分裂比是不同的，并且在纸张表面凸峰的墨层分离与在纸张表面凹谷的墨层分离也是不同的。但是，它们之间存在着内在的联系。假设 S_v 和 S_v' 分别为油墨没有填满纸张表面凹谷时和填满了纸张表面凹谷时的着墨面积，S_p 为纸张表面凸峰的着墨面积，则

$$f_1 = f \frac{S_v}{S_p}, \quad f_2 = f \frac{S_v'}{S_p}$$

由于在印刷压力下，在纸张表面凸峰的水平面上其凸峰的表面积等于凹谷的表面积，如图 9-30 所示。所以纸张表面凸峰的着墨面积为

$$S_p = \pi(\sqrt{2}R_a)^2 - \pi R_a^2 = \pi R_a^2$$

假设纸张表面的凹谷是由圆柱形、半球形和圆锥形平均组合而成的，如图 9-31 所示。那么，油墨填满纸张表面凹谷时的着墨面积为

$$S_v' = \frac{S'_{\text{柱}} + S'_{\text{球}} + S'_{\text{锥}}}{3}$$

$$= \frac{(\pi R_a^2 + 2\pi R_a^2) + 2\pi R_a^2 + \pi R_a \cdot \sqrt{2}R_a}{3}$$

$$\approx 2.138\pi R_a^2$$

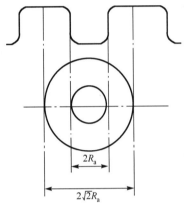

图 9-30　纸面表面凸峰和凹谷的表面积

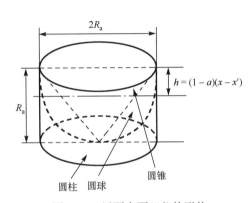

图 9-31　纸面表面凹谷的形状

当油墨没有填满纸张表面的凹谷时，油墨只填入凹谷 h 的深度，这个深度就等于印版和纸张表面之间的自由油墨量与渗透入纸张表面凸峰的毛细孔内的油墨量之差，即$(x{-}x')-a(x{-}x')$，那么油墨没有填满纸张表面凹谷时的着墨面积为

$$S_v = \frac{S_{\text{柱}} + S_{\text{球}} + S_{\text{锥}}}{3}$$

$$= \frac{2\pi R_a h + 2\pi R_a h + \pi R_a \cdot \sqrt{2}h}{3}$$

$$\approx 1.805\pi R_a h = 1.805\pi R_a(1-a)(x-x')$$

由此可得

$$f_1 = f\frac{S_v}{S_p} = \frac{1.805f}{R}(1-a)(x-x')$$

$$f_2 = f\frac{S_v'}{S_p} = 2.138f$$

由此可得

$$y_1 = a(x-x') + \frac{1.805f}{R_a}(1-a)^2(x-x')^2$$

$$y_2 = (1-f)(b + 2.138\,fR_a) + f(x - x')$$

当油墨恰好填满纸张表面的凹谷时，油墨转移率达到最大值 R_{max}，对应的印版上的油墨量为 x_{max}，则定义赫维赛德（Heaviside）函数为

$$\psi(x) = \begin{cases} 0, & x \leqslant x_{max} \\ 1, & x > x_{max} \end{cases}$$

由此得到的油墨转移方程为

$$y = y_1 - \psi(x)(y_1 - y_2)$$

即当印版上的油墨量小于 x_{max} 时，$\psi(x) = 0$，油墨转移量 $y = y_1$；当印版上的油墨量大于 x_{max} 时，$\psi(x) = 1$，油墨转移量 $y = y_1 - (y_1 - y_2) = y_2$。所以得到完整的油墨转移方程为

$$y = \left[a(x - x') + \frac{1.805f}{R_a}(1-a)^2(x - x')^2 \right] - \psi(x)\left\{ a(x - x') + \frac{1.805f}{R_a}(1-a)^2(x - x')^2 - \right.$$
$$\left. [(1-f)(b + 2.138\,fR_a) + f(x - x')] \right\} \tag{9-30}$$

上述油墨转移方程特别适用于凹版印刷的油墨转移过程，因为凹版的着墨孔内附着了大量油墨，在印刷时有一部分不是自由转移的油墨。所以对于凹版印刷来说，方程中印版上附着的油墨量 x' 较大，x' 的值可以通过在实验中应用光滑且没有吸收性的材料进行印刷而得到。对于凸版印刷和平版印刷而言，印版的表面比较平滑，附着的油墨量很少，可以近似地认为等于零，则油墨转移方程为

$$y = \left[ax + \frac{1.805f}{R_a}(1-a)^2 x^2 \right] - \psi(x)\left\{ ax + \frac{1.805f}{R_a}(1-a)^2 x^2 - \right.$$
$$\left. [(1-f)(b + 2.138\,fR_a) + fx] \right\} \tag{9-31}$$

上述油墨转移方程中有四个参数，即油墨分裂比 f、纸张吸收性系数 a、纸面凹谷的平均深度 R_a 和极限油墨量 b。当印版上的油墨量大于 x_{max} 时，油墨转移方程为

$$y = (1-f)(b + 2.138\,fR_a) + fx$$

这是一个线性方程，根据印版上的油墨量大于 x_{max} 时的两组油墨转移量的实验数据，可得到一条直线方程，其斜率为 S，截距为 I，则

$$f = S$$

$$b = \frac{I}{1-f} - 2.138\,fR_a$$

由此就确定了参数 f 的值。

根据油墨转移量的一组实验数据可求得印版上油墨量 x 和相应的油墨转移率 R 的实验数据，通过计算机应用迭代法求得最大值 R_{max}，进而求得对应的油墨转移量的最大值为 x_{max} 和 y_{max}，将其代入油墨转移方程可得

$$y_{max} = ax_{max} + \frac{1.805f}{R_a}(1-a)^2 x_{max}^2$$

则

$$R_a = \frac{1.805 f (1-a)^2 x_{\max}^2}{y_{\max} - a x_{\max}}$$

将上式代入油墨转移方程，得

$$y = ax + \frac{1.805 f (1-a)^2 x^2}{1.805 f (1-a)^2 x_{\max}^2}(y_{\max} - a x_{\max}), \quad x < x_{\max} \tag{9-32}$$

由此解得

$$a = \frac{y x_{\max}^2 - x^2 y_{\max}}{x x_{\max}(x_{\max} - x)}, \quad x < x_{\max}$$

将一组印版上的油墨量小于 $x_{\max}$ 时的油墨转移量的实验数据代入上式，就可求得参数 a 的平均值。同时，也可求得参数 b 的值为

$$b = \frac{I}{1-f} - 2.138 f R_a$$

应用纸面形状修正法建立的油墨转移方程分别考虑了印版上的油墨量大小不同时的油墨转移过程的物理现象，并且考虑了使用不同印版的油墨转移过程，参数的赋值也很容易，赋值精度高。所以，由此建立的油墨转移方程的应用范围较广，适用性强，所描述的油墨转移曲线与实验曲线更为吻合。

第五节　影响油墨转移的因素

一、承印材料与油墨转移

在印刷压力为 225.4N/cm² ，印刷速度为 1m/s 的情况下，用网线版、黑墨在不同的承印材料上所测得的油墨转移率如表 9-8 所示。

表 9-8　承印材料与油墨转移率

承印材料	R	b（g/m²）
凸版纸	0.32	0.36
铜版纸 1	0.30	1.85
铜版纸 2	0.40	1.11
胶版纸	0.40	0.90
玻璃卡铜版纸	0.40	0.85
玻璃卡纸	0.45	0.33
聚乙烯薄膜	0.50	0.00
铝 箔	0.50	0.00

若承印材料表面的吸收性小，表面平滑度高，则 $R = 0.50$ ，$b = 0.00$ 。

图 9-32 所示为不同的承印材料在一定的印刷压力和印刷速度下的油墨转移率曲线。

对于铜版纸等表面光滑的纸张，R 随 x 的增加而向着最大值迅速趋近，达到峰值后，平缓地下降，如图 9-32 中曲线 A 所示。

对于吸收性大的凸版纸，R 随 x 的增加而缓慢地增大，峰值不明显，达到最大值后，平缓地下降，如图 9-32 中曲线 B 所示。

对于无吸收性的平滑薄膜，曲线无峰值，无论印版上油墨量为多少，只要 $R = 50\%$，曲线就平行于 x 轴，如图 9-32 中曲线 C 所示。

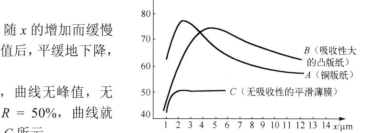

图 9-32　不同的承印材料在一定的印刷压力和印刷速度下的油墨转移率曲线

二、印版与油墨转移

当印版上的油墨量 x 值较大时，油墨转移几乎不受版材影响，当印版上的油墨量 x 值较小时，版材对 f 有影响，油墨转移量发生变化（b 与版材几乎无关）。高分子树脂版的油墨转移性能最好，版材与油墨转移的关系如表 9-9 所示。

表 9-9　版材与油墨转移的关系

纸　　　张		凸版纸		胶版纸	
油　　　墨		凸印油墨		胶印油墨	
印版上的油墨量（g/m^2）		9	11	6	8
油墨转移率 R（%）	铜版	43	50	40	51
	铝版	45	50	43	51
	锌版	47	50	47	52
	高分子树脂版	50	51	52	52

油墨转移率随实地版、线条版、网线版的表面着墨要素的减少而减少。

对相同有效面积的网线版与实地版进行比较，网线版的网点边缘长度可达实地版网点边缘长度的 20～30 倍。网点边缘因受印刷压力而向外挤出的油墨不应算作油墨转移量的一部分，故用网线版印刷时，油墨转移方程应进行一修正，写成如下形式：

$$y = F(x)\{b\phi(x) + f[x - q - b\phi(x)]\} \tag{9-33}$$

式中，q 为 x 和网点周围长度或网点有效面积的函数，可以用下式表示：

$$q = \sqrt{x^2 - C^2} - C \quad (0 < C < \infty)$$

当用实地版印刷时，因为 $C = \infty$，所以 $q = 0$，油墨转移方程为

$$y = F(x)[b\phi(x) + f(x - b\phi(x))] \tag{9-34}$$

当网点面积率约为 60% 时，C 约为 5。

三、印刷机的结构与油墨转移

油墨转移率与压印滚筒、印版滚筒的曲率有关，结构不同，油墨转移率也不同，如表 9-10 所示。油墨由曲率小的印版滚筒向平面转移时，油墨转移性好。

表 9-10　不同类型印刷机的油墨转移率

油墨	印刷机		
	平压平型	圆压平型	圆压圆型
连接料（320P）	41.2%	37.9%	35.5%
油墨（127P）	45.6%	42.5%	41.5%

四、速度与油墨转移

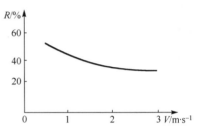

印刷速度增加时，印版与纸张的接触时间减少，极限油墨量 b 相对减少，R 值变小，转移性能变坏。

$$P = 112.5\text{N/cm}, \quad x = 3\mu\text{m}, \quad \eta = 120\text{P}$$

图 9-33 所示为印刷速度与油墨转移率的实验曲线。由图可知，印刷速度越快，油墨转移率越小。

图 9-33　印刷速度与油墨转移率的实验曲线

五、印刷压力与油墨转移

印刷压力增加，油墨转移率随之增加，如图 9-34（a）所示。但当油墨转移率达到最大值时，继续增加印刷压力，油墨转移率反而下降，最后趋近于固定值，如图 9-34（b）所示。

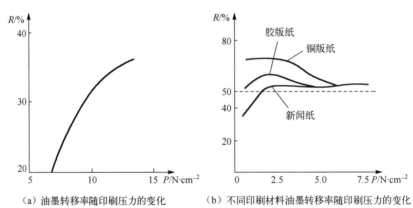

（a）油墨转移率随印刷压力的变化　　（b）不同印刷材料油墨转移率随印刷压力的变化

图 9-34　印刷压力与油墨转移

六、油墨的流动性与油墨转移

在印刷压力为 98N/cm^2，印刷速度为 1m/s 的条件下，采用流动性不同的油墨在胶版上印刷，将测得的数据绘制成油墨转移曲线，得到油墨流动性与油墨转移率的关系如下。

（1）油墨的黏度与油墨转移率无直接关系，如图 9-35 所示。

（2）密度大的油墨转移性较好，如图 9-36 所示。

（3）油墨屈服值 τ_B 对油墨转移率无较大影响，如图 9-37 所示。

（4）油墨的塑性黏度越高，油墨转移率越小，如图 9-38 所示。

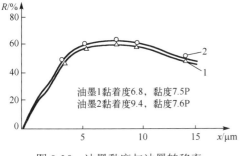

图 9-35　油墨黏度与油墨转移率

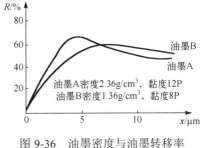

图 9-36　油墨密度与油墨转移率

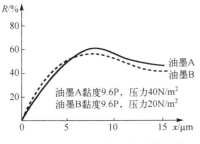

图 9-37　油墨屈服值与油墨转移率

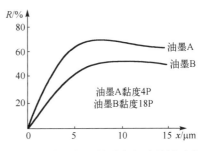

图 9-38　油墨的塑性黏度与油墨转移率

第六节　胶印的油墨转移

胶印的特点是：润湿液润湿印版的非图文部分，使其具备一定的液膜厚度，从而使非图文部分拒墨。但在高速印刷中，印版的图文部分也会着以润湿液，着墨辊必须在被润湿的图文部分很好地涂敷油墨，才能获得良好的印迹。

一、马丁（Mattin）·西维尔（Silver）胶印模式

胶印油墨转移的关键在于图文的着墨过程，为保证胶印油墨的顺利涂敷，马丁和西维尔提出了以下的胶印模式。

（1）用于制作辊子和印版的各种固体材料必须有一定的界面张力，使它们能被润湿液或油墨优先浸润。印版的非图文部分必须由在有油墨的情况下，能被润湿液优先润湿的材料组成；印版的图文部分必须由在有润湿液存在的情况下，能被油墨优先润湿的材料组成。

（2）油墨和润湿液必须是互不相溶的，但却是可混合的，在一定程度上形成一种有限混合物或可控乳剂。也就是说，润湿液以微细的水珠分散在油墨中，使水在油墨中乳化，这样便为排除图文部分的润湿液提供了一条途径。

（3）油墨和润湿液都是通过一系列辊子传递附着到印版上的，辊子表面对润湿液和油墨分别表现出不同的润湿特性。表 9-11 所示为辊隙间膜层的状态，其中有十六种不同的膜层状态，因都是对称排列，实际上只有六种辊隙结合状态。

表 9-11　辊隙间膜层的状态

墨辊特征→		一号辊优先用油墨润湿		一号辊优先用润湿液润湿	
↓	辊隙入口处的膜层	a. 油墨	b. 润湿液	c. 油墨	d. 润湿液
二号辊优先用油墨润湿	a. 油墨	a-a 一号辊为墨膜 二号辊为墨膜	a-b 同 b-a	a-c 同 c-a	a-d 与 d-a 相反
	b. 润湿液	b-a 一号辊为含有乳化的润湿液膜层 二号辊为含有乳化的润湿液膜层	b-b 同 a-a	b-c 与 c-b 相反	b-d 同 a-a
二号辊优先用润湿液润湿	c. 油墨	c-a 同 a-c	c-b	c-c 同 a-a	c-d 同 d-c
	d. 润湿液	d-a 一号辊为在含有乳化润湿液的墨层上有润湿液，二号辊为润湿液膜层	d-b 同 a-a	d-c	d-d 同 a-a

当辊隙间只有一种流体（润湿液或油墨）时，在辊隙出口处流体膜层分裂，每个辊子上膜层的厚度都是辊隙入口处膜层总厚度的一半。

当辊隙间有油墨和润湿液两种流体时，膜层的状态如表 9-11 所示。

（4）为了在纸张上达到必要的印刷密度，印刷到纸面上的油墨厚度大约是 1μm。

用马丁·西维尔胶印模式可以解释胶印的油墨转移及转移过程中所出现的一些现象。

二、普通胶印的油墨转移

1. 印版供水式装置

普通胶印采用图 9-39 所示的润版装置向印版供水，用镀铬辊或绒辊作着水辊，可以被不含酒精的润湿液优先润湿。

2. 油墨转移与水墨平衡

胶印利用油水相斥的原理进行油墨转移。在高速印刷中，着水辊滚过印版

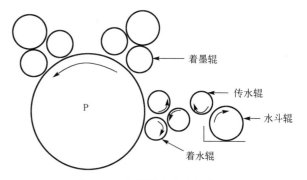

图 9-39　印版供水式润版装置

时，除印版非图文部分附着润湿液膜以外，图文部分也会附着水分，此水分在着墨辊滚转的瞬间，被挤入油墨，与油墨强制混合，以微细的水珠分散在油墨中，故在胶印的油墨转移过程中，油墨发生乳化是必然的。按照马丁·西维尔的胶印模式，胶印油墨要吸收适量的水分，才能在墨辊、印版间进行良好的传递。

图 9-40 所示为印版供水式润版装置在胶印印版上的着墨过程状态图。

印版经过润湿和着墨以后，与橡皮滚筒相接触，着墨图文及非图文部分的润湿液被转移到橡皮布上，其油墨转移率约为 50%。橡皮滚筒再与压印滚筒相接触，着墨图文被转移到纸张表面，油墨转移率约为 76%，总的油墨转移率约为 38%，比凸版印刷、凹版印刷的油墨转移率低。

实验证明：完全排水的油墨 A［见图 9-40（a）、图 9-40（b）］在胶印中的传递性能很差，不能用于印刷；含水量太多的油墨 C［见图 9-40（c）］也不适用于印刷；油墨 D［见图 9-40（d）］是最佳的印刷油墨，约能乳化 30% 的水。

在胶印机上测量水墨的乳化状况，结果表明：润湿液以 1μm 以下直径的微滴分散在油墨

中，乳化量在 15%～26%之间，印版水膜厚度为 1μm，印版墨层厚度为 2μm，即当水膜厚度是墨层厚度的一半时，达到理想的水墨平衡状态。

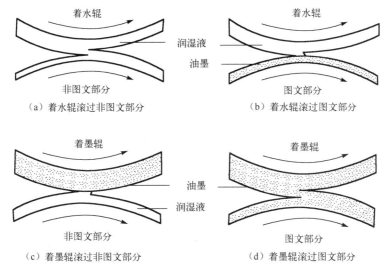

（a）着水辊滚过非图文部分　　（b）着水辊滚过图文部分

（c）着墨辊滚过非图文部分　　（d）着墨辊滚过图文部分

图 9-40　印版供水式润版装置在胶印印版上的着墨过程状态图

在印刷过程中，理想的水墨平衡状态因受各种因素的影响，如油墨乳化，润湿液、纸张、油墨的性质，版面供水的均匀程度等而被破坏，产生各种各样的印刷弊端，可以将其归纳为以下的三大类。

（1）油墨的印刷适性被破坏。当印版上的水量过多时，水分被挤进油墨的机会将增大，瞬时的油墨乳化量会超过所允许的油墨乳化量，发生深度乳化，引起以下印刷弊端。

① 干燥速度降低：若 1g 油墨中介入 10%的水分，则当其以 1μm 厚的水层分布时，将以 6000cm^2 的表面积与连接料相接触，这一庞大的界面不仅与油相相对，还使润湿液中的药品与油墨中干燥剂分子的接触机会增加，二者发生化学反应使干燥剂分子失效，油墨干燥迟缓。

② 颜料粒子凝聚：颜料在连接料中占的面积很大，如树脂性油墨中 20%以上为颜料，当其以直径为 1μm 以下的粒子分散时，比同样的水分散时所占的界面大 10 倍。在印刷机的表面辊子上，颜料与水按各自所占的接触面积受到铺展。颜料粒子表面因具有亲水性，容易被水润湿，这样被水所包围的颜料粒子因静电引力聚集成蜂巢状的结构，油墨的流动性被破坏，最后成为牛脂状，失去转移性能，堆积在墨辊、橡皮滚筒表面。

③ 黏着力下降：微细的水珠在油墨中大量分散，墨膜的分裂面积将减少，又因水为低黏性流体，故使油墨的黏着力下降。在多色湿印中，各色油墨虽然有良好的黏着力但会因油墨的严重乳化而失去平衡，使叠印效果恶化。

④ 墨色减淡：一般来说，加入多少水分，油墨的浓度就要下降多少，故而墨色减淡，并失去光泽。

（2）非图文部分产生浮污：胶印印版的非图文部分附着油墨，使印刷品污染，称为浮污或着色。常见的浮污有以下几种。

① 油墨渗出：水的表面张力为 γ_{wg}，油墨的表面张力为 γ_{og}，油墨和水界面的张力为 γ_{ow}，当 $\gamma_{wg} > \gamma_{og} + \gamma_{ow}$ 时，印版图文部分的油墨被润湿液引出，向外扩散，使图文边缘的油墨渗出，呈现一层薄薄的颜色，得不到清晰的印迹。

油墨渗出的程度用 Spreadiny 系数 S 表示：

$$S = \gamma_{wg} - (\gamma_{og} + \gamma_{ow})$$

② 版面着浮色：当 $\gamma_{wg} > \gamma_{og} + \gamma_{ow}$，扩散在润湿液中的油墨，因辊子的间歇压伸及搅拌作用成为 O/W 型乳化液，使印版的非图文部分着色，引起浮污。

良好的胶印油墨应能允许一定的水分介入，并很快地达到平衡，但不良的胶印油墨会无限地乳化，此时润湿液中所含的 $(NH_4)_3PO_4$、NH_4NO_3 及复杂的胶质化合物使 W/O 型乳化液发生"转相"，而成为 O/W 型乳化液，墨滴悬浮于水中，并自由地游向版面非图文部分，使非图文部分着色。

③ 油墨水浸：当油墨中的颜料粒子因油墨的深度乳化而发生凝聚时，被水包围的颜料容易向版面的水相移动，悬浮在其中，使非图文部分污化，此现象称为油墨水浸，是颜料由油相进入水相引起的浮污，不同于油相包围的颜料粒子引起的版面着浮色。

（3）非图文部分产生油污：非图文部分的油污是由印版的亲水性薄膜吸附油墨引起的，用润湿液无法清除。油污和浮污不同，油污在印版或印张上的出现点是固定的，浮污的出现点往往不固定，严重时可以使印版的非图文部分全部污化。

① 亲水性薄膜损伤性油污：阿拉伯胶是有机高分子碳水化合物，是阿拉伯酸（XCOOH）及其钙、镁和钾盐的混合物，胶液在酸（如磷酸）的作用下发生下列反应：

$$XCOOK + H_3PO_4 \longrightarrow XCOOH + KH_2PO_4$$

$$(XCOO)_2Ca + H_3PO_4 \longrightarrow 2XCOOH + CaHPO_4$$

$$(XCOO)_2Mg + H_3PO_4 \longrightarrow 2XCOOH + MgHPO_4$$

游离出的 XCOOH 将和锌版发生反应生成 $(XCOO)_2Zn$，固着于金属表面，形成亲水性薄膜。此薄膜在水辊、着墨辊、橡皮滚筒的加压及摩擦下逐渐被破坏。在印刷中，若润湿液不足以补足损伤的亲水性薄膜，油墨便被吸附，造成亲水性薄膜损伤性油污。

② 脂化性油污：印版非图文部分的亲水盐层为 $(XCOO)_2Zn$，其吸附润湿液成为亲水性膜层。当印版上的供水量较少时，油墨将向水相入侵，此时油墨中的 $R \cdot COOH$（脂肪酸、树脂酸）被金属表面的亲水性薄膜吸附，使亲油基 R—转向表面，如图 9-41 所示。在印版的非图文部分有了油墨的附着点，逐渐产生脂肪性油污，也称为墨斑。

油墨中的表面活性剂越多，酸值越大，越容易引起脂化性油污。

综上所述，控制油墨的乳化量，维持油墨与润湿液之间的平衡是胶印不同于其他印刷方式的特点。

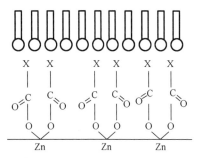

图 9-41　脂化性油污的产生原因

3. 胶印润湿液的控制

按照马丁·西维尔胶印模式，印版非图文部分的水膜厚度应是墨层厚度的一半，故润湿液的消耗量要比油墨的消耗量少，但实际上润湿液的消耗量往往超过油墨的消耗量，主要原因是当润湿液进入印刷机以后，会通过以下三种途径被消耗掉：被传递到纸张的非图文部分；在油墨中乳化并传递到纸张的图文部分；通过辊隙时，因剪切应力产生的热量及辊隙出口处的压力低而蒸发。从润湿液的消耗过程可以看出，润湿液的转移要比油墨的转移复杂，加之润湿液的流动性大，很容易蒸发，在胶印机上消耗的途径较多，因而润湿液用量的控制比油墨量的控制更难。

目前，胶印的润湿液用量还无法通过定量的方法来控制，只能根据纸张的性质、油墨的抗水性及乳化值的大小、印迹墨层的厚度、版面图文部分的面积及分布情况、印版的类别、印刷速度，以及周围环境的温湿度，在不影响油墨密度及版面不挂脏的情况下，通过将润湿液和油墨减少到最低限度来印刷。严禁出现油墨多、润湿液多及油墨与润湿液之间彼此忽高忽低的不平衡状态。

三、墨辊供水式胶印

最常见且标准的达格仑（Dahlyren）润版装置如图 9-42 所示。在润湿液中加入少量的酒精或异丙醇，使普通润湿液的表面张力从 54dyn/cm 降低到 29dyn/cm，减少润湿液用量，提高润湿液的润湿能力，便于快速地达到水墨平衡。

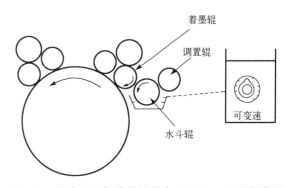

图 9-42　最常见且标准的达格仑（Dahlyren）润版装置

复习思考题九

1．为什么给墨行程易发生"堵墨"现象？

2．说明油墨分裂率取不同值的条件。

3．通过对图 9-43 中着墨辊着墨量的计算，说明输墨装置的墨辊排列方式对印版着墨均匀性的影响。

4．油墨转移方程是什么？它反映了什么？如何利用油墨转移方程来求 R、V？

5．油墨转移方程中 k、b、f 的确定有几种方法？哪一种最简单？哪一种最精确？试各举一例。

6．为什么要对油墨转移方程进行修正？修正的方法有几种？

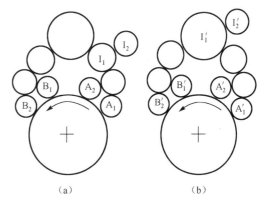

图 9-43　两种不同的墨辊排列方式

7．用概率分布修正法修正油墨转移方程的依据是什么？

8．油墨覆盖阻力是什么？试求 α。

9．在理想的印刷条件下，墨辊间的墨层依照什么规律分配？印刷中途为什么要尽量减少停印的次数？

10．试举例说明，输墨装置的墨辊排列方式对印版着墨的均匀性有什么影响？

11．试举例说明油墨转移方程的应用。对于不同类型的纸张、油墨，油墨转移方程的形式是否相同？

12．油墨在凸版和平版印刷机上，要经过哪几个行程才能完成一次印刷？各个行程的作用是什么？油墨在各行程中，应具备什么样的流变特性才能使印刷正常进行？

13．平版、凸版印刷机的墨层厚度是如何控制的？为什么在印刷过程中，墨斗中的油墨要保持一定的液面高度？

14．试说明印刷机的输墨系统利用增加墨辊数量，而不采用增加墨辊半径的方法提高输墨均匀性的原因。

15．胶辊的黏弹性效应对油墨的传输有什么影响？为什么冷却串墨辊的温度可以提高输墨效果？

16．举例说明，墨辊的排列方式对输墨的均匀性有何影响？从着墨辊的着墨率来看，你认为哪一种墨辊排列方式对油墨的传输有利？

17．使用过版纸有什么意义？

18．根据你所学的知识，简要说明为使印版获得厚度均匀的墨层，输墨装置、墨辊、油墨分别应达到哪些基本要求？

19．油墨依靠哪些作用附着在承印材料表面？根据表 9-12 说明，哪些墨辊可以在用高聚物材料且不经过处理的情况下，使用普通油墨就能印刷？

20．表 9-12 所示为 J2108 印刷机的墨辊直径数据，若实际印刷面积为 880mm×615mm，墨辊长度为 880mm，试计算着墨系数、匀墨系数和贮墨系数。

表 9-12　J2108 印刷机的墨辊直径数据

编号	1	2	3	4	5	6
辊名	出墨	传墨	上串	中串	下串	匀墨
数量（个）	1	1	1	1	2	2
直径（mm）	80	60	86.15	115.85	86.15	50
编号	7	8	9	10	11	12
辊名	匀墨	匀墨	重辊	着墨	着墨	着墨
数量（个）	2	2	4	2	1	1
直径（mm）	60	70	50	60	70	80

21．图 9-44 所示为东芝 B-B 型胶印机的墨路图，试计算每根着墨辊的着墨率。

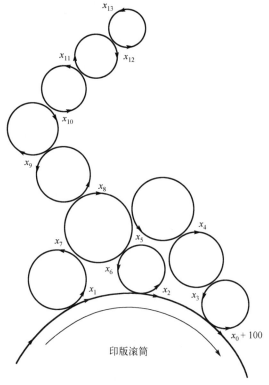

图 9-44　东芝 B-B 型胶印机的墨路图

第十章　颜色复制方程及其方法

内容提要

印刷颜色复制主要根据彩色油墨（黄、品红、青）在色料中的独立性来实现。印刷工艺的设计和改进都是以提高印刷品的质量为目的的。印刷品的质量主要表现在阶调再现性、图像清晰度和表面状况。本章首先介绍了网点在色彩再现中的呈色机理；其次介绍了彩色复制的理论；然后介绍了印刷相对反差及其计算方法；最后介绍了 END 方法。

基本要求

1．了解用网点再现颜色的方法及网点与色彩再现的关系。

2．了解原稿与印刷品的密度关系，掌握彩色复制的 Neugebauer 公式，会用该公式分析三色复制中的问题。

3．了解印刷工艺过程对网点传递的影响，掌握印刷中的阶调值增大量。

4．了解印刷相对反差，会计算相对反差。

5．熟练掌握 END 方法，会用该方法分析、解决实际问题。

现代印刷分为凸版印刷、平版印刷、凹版印刷、网版印刷，它们各以不同的印版来区别命名。凸版印刷的印版上着墨的图文部分凸出印版平面；凹版印刷的印版上着墨的图文部分则低于印版平面；平版印刷的印版上着墨的图文部分与不着墨的非图文部分，在版面上几乎处于同一平面。

平版印刷有石版印刷、珂罗版印刷、胶版印刷（胶印）三种。目前，石版印刷已经被淘汰，珂罗版印刷也已很少应用，而胶印则应用广泛，发展迅猛，以致人们已经把胶印通称为平印。

胶印能以较小的压力在各种固体平板表面获得结实、柔和的印迹，更有利于印刷大面积的彩色图画。胶印与其他印刷方式相比，具有下列优点。

① 生产周期短。

② 产品质量好。

③ 生产效率高。

④ 材料消耗低。

⑤ 可供印刷的产品范围广。

所以，胶印的产量和产值在整个印刷工业中的比重正在不断上升。传统以凸版为主的书刊印刷和包装装潢印刷领域，也已部分被胶印替代。

胶印的发展趋势是：胶印机逐步向高速、多色全自动及电子遥控方向发展；除平板胶印机以外，还将逐渐增加四色、八色、……的超高速卷筒纸胶印机；锌皮平凹版将被 PS 铝版所取代；高效率、分色效果好的电子分色机日渐普及，而且型号年年翻新，功能越来越全；

自动拷、晒机也日渐增多；油型油墨已被亮光快干树脂油墨所取代，且已生产出适用于四色印刷机的快固着油墨，以及适合卷筒纸印刷机进行高速印刷的低黏度油墨；纸张的品种有所增加，质量也有所提高。

第一节　胶印的特点

胶印的工艺特点主要有下列六点。

（1）利用油和水不相混溶的自然规律。

油和水不相混溶是自然规律。荷叶出淤泥而不染，鸭子、水獭等喜水的动物入水而不沾湿皮毛，利用的都是油和水不相混溶的自然规律。

油和水不相混溶的规律也是胶印的基本规律。

（2）利用液体和固体之间选择性吸附的规律。

利用不同的固体材料对水和油具有选择性吸附的性质——不同的润湿性质，有选择地将其用作版材、传墨印刷表面或传水润湿版面。随着电镀工业的发展，通过镀膜使不同固体表面或同一表面构成亲油或亲水金属膜层。随着化学工业的发展，越来越多优良的高分子聚合物可被利用作固体的材料，或者在金属表面涂布膜层，改变固体表面的润湿性质。

平版印刷利用上述油和水不相混溶，不同固体表面对油和水具有选择性吸附性质两个自然规律，通过技术处理，使同一平面的印版上构成亲油疏水的图文部分和亲水疏油的非图文部分。印刷中，先用水润湿版面，使非图文部分不吸附油墨，然后再涂布油墨，使版面只有图文部分吸附油墨，从而达到转印的目的。

（3）网点成色。

以光色成像的理论为指导，运用网点叠合、并列的手段，根据三原色或三原色加黑（四色）的理论，通过照相分色或电子分色，把图画的色彩分解成网点角度不同的黄、品红、青、黑四种色版，然后用四色印版，套印交叠再现出众多的色彩，获得色彩丰富的艺术复制品。

（4）间接印刷。

胶印印版上的油墨不直接传递到印张，而是先传递到中间滚筒。滚筒表面包覆的是亲油、吸墨性好的橡皮布，利用它的亲油疏水特性，充分地传递油墨，并限制水分的传递。

此外，橡皮布及其弹性衬垫物的高弹性能使滚筒之间在较小的压力和压缩变形的条件下，获得结实且网点扩大率小的印迹。

（5）多色套印。

四色印刷能够印得丰富的色彩，而且胶印的主要任务是印制彩色图画。多色套印是胶印工艺的特点，胶印机具有精确的规矩定位机构，更是多色套印的必要设备条件，由于套印要求十分严格，只有达到规定的要求，才能保证产品的质量。

（6）用水润版。

胶印工艺的另一特点是在印刷过程中对印版先用水润版，然后再涂布油墨。

胶印的润版用水并非纯水，而是由电解质、亲水胶体及表面活性剂等组成的润湿液。因为版面非图文部分在印刷过程中始终在遭受着物理性及化学性的破坏，原有的亲水性可能被削弱，如果该区域的水膜不完整，油墨就有可能在其表面吸附。

为了保证水膜的完整，在印刷中必须对印版版面加以润湿，使版面非图文部分的亲水性得以持续稳定。

第二节　胶印的工艺流程

广义的胶印一般包括制版（从接受原稿到制成印版）、印刷（从接到印版到印成成品）、完成（成品的质量检查、分切、包装）三个工序。

狭义的胶印是指从接到原稿到印成成品的过程。其中，除印刷外，有的还包括晒版、晾纸、裁切、调墨、水辊包缝等。

彩色（或黑白加网成色）印件的工艺流程方框图如图10-1所示。

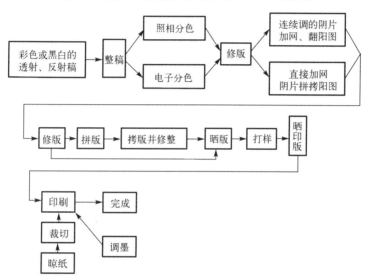

图 10-1　彩色（或黑白加网成色）印件的工艺流程方框图

单色连续调线条稿不需分色、加网，直接翻拍、修正、拼拷成原版，晒成印版交付印刷，其他流程与上图基本相同。

单色文字稿件的工艺流程方框图如图10-2所示。

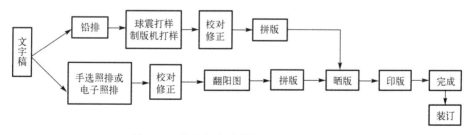

图 10-2　单色文字稿件的工艺流程方框图

海德堡 4+1、五色单张纸印刷机如图10-3所示。其中，图10-3（a）所示为海德堡 4+1 单张纸印刷机；图 10-3（b）所示为海德堡五色单张纸印刷机。但无论哪种印刷机，其主要部件都为纸垛、连续输纸台、控制台、递纸滚筒、洗橡皮布装置、润湿辊、墨辊、印版滚筒、橡皮滚筒、压印滚筒、传纸滚筒、收纸装置和收纸链条等。

4+4 单张纸胶印机如图 10-4 所示。它的基本组成为纸垛、输纸器、输纸台、摆动器、水辊、印版滚筒、橡皮滚筒、压印滚筒、收纸滚筒、传纸滚筒、收纸链条、收纸台等。B-B 型印刷机与这种印刷机类似，其被制造成两个橡皮滚筒对滚，即没有专门的压印滚筒，两个橡皮滚筒互为对方的压印滚筒。

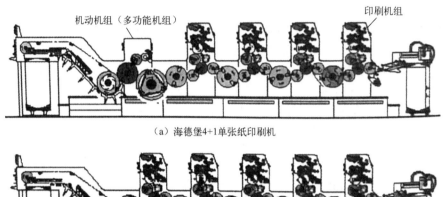

（a）海德堡4+1单张纸印刷机

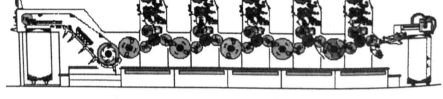

（b）海德堡五色单张纸印刷机

图 10-3　海德堡 4+1、五色单张纸印刷机

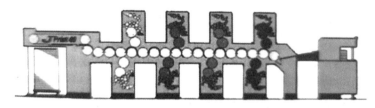

图 10-4　4+4 单张纸胶印机

第三节　网点在色彩再现中的作用

一、网点面积率和色彩再现的关系

若用 1 成网点的印版印刷品红色，纸张上就只有 10%的面积被品红墨所覆盖。其余 90%的面积上仍然是白色的，人眼看到的颜色和 90%的白墨与 10%的品红墨混合起来所呈现的颜色是一样的，是一种很浅的品红色；若用 9 成网点的印版印刷品红色，纸张上就有 90%的面积被品红墨所覆盖，只剩 10%的面积仍然是白色，人眼看到的颜色就和 10%的白墨与 90%的品红墨混合起来所呈现的颜色一样，是一种较深的品红色。前者得到的颜色是明亮而浅淡的，后者得到的颜色是阴暗而深沉的。由此可见，印版的网点成数不同，便可在同一张纸上形成亮度和饱和度不同的颜色。

如果黄、品红、青、黑四块印版中每一块印版的网点面积率有 10 个层次，那么四块印版套印合成的颜色就有 14640 种，计算过程为

$$C_4^1 \times 10^1 = 4 \times 10 = 40$$

$$C_4^2 \times 10^2 = 6 \times 100 = 600$$

$$C_4^3 \times 10^3 = 4 \times 1000 = 4000$$

$$C_4^4 \times 10^4 = 1 \times 10000 = 10000$$

共计 40 + 600 + 4000 + 10000 = 14640。

　　这 14640 种颜色远远超出了人眼所能感受的范围，所以用黄、品红、青、黑四块印版套印时，只要每块印版的网点有足够的层次，就能完全再现原稿的色彩。

二、网点角度对色彩再现的影响

　　胶印是利用四块网点成数不同的印版进行四色套印，再现原稿色彩的。如果四块印版有同样的网点角度，且在印刷时各印版上相应的网点能准确地重叠，那么便会得到最佳的印刷效果。但这在胶印过程中是很难实现的，各色印版套印时总会发生一些细微的偏离，致使一块印版的网点排列线与另一块印版的网点排列线以某一角度相交，产生一组干涉条纹，看起来很不舒适。这样的图像是由规则的图像以一定的角度重合起来得到的，重合的规则图像可以是两种，也可以多于两种。重合的图像是不均匀的，因而影响了人的视觉效果，因形似龟壳上的花纹，故称为龟纹。

　　图 10-5 所示是彩色印刷品上的龟纹，图像上出现了网点疏密不同的纹路，这不仅破坏了印刷品的整体均匀性，还出现了原稿中没有的图像，这是胶印过程中不允许的。

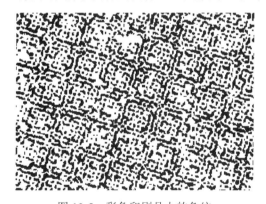

图 10-5　彩色印刷品上的龟纹

　　印刷品上龟纹的影响有时十分严重，为了减弱这种影响，要采取一些补救措施。通常是对四块印版的网点角度进行合理的选择，然后套印。选择网点角度的原则是使四块印版各自的网点角度都有一定的角度差。这样，四块网点角度不同的印版套印得到的彩色印刷品，其图像上因干涉仍然会出现花纹，但这样的花纹与龟纹不同，看上去显得均匀、悦目，保证了正常的视觉效果。

　　理论计算和人眼视觉感受都发现：当印版的网点角度差为 30°时，印刷品的视觉效果最佳，人眼几乎看不到因干涉而形成的花纹，图像均匀而和谐；当印版的网点角度差为 22.5°时，印刷品的视觉效果虽不如前者，但看上去仍然柔和、悦目；当印版的网点角度差为 15°时，印刷品的视觉效果最差，看上去极不舒适。所以在实际应用中，要尽量采用 30°的网点角度差或 22.5°的网点角度差，表 10-1 所示为常用的网点角度，我国采用的是第一组。

表 10-1　常用的网点角度

印版号	1	2	3	4
网点角度	90°	75°	45°	15°
	90°	67.5°	45°	22.5°

在第一组网点角度中，四块印版分别取 90°、75°、45°、15°四个不同的网点角度，其中，第 2、3 块印版和第 3、4 块印版间的网点角度差都是 30°，只有第 1、2 块印版间的网点角度差是 15°。从视觉效果来说，按 45°网点角度排列起来的网点，具有一种动态的美感，看起来格外舒适；按 90°网点角度排列起来的网点，便显得呆滞，看起来也很不舒适；按 15°或 75°网点角度排列起来的网点，视觉效果介于前两者之间。黄、品红、青、黑四色油墨印到纸张上，在人眼中引起的视觉反应是不同的，黑色最强，黄色最弱，青色和品红色依次介于两者之间。考虑到这些因素，各色印版的网点角度应当进行如下的设置：黄版的网点角度为 90°；青版的网点角度为 75°；黑版的网点角度为 45°；品红版的网点角度为 15°。

这样的设置恰好使印版印色的强弱与网点角度的视觉效果的优劣对应起来，充分发挥了强色的作用，同时也抑制了不良网点角度对视觉效果的影响。另外，这样的设置又使各印版间的网点角度差臻于合理，因为黄版和青版间的网点角度差是 15°、黄版和品红版间的网点角度差是 75°，这两个网点角度差所造成的视觉效果虽然不佳，但黄色和品红色形成的花纹浅淡；而黑版与青版间、黑版与品红版间的网点角度差都是 30°，视觉效果极佳，而黑色又恰为强色，所以形成的花纹浓重，四块印版套印的结果为 15°或 75°网点角度差所形成的视觉效果差的花纹显得浅淡而居次要地位，同时 30°网点角度差所形成的视觉效果好的花纹显得浓重而居主要地位，这样，印刷品总体的视觉效果便令人满意了。可以看出，这是针对网点角度差和墨色强弱而采取的扬长避短的办法。

上面的讨论说明了把黑版的网点角度定为 45°的原因，这块版因黑色属于强色而叫强色版。把黑版定为强色版，只考虑了黑色是强色，并没考虑黑墨的网点面积率，而在实际印刷中，这是必须考虑的因素。

随着三原色油墨呈色效应的提高及照相制版工艺的改进，四色套印中黑版的作用也有了相应变化，即黑版只起补充暗调黑度和勾画图像轮廓的作用。这样，在印刷品的中间调部位和高调部位黑墨的网点面积率就相当小了，甚至没有黑墨网点。既然印刷品上的黑墨网点面积率大大地减小了，再把黑版的网点角度定为 45°，作为强色版也就不合理了。

在上述情况下，黑版不宜作为强色版。要确定以其余三块印版中的哪一块作为强色版，就必须对原稿进行细致的色彩分析，找出原稿图像中的强色。

例如，若原稿是以大海为背景的风景画面，则强色是青色，蓝色是画面的主体色彩。这时应把青版定为强色版，网点角度为 45°，四块印版的网点角度应进行如下设置：黄版的网点角度为 90°；黑版的网点角度为 75°；青版（强色版）的网点角度为 45°；品红版的网点角度为 15°。这样设置印版的网点角度便突出了原稿中以大海为主的蓝色主题，较忠实地再现了原稿色彩。再如，若原稿的画面是火红的花卉，则强色是品红色，红色是画面的主体色彩。这时应把品红版定为强色版，网点角度设置为 45°，然后再合理地选择其余三块印版的网点角度。

总之，在印刷品黑墨网点面积率很小的条件下，要根据对原稿的色彩分析来确定强色版。

三、网点并列

在胶印印刷品的高调部位，四色网点的总和分布稀疏，四块印版相互间有一定的网点角度差，致使这里的网点大都处于并列状态。高调部位的色彩再现正是借助于这种网点并列现象实现的。网点并列的色光加色法如图 10-6 所示。

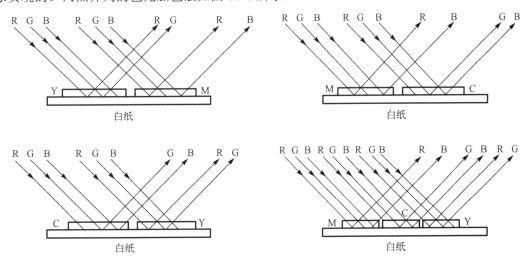

图 10-6　网点并列的色光加色法

假设有一个黄色网点和一个品红色网点并列，当白光照射到这一对并列的网点时，黄色网点便吸收了蓝光，反射了红光和绿光，而品红色网点却吸收了绿光，反射了蓝光和红光。由于这对网点间的距离很小，彼此十分靠近，人眼看到的色彩效果便是按色光加色法合成的红色了。其颜色方程为

$$Y = R + G$$

$$M = B + R$$

$$Y + M = R + G + B + R = (R + G + B) + R = W + R$$

同理，当品红色网点和青色网点并列时，呈现蓝色，相应的颜色方程为

$$M = B + R$$

$$C = G + B$$

$$M + C = B + R + G + B = B + (R + G + B) = B + W$$

当青色网点和黄色网点并列时，呈现绿色，相应的颜色方程为

$$C = G + B$$

$$Y = R + G$$

$$C + Y = G + B + R + G = (G + B + R) + G = W + G$$

如果有一组并列网点，由黄色网点、品红色网点、青色网点组成，则颜色方程将是

$$Y = R + G$$

$$M = B + R$$

$$C = G + B$$

$$Y + M + C = R + G + B + R + G + B = (R + G + B) + (R + G + B) = W$$

因而呈现白色。但是，由于三种颜色的网点都不同程度地吸收了反射出来的原色光，所以实际上呈现出来的不是白色而是灰色。

从以上的讨论中可以看到，由于网点并列，根据色光加色法的原理，印刷品的高调部位会呈现出红色、绿色、蓝色。进而还可看到，如果改变各色网点在高调部位的网点面积率，便可相应地改变红、绿、蓝各色的呈色程度，并由此得到丰富的色彩效果。例如，若增大高调部位品红色网点的面积率，则此处的颜色就偏近于品红色；若同时增大高调部位品红色网点和黄色网点的面积率，则此处的颜色就趋近于大红色。网点并列再现色彩的方式还有一个优点，就是由于网点极少叠合，故再现色彩不受油墨透明度的影响。

四、网点叠合

胶印印刷品的低调部位与高调部位不同，四色网点的总和分布密集且叠合在一起的居多。所以印刷品低调部位的色彩再现依靠的不再是网点并列，而是网点叠合。网点叠合再现色彩的方式要求油墨具有足够的透明度，光线通过透明的油墨与通过滤色片的情况是相同的。这里色彩的合成是根据色料减色法的原理实现的。图10-7所示为网点叠合的色彩合成图，图中展示了三原色油墨吸收与反射色光的情况。

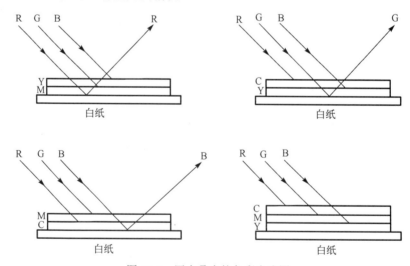

图 10-7　网点叠合的色彩合成图

假设有一个黄色网点叠合在一个品红色网点上，当白光照射到叠合在上面的黄色网点上时，白光中的蓝光便被吸收了，只有红光和绿光通过这个网点照射到叠合在下面的品红色网点上。照射到品红色网点上的绿光又被吸收，穿过品红色网点照到纸面上的就只有红光了。从纸面上反射出来的红光就是人眼看到的颜色，这个过程的颜色方程为

$$Y = W - B$$

$$M = W - G$$

$$Y + M = W - B - G = R$$

同理，若一个品红色网点叠合在一个青色网点上，则呈现蓝色，相应的颜色方程为

$$M = W - G$$

$$C = W - R$$

$$M + C = W - G - R = B$$

若一个青色网点叠合到一个黄色网点上，则呈现绿色，相应的颜色方程为

$$C = W - R$$

$$Y = W - B$$

$$C + Y = W - R - B = G$$

从上述三组方程中可以明显地看到，网点叠合所呈现的颜色与网点叠合的次序并无关系。所以，如果有黄色、品红色、青色三个网点叠合在一起，无论按什么样的次序叠合，都会呈现黑色，颜色方程为

$$Y = W - B$$

$$M = W - G$$

$$C = W - R$$

$$Y + M + C = W - B - G - R = W - (B + G + R) = O$$

从以上的讨论中可以看出，由于网点的叠合，根据色料减色法的原理，印刷品的低调部位同样会呈现出红色、绿色、蓝色。改变各色网点在低调部位的网点面积率，就能得到丰富的色彩效果，这与网点并列再现色彩的方式在原理上是一样的。网点叠合再现色彩的方式会受到油墨透明度的影响，透明度弱的油墨呈色效果不佳，完全不透明的油墨只能作为第一色印刷。

第四节 彩 色 复 制

一、原稿与印刷品的密度关系

首先，完全的复制如图 10-8 中直线 A 所示，其应为通过原点的直线，但因为印刷品的最高反射密度（实地处的反射密度）有个限度而受到限制，印刷品的最高反射密度由于网点和线条的磨平、油墨干燥、反面蹭脏等，转移到印刷品上的油墨厚度不能太大及油墨本身的反射密度等而受到限制。如胶印时，涂料纸的最高反射密度为 1.40，非涂料纸的最高反射密度则为 1.20，照片上能得到 1.70 左右的最高反射密度。因此，受最高反射密度限制的复制如图 10-8 中直线 B 所示。实际上，印刷品的最高反射密度还在制版和印刷阶段受到限制，其常常像曲线 C 那样失掉高光部位和暗调部位的反差，有成为 S 形的倾向，在处理实际问题时，也要考虑这样的事实。为了加深观察者的主观印象，即使牺牲一些暗调部位的反差，也要强

调整个暗调部位，提高高光部位或中间调部位的反差以达到曲线 D 的效果，这样做是理想的，正如 W.L.Rhodes 所主张的那样，提高实地处或暗调部位的反射密度对于获得较好的主观印象是极其重要的。

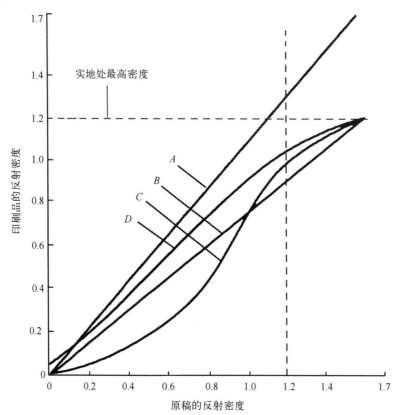

A—完全复制；B—受最高反射密度限制的复制；C—实际的复制；D—理想的复制。
图 10-8　原稿反射密度和印刷品反射密度之间的关系曲线

二、彩色复制的基础理论

下面介绍的有关彩色复制的两项基础理论主要用在校色的范畴内，用其来评价印刷品质的实际例子是很少的。

① Neugebauer 公式。根据加色混合理论，H. E. J. Neugebauer 对于原色网点印刷品的呈色导出了下式：

$$R = (1-c)(1-m)(1-y)R_W + c(1-m)(1-y)R_C$$
$$+ m(1-c)(1-y)R_M + y(1-c)(1-m)R_Y$$
$$+ my(1-c)R_{MY} + cy(1-m)R_{CY} + cm(1-y)R_{CM} + cmyR_{CMY}$$

对 G、B 也可成立类似的式子。式中，R、G、B 为网点印刷品的 RGB 系三刺激值；c、m、y 分别为由青墨、品红墨、黄墨的网点面积率；R_W 为 RGB 系三刺激值中白纸的 R 值；R_C 为 RGB 系三刺激值中青墨的 R 值；R_M 为 RGB 系三刺激值中品红墨的 R 值；R_Y 为 RGB 系三刺激值中黄墨的 R 值；R_{MY} 为 RGB 系三刺激值中二次色——红色的 R 值；R_{CY} 为 RGB

系三刺激值中二次色——绿色的 R 值；R_{CM} 为 RGB 系三刺激值中二次色——蓝色的 R 值；R_{CMY} 为 RGB 系三刺激值中黑色的 R 值。

此外，G.Wyszecki 发表了对 Neugebauer 公式进行了局部补偿的原色网点印刷品的反射密度式。

② Yule-Colt 公式。与上述情况相比，J. A. C. Yule 和 R. Colt 将用于蒙版计算的减色混合理论用于测定原色网点印刷品的反射密度。这个公式原本是适用于连续调图像的，直接用于网点印刷品本身从理论上讲就有缺点，但实际应用中却与测定结果非常吻合，尤其是网线数多的情况，Yule 等人认为比 Neugebauer 公式的误差要小。

$$D_R = k_1 c + k_2 m + k_3 y$$

式中，D_R 为通过红滤色片测定的复制密度；c、m、y 分别为青墨、品红墨、黄墨的量（当量中性密度）；k_1、k_2、k_3 为常数（在当量中性密度为 1 的情况下，青墨、品红墨、黄墨通过红滤色片的密度）。

通过绿滤色片、蓝滤色片的复制密度 D_G、D_B 也可成立同样的式子。

第五节　印刷工艺对网点传递影响

一、网点传递过程

单张纸胶印机的印刷装置如图 10-9 所示。我们可以把印刷过程分为三个步骤：第一步是印版的润湿和上墨；第二步是把印版上的油墨传递到橡皮布上；第三步是把油墨从橡皮布传递到纸张上。在这三个步骤中，网点都可能由于一些因素的影响而发生大小上的变化。除网点大小上的变化外，印刷出来的实地墨层厚度是否均匀是印刷过程是否良好的一个重要技术标志。印在纸张上的墨层应尽可能均匀、光亮、无颗粒。当这种直接印在纸张上的墨层具有标准所容许的不均匀性，并且对色彩传递和阶调值传递的影响很小时，印在先前已印刷的墨层上的墨层，常常会出现严重的墨色不均。产生这种现象的原因是墨层受墨力不良，在个别情况下，是后印上的墨色对干燥过度的油墨有排斥作用，也常常是由在受墨力不良的湿墨层上印刷所引起的。首先，在高阶调值范围

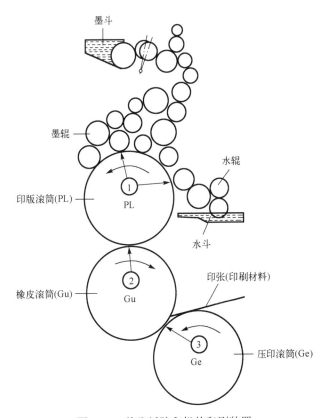

图 10-9　单张纸胶印机的印刷装置

内（网点阶调值在 50%以上）的受墨不良，用肉眼可以看到色彩再现发生了改变。在湿压印刷时，受墨的质量主要由印刷色序之间的间隔（每种墨色印刷之间的时间间隔）和印刷油墨与纸张的相互作用来确定。

二、印版的润湿和上墨

大家所熟悉的平版印刷要求在上墨之前先用水润湿印版，所需要的水量主要取决于印版表面砂目的深度。为了防止非着墨部分（非图文部分）吸收油墨，粗砂目的印版表面必须比细砂目的印版表面涂布的水多一些。此外，所需要的水量也与印刷油墨的特性（如吸水能力）、墨辊装置和墨斗的温度有关。标准水膜层的厚度为 1.5～4μm。印版上非图文部分的水量必须在多个墨辊的上墨过程结束之后，仍能形成一个完全密封的水膜层。在这种前提条件下，我们才能认为，印版上的网点直到它的边沿都是准确地上了墨的，并从这里向无图像的非图文部分过渡（见图 10-10）。但并不是所有的印版都是这样受墨的，有一种印版的网点边沿疏水，因此，网点周围很窄的区域不能用水充分润湿，这种润湿性能差的区域同样可以着墨，在网点的边沿周围形成一个色轮（见图 10-11）。观察这个色轮可知，它的宽度为 2～3μm。这样大小的色轮，可使在 50%的中间阶调值范围（60 线）内的网点阶调值增大 3%到 4%。人们常常可在以感光层作为着墨部分的 PS 版上看到这种现象。不过，具有优良润湿特性的印版除外，这种印版都具有良好的金属特性，印版砂目的几何形状也较好。经电解砂目和阳极氧化处理的单层金属版，如铝版，就具有良好的润湿性能。这种印版的表面有深度约为 3μm 的毛细孔，这样的表面能像海绵似的保持水分，因此，网点边沿能保持良好的润湿性。这种印版的缺点是其不负载运转状态往往不能让人满意。

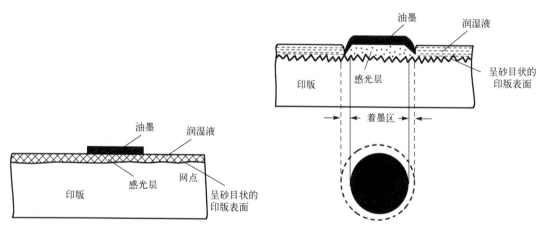

图 10-10　印版表面状况　　　　图 10-11　网点的边沿周围形成一个色轮

所谓不负载运转应理解为一个已完全受墨的印版再次开动水辊后，印版所处的状态。

印版的非图文部分离开油墨后立即进入不负载运转，此时并不留下墨色，这才称为不负载运转。在使用上述印版时，油墨有时也会粘在毛细孔里导致印版上墨。这种墨常常难以去掉，只有能很好地解决这个问题，印版才能表现出全部的优越性。

对实际操作者来讲，最难的是分辨出色轮的出现和分清其他影响网点扩大的因素。值得探讨的是，虽然用一块版材晒出了良好的印版，然而为了进行比较，人们能否选用另一种印版，并用这块印版在相同的印刷条件下进行大量印刷呢？同时应当密切注意，这块新印版是具有相同厚度的。如果由于套准的原因，在这种情况下不可能做到这一点，那么必须使印版和橡皮布之间的进给压力保持绝对一致。只有经过多次印刷，每次都会产生很小的阶调值增大量的时候，人们才能肯定原因在于印版，而不在于其他印刷条件的偏差。

一般情况下，可通过加入适当的润湿添加剂，把润湿液的 pH 值调到 5.5～6。因此，每一次调节的 pH 应是固定不变的，且只应使用经缓冲处理的润湿添加剂。使用弱酸调配的润湿液可以改善金属润湿辊和印版表面的润湿效果，通常用这种方法来防止印版上脏。实验表明，弱酸性润湿液不能用来从根本上改善网点边沿的润湿效果，无法达到在一块印版上不产生色轮的目的。

三、印版和橡皮布之间的墨层厚度

各种有关墨层厚度的研究的出发点多是研究印刷到纸张上的墨层厚度，国际标准 ISO 12647—2:2013《胶印用的色标》中规定，标准墨层厚度为 0.7～1.1μm，应在这个墨层厚度范围内找出适用于胶印的最佳墨层厚度。为了得到良好的印刷效果所需的印刷纸张上的墨层厚度，必须通过供墨装置在墨斗内调节出一种连续的墨层落差，这种墨层落差从最上层的墨辊具有最大的墨层厚度开始，直到在印刷纸张上能得到最小的墨层厚度为止。这些墨层厚度之间有一定的比例关系，这种关系取决于墨斗中墨层分层、印版/橡皮布和橡皮布/印刷纸张之间的匹配。此外，印版和橡皮布之间的墨层厚度也特别重要，因为它对印刷中的网点扩大有很大的影响。

为使墨层在平滑的印刷纸张上形成一个密封的表面层，从墨层所达到的一个固定的、也是最小的墨层厚度起，印版滚筒和橡皮滚筒的墨层厚度对网点扩大都有特别大的影响。很多印刷实验表明，从这个最小的墨层厚度开始，随着墨层厚度的增加，阶调值增大量不断加大。同时，网点面积率高于90%的网点阶调值越大，越易造成糊版。墨层厚度具有这样的作用，其主要原因是在这个范围内的墨层厚度比橡皮布和印刷纸张之间的墨层厚度大得多，印刷纸张通过它的吸附性限制了印刷油墨的铺开。由图 10-12 可以清楚地看到，在传墨过程中，油墨在墨层厚度大、油墨量多时比墨层厚度小时更容易铺开。

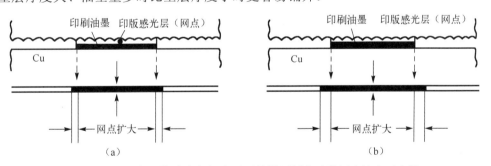

图 10-12　印版和橡皮布之间有不同的墨层厚度时的网点扩大示意图

为了取得良好的印刷效果，最重要的是使墨层厚度达到最佳值，在正常输墨情况下，一方面，墨层要有足够的厚度，使油墨印在纸张上有均匀、良好的遮盖力；另一面，又要使墨层尽可能薄，将网点扩大现象限制在最小范围内。

厚墨层［见图 10-12（b）］由于油墨量大，导致网点上的油墨比薄墨层［见图 10-12（a）］要铺开得多，其后果是在各种网点阶调值范围内都有较大的阶调值增大量。

一般来说，印刷工人没有关于墨层厚度的测量数据，他只能完全依靠油墨制造厂的帮助。

墨层厚度的稳定性是以印刷油墨固定的颜料沉积为前提的。

四、印刷中的阶调值增大量

和印刷中网点阶调值传递有关的，不仅有印刷品上的网点有效覆盖率 F_D，在实际操作中还有阶调值增大量（TZ），TZ 不是公式的符号，而是一个缩写词。

通常人们把阶调值增大量（见图 10-13）理解为印刷品上的网点有效覆盖率和晒版片上的网点覆盖率之差，并可用下列公式进行计算：

$$阶调值增大量\ TZ = F_D - F_{RP}$$

式中，F_D 为印刷品上的网点有效覆盖率；F_{RP} 为晒版片上的网点覆盖率。

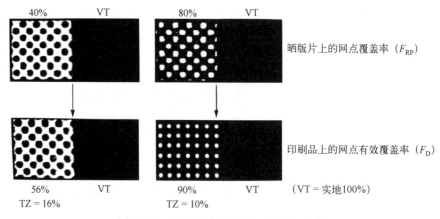

图 10-13　印刷品上网点的阶调值增大量

例如，若

$$F_{RP} = 39\%（FograPMSI 测试条的 M 块）$$

$$F_D = 55\%$$

则

$$TZ = 55\% - 39\% = 16\%$$

虽然由印刷品上的网点有效覆盖率（F_D）减去印版上的网点覆盖率（F_{PL}）可计算出在印刷品上的网点阶调值增大量是 $F_D - F_{PL}$，但为了简便起见，一般在测量网点阶调值增大量时，使用容易测定的晒版片上的网点覆盖率代替印版上的网点覆盖率。

晒版要按照准确的数值固定不变地进行工作，所以阶调值增大量（$TZ = F_D - F_{RP}$）的改变主要应归结于印刷工艺中各种量的影响，此外，还要相应考虑晒版工艺的变化。阶调值增大量（TZ）适用于加网阳图和阳图印版（阳图工艺）。

加网阴图和阴图印版的阶调值增大量可用 TZ/N 表示，用下列公式计算：

$$阶调值增大量\ TZ/N = F_D + F_{RN} - 100\%$$

式中，F_D 为印刷品上的网点有效覆盖率；F_{RN} 为加网阴图（如控制条）的网点覆盖率。

例如，若

$$F_{RN} = 61\%（\text{M 块，Fogra PM S I/N 测试条，阴图}）$$

$$F_D = 55\%$$

则

$$TZ/N = 55\% + 61\% - 100\% = 16\%$$

按下列公式计算印刷品上的阶调值增大量：

$$\text{阶调值增大量 TE} = F_D - F_{RP}$$

式中，F_D 为印刷品上的网点有效覆盖率；F_{RP} 为加网阳图（如控制条）的网点覆盖率。印刷品中真正的网点阶调值增大量是 $F_D - F_{PL}$（印版网点覆盖率），但一般不用它，因为用 F_{RP} 更为方便。

第六节　印刷相对反差（K值）

印刷相对反差（K值）是指人眼所看到的色调差别，也就是对比度，它用于衡量实地是否印足墨量，能否使印刷品有足够的反差，同时又可以通过印刷相对反差来判断网点的扩大程度，对控制打样或印刷来说，是非常有用的数据。

在印刷中，油墨量达到 10μm 的厚度已经是饱和状态，再增大油墨量只能使网点扩大或变形严重。为此，控制实地密度的标准应为印刷相对反差尽可能清晰，网点扩大不超过允许限度。

一、K 值计算公式

《海德堡新闻专刊》（1976 年 4 期）提供的印刷相对反差（K值）的计算公式为

$$K = \frac{D_V - D_R}{D_V}$$

式中，K 为印刷相对反差（K值）；D_V 为实地密度；D_R 为网点密度（75%～80%网点）。

该式确定了单色实地密度和网点密度之间的关系。K值一般为 0（实地）～1（未印的白纸），K值越大，说明网点密度与实地密度之比越小，网点扩大就越小，印刷相对反差也越大；反之，K值越小，网点扩大就越大，印刷相对反差也越小。

二、K 值计算尺

为了简化计算，可采用胶印相对反差（K值）计算尺（见图 10-14）。首先用反射密度计在选定的测量部位测定实地密度 D_V 和 75%～80%的网点密度 D_R；然后在计算尺的平行刻度和对角斜行刻度上找到实地密度 D_V 和网点密度 D_R，将表上可旋转的指针移到这两个密度值的垂直和平行线的切点上，就可以在刻度 K 读取所求的相对反差。

例如，测得实地密度 $D_V = 1.5$，网点密度 $D_R = 0.9$，两线相切即得相对反差为 0.4。

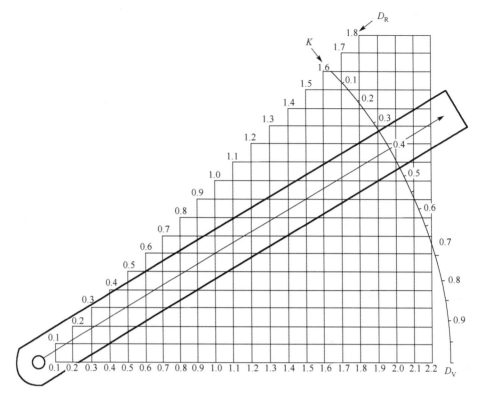

图 10-14　胶印相对反差（K 值）计算尺

第七节　中　性　灰

根据减色法理论可知，三原色最大饱和度的叠合应该呈现黑色。同理，三原色油墨不同饱和度的等量叠合，也应呈现不同亮度的灰色。但是，由于实际所用的油墨在色相、亮度和饱和度方面，存在着目前油墨制造上难以克服的缺点，每种三原色油墨在色相灰度、效率方面，都存在着不同程度的误差，故在实际生产中，不能教条地追求理论上的完全等量叠合。为了使三原色油墨经叠印后呈现正确的不同亮度的灰色，只有根据油墨的特性，改变三原色油墨的网点比例和油墨量，才能适应复制的要求。因此，所谓灰色平衡，就是三原色油墨按不同网点比例和油墨量进行三色叠印，印出不同亮度的灰色（浅灰、中灰、深灰）。灰色平衡这一术语在印刷复制中具有重要地位，是制版、晒版、印刷的质量基础，也是对各工序进行数据化控制的核心。

一、灰色平衡的方法

要获得或使用灰色平衡，一般有两种方法：一种是以实用的三原色油墨印刷特殊的色谱鉴别印刷品是否平衡时，从色谱上选择近似的中性灰色块与之对比（可以将色谱块打上小孔，覆盖在试样上），求得网点比例值；另一种方法是直接找出图像或灰色梯尺中的灰色部分，进行分析。

第一种方法虽然可以快速提供较为准确的灰色平衡信息，但却需要特制的色谱，比较麻烦。第二种方法需要收集符合灰色平衡要求的数据，要凭经验和时间，而且往往不能产生真正的中性灰平衡。所以，还是使用色谱为好。

获得正确的灰色平衡，需要了解实用油墨的特性，并要测定油墨的色相误差（色偏）、灰度和效率。三色网点比例的一般原则是：黄色和品红色的网点面积率是相等的，青色的网点面积率最大。从图 10-15 中可以看出，用一组普通的原色油墨制作中性灰，图上面的一组曲线表示青色印版网点面积率与另外两个色版之间所需要的网点面积率差。在使用这个图来确定各色版的网点面积率时，一般要以青版的网点面积率为标准。然后根据网点面积率差，就可确定出其他两个色版的网点面积率。只要确定三点（亮调部位、中间调部位和暗调部位）就可基本确定整个曲线的形状。现设定如下。

（1）在亮调部位，青版的网点面积率为 10%，网点面积率差 C－M＝3%（青版比品红版的网点面积率大 3%），C－Y＝5%（青版比黄版的网点面积率大 5%）。

（2）在中间调部位，青版的网点面积率为 50%，网点面积率差 C－M＝15%，C－Y＝17%。

（3）在暗调部位，青版的网点面积率为 95%，网点面积率差 C－M＝12%，C－Y＝15%。

那么，各版制作中性灰所需要的网点面积率如表 10-2 所示。

表 10-2　各版制作中性灰所需要的网点面积率

部别	版别		
	青版	品红版	黄版
亮调部位	10%	7%	5%
中间调部位	50%	35%	33%
暗调部位	95%	83%	80%

采用曲线图和网点面积率差的方法来确定各版的网点面积率，是行之有效的方法。

在确定各版的网点面积率之后，经过晒版、印刷，就可得到各色版的单色样张。然后，通过密度计用补色光分别测出各单色样张的印刷密度，并绘制成网点面积率与印刷密度曲线，如图 10-16 所示。采用此法虽然简单易行，但就颜色平衡来说，叠合后能否出现中性灰，单色密度值仍不能在视觉上直接给出信息，为此可参考"等量中性灰密度"（Equivalent Neutral Density，END）的方法。

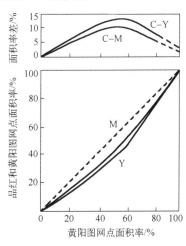

图 10-15　用普通的原色油墨制作中性灰

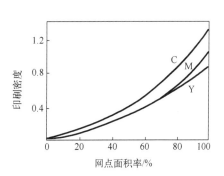

图 10-16　网点面积率与印刷密度曲线

二、END 方法

当我们研究阶调再现问题时，不仅应注意到与制作中性灰直接相关的网点面积率，还应对由视觉而产生的中性灰密度给予足够重视。这方面的关键性的概念即"等量中性灰密度"。对该概念先发起倡导和立说的是 Erans、Hansen 及 Brewer（1953），还曾有 Heymer、Sundhoff（1937），以及 Erans（1938）诸氏。

Erans 曾给 END 下过如下定义："某一组叠合色如果按其三原色所需适量叠合后，而形成中性灰，那就正是该三原色得以组成中性灰的视觉密度。"反之也可解释为，如果该处具有灰色视觉密度，那么三原色适量叠合处也必将呈现中性灰。

为明了 END 的意义，打一个与之接近的比喻就容易理解了。包成一包包的显影剂，可以按毫升、加仑或容量来购买。"毫升、加仑"不是表示包装的大小，而是表示加上了适量的水以后所得到的显影液的量。同样道理，如果我们评价黄色油墨色块的中性灰，就要加上适量的品红色和青色油墨。此时，在视觉上究竟要得到多少的密度值，才能够表现黄色油墨的中性灰呢？将这一视觉密度值定义为黄油墨的 END。

在生产管理中，要对每个色版的网点面积率和印刷密度进行测量或计算，除非应用计算机，否则靠手工方式是不易做到的，即使采用测量单色样张的方法也是难以办到的。但如果三色叠印的某一色块在视觉上看出了中性灰，那么测量这个色块的视觉密度，要比上述方法更方便、迅速。使用 END 的最大优点是能够直接地对颜色平衡给出信息。

END 是通过密度计，使用补色滤色镜，对测出的每个色版叠印后的密度进行作图而得到的。图 10-17 所示为一组典型的三原色油墨密度与 END 的关系曲线。

由图 10-17 可知，在视觉上成为中性灰的密度值，要大于各色版本身的密度值，END 是密度计的读数值，该值是否与视觉上成为中性灰的 END 一致，取决于密度计的光谱灵敏度与视觉的光谱灵敏度是否一致。

下面介绍另一种测定中性灰密度的方法。根据 END 与青版网点面积率作图，画出图 10-18 所示的曲线。

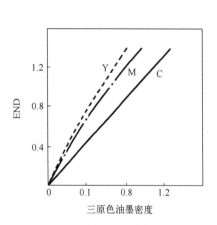

图 10-17　一组典型的三原色油墨密度与 END 的关系曲线

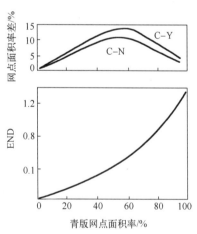

图 10-18　END 和青版网点面积率的关系曲线

在图 10-18 中，下面的曲线表示，要做出 END 为 0.30 的灰色，青版的网点面积率应为38%，上面的曲线表示，品红版和黄版的网点面积率分别要比青版的网点面积率少 8%和 11%，即品红版的网点面积率为 30%，黄版的网点面积率为 27%。同理，若在某灰色块上需要 0.30 的 END，又知青版的网点面积率是 42%（不是所要的 38%），那么要保持上述的网点面积率差，品红版和黄版的网点面积率就应该是 34% 和 31%。换言之，要求出想要的 END，就要用不同网点面积率组合。用三原色油墨叠印可以从中看出中性灰效应，利用视觉密度进行测量，并画出图 10-17 和图 10-18 所示的特性曲线。

三个重要物理量（网点面积率、单色密度和 END）的关系非常密切，都与整体灰色平衡有关。因此，把几组曲线组合在一起是最方便、合理、有效的表示灰色平衡的方法。图 10-19 所示是这三者的组合曲线。

该组曲线的使用方法：当看到某一色块呈现灰色时，若测得色块的 END 是 0.30，那么呈现灰色的三个色版的网点面积率究竟多大呢？从图 10-19 右上方的曲线中可以看出，青版的网点面积率为 38%，品红版的网点面积率为 30%，黄版的网点面积率为 27%，而各色版又是多少密度呢？从图 10-19 右下方的曲线中可见，青版的密度接近 0.30，黄版和品红版的密度约为 0.20。反过来，也可根据印刷密度得出网点面积率和 END。

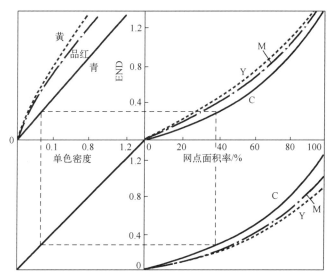

图 10-19　网点面积率、单色密度和 END 的组合曲线

图 10-19 中左上方的曲线（单色密度与 END）有两个特色：一个是青版曲线几乎是条直线，故只用几个点就可以正确地确定曲线的形状；另一个是增强品红版和黄版曲线的平滑程度，有利于提高数据的精确性。

同时，用这组曲线可以预测新的单色密度，虽要再次寻找中性灰的位置，但不用花费很多时间，就可以确定一组新的 END 曲线。预测各色版的阶调再现和灰色平衡条件是该图的最大优点。

复习思考题十

1．什么叫网点面积率？
2．网点面积率与网点成数有什么关系？如何识别网点成数？

3．原稿的高光部位、亮调部位、中间调部位、暗调部位与网点大小有什么关系？

4．印刷品的密度与网点面积率有什么关系？

5．网点在阶调再现中的作用是什么？

6．网点并列与网点叠合再现色彩的原理是否相同？试分别予以说明。

7．如何运用加色法、减色法来再现原稿色彩？

8．印刷网点扩大的原因是什么？

9．网点扩大的规律是什么？网点扩大对印刷质量有何影响？

10．什么是印刷中的阶调值增大量？

11．若测得某印刷品的反射率 R 如表 10-3 所示，试计算反射密度 D 和网点面积率，将计算结果填入表 10-3。

表 10-3　某印刷品的反射密度和网点面积率

反射率 R（%）	80	60	40	20	10	8	6	4	2	1
反射密度 D										
网点面积率（%）										

12．在 Neugebauer 公式中哪些是已知量？哪些是待求量？该公式在印刷中有何应用？

13．黄色网点和品红色网点并列会呈现什么颜色？黄墨与蓝墨混合在一块显示什么色？分别列出颜色方程。

14．要使一批印刷品颜色一致，必须对哪些量进行控制并保持其值一致？

15．已知 $F_D = 61\%$，$F_{RP} = 44\%$，求 TZ。

16．若测得某印刷品的实地密度 $D_V = 1.6$，80%的网点密度 $D_R = 1.0$，试利用相对反差计算尺查出 K 值，并与计算值进行比较。

17．在印刷中一般采用哪几种灰色平衡方法？哪一种方法较科学？说明理由。

18．如何理解 Erans 曾给 END 所下的定义？

19．如何用 END 来指导印刷生产，获得高质量的印刷品？（举例说明）

第十一章　印刷品质量过程监控

内容提要

在分色技术中，把彩色原稿的颜色分解为三色加一黑色。印刷正是利用三色加一黑色来进行颜色合成，对原稿颜色进行再现的。在印刷过程中，必须通过各种监控装置对出现的质量问题不断进行修正、控制，这样才能使印刷品具有一致性。

本章首先介绍了与印刷质量有密切关系的十个基本概念；然后介绍了印刷图像复制质量评价方法、评价内容，以及印刷测试条对印刷质量的控制；最后介绍了 CPC 在印刷机上的应用。

基本要求

1．了解与印刷质量有关的十个基本概念的内容及意义，掌握阶调和色调的基本关系及两者对印刷质量评价的作用。

2．了解文字质量的评价内容及方法。

3．了解印刷图像复制质量评价内容、方法，掌握综合评价印刷质量的方法。

4．了解印刷测试条在印刷过程中的作用及在评价印刷质量中的作用，掌握印刷测试条的应用。

5．了解随机控制印刷质量的 CPC 及其对印刷过程中印刷质量的控制方法。

第一节　基　本　概　念

一、密度与色密度

1．密度

密度有透射密度和反射密度之分。由于照相胶片是透明的，因而称为透射密度；相纸或印刷品是不透明的，因而称为反射密度。

透射密度为 D_T，透射率为 T，表达式如下：

$$D_T = \lg \frac{I}{T}, \quad T = \frac{I}{I_0}$$

式中，I_0 是投射光的光强度；I 是透射光的光强度。

2．色密度

色密度即颜色密度，根据用途、目的不同，有多种表示方法。用分光光度计可测定单一波长光的反射密度。每种色可用三个数值（色调 T、饱和度 S、明度级 D）完整地表示出来。

色度用 CIE（国际照明委员会）制定的测色系统 X、Y、Z 三刺激值进行计算。

三色密度可用密度计的三色滤色片进行测量。用于测试的滤色片通常用雷登滤色片，如NO.47B（蓝紫）、61（绿）、29（红）等。

二、阶调与色调

阶调也称为调子或层次，是指原稿（或复制图像）上最亮部分到最暗部分的层次演变；而色调（颜色阶调）是阶调的变量，也就是说色调是依附阶调的演变而呈现的色量。这种色量因原稿不同而异，如颜料、染料、成色剂等的连续调色颗粒，这种色量若转变成印版就是半色调网点或线画、实地密度。

在复制工艺中，用阶调再现曲线表示阶调，如图11-1所示。

当印刷品完全忠实于原稿时，印刷品的阶调再现曲线应如图11-1中的45°直线 A 所示，然而在复制过程中由于工艺方面的种种限制，想要达到45°直线所示的阶调关系是不可能的。因此所谓对原稿阶调的忠实还原（再现是没有理论根据的），也只能是根据主观评价所得到的与原稿近似的结论。

如图11-1所示，一般照片原稿的最高反射密度为1.7以上（透射稿一般为2.1左右，最高达3.0以上）；而复制成印刷品后，非涂料纸的最高反射密度只为1.2左右（涂料纸能达到1.4左右），这是受纸张、油墨的最高反射密度制约的缘故。因此较理想的阶调再现曲线应如曲线 B 所示。实际上，印刷品的反射密度在制版和印刷阶段就受到限制，常常出现像曲线 C 那样失掉高光部位和暗调部位的反差，其有形成S形的倾向。在主观评价时，使人有阶调拉不开、高光和暗调部位的层次不丰富的感觉。为此，一般认为，为了视觉的需要，加深评价者的主观印象，最好是稍微牺牲一些暗调部位的层次，提高高光部位或中间调部位的反差，才能使复制品取得令人满意的质量效果，因而，曲线 D 才是最好的再现曲线。

另外，在评价阶调再现曲线时，也可采用印刷相对反差这一概念来比较。如图11-2所示，根据印刷品的最高反射密度 D_s 减去最低密度 D_h 求出印刷相对反差值。

$$K = D_s - D_h$$

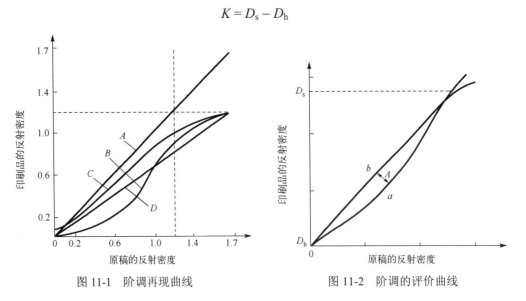

图 11-1　阶调再现曲线　　　　　　图 11-2　阶调的评价曲线

并且，根据阶调曲线 a 和理论再现曲线 b 的阶调偏差程度，求出 A 的最大值。这样，将求得的印刷相对反差和 A 两者结合，进行协调再现性的评价。一般认为，用这种比较简便的计算方法能得到较好的鉴定结果。

三、清晰度

清晰度也称为锐度，是评价图像边缘清晰程度的术语。由于照相的光衍射现象，致使图像黑白之间的边界产生虚晕（类似于照相对焦不实），而这种虚晕现象越小意味着清晰度越高。

在评价印刷品的清晰度时，极易和解像力、明了性等混同使用。清晰度和解像力这两个概念在一定意义上都是指复制品表达细部的能力，但又各有所指。解像力是指分辨景物细部的能力，以一定宽度上所能分辨的平行线条数目来计算，所以解像力与采用的网线数直接有关，网线越细，解像力也就越高。而清晰度则是指图像轮廓边缘的锐度，即轮廓是否清晰，相同的解像力可以有不同的清晰度，例如同样用 60 线/cm 复制图片，解像力相同，但制版采用两种工艺，一种是用照相方法，另一种是用电分激光加网方法。前者形成的网点有虚边，整幅图像有模糊感；而后者形成的网点光洁、密度高、边缘清晰，具有照相网点难以比拟的清晰度。尽管清晰度和解像力具有一定的联系，但描述的并不是同一种现象，应该区分使用。

对此，LTF 的乔根森（G.W.Jorgensen）等人提出了明确见解，将黑珍斯（Higgins）和沃弗（Wolfe）的银粒子连续调照片的显明性理论[1]应用到印刷品图像上，认为印刷品图像的显明性主要取决于图像的清晰度和解像力，但是应分别评价清晰度和解像力，进而提出了一系列的测定方式。

1. LTF 的清晰度和锐度（曲线）

在 LTF，清晰度也根据黑珍斯（Higgins）和沃弗（Wolfe）等人的方法，以锐度值表示。实验版使用了用于测定颗粒度的 150 线、70%层次的线条模版，制作了与测定颗粒度同样的记录图，以相邻黑白线间的平均密度斜率的平均值作为印刷品图像的锐度。LTF 发现了上述锐度值与采用配对比较法求得的主观上的清晰度有密切关系。在这种情况下也与颗粒性的情况一样，需对密度范围的差别加以补偿。

2. 罗德斯（Rhodes）的清晰度

罗德斯（Rhodes）用重影和堵（糊）版的程度表示印刷品的清晰度。将由每英寸 175 线的平行线构成的图样，与印刷方向垂直和平行地拼在版面上进行印刷，而重影（见图 11-3）就根据这两者的反射密度求得：

重影 = 垂直线模样的反射密度 − 平行线模样的反射密度

堵（糊）版是将网线版（150 线、75%层次）和实地版同时印出，根据其反射密度求得：

堵（糊）版 = 网线版印刷品的反射密度/实地版印刷品的反射密度

以重影和堵（糊）版的数值而求得的清晰度，与借助配对比较法求得的主观评价值具有很好的一致性。

---

[1] Higgins 和 Wolfe 关于连续调照片上显明性和锐度的理论。Higgins 和 Wolfe 对显明性下的定义是：表示观察者对银粒子照片上的细微部分明了度所做的主观判断，由清晰度、解象性、颗粒性等主观因素构成，并且用通常的测定法表示数值，如解象性以解像力，颗粒性以颗粒度来表示，清晰度以锐度值表示。

用刀刃密附在照相感光膜的表面曝光，将此进行显影，则此境界线因光衍射现象而有某种程度的发虚。Higgins 等人以一定间隔 ΔX_i 连续测定此发虚的境界线的密度陡度 $\Delta D_i/\Delta X_i = G_i$，并将 $1/n\sum_{i=1}^{n}G_i^Z$ 定义为锐度。并且对于只在清晰度和解象性上有差别的照片，显明性将可用倒的值来确定：式 $A\cdot(1-e^{-0.0007RP^2})$ 中，A 为锐度；RP 为解像力。

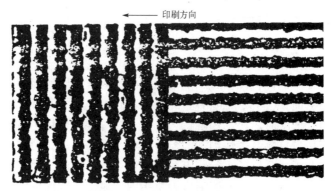

图 11-3　测定重影的放大图片

注：左图垂直线模样因重影大，故与右图平行线模样相比，其反射密度大

3. 调制传递函数 MTF 测定法

清晰度的测定、评价最初以照相方法为准，然而 20 世纪 50 年代开始采用响应（response）函数测定的方案。

在电气工程里，表征传递的忠实性时，用响应函数来描述，在照相、印刷等图像复制系统中也可采用此种方法。在图像系统里用图像的线数代替电气工程里的频率，把它称为空间频率，另外用图像的反差代替电气工程里的输出功率。在透镜摄像中用响应函数和光学传递函数（Optical Transfer Function，OTF）比较多，但在照相或印刷范畴中用调制传递函数（Modulation Transfer Function，MTF）的情况为多。响应函数和光学传递函数中包含振幅和相位的因素，而 MTF 仅仅用于处理振幅，这是不同点。

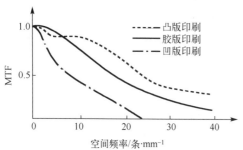

图 11-4　不同印刷方式下测定的印刷品 MTF

作为在印刷领域利用调制传递函数的例子，安田嘉纯等人对平、凸、凹各种印刷品用测微密度计等以 5μm 的孔径进行扫描测定，得到图 11-4 所示的测定结果。

图 11-5 所示为不同网线数下测定的印刷品 MTF。在此应注意的是，不能采用视觉分辨能力以下的试样进行测定，否则是无意义的。由图 11-6 可以看出，采用比 10 条/mm 粗的空间频率测定为好。

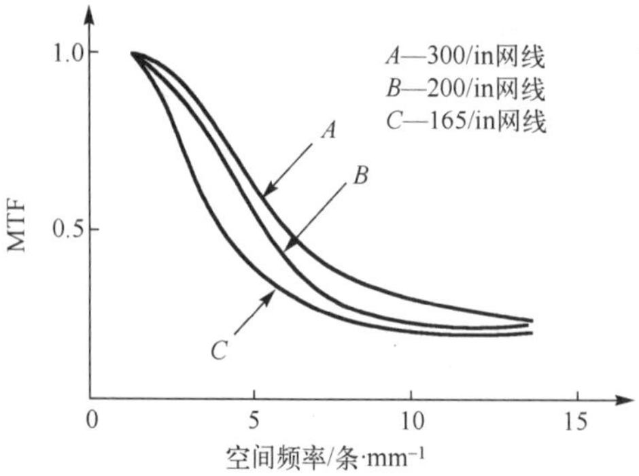

图 11-5　不同网线数下测定的印刷品 MTF

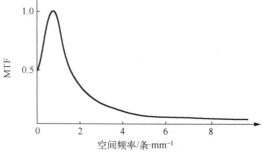

图 11-6　视觉的 MTF

四、颗粒性

印刷品的颗粒性也可以用不均匀性这一术语来表示，不均匀性可严格区分为两类。一类是由纸的平滑度等引起的微观的不均匀性，即颗粒性；另一类是由油墨的斑点和纸的质地斑块引起的宏观不均匀性，但这种宏观的不均匀性很少造成问题出现，所以所谓不均匀性，多意味着颗粒性，而颗粒性与清晰度有密切关系。评价印刷品的颗粒性有以下三种方法。

1. LTF 的颗粒性和颗粒度[①]

L.A. Jones 与 G. C. Higgins 的有关颗粒度的理论应用到印刷品上，与照片上的情况一样，颗粒性表示对印刷品"粗涩"的主观印象，而颗粒度表示颗粒性的客观测定值。在 LTF，为了求印刷品的颗粒度，使用由 150 线/英寸、70%层次的线条图样制成的实验版进行印刷。用测微密度计测定，求出黑线的中心 a 和邻接的白线的中心 b 之间的密度差的绝对值，以此作为 $S\Delta D$。利用同样的方法测定 b 和 c、c 和 d、d 和 e，分别求出它们各对的 $S\Delta D$，以这些 $S\Delta D$ 的平均值来表示颗粒度。

2. 莱塞瓦（Laseur）的不均匀性

莱塞瓦用 0.1mm 的扫描孔径测定了实地印刷品的反射密度及反射系数，以下列各种方式计算了不均匀度。

① 微小反射密度的标准偏差和平均偏差。

② 利用 L. A. Jones 和 G. C. Higgins 的方法，按照下式求得印刷品的颗粒度 $S\Delta D$：

$$S\Delta D = \frac{1}{n}\sum \left|D(x) - D(x+d)\right|$$

式中，$D(x)$是在点 x 处的微小反射密度；d 是扫描孔径。

③ 微小反射系数的平均偏差。

④ 微小反射系数的平均偏差和平均值之比。

如上所述求得的从①到④的不均匀性参数，若分别对整个印刷品的平均反射密度的影响增加补偿值（整个印刷品的平均反射密度大时取负值，小时取正值），则其结果与主观评价值更为一致。莱塞瓦将经过补偿的不均匀度的值称为不均匀系数。

3. 佛格拉的不均匀性

佛格拉的 H.Diehl 等人测定了网点印刷品每个网点的微小反射密度，对于实地印刷品，以微小的扫描单位（如 0.1mm^2）测定了反射密度，以各测定值β的变动系数 V 作为不均匀度：

$$V = S(\beta)/\overline{\beta}$$

式中，$S(\beta)$为β的标准偏差；$\overline{\beta}$ 为β的平均值。

通过配对比较法所求得的不均匀度的主观评价值，除个别例子外，与客观评价值是比较一致的。

---

① 关于颗粒度的 Jones-Higgins 的理论，L. A. Jones 和 G. C. Higgins 用邻接点间的密度差（Density Difference）来表示颗粒度，按照下式求得邻接点间的密度差：$S\Delta D = ID_\alpha - ID_{\alpha 1}$。式中，$ID_\alpha$为$\alpha$点的积分的平均密度；$D_{\alpha 1}$ 为邻接α点的点子的积分平均密度。$S\Delta D$ 并不意味 S 和ΔD 之积，S 表示邻接点间，而ΔD 表示密度差。

五、解像力（分辨力）

评价照片和印刷图像的解像程度以黑白等宽的平行线条为测试依据，用每 1mm 内容纳的线条数来表示，一般能辨别相互接近的两条线的最小距离，称为解像力（或分辨力）。

测定解像力简便易行的方法是用 GATF 星标。星标的结构（见图 11-7）为在直径为 1 英寸的圆周上，等分 36 条间距相等的放射性黑白斜块，斜块的尖端集中在圆心形成一个小白点，实际应用时将星标缩成 9mm。解像力即利用这些黑白斜块放射线端的敏感性，从白点中心开始，视黑白线条向外扩散形成黑点的大小。检测时用有标度尺寸的高倍数放大镜，测量星标中心的黑点尺度。设中心部分黑点的面积扩大量为 A（英寸^2），则利用下式进行计算，就可求出印刷图像的解像力。

$$RP = \frac{11.47}{A} \quad （线/英寸）$$

式中，RP 为图像的解像力；A 为中心部分黑点的面积扩大量；11.47 为该星标的常数。

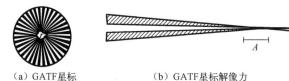

（a）GATF星标   （b）GATF星标解像力

图 11-7　星标的结构

因为此星标是将直径为 1 英寸的圆等分为 36 个放射性黑白斜块，黑斜块与白斜块构成一个节距，亦即直径为 1 英寸的圆周上有 36 个节距，故节距的数量与星标总周长之比为一个固定不变的常数。因此

$$星标常数 = \frac{节距总数}{星标总周长} \approx \frac{36}{3.14 \times 1} \approx 11.47$$

如果测得中心部分黑点的面积扩大量 A 为 0.010 英寸^2，那么此时的解像力为

$$R = \frac{11.47}{0.010} = 1147 \quad （线/英寸）$$

如果是印刷正常的星标，其最大解像力为 1300 线/英寸。

解像力和清晰度、颗粒度的概念非常容易混淆，这是因为它们是相互关联的。清晰度和解像力的关系通过图 11-8 便可明了。图 11-8 所示曲线的纵坐标为黑白线的密度差，测定方式可参考前文讲述的 MTF。对图 11-8 中印刷品 a 和印刷品 b 的曲线进行比较，b 比 a 的解像力高，但将中段的线数对应的密度差进行比较，则可看出 a 的清晰度好。通过比较可知，清晰度和解像力的曲线是不成比例的。

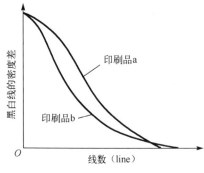

图 11-8　清晰度与解像力的关系

六、文字质量

以上分析了影响图像复制质量的种种因素，文字质量（识读性）的独特要求有下列几点。

1．文字的识读性

① 字型的稳定性。例如"计"这个字，其左右的稳定性欠佳，"十"字上下均缺少稳定性，所以设计字体时需要考虑这点。另外，对视感错觉的补偿也是必要的。例如设计"物"字时，为了对应"勿"字的斜线，左边"牛"的纵线下部看着像右倾似的，所以设计时应把纵线的最下部稍稍加粗，从而在心理上得到向左呼应的效果。

② 线的粗细与间隔。字号变小，笔画数多则线的幅度要小，线与线的间隔也要小。从视觉上来讲，线的最小宽度为 0.08mm，线与线的间隔距离必须是一条线的 3 倍以上。现在用的宋体活字，如 7 画的 6 号字，大体与此吻合。

③ 黑度。在文字印刷品中，常常看到星星点点的黑头字，给人不舒适的感觉。理想的印刷品是在一个字占的字面面积上，看上去具有同等的黑度，但笔画数多的文字的黑度就会增强，笔画数少的文字的黑度就会减弱，这在某种程度上是难以避免的。所以这就需要在设计时考虑到笔画数多的文字的线要细些，笔画数少的文字的线要粗些，黑度不要相差悬殊。还有，一页书稿应根据字数保持字与字之间的适当间隔，保持每个字的黑度平衡。

另外，活字笔画一般是过粗的便于识读，而过细的不易识读。由此可知，黑度也可作为识读性的一个标准。可用下式来计算文字的黑度。

$$黑度 = \frac{字面着墨面积}{活字的总面积(大面积)}$$

2．识读性的测定

评价文字质量的综合效果最终不外是判断文字的识读性好不好。评价方法一般采用阅读速度法，即将对一定数量的文字进行阅读的时间，或一定的时间内能识读的文字数量作为评价标准。阅读时，以识文不释意的阅读方式为佳。此外，也可采用一定距离阅读一定数量文字的方法。

七、纸张白度

测试纸张的白度有分光反射率测定法、CIE 表色系统测定法等。简便的测试法是通过蓝色滤光器（主波长为 475nm）照射纸张，同时用标准的氧化镁板对比反射率，表示 hunter 白度（日本标准 JISP8123《纸及纸浆的 hunter 白度试验法》）的方法。

八、光泽

纸张的光泽度可用纸张的镜面反射能力和完全镜面反射能力的接近程度来表示，表示方法有镜面光泽和对比光泽两种。镜面光泽 G 可用下列测定公式求得。

$$G = \frac{\phi_p}{\phi_s} \times 100\%$$

式中，ϕ_p 是印刷品的正反射光量；ϕ_s 是标准面的正反射光量。

在印刷品上，一般使用 60° 入射角的镜面光泽，但也有使用对比光泽的情况。对比光泽的方法采用正反射光量/扩散反射光量来表示光泽，其测定方法有三种。上述两种光泽的具体测定方法，可参照标准 GB/T 8941—2013。

九、印刷透印

印刷品的印迹能够透过反面而看得见的晕影叫作透印（Print Through）。另外，纸张表面的油墨渗进纸内称为渗墨。透印和渗墨是不同的现象，在测定时因为不易把两者区别开来，所以把两者结合起来称为印刷透印。

印刷透印的程度可使用如下公式表示：

$$印刷透印 = \lg A - \lg B$$

式中，A 是白纸的反射率；B 是印刷品背面的反射率。

十、粉化（Chalking）

印刷品经过充分干燥之后，轻轻摩擦印刷面颜料就剥落的现象称为粉化。油墨中采用的调墨油太稀，干燥过程所用时间过长，或者对纸张来说，油墨的配比不适当都会使颜料不能很好地黏附到纸张上。防止印刷品粉化可在油墨中掺入稠的调墨油，但事先应检查一下纸张和润湿液的 pH 值。如果相对湿度较高，则可多用些干燥剂或采用强干燥剂。

第二节　印刷图像复制质量

一、印刷图像复制质量的概念

印刷图像复制质量（以下简称印刷质量）实际包括制版和印刷两方面的质量效果。印刷品的复制质量经常被人们评论，但是关于"印刷质量"一词的具体概念尚无确切的解释。由于印刷品本身的特殊性，它既是商品又是艺术品，这就决定了"印刷质量"这一概念的广泛性，涉及主观、客观的心理因素和复制工程的物理因素等。"印刷质量"这一概念大多数情况下是从印刷技术的角度来考虑的，并非从商品价值或艺术角度来考虑，因为从商品价值或艺术角度对印刷品进行质量评价的结果都不能真实全面地反映整个印刷品的质量特性，因此只有从印刷技术的角度，才能确切地评价印刷质量。这种观点得到了国内外大多数专家的普遍承认，因此，A.C.Zettlemoyer 等人将印刷品的质量定义为"印刷品各种外观特性的综合效果"，而 G.W.Jorgensen 等人认为上述定义不够准确，因而从复制技术的角度出发，指出印刷品的质量要以"对原稿复制的忠实性"为评价标准。

印刷品的外观质量的评价标准根据用途而异。如电话簿的印刷质量，要求号码准确、清晰易读、墨色够、装订牢固、美观即可；而商品广告样本，除一般的要求以外，则更强调商品的本来颜色是否能够全面、忠实地再现，以此来判断印刷质量。因此所谓印刷品的外观特性，从印刷技术的角度来表示，就是：

① 对于线条或实地印刷品，应墨色厚实、均匀，光泽好，文字不花，清晰度高，套印精度好，无透印、背凸过重、背面蹭脏等现象；

② 对于彩色（网点）印刷品，则应阶调和色彩再现忠实于原稿，墨色均匀，光泽好，网点不变形，套印准确，没有重影、透印、各种杠子、背面粘脏，以及人为的伤痕等现象。

上述这些外观特性的综合效果构成了印刷质量的评价标准，因而也是印刷质量管理的根本内容和要求。

二、印刷质量的评价方法

评价印刷质量优劣的方法历来是凭借人对各种印刷品的视觉感受，即以目视为主或借助器具进行微观检查。这种方法常常包含着个人的主观意识和不同的审美观点，因此称为主观评价。利用测试仪器对印刷品按项目进行物理性能的测试，然后通过计算得出统一的结论，在现代印刷工程中称为客观评价。将主、客观两种评价方法结合起来进行质量鉴定则称为综合评价。下面分别加以说明。

所谓主观评价，是评价者以复制品的原稿为基础，以印刷质量标准为依据，对照印样或印刷品，根据自己的学识、技术素养、审美观点和爱好等方面的心理印象做出评价。此种评价因人而异，不大可能得出统一的结论。这是因为影响主观评价的基本因素有很多，例如：

① 因地点、周围环境，特别是观察复制品（与原稿对比）的照明条件不同所产生的视觉差异；

② 因原稿种类不同给复制品带来的差异，如彩色反转片（透射型）与复制品（反射型）在反差、色彩方面的差别；

③ 因画面亮度的绝对值和周围亮度的不同，给识别图像的能力造成很大影响，另外，周围的色彩、配色条件的影响也很大。

如图 11-9 所示，如果按照图中的要求，用一种颜色印刷出来，那么我们将看到中心方块的颜色完全不同。如果将颜色进行对比，那么它的反映就更加复杂。这种现象只有通过色彩心理学或生理光学才能从理论上加以说明。

中心方块密度完全相同（$D = 0.58$），但因周围密度（亮度）不同，故中心方块的颜色显得完全不同，这是视觉上的错觉。

可见，主观评价不能全面反映印刷品的质量特性，但它是印刷质量好坏的最后仲裁者。由于印刷工业本身属于复制加工性行业，其印刷质量的好坏，往往不是由印刷者来决定的，而是由出版单位或委印单位凭主观感觉来决定的。尽管印刷厂对印刷质量有其自己的评价内容和评价标准，但委印单位却不一定以印刷质量标准为依据。现阶段鉴定印刷质量的方法多以主观评价为主，我们所能做的是把主观评价因素加以客观解释，使其科学化，并和客观评价趋于一致。

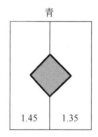 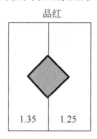 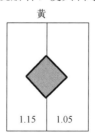 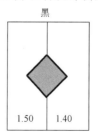

图 11-9 背景色的影响

所谓客观评价，是以测定印刷品的物理特性为中心，通过仪器或工具对印刷品做定量分析，结合复制质量标准做出的评价。值得重视的是，国外已将这种评价方法贯穿在工艺设计和生产过程之中，对印刷质量加以随机自动控制。如在制版过规的电子预打样，晒版过程中的版材测试检版装置，印刷过程中的给水、给墨遥控装置（如海德堡印刷机的 CPC 装置等）。而在国内，目前还做不到完全采用客观的评价方法，但正向这个方向迈进。

客观评价具有以下优点：

① 可以用定量数据来反映印刷品的各种质量特性，特别是工艺系列化的随机控制更能稳定印刷质量；

② 操作者的目的性明确，质量和责任分明，避免出现工序间因质量问题而相互推诿的现象；

③ 有利于各种故障的分析和经验的总结；

④ 能促进质量管理的系列化，加快出版速度，降低成本。

所谓综合评价，就是以客观评价的手段为基础，与主观评价的各种因素相验证，使主观的心理印象与客观的数据分析相吻合，进而使评价标准更贴合科学管理的方式。其重点是在还原原稿的复制理论基础上，求出构成图像的各种物理量的质量特性，从而对测试数据加以综合、确认，使之变成控制印刷质量的标准，这是一项重大的研究课题。

很显然，印刷质量的各种特性取决于复制过程中的工艺、设备、材料和操作者的操作技术，包括现代印刷工程所必备的系列化生产设备、测试工具和现代化的质量管理科学。因此要达到综合评价的水平，就要对上述诸点做出不懈的努力。

关于综合评价印刷品的方法尚无成熟的定论，日本文献中对于综合评价的方法也都处于试验阶段，实际应用尚有一定困难。日本学者采用的是将客观评价、逐项测试的方法和主观评价、目视检验相结合的评分和作图方法。

三、印刷质量的评价内容

印刷质量的评价内容视采取上述哪种评价方法而定，国际上对评价内容和评价方法尚无统一的标准，而国内正处于起步阶段，总之都在不断探索、开发过程中。国内外专家所认定的主要评价内容有阶调再现、颜色再现、清晰度、不均匀性、印刷重复率——平均质量。

（1）相对原稿的阶调再现。对于明暗阶调变化影响的传递特性，用阶调再现曲线表示。

（2）相对原稿的颜色再现。对于分光组成的传递特性，用密度计测量或 XYZ 表色系统的 X、Y、Z 表示。

（3）图像的清晰度。对于图像轮廓的明了性或细微层次、质感的能见度，用测试法或星标表示。

（4）印刷的不均匀性。对于图像在复制过程中出现的颗粒性或印刷中出现的墨杠、墨斑、墨膜不匀及纸张故障所引起的画面不均匀的现象，用测微密度计或光学衍射计等测量。

（5）印刷重复率。保持印刷过程中质量的稳定度，要求达到极高的重复率，在生产中可通过自动控制求出平均质量值，用统计法表示。

以上列举的五点是彩色印刷品质量管理的要点，无论是主观评价还是客观评价，都以此为主要内容。不过，在进行主观评价时，这些评价内容只有性质、状态的区别，没有定量的数据关系；而进行客观评价时，用恰当的物理量来进行定量分析，将数据和主观评价相结合，重点应放在印刷重复率上。

第三节 印刷质量的综合评价方法

如前文所述，以往评价印刷品的质量均以目检印象，即主观评价为依据，因此存在种种误差，在管理方法上也难以做出标准的评价。自从有了客观评价方法之后，可借助密度计等工具进行评价，以弥补主观评价的不足。

为了实现质量管理综合评价，以满足现代化生产方式的需要，日本等国的印刷专家们经过不断研究实践，归纳总结了印刷质量的综合评价方法。

一、基本知识

印刷质量的综合评价方法是综合了以下三种因素而形成的。

（1）首先确认目检价值的存在，包括印刷质量专家与大多数人目检印象的一致性。

在讨论印刷质量的评价方法时，首先想到的就是，在目检评价方面，目检者（包括印刷专家）之间的质量评价标准是否一致。如果这种一致性小，那么探讨评价方法这件事的本身就没有多大意义。对此，日本印刷界的专家们进行了长期的试验研究，最后得到了统一的看法。

10 名一般职工和 15 名印刷机械方面的有关人员对六张印刷样品进行了目检评价，其结果如图 11-10 所示，若评分接近于六分则为好的印刷品。图像是一张女子肖像。

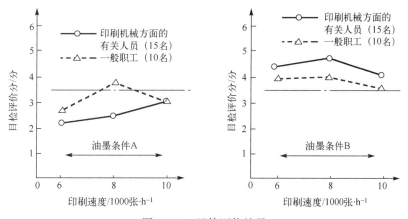

图 11-10　目检评价结果

对图 11-10 所示的评价结果进行统计、讨论后发现，印刷机械方面的有关人员的评价标准是一致的，而一般职工的评价标准却不一致。印刷机械方面的有关人员由不同工种组成，因而这个结果表明，若是分工种分别进行评价，可以有一致的评价结果。也就是说，通过目检定评分的方法有存在的价值，这可作为综合评价的一个基本内容。

（2）根据客观评价的手段，以测试数据为基础。

（3）对测试数据进行计算、制作表格，得出印刷质量的综合评价分。

二、评价方法

1. 综合评价的步骤

综合评价分为 3 个步骤。

（1）步骤 1。

按照图 11-11 所示的评价步骤及其内容，用密度计和网点面积密度计对与图样同时印刷的阶调梯尺（Y、M、C、K 4 色）和色标进行测量，以求得图 11-11 所示的用仪器测定的评价项目的值。

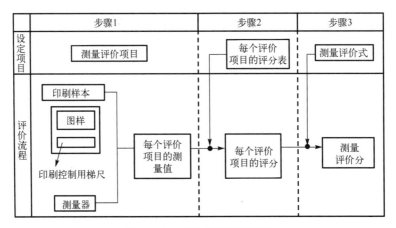

图 11-11　评价步骤及其内容

　　① 先测定青、品红、黄、黑阶调梯尺的密度，然后绘制出图 11-12 所示的印刷特性曲线。

　　② 转换密度计的滤色片，测定黄、品红、青色标及这三色中任意两色之间的叠色蓝、红、绿色标的实地密度，以及黄、品红、青三色叠色的实地密度，然后作出图 11-13 所示的彩色六角图。

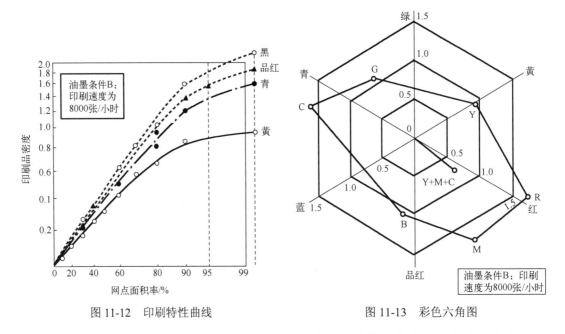

图 11-12　印刷特性曲线　　　　　　　　图 11-13　彩色六角图

　　③ 测定阶调密度误差（TE）：正如前文所述，在印刷特性曲线上，忠实地反映白纸密度和实地密度相结合的曲线应是一条理想直线，而实际印刷品的特性曲线与理想直线相比，往往变成在理想直线的基础上往上凸起的弧形曲线。因此，就以如下的公式作为一种评价量。

$$TE = \frac{\Delta A}{A} \times 100\% \qquad (11-1)$$

式中，ΔA 为图 11-12 中斜线、虚线下部的面积；A 为图 11-12 中曲线右下部分的面积。

　　式（11-1）可根据四个色得到不同的数据，所以取其平均值作为该印刷品的阶调密度误差。图 11-13 中，TE = 32.5%。

④ 测定实地密度（D）。

以四个色实地密度的平均值作为评价项目的实地密度。

⑤ 测定饱和度（A）。

$$饱和度 = \frac{六角形的实际内部面积}{饱和度为 1.0 的正六角形内部面积}$$

⑥ 测定色相误差（L_s）。

$$色相误差 = \frac{六角形各边的标准偏差}{六角形各边的平均值}$$

⑦ 测定三次色的色度（L_z）。

$$三次色的色度 = \frac{六角形中心与三色叠印色（Y+M+C）的距离}{饱和度为 1.0 的标准六角形一边的长度}$$

⑧ 测定灰度（G）。

$$灰度 = \frac{1}{6}\left(\frac{LC}{HC} + \frac{LY}{HY} + \frac{LM}{HM} + \frac{LB}{HB} + \frac{LR}{HR} + \frac{LG}{HG}\right)$$

前边的 H、L 分别表示通过转换滤色片所测得的各色密度的最大值和最小值，后边的字母表示对应颜色：C = 青，Y = 黄，M = 品红，B = 蓝，R = 红，G = 绿。

⑨ 测定网点的形状系数（SF）：评价网点轮廓的再现性，测量圆形网点面积与周长，按下式计算出网点的形状系数。

$$SF = \frac{(网点周长)^2}{4\pi A}$$

式中，A 为原网点的面积；如果网点为圆形，那么 SF = 1.0。

⑩ 测定网点扩大（TZ）：评价网点面积的再现性，用网点面积密度计进行测量，按下式计算。

$$TZ = 测量的网点面积率 -$$
$$胶片或印版的网点面积率$$

⑪ 测定网点内的有效密度比（DP）：求网点内的有效密度比，用网点面积密度计进行测量，即可绘制图 11-14 所示的实线（曲线）。网点内的有效密度比的理想再现，是用虚线（面积 A_c 部分）来表示积累分布；印刷后，实际达不到理想程度，用斜线（面积 A_a 部分）来表示网点内部密度的缺欠。DP 作为网点内密度再现性的评价量，按下式计算。

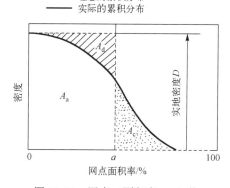

图 11-14　网点（面积率 $a\%$）的积累分布密度

$$DP = \frac{A_a}{D \times a}$$

式中，D 为实地密度；A_a 为曲线下的面积；a 为网点印刷部分的面积率。

⑫ 测定网点蹭脏的附加密度（SD）：评价网点边缘密度的再现性，表现为图 11-14 的阴影部分（面积 A_c）的出现程度，按下式计算。

$$SD = \frac{A_c}{D \times (100 - a)}$$

式中，A_c 为实际印刷品的网点附加密度。

至此，表 11-1 内的十个评价项目的计算基本结束。

表 11-1 所示为某印刷品质量综合评价的计算。右下角①就是该印刷品的综合质量评价分，满分为 100 分，该印刷品的实际得分为 59.5 分。计算顺序为从序号 1 至序号 10；测量值③为评价项目②相对应的测量数值；将②的测量值换算成评分④；将评价比重⑤乘以评分④就可计算出各项目的得分⑥；再将此得分进行合计，得出印刷品的综合质量评价分①。在此期间，各质量评价分要与目检评价顺序一致，可将评价比重及得分进行逆运算。

表 11-1　某印刷品质量综合评价的计算

序号	评价项目②	代号	测量值③	评分④	评价比重⑤	得分⑥（评价比重×评分）
1	阶调密度误差	TE	3.1	7	1.7	11.9
2	网点的形状系数	SF	2.29	6	1.7	10.2
3	网点蹭脏的附加密度	SD	24.3	5	1.6	8.0
4	网点扩大	TZ	11.8	4	1.5	6.0
5	三次色的色度	L_z	0.304	10	1.0	10.0
6	网点内的有效密度比	DP	77.9	5	0.6	3.0
7	实地密度	D	1.31	4	0.6	2.4
8	饱和度	A	2.8	5	0.5	2.5
9	灰度	G	17.1	5	0.5	2.5
10	色相误差	L_s	0.179	10	0.3	3.0
合计					综合质量评价分=59.5①	

（2）步骤 2。

根据步骤 1 中求得的各评价项目的值，用表 11-2 所示的评分办法，给予 0～10 分的评价。

表 11-2　评分表

评分		0	1	2	3	4	5	6	7	8	9	10
评价项目	阶调密度误差	57.4～53.9	53.9～50.4	50.4～46.8	46.8～43.2	43.2～39.7	39.7～36.1	36.1～32.6	32.6～29.0	29.0～25.5	25.5～21.9	21.9～18.4
	实地密度	0.99～1.06	1.06～1.13	1.13～1.19	1.19～1.26	1.26～1.33	1.33～1.39	1.39～1.46	1.46～1.53	1.53～1.59	1.59～1.66	1.66～1.73

（3）步骤 3。

把在步骤 2 里求得的各评价项目的评分代入式（11-2）的评价式里，求得质量评价分。

$$Y = W_{TE} \times P_{TE} + W_D \times P_D + W_A \times P_A + W_{L_s} \times P_{L_s} + W_{L_z} \times P_{L_z} + W_G \times P_G + $$
$$W_{DP} \times P_{DP} + W_{SD} \times P_{SD} + W_{DG} \times P_{DG} + W_{SF} \times P_{SF} \tag{11-2}$$

式中，下标对应表 11-1 所示的十个评价项目；W 表示其下标字母所表示的评价项目的重要程度（表 11-1 中所示的"评价比重"）；P 表示步骤 2 中各评价项目的评分。

综合质量评价分 Y 以 100 分为满分，分数越高，印刷质量就越好。

表示评价比重（重要程度）的 W，按其值的大小列于表 11-1 中。在此评价方法中，该怎样设定这个表示评价比重的 W，是个关键问题。以印刷品的测定结果与评价标准相一致的目检评价结果为基准，分析根据各评价项目对印刷质量的期望程度及相互之间的联系所列的评价比重，可发现与网点再现有关的阶调密度误差、网点的形状系数、网点蹭脏的附加密度及网点扩大这四个项目的重要程度的总和高达 65%，可见此四项特别重要。

2．评价法的适用性

为了检查此评价法的适用性，图 11-15、图 11-16 所示均为测量评价分与目检评价分的相关性。

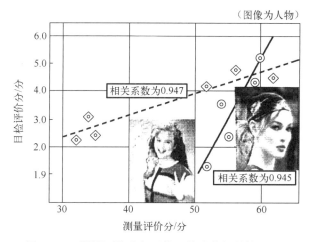

图 11-15　测量评价分与目检评价分的相关性（1）

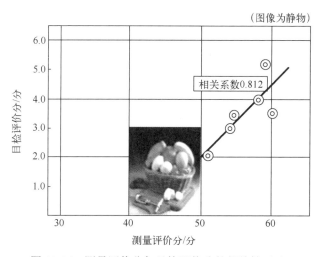

图 11-16　测量评价分与目检评价分的相关性（2）

在图 11-15、图 11-16 中，横轴都是根据本评价法求得的测量评价分，纵轴为目检评价分，对两者的相关性进行比较。在图 11-15 中，目检印刷品图像是人物（两个不同的图像）。图 11-16 中的印刷品图像是静物。从两图上都可看出，测量评价分和目检评价分的相关性很强，本评价法基本适用。

表 11-1 所示的评价比重尽管是由人物图案的评价数据得到的，但它对于静物也适用，这一点是相当有趣的。

为了使上述评价法适用于更多的印刷品，提高测量评价与目检评价的一致性，还可进一步加以改进。这样，当鉴定印刷品的质量时，就不再只关注网点和密度，而是把这些因素综合起来给予定量的评价，这种设想有可能逐步实现。

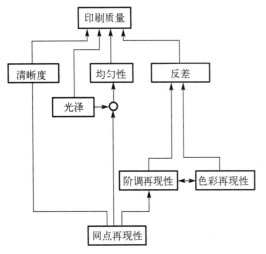

图 11-17 印刷质量和质量特性的关系

三、测量评价

前面介绍了综合质量评价方法由十个评价项目构成，那么，综合评价印刷质量受哪些质量特性所支配呢？过去已有很多专家论述过这个问题。图 11-17 所示为印刷质量和质量特性的关系。从图中可知，印刷质量受以下四个基本的质量特性支配。

① 阶调再现性。

② 色彩再现性。

③ 网点再现性。

④ 光泽。

根据这四个质量特性的考察结果导出了图 11-18 所示的十一个评价项目，从而完善了印刷质量的定量评价法。下面加以深入讨论。

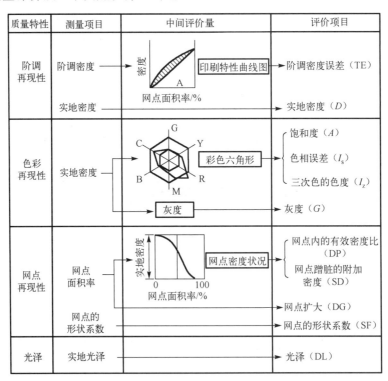

图 11-18 质量特性和评价项目

（1）阶调再现性：前面已简单涉及了这个问题，一般的原稿（彩色透明片、照片等）与复制的印刷品用密度曲线进行比较时，印刷质量和质量特性的关系从理论上说，如果阶调复制达到完全的再现，那么两者的关系将如图 11-19 中的直线 A（45°直线）所示。而实际印刷品中两者的关系往往如图 11-19 中的曲线 B 所示，对于这种要求，一般印刷品的阶调曲线是达不到的。其原因是印刷油墨的最高密度达不到原稿的最高密度，而处于低值。复制过程中为了保持阶调的相对再现，在保持整体的密度范围内（原稿的明暗视觉印象与印刷品的明暗视觉印象之比），必须按照平均密度进行梯级压缩。这样，两者的关系实际上用图 11-19 中的曲线族 C 来表示。所谓阶调再现性，即使印刷品的密度曲线接近 C 或 B，达到忠实再现。此外，由于密度与明暗视觉印象之间没有线性关系，因此，实际印刷品的密度特性怎样趋于忠实再现是个很复杂的问题。

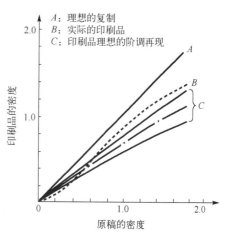

图 11-19　原稿密度与印刷品密度的关系

为了避开这个难点，可采用佛格拉提出的印刷特性曲线（见图 11-20）。该曲线与一般曲线的不同之处在于其将纵轴（印刷品的密度）和横轴（网点面积率）的刻度间距做了改变，从而使图 11-19 的 C 曲线经非均匀标绘后能趋于直线 A，使之与明暗视觉印象成比例，达到忠实再现。

当采用佛格拉提出的印刷特性曲线进行具体标绘时，就会如图 11-21 中的虚线所示，与理想直线相对地形成往上面凸出的弧形曲线。这种评价方法将偏离理想直线达到虚线的面积记为ΔA；把由理想直线与白纸密度起点平行于横轴的直线形成的三角形面积记为 A，将两者之比作为阶调再现性评价量（TE）的一种形式（具体计算见 TE 公式）。

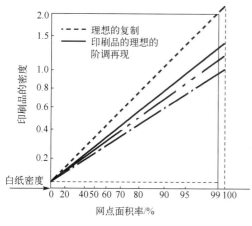

图 11-20　佛格拉提出的印刷特性曲线

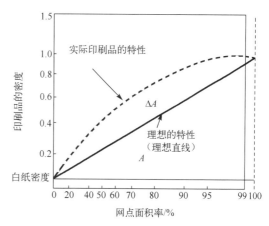

图 11-21　理想与实际的阶调再现性

以图 11-22 为例来说明，对样品 A 与 B 进行比较，当网点面积率超过 80%时，密度增加的比例小，阶调再现性不好，样品的阶调密度误差（TE）分别为 44.1%和 32.6%。

对于阶调再现，印刷品各色的最高密度，即实地密度也非常重要。样品 A 与 B 相比，样品 B 的最高密度超过了样品 A。所以各色的实地密度都可作为阶调再现性的一种评价项目。

（2）色彩再现：研究色彩再现性，就是研究原稿经过复制后在色彩还原方面出现的某种偏差程度。以碧蓝的天空色彩为例，印刷品上的碧空总是不如原稿上的天空色彩艳丽明朗。其他方面的对比亦如此，只是偏差程度不同而已。

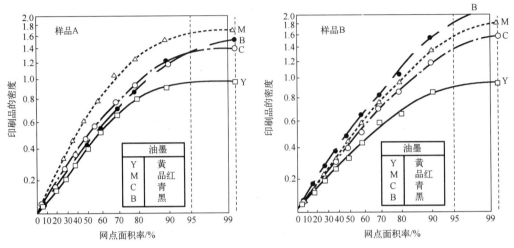

图 11-22　印刷特性曲线实例

评价色彩再现性，可以按照色相、饱和度（彩度）、明度三种特性来表示。图 11-23 所示为印刷品表面的分光反射率和三种特性的关系。

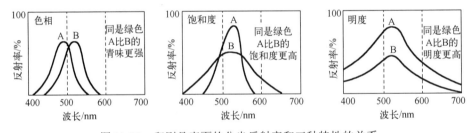

图 11-23　印刷品表面的分光反射率和三种特性的关系

在此三种特性中，由于明度可以按照密度方式表示，因此明度也可以按照阶调再现性的方式进行评价。因而，在色彩再现的评价方式中只采用色相和饱和度的两种偏差作为评价项目是比较适宜的。

在实际印刷中，产生这两种偏差的主要因素如下。

① 实用印刷油墨的分光特性。

② 纸张的表面特性（色调、荧光、油墨吸收性等）的影响。

③ 印刷机械的运转条件（印刷压力、速度、润湿量）的影响。

④ 叠印效果（印刷中油墨膜层转移的比例是否理想）。

色彩再现性最准确的评价方法是使用图 11-23 所示的测定分光特性方式，但是这种方法需要专用分光测试设备，一般印刷厂并不具备。所以，一般测定色相和饱和度最为得力的方法是利用彩色六角形，使用密度计进行测算。彩色六角形是 GATF（美国印艺技术基金会）的依万斯（Evans）、汉森（Hanson）及布来瓦（Brewer）设计的。

彩色六角形（见图 11-24）是由油墨三原色（黄＝Y，品红＝M，青＝C）和间色（绿＝G，红＝R，蓝＝B）六个色坐标组成的六角形。

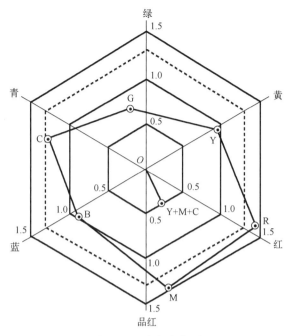

图 11-24　彩色六角形

　　六角形的顶点坐标与基本轴坐标（绿，黄，……，青）的交错程度表示色相误差；六角形上任意一点至六角形中心 O 的距离表示饱和度（图 11-24 中饱和度为 1.3）。色相和饱和度的再现可将标准六角形与虚线同时标记对比，将这个虚线的正六角形与实际印刷品所测得的六角形（坐标存在一定偏移）相对应，根据如下公式得出两种色彩再现性的评价数值（图 11-24 中实线六角形与虚线六角形的面积比值）。

$$印刷网点扩大值 = 细网点密度 - 粗网点密度 \tag{11-2}$$

　　图 11-25 列举了两种样品的彩色六角形，图 11-25（a）、图 11-25（b）的误差基本相似，两者的色相误差的差异很小，评价时可作为参考。

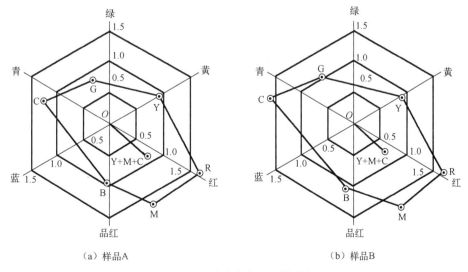

　　（a）样品A　　　　　　　　　　　　　　　　（b）样品B

图 11-25　彩色六角形评价举例

（3）网点再现性：在印刷复制过程中，网点的转移将出现不同程度的误差。图 11-26 左栏所示的密度曲线为理想的网点再现，但是，实际印刷的密度曲线如图 11-26 中右栏所示，与理想的网点再现相比，出现了一定的偏差。

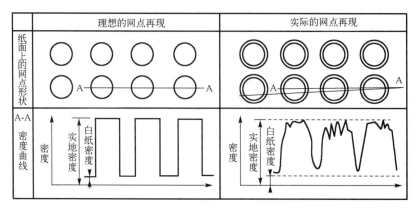

图 11-26　理想与实际的网点再现

① 在平面上，印刷后的网点形状应该是圆形，但在油墨转移后网点轮廓发生了变形。

② 实际印刷时网点面积增大，网点形状发生变形。

③ 在每个网点油墨浓度的分布上，网点整体中心浓度最厚，形成高山形状（网点整体高度的变形）。

④ 网点周围转印的白纸部分，由于网点边缘油墨的微量扩散，其密度比白纸部分的密度稍高，网点边缘形成光渗现象。

以上几方面误差可依照式（11-1）进行计算。

（4）有关光泽的评价：使用光泽计或白度计，测定黄、品红、青、黑实地部分的光泽差，将测定的结果作为评价值。但是在实际的印刷中，只要使用涂料纸和标准油墨，其光泽差对综合质量的影响不大。因此，该项未包括在十个评价项目之内，即使包括在内，其光泽差的值也非常小，故可忽略。

第四节　印刷测试条

一、布鲁纳尔第一代测试条

1968 年，布鲁纳尔公司研制了以 50%粗网点和 50%细网点为基础的第一代测试条。1973 年，又研制了增加微型检标的第二代测试条，由于在生产中推广使用了测试条，从而为提高印刷质量创造了条件，进而在欧洲实现了印刷质量的标准化管理。

布鲁纳尔第一代测试条以三段式为主，其中粗网点和细网点检标在测试条中占最重要的地位。测试条用 0.1mm 厚的重氮软片制成，阴、阳版式均可使用。

三段式测试条总体包括两部分，即由实地、50%粗网点和 50%细网点（测微段）组成的三段和由半色调网点组成的三段 75%、50%、25%三色中性灰平衡段，按四色逐次循环排列。测试条的幅面为 6mm×74mm，可供视觉鉴定或用密度计测量，求其网点扩大值。为了简便，一般采用第一代（三段）测试条（见图 11-27）。

图 11-27　第一代（三段）测试条（左为放大图、右为原图）

第一段是实地段，用于测定墨层的密度值。

第二段是 10 线/cm 的粗网点段，网点面积率为 50%，用于直接观察网点扩大情况。

第三段是细网点测微段，在 3mm×6mm 的面积上，用等宽十字线将细网点测微段的面积一分为四，每 1/4 的面积上网点形式完全相同（见图 11-28），它包括以下几部分。

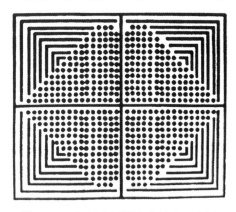

图 11-28　细网点测微段的放大示意图

① 线条测微段：每 1/4 格的外角均由 6 线/毫米的等宽折线组成，作为检查印刷时网点有无变形、重影的标记。

② 细网点测微段：靠近大十字线横线的第一排有 13 个网点，最内侧的一个网点是实点，其余的 12 个网点是空心的，网点面积率分别为 0.5%、1%、2%、3%、4%、5%、6%、8%、10%、12%、15%、20%；其与第二排之间有同样个数和网点面积率（%）的实网点，第三排网点靠内侧的一个网点也是实点，但从第二个网点开始取出和下两行网点完全相同的面积。所不同的是网点是用阴十字标表示的；同时也取同样面积和个数的阳十字标，夹在相对应的位置（见图 11-29、图 11-30）。

阴、阳网点和阴、阳十字标的功能是判定印版的解像力和曝光量，此外还能鉴别网点转移的变化，不仅能测出网点增减的概数，还能测出网点变化方向的概数。当网点横向扩大时，十字标的阳竖线变粗，阴竖线糊死；当网点竖向增大时，十字标的阳横线变粗，阴横线糊死，可直接看出网点变化的方向和网点百分比。如 10%的阴十字标消失，12%的阴十字标还保留横线，竖线消失，15%阴十字标的竖线还保留，这说明网点横向增大了 12%以内，竖向增大了 15%以内。如果两者相差过多，就要调整。

③ 网点测微段（晒版打样检测）：每 1/4 格的内侧中心有四个 50%的方网点，用于控制晒版、打样或印刷时版面的深浅变化。若 50%方网点的搭角大，则图像深，网点扩大值大；

若 50%方网点的四角脱开，则图像浅，网点缩小。

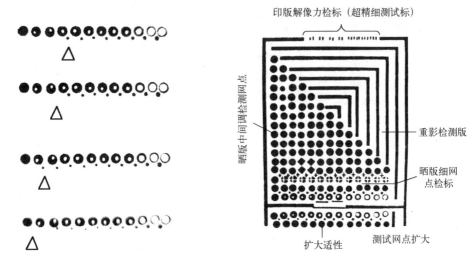

图 11-29　细网点测微段局部阴阳网点放大图　图 11-30　50%细网点测微段的 1/4 局部组成示意图

④ 网点测微段（网点扩大判断）：沿大十字线竖向并列的两排网点的网点面积率是不同的，第一排从下向上逐渐扩大，直至第 13 个网点的网点面积率为 75%，第二排从下向上逐渐缩小，第 13 个网点的网点面积率为 25%，两排对应的两个网点的总面积率为 100%。

⑤ 网点测微段（解像力判断）：在上下边线上，设有超精细测试标，分四段排列不同宽度的阴线，分为 4、5、6、8、11、16、20μm，用于测量印版解像力（见图 11-30）。

布鲁纳尔第一代测试条采用 50%粗、细网点相对比的原理，是在粗、细网点总面积相等的基础上制定的，其线数比为 1∶6，即一个细网点的周长，是 50%粗网点的六分之一（见图 11-27）。一排六个细网点的周长加起来等于一个粗网点的周长。六排细网点的总和是粗网点的 6 倍，因而网点扩大也要大 6 倍。在相同条件下，细网点扩大多，密度高，因此以粗网点为基准，取其粗、细网点两者密度之差即可求出印刷网点的扩大值［见式（11-2）］。

若测得 50%粗网点密度为 0.30，50%细网点密度为 0.46，那么印刷网点扩大值为

$$0.46 - 0.30 = 0.16$$

这种方法既简单、快速又准确，适用于现场管理。不过，布鲁纳尔第一代测试条的检测方式，以 50%网点计算，与玛瑞-戴维斯的网点扩大计算方式相比，其值存在 6%的误差。

在布鲁纳尔检测系统中，有一种自行设计的检测投影仪，可用于显微观测。该投影仪通过光学系统将检测的放大图形投射到直径为 12cm 的毛玻璃板上，用视觉可鉴别。观测时将细网点的十字标与投影仪毛玻璃板上的十字标相套合，该板面上有 0.5%～20%的阴、阳小网点，以此作为网点面积扩大的精确标准。这些小网点是按照检标原来位置排列的，因此可直接并置观察，及时发现网点变化和网点丢失情况。

二、布鲁纳尔第二代测试条

布鲁纳尔公司于 1973 年制成了第二代测试条，该测试条是在第一代（三段）测试条的基础上，增加了 75%的粗、细网点段，构成了五段形式，并和晒版细网点控制段、灰色平衡观察段、叠印及色标检测段等相结合的多功能测试条（见图 11-31）。

该测试条由①晒版细网点控制段，②灰色平衡观察段，③叠印及色标检测段、黑色密度三色还原段，④五段粗、细网点测试段四大段组成。其幅面为长 18.3mm，宽 6mm。

① 晒版细网点控制段：在 5mm×6mm 的面积上分为 6 格，格内以 150 线/英寸的 0.5%、1%、2%、3%、4%、5%细网点依次排列，晒版时根据各企业的标准，控制细网点再现的百分比。如果在晒版或印刷中出现误差，用放大镜观察该控制段即可辨明。

② 灰色平衡观察段：在 15mm×6mm 的面积内，每色分三段排列，即黄、品红、青各由 150 线/英寸的 25%、50%、75%网点组成，用以鉴别打样和印刷品灰色平衡的复制效果。在印刷时，从测试条叼口至尾部的长条分段监测中就可以发现有冷调蓝灰或暖调红灰的误差。

③ 叠印及色标检测段：在 30mm×6mm 的面积上分为 6 种色相，即黄、红、品红、紫、青、绿。每色均为实地或叠印色标，用于测量各色油墨的叠印百分比，按照印刷叠印百分比公式，用密度计测量后进行计算。另外，其还可以用于测量油墨的密度。

黑色密度三色还原段：在 15mm×6mm 的面积上分为三段，即黄、品红、青实地叠印三色黑，黄、品红、青、黑实地叠印四色黑，单色黑实地。其用于观察三原色合成黑、还原色相和叠印密度。

④ 五段粗、细网点测试段（见图 11-32）：在 25mm×6mm 的面积上分为五段，即 50%细网点（150 线/英寸）测微段、50%粗网点（30 线/英寸）段、75%细网点（150 线/英寸）测微段、75%粗网点（30 线/英寸）段、实地段。其主要功能与第一代测试条类似。

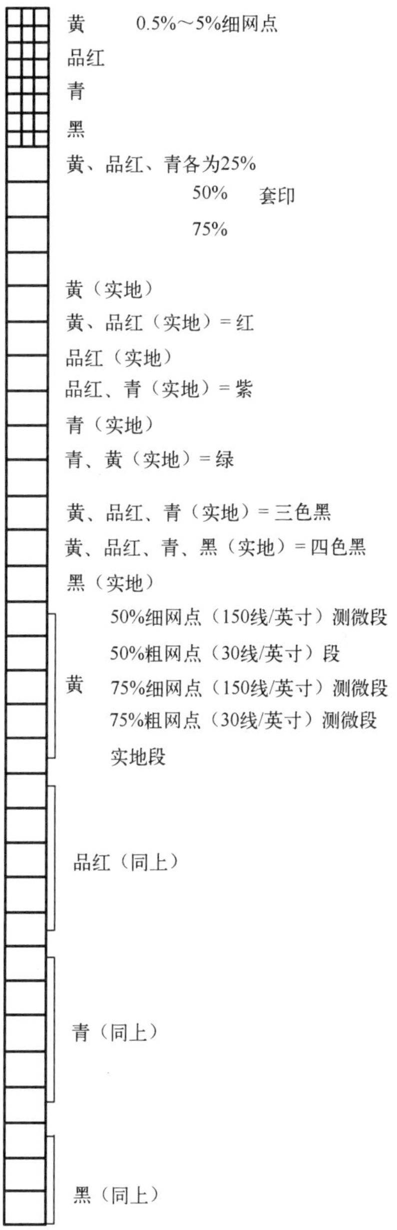

第二代测试条中 75%网点扩大值的计算方法：第二代测试条与第一代测试条相比增加了 75%细网点测微段和 75%粗网点测微段，其作用与 50%的细网点测微段和粗点测微段近似。因此网点扩大值的计算方法应为 75%细网点密度减去 75%粗网点密度再除以 2。如测得 75%细网点密度为 0.88，75%粗网点密度为 0.7，则 75%网点扩大值为

$$(D_{细} - D_{粗}) \div 2 = (0.88 - 0.7) \div 2 = 0.09$$

根据布鲁纳尔的研究，50%网段的密度差范围为 0.15～0.25（约 20%的网点面积率），两者的密度差乘 2 就是网点扩大值；如果密度差在 0.6～0.9（约 75%的网点面积率）的范围内，两者的密度差除以 2 就是网点扩大值。布鲁纳尔的计算方法是以 6 线/mm 为基准的，因此单位长度内不同的网线数要进行换算。若线数增加了，则网点扩大值相应增加；若线数减少了，

黄　　　0.5%～5%细网点
品红
青
黑
黄、品红、青各为25%
　　　50%　　套印
　　　75%
黄（实地）
黄、品红（实地）= 红
品红（实地）
品红、青（实地）= 紫
青（实地）
青、黄（实地）= 绿
黄、品红、青（实地）= 三色黑
黄、品红、青、黑（实地）= 四色黑
黑（实地）
　　50%细网点（150线/英寸）测微段
　　50%粗网点（30线/英寸）段
黄　75%细网点（150线/英寸）测微段
　　75%粗网点（30线/英寸）测微段
　　实地段

品红（同上）

青（同上）

黑（同上）

图 11-31　布鲁纳尔第二代（五段）测试条

则网点扩大值相应减少。

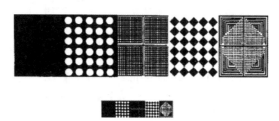

图 11-32 五段粗、细网点测试段（上为放大图、下为原图）

三、格雷达固 CMS-2 彩色测试条

瑞士格雷达固（GRETAG）公司于 1980 年制成了格雷达固 CMS-2 斯威支兰第二代彩色测试条，其与格雷达固 D-142 型反射密度计配套使用，形成了一套彩色印刷品测试系列。

格雷达固 CMS-2 彩色测试条（见图 11-33）分为六段。一个完整测试条的幅面为 6mm×245mm，该测试条出厂时是带状纸盒装，用时可根据需求进行剪切。

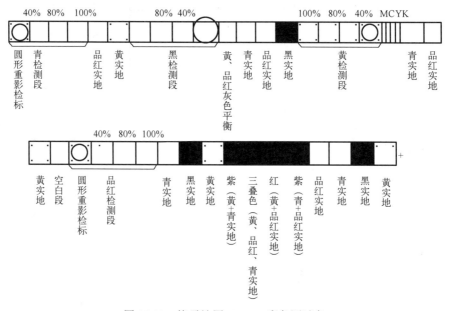

图 11-33 格雷达固 CMC-2 彩色测试条

① 圆形重影检标段：以视觉辨别同心圆检标是否出现印迹重影或模糊现象，在圆形四周排列 1%、2%、6%、4%的细点；如果同心圆线条出现两个立式的暗扇形状，则表示印迹模糊，四角的小点子出现椭圆形圆点；如果在不同方向上出现两个或多个暗扇形状，则表示叠印重影，四角的小点子是双的。1%、2%、6%、4%的细点也可以用于检测印版的解像力。

② 40%、80%和100%网点段：用于检测印刷网点扩大值（或 K 值）。

③ 四色实地色标块段：用来测定各色的密度值。黄色标四角排列着四个小黑点，一个目的是检视套印是否准确；另一个目的是在测黄色标时易于辨别测定位置。

④ 中性灰平衡段：测试条出现的带黑边的方块，以三种色版不同的半色调（黄、品红、青）观察色彩叠印后的中性灰是否平衡。

⑤ 在品红色块之前有一个带黑边的空白段，作用是补印其他色时增添色标块，便于观察色标色相。

⑥ 叠印效果段：以四种（绿、黑、红、紫）色标组成八角形的复色、间色色块，用以检测叠印效果。

四、哈特曼（Hartmann）印刷控制条

哈特曼（Hartmann）印刷控制条是德国哈特曼油墨厂研制的，主要由四部分组成，即①黄、品红、青实地段（6mm×6mm）和由粗、细网点呈三角形分布的网点扩大对比段（4mm×4mm）；②紫（品红+青）三色实地和黑实地，黑实地、黑75%段；③黄、品红、青实地和黄、品红、青75%段；④三色网点重叠中性灰 75%、黑实地、黑75%段。四部分任意重复排列。为了检查晒版细点是否还原和网点的重影状态，该控制条还在各色检标的中缝内放置细网点（150 线/英寸）和横、竖等宽线条段（见图11-34）。

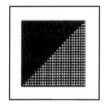

黑

图 11-34　哈特曼粗、细网点的扩大对比图

第①段：粗、细网点扩大对比段的设计依据是细网点扩大比粗网点大得多的特点。由于网点周长变化比面积变化的比例高得多，因此以粗网点为基准鉴别细网点的变化。

第②段：紫色标用于测定品红版、青版墨色的叠印效果。

第③段：黄、品红、青实地和75%网点可以测定油墨的相对反差（K 值）。

第④段：用来观察三色中性灰的色相是否有偏色现象，并可与灰、黑做对比。

该控制条是哈特曼测量和计算系统"程序化印刷"的一部分。使用此系统可在打样时就能印出正式印刷中 8%和20%网点之间的扩大值，这样可在打样时印刷出适合正式印刷的印样。

第五节　计算机印刷质量控制系统

海德堡计算机印刷控制（Computer Printing Control，CPC）系统是海德堡平板纸和卷筒纸胶印机用以预调给墨量、遥控给墨、遥控套准系统及监控印刷质量的一种可扩展式系统。它具有以下优点：缩短准备工作时间，减少试印废品；提高印刷质量；降低工人的劳动强度。海德堡 CPC 系统由 CPC1 印刷机控制装置、CPC2 质量控制装置、CPC3 印版图像阅读装置组成。

一、CPC1 印刷机控制装置

海德堡 CPC1 印刷机控制装置由遥控给墨和遥控套准系统组成，它具有三种不同的型号，分别代表三个不同的扩展级。

1．CPC1-01

CPC1-01 是基本的给墨和套准系统遥控装置，包括区域量墨滚筒遥控装置、墨斗辊墨区宽度遥控装置及轴向、周向套准装置。

（1）遥控给墨装置。遥控给墨装置主要由墨斗（见图 11-35）和可独立调节的量墨滚筒（见图11-36）组成。沿墨斗辊轴向安装有 32 个量墨滚筒，把给墨区分成 32 个区域，每个量墨滚筒的宽度为 32.5mm。量墨滚筒周向为偏心轮廓，装在两端的支承环上。量墨滚筒和墨斗上都包有一层塑料薄膜，这层薄膜可以简化清洗墨斗的工作，并能防止油墨直接与量墨滚筒接触。量墨滚筒上的支承环和墨斗辊始终保持接触。分区给墨是通过量墨滚筒实现的。当伺服电机转动时，通过连杆使量墨滚筒转动，改变量墨滚筒与墨斗辊的间隙，从而调节该区域的出墨量，电位计与伺服电机同轴，能把伺服电机发出的电信号反馈到控制台，在控制台上显示出该区域墨斗辊与量墨滚筒的间隙。

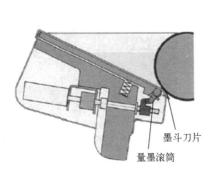

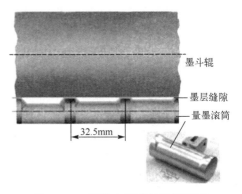

图 11-35　墨斗　　　　　　　　图 11-36　可独立调节的量墨滚筒

控制台上设有 32 个间隙调节按键（加/减键），对应于墨斗辊轴向的 32 个调节装置，按键上方设有 32 个显示器，每个显示器由 16 个发光二极管组成，发光二极管用于显示墨斗辊与量墨滚筒的间隙。墨斗辊与量墨滚筒间隙的调节范围是 0～0.52mm，并分为细调和粗调。在粗调范围内，显示器迅速扫过发光二极管指示的 1～16 刻度盘；而在细调范围内，把一个粗调间距又分为 16 个较小的间距或 32 个半间距，而且调节过程也相应缓慢进行。调节完毕后，墨层厚度分别由发光二极管显示器显示，正式开印或重印时，即可根据记录数据调节各墨区的墨量，因此大大缩短了调墨时间。

（2）套准系统的集中控制。套准系统的集中控制是通过遥控周向和轴向套准装置来实现的。在控制台上，有调节周向和轴向套准遥控装置的按键（加/减键），调节范围为±2mm。只要按动按键，就可以通过伺服电机改变印版滚筒的位置（在周向或轴向产生位移），以满足套准要求。同时伺服电机轴上的电位计能测出印版滚筒的位置，并以 0.01mm 的精度在控制台上显示出来。套准显示可借助于"浮动零位"调整零点，无须改变印版滚筒的位置就可以记录印版上发现的套准误差，不必进行任何中间计算而直接输入校正数据。

2. CPC1-02

CPC1-02 与 CPC1-01 相比，增加了存储器、处理机、CPC 盒式磁带和 CPC 光笔。使用CPC1-02 时，由于可以利用 CPC 光笔或 CPC 盒式磁带快速输入数据，即可在印刷机还在进行前一项作业时就提前输入数据，从而加快了给墨量的预调整。例如，只要用 CPC 光笔在给墨区域显示器上划过，就可以把所要求的墨层厚度分布输入到 CPC1-02 存储器中。另外，还可以存储墨条宽度。所有数据均可在必要时传输给印刷机，传输时只需按动按键即可。CPC1-02 还有以下多种控制功能。

（1）将 CPC 光笔在给墨区域显示器上扫过，就可把墨斗的所有给墨区域调节到完全一致，也可以使各区之间逐级变化，这一功能尤其便于调节实地区的给墨量。

（2）在控制台上可通过印刷单元键或颜色键任选印刷单元，并对输墨装置进行预选择。

（3）可以根据实际需要调节墨层厚度分布和着墨区宽度。

（4）可将给墨宽度限制到实际印刷图像的尺寸，若超出这一尺寸，则可根据指令自动停止各墨斗辊上超出图像部分的所有区域的给墨。

（5）墨层厚度分布和墨条宽度可以用实际值表示，也可以用存储值或实际值与存储值的差值表示。

（6）更换印刷任务时，可改变印刷单元剩余油墨的给墨量。

（7）可将存储器中墨层厚度的分布数据传输到另一台印刷机上。

（8）各印刷单元均可进行套准零位调整或同时调整套准值。

此外，还可将给墨量数据和墨条宽度存储在 CPC 盒式磁带上，以便在进行重复性印刷任务时将其输入。CPC 盒式磁带还可存储 CPC3 印版图像阅读装置提供的预调数据。

与 CPC1-01 相比，CPC1-02 可迅速地预调整给墨量，从而进一步缩短准备工作时间，提高生产效率。这是因为：第一，当印刷机进行前一项印刷工作时，已在进行下一项工作的预调整；第二，采用了 CPC 光笔；第三，用 CPC3 印版图像阅读装置的 CPC 盒式磁带进行预调整，而有重复性印刷任务时，则可用 CPC 盒式磁带上所存储的数据。

3. CPC1-03

CPC1-03 比 CPC1-02 多了随动控制装置和随动自动装置，它是 CPC1 扩大用途的高级发展阶段。CPC1-03 和 CPC2 质量控制装置联用时，可通过计算机进行质量监视和控制。CPC1-03 控制台配有高容量数据存储器和附加处理机，和 CPC2 印刷质量控制装置通过一个数据线路连接。CPC1-03 的计算机将 CPC2 质量控制装置测定的每个区域的墨层厚度换算成给墨量调整值，并将其显示在随动显示器上。根据这些偏差值进行校正，可迅速达到预选的墨层厚度容差之内。

CPC1-03 与前者相比，能更快、更准确地达到合格的印刷状态或标准数值。将 CPC1-03 和 CPC2 连接在一起，可根据所显示的实测数据提出控制建议值，从而提高了给墨量的稳定性。

二、CPC2 质量控制装置

CPC2 质量控制装置是利用质量控制条测量印刷品质量的装置，它可供多台不同尺寸、规格的印刷机使用。测量值可通过数据传输线路送到七个 CPC1-03 控制台或 CPC 终端设备。CPC2 质量控制装置和 CPC1-03 控制台联用可进一步缩短更换印刷任务所需的时间，并减少试印废品。例如，它可以根据校正彩色计量滚筒的调定值和实测的光密度偏差，计算和显示出建议的校正值，操作人员可根据此值在几秒钟内完成校正动作。独立的 CPC2 测量台用于测定印张质量控制条密度。开始印刷之前，印刷工人和显示器之间先进行对话式问答，输入特定作业的数据，也可以输入目测合格的印张的数据。在测量过程中，同步测量头可在几秒钟内对质量控制条的全部色阶进行扫描。一张印件可测量和分析六种不同的颜色，实地色阶和加网色阶均可测量。通过这些测量值可以确定色密度、网点扩大、印刷相对反差、模糊和重影、油墨叠印牢度、色调偏差和灰度等特性数值。这些数值用以和预定的基准值相比较，也可以计算多张印件的平均值并在显示器上显示出来。质量控制条可以置于印张的前端、尾端或周边的任意位置。

进行测量时，可在 CPC2 质量控制装置的显示屏上同时显示出给定颜色的实测值或与基准值的偏差值。当印刷品和质量控制条之间存在光密度偏差时，会立即显示一个线条图，以告知操作人员某个给墨区偏离基准的误差量。

三、CPC3 印版图像阅读装置

采用 CPC1 可以加快并简化给墨量的预调工作，基本上实现了把准备工作时间缩短到最低限度的目的，CPC3 印版图像阅读装置（见图 11-37）又朝这个目标迈进了一步。

使用 CPC1-02、CPC1-03 时，一般必须先确定印版上的图像，然后操作人员用 CPC 光笔在控制台上描画墨层厚度（按印版估计的），并在控制台上选择适当的墨斗辊给墨量。而 CPC3 印版图像阅读装置则实地阅读印版，实现了印刷工作的全部数据化。CPC3 印版图像阅读装置不附在印刷机上，可以集中安装、多机使用。例如，CPC3 印版图像阅读装置可以安装在制版室中，借助于 CPC 盒式磁带与 CPC1-02 控制台联系。

CPC3 印版图像阅读装置可以测量印版上亲墨层所占面积的百分率，测量是逐个给墨区进行的。测量仪为一个装有 22 个传感器的测量杆，可沿版面来回移动，其上测量孔的宽度为 32.5mm，相当于一个量墨滚筒的有效宽度或普通海德堡印刷机墨斗螺丝之间的距离。对最大的图像部分，则采用 22 个前后排列成一行的传感器组同时测量一个给墨区，每组传感器安装在一根测量杆［见图 11-37（b）］上，根据不同的印版尺寸，可以让测量杆上的全部传感器或其中一部分传感器工作，如图 11-37 所示。在每个测量过程中，传感器均采用与欲阅读的印版类型相适应的校准条进行校正。在非图像部分校准至 10%，在实地部分校准至 100%。为了排除校准条和印版在颜色方面的差别，可采用附加的校准传感器来测量。

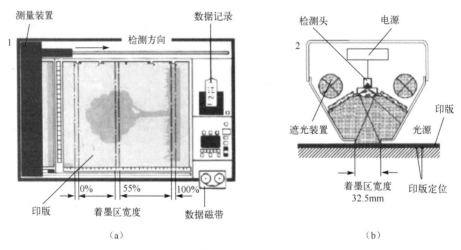

（a）　　　　　　　　　　　　　　（b）

图 11-37　CPC3 印版图像阅读装置

CPC3 印版图像阅读装置能够阅读所有标准的商品型印版（包括多层金属版），印版表面的质量会影响测量的结果。印版的基本材料、涂层材料和涂胶越均匀，测量结果就越准确。CPC3 印版图像阅读装置不安装在印刷机上或印刷机附近，而多半设置在处于中心位置的制版室内。这样，印版曝光和涂胶以后，可以立即把它读出来，阅读一块印版仅需要几秒钟的时间。

CPC3 印版图像阅读装置的输出方式可以采用 CPC 盒式磁带或打印的形式，也可将记录在 CPC 盒式磁带上的数据打印出来。采用打印输出时，可选用两种不同类型的打印件：第一种含有各颜色和各给墨区的百分率数值；第二种是以图表的方式表示单一颜色的区域百分率。开始印刷时，操作人员拿到印版及存储预调给墨所需数据的 CPC 盒式磁带，将 CPC 盒式磁带插入 CPC1-02 或 CPC1-03 的控制台中，CPC3 印版图像阅读装置记录下来的数据就可以自动转变成各给墨区和墨斗辊的调定值，同时被暂时存储起来，以便在需要时按指令传给印刷机的所有输墨装置。

以上简单介绍了海德堡 CPC 系统，下面再介绍采用全套 CPC 装置（见图 11-38）从制版到获得成品印张的整个操作过程。印版制好后，先用 CPC3 印版图像阅读装置读出，并将各给墨区的测量数据存储于 CPC 盒式磁带中；然后将印版连同 CPC 盒式磁带交给操作人员。当前一项印刷任务还在进行时，将各给墨区的测量数据传输给印刷机，初步调整套准装置后，用 CPC2 质量控制装置测量印张上的质量控制条，并把测量值和预定的基准值加以比较。操作人员检查好测量值后，就可以发出"释放测量值"的指令，将数据传送给 CPC1-03 的处理机，由计算机计算出"随动建议"，操作人员可以用手动方法或者通过随动控制系统（或随动自动系统）将此"随动建议"按区域传输给印刷机，量墨滚筒会按照随动建议增加或减少供墨量。

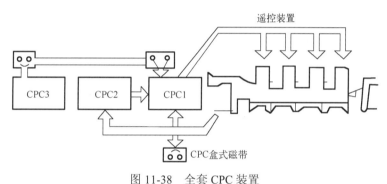

图 11-38　全套 CPC 装置

复习思考题十一

1. 什么是分光密度、色度、三色密度？三色密度常用的滤色片是什么？
2. 试叙述阶调、色调的含义并说明其相互关系。
3. 什么是印刷相对反差？什么是不均匀性？
4. 什么是文字识读性？黑度如何表示？
5. 印刷品的外观特性有哪些？
6. 什么是对印刷质量的主观评价、客观评价、综合评价？各有何利弊？
7. 印刷图像复制质量的评价内容有哪些？
8. 简述印刷质量的综合评价方法，并说明印刷质量受哪些质量特性所支配。
9. 试举例说明印刷品的分光反射率与颜色之间的关系。
10. 什么是彩色六角形？它与第六章的 GATF 色轮图有什么区别和联系？
11. 什么是印刷测试条？其作用是什么？
12. 海德堡 CPC 系统在印刷机上的应用具有什么优缺点？

13．你所学过的印刷相对反差的表示方法有哪些？各用于什么情况下？试举例。

14．评价彩色印刷品的印刷质量包括哪些内容？

15．主观评价与客观评价各有什么特点？如何才能正确地评价印刷质量？

16．印刷过程中，可以通过哪些参数控制印刷质量？

17．造成网点扩大的原因是什么？网点扩大有什么规律？

18．如何利用 GATF 星标检查网点变形？如何利用 GATF 信号条检查网点扩大情况？

19．海德堡 CPC 系统的主要功能是什么？它们是如何控制印刷质量的？

20．从平版印刷品的测试条上测得的实地密度值如表 11-3 所示，试计算三原色油墨的色相误差、灰度和效率。叠色的偏灰度偏差为多少？

表 11-3　从平版印刷品的测试条上测得的实地密度值

滤色片	颜色					
	Y	M	C	C+M	C+Y	Y+M
R	0.01	0.11	1.20	1.33	1.29	0.11
G	0.06	1.09	0.37	1.44	0.43	1.22
B	0.96	0.56	0.17	0.67	1.19	1.61

21．测得印刷品和原版上 30% 相对应部分的网点密度为 0.65，油墨实地密度为 1.3，计算印刷品和原稿相对应部分的网点面积率、网点扩大值和相对反差。

第十二章　网点转移的计算方式

内容提要

在印刷过程中，印刷质量的优劣取决于油墨转移过程中网点质量的优劣。网点在转移过程中的变形将直接影响印刷品的反射密度，反射密度的大小又依赖于墨层厚度。反射密度不仅可测量，还可通过计算求得。目前的墨量监控一般是通过对实地密度的测量而间接地控制墨量的。网点扩大也是影响反射密度的一个重要因素。这些都是本章所要讲述的内容。

基本要求

1．了解精确计算网点大小的方法，会用反射密度来间接表示墨层厚度。

2．了解玛瑞-戴维斯公式的推导过程，会用尤尔-尼尔森修正公式计算反射密度，并能根据实际情况确定出不同的 n 值。

3．了解墨量监控的一般方法，会计算网点扩大值。

胶印主要凭借网点的多次传递，最后经过叠印而成像。因此，网点（包括实地）印刷的质量是质量管理的关键。从加强印刷工艺管理的角度出发，在评价色彩再现质量的同时，对于网点传递印刷的理论有必要进行深入探讨。从图 12-1 所示的网点传递印刷功能图中可以大致地分析出数据化管理的要旨。

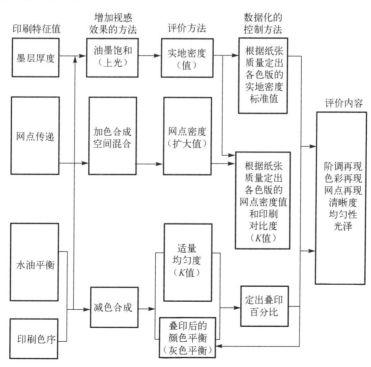

图 12-1　网点传递印刷功能图

这个功能图包含了数据管理的基本因素，概括了主要内容和要求，完全适用于印刷和打样工序的定量控制。对于阶调的正确再现来说，有四个最基本的数据，即

①反射密度值（包括实地密度和各色版网点密度）。

②网点扩大值。

③印刷对比度（也称为相对反差、K 值）。

④叠印百分比。

这四个基本数据的核心成分是印刷的灰色平衡。而控制好制版和印刷过程中的灰色平衡也是复制工艺的关键。下面逐一说明。

第一节　网点的测量和传递

网点也称为半色调网点，是印刷的专用名词。彩色连续调原稿在制版时由于网点分解的功能，通过照相或电子扫描手段把连续阶调的原稿图像信息转换成网点图像信息。在印刷时采用黄、品红、青和黑四种印版，套印后以群集起来的不同大小的网点来表现画面的浓淡色调。实际印刷的网点是群集起来成为微小的几何图形分布于画面上的，人们凭借光学上的视觉差，观察网点群形成的模拟色调，给人以还原之感。如果用现代的术语讲，则是由离散的数字式的网点缓变为模拟式的色调。

网点的大小是由两个因素确定的，其一是网线数，其二是当网线数固定之后，网点的大小便由其"成数"而定。即以一粒实地整点作为 100%，往下递减为 90%、……、10%的十个层次（一般俗称十成），这样比较容易辨认其面积的大小，变化规律也简单明白。为了模拟画面那种丰富晕染的连续阶调，仅用十个层次梯级，似乎不够表达阶调再现的柔和程度，所以在十进制面积的网点之间再增设半成（0.5%）的级差是完全合理而必要的。在亮调部位与暗调部位的两端，因为小于 0.5%和介于实地点子与 95%网点之间还存在更小的点子，因此在半色调梯尺的两端再加一级，称为细点（或尖点），以及在暗调部位处于 95%以下的称为小白点，这样共计 22 个级，故称为十成 22 级网点图（见图 12-2），但国际上的称谓都以百分数（0.5%～100%）为准。

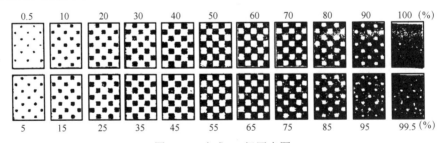

图 12-2　十成 22 级网点图

一、精确计算网点大小

当网线数确定之后，一个 100%的网点大小（面积）就固定了。如图 12-3 所示，假定正方形 $ABCD$ 为一个 100%的网点，并且面积定为 1，而正方形 $M_1M_2M_3M_4$ 的面积便是 50%网点的面积。为了便于对不同网线数的网点进行计算，10%～100%各个成数网点的相对边长根

据公式 $S = a^2$，对角线 $c = \sqrt{2}a$ 计算。如果将方网点转换为圆网点，则圆网点的面积为 $\pi r^2 = a^2$，圆网点的半径 $r = \sqrt{\dfrac{a^2}{\pi}}$。按照上述公式计算得到的网点基本参数如表 12-1 所示。

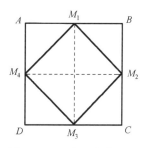

图 12-3 一个网点的面积

表 12-1 网点基本参数

网点面积率（成数）	相对值		
	边长 L（mm）	对角线 c（mm）	网点直径 d（mm）
100%	1.000	1.414	1.128
90%	0.949	1.342	1.071
80%	0.894	1.265	1.009
70%	0.837	1.183	0.944
60%	0.775	1.095	0.874
50%	0.707	1.000	0.798
40%	0.632	0.894	0.713
30%	0.548	0.775	0.618
20%	0.447	0.632	0.505
10%	0.316	0.447	0.357

若网线数为 60 线/cm，则在 1cm^2 内，就会有 60×60 个网点，因此 60 线/cm 100%的网点面积为

$$\frac{1}{60 \times 60} \approx 0.00028\text{cm}^2 = 0.028\text{mm}^2$$

其边长为

$$L = \sqrt{0.028} \approx 0.167\text{mm}$$

利用 60 线/cm 100%网点的面积便可以推算出其他网点面积率网点的面积和边长，或圆网点的直径。60 线/cm 不同网点面积率的方网点及圆网点的尺寸如表 12-2 所示。

表 12-2 60 线/cm 不同网点面积率的方网点及圆网点的尺寸

	网点尺寸				
网点面积率	10%	20%	30%	40%	50%
网点面积（mm^2）	0.0028	0.0056	0.0083	0.0111	0.0139
方网点边长（mm）	0.0527	0.0745	0.0913	0.1054	0.1179
圆网点直径（mm）	0.0597	0.0844	0.1028	0.1189	0.1330

网点尺寸					
网点面积率	60%	70%	80%	90%	100%
网点面积（mm²）	0.0167	0.0194	0.0222	0.0250	0.0278
方网点边长（mm）	0.1291	0.1394	0.1491	0.1581	0.1667
圆网点直径（mm）	0.1458	0.1572	0.1681	0.1784	0.1881

测量网点面积一般可用网点密度计，如果想进行精密的定量分析，那就需要使用测微密度计或专用的网点测试器。

二、网点的传递与网点扩大值

平版印刷对于彩色原稿的复制以网点为基本单元。由于网点本身很小，经照相加网、晒版直至印刷到纸上，网点始终处于传递变化之中，网点的变化自然会引起整个画面色调的变化，即引起质量的变化。然而网点传递变化的主要特征是网点扩大，网点扩大（也称为网点增大）是指印版网点在印刷中，由于压力增大而形成网点面积的自然扩展。从几何学的观点看，网点扩大是边缘部分均匀地向外扩展；网点的扩大量按同样的比例。例如10%网点扩大（边缘发虚）10μm（0.01mm），90%网点边际线等距扩展10μm。而实际上在传递中，因不同大小的网点其边长是不一样的，所以印刷网点扩大部分的覆盖面积是不同的，50%方网点扩大后的覆盖面积最大。当网点面积率在10%至50%时，扩大是出现在网点的边缘；而60%以上网点则是在黑圈内扩大，即白点缩小。如图12-4所示，原来50%网点印刷后可能扩大至65%左右。图12-5所示为不同网点面积率的方网点的网点扩大情况。

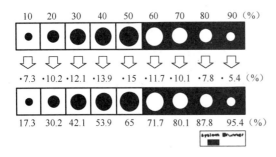

图12-4　网点扩大幅度与边缘变化

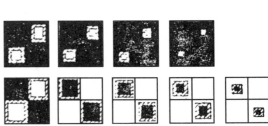

图12-5　不同网点面积率的方网点的网点扩大情况

为了叙述方便，以60线/cm（150线/英寸）的方网点为例，其扩大情况如表12-3所示。

假设印刷过程中网点扩大为10μm，由表12-3可以分析出50%方网点的扩大率最大，即扩大了18.4%，因为50%方网点的周长最长。60%～90%方网点的中心是空白点，而空白点的面积分别为40%～10%方网点那么大，因此在表12-3中，计算60%～90%方网点的扩大率时，用40%～10%方网点的边长减去0.02mm。

表12-3　方网点的扩大情况

网点面积率	10%	20%	30%	40%	50%
边长 L（mm）	0.0527	0.0745	0.0913	0.1054	0.1179
L+0.02（mm）	0.0727	0.0945	0.1113	0.1254	0.1379
L−0.02（mm）	0.0327	0.0547	0.0713	0.0854	0.0979

续表

网点面积率	10%	20%	30%	40%	50%
扩大后面积（mm²）	0.0053	0.0089	0.0124	0.0157	0.0190
扩大后百分比	19%	32.1%	44.6%	56.6%	68.4%
扩大率	9%	12.1%	14.6%	16.6%	18.4%
网点面积率	60%	70%	80%	90%	100%
边长 L（mm）	0.1291	0.1394	0.1491	0.1581	0.1667
L+0.02（mm）	40% 0.1054	30% 0.0913	20% 0.0745	10% 0.0527	/
L−0.02（mm）	0.0854	0.0713	0.0545	0.0327	/
扩大后面积（mm²）	0.0205	0.0227	0.0248	0.0267	0.0278
扩大后面积率	73.7%	81.7%	89.3%	96.2%	100%
扩大率	13.7%	11.7%	9.3%	6.2%	0%

注：表中方网点的网线数为 60 线/cm。

平版印刷的网点除方网点外，应用最普遍的是圆网点，圆网点的扩大也是由圆网点的周长来决定的。不同网点面积率的圆网点扩大情况如图 12-6 所示。由于圆网点本身的特性，当网点面积率为 50%的时候，网点之间还没有互相衔接，因此圆网点扩大率最大者不是 50%圆网点，而是 70%圆网点，这是因为 70%圆网点之间才开始衔接，其周长最长，故扩大率也最大。圆网点的扩大情况如表 12-4 所示。

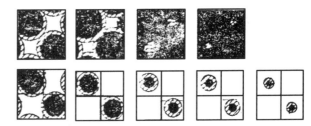

图 12-6　不同网点面积率的圆网点扩大情况

表 12-4　圆网点的扩大情况

网点面积率	10%	20%	30%	40%	50%
半径 r（mm）	0.0299	0.0422	0.0514	0.0595	0.0665
r+0.01（mm）	0.0399	0.0522	0.0614	0.0695	0.0765
r−0.01（mm）	0.0199	0.0322	0.0414	0.0495	0.0565
扩大后面积（mm²）	0.0050	0.0086	0.0118	0.0152	0.0184
扩大后面积率	18%	30.8%	42.6%	54.6%	66.1%
扩大率	8%	10.8%	12.6%	14.6%	16.1%
网点面积率	60%	70%	80%	90%	100%
半径 r（mm）	0.0729	0.0786	0.0841	0.0892	0.0941
r+0.01（mm）	0.0829	0.0886	0.0941	20% 0.0422	10% 0.0299
r−0.01（mm）	0.0629	0.0686	0.0741	0.0322	0.0199
扩大后面积（mm²）	0.0216	0.0247	0.0145	0.0266	0.0278
扩大后面积率	77.7%	88.7%	88.1%	95.6%	100%
扩大率	17.7%	18.7%	8.1%	5.6%	0

注：表中圆网点的网线数为 60 线/cm。

从表 12-4 中可以看出，圆网点扩大率最大者是 70%圆网点。将两种网点的扩大情况加以比较可以看出，在 10%～50%、80%～90%网点中，方网点的扩大率比圆网点大；在 60%和 70%网点中，圆网点的扩大率反而比方网点大。然而这一点常常被人们忽视。

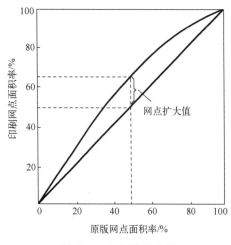

图 12-7 印刷特性曲线

总之，从理论上可以证明，网点扩大在 50%的方网点，其覆盖面积最大，而 75%的网点对扩大的变化最灵敏，视觉反映也最突出（见图 12-5）。这就是为什么有些测试条选择将75%～80%网点的扩大情况作为判断暗调部位网点扩大的依据的原因。

网点扩大值可以用印刷特性曲线表示。由于印刷或打样本身的特殊性，网点扩大的幅度是不同的，为了考察两者网点扩大的幅度，将原版网点面积率和印刷品网点面积率的关系绘制成印刷特性曲线，如图 12-7 所示。

如果印刷品上的网点能保持原来大小，再现原版的网点，那么这条曲线就是图中的 45°直线，但是无论是打样还是印刷工序，网点都不可避免地存在扩大，因此不可能成为直线，而是如图中的弧线所示。该弧线的形状由各网点本身的扩大值决定。由几何学可知，两点可以决定一条固定的直线，但不能确定一条固定的曲线，若确定一条固定的曲线，必须借助第三个点。这就是说，若想确定一条固定的印刷特性曲线，就要同时控制亮调、中间调和暗调这三个部位的网点扩大值。这就是为什么在印刷或打样中要进行三点控制的原因。根据国外的经验可知，瑞士格雷达固测试条控制 15%、45%、73%的网点；布鲁纳尔测试条控制 25%、50%、75%的网点；海德堡 CPC 系统控制 20%、40%、80%的网点。

第二节 墨 层 厚 度

印刷品的反射密度是度量阶调值的一个基本物理量，是评价和管理阶调再现的一个基本数据。印刷品的反射密度包括各种大小网点的反射密度及实地密度。

一、反射密度

反射密度如图 12-8 所示，照射在网点单位面积上的总反射光 I_t 与照射在纸张表面（网点空白处）的总反射光 I_{rw} 之比称为反射率，即

$$R = \frac{I_t}{I_{rw}}$$

这里应注意的是，反射率有两种情况，一种是用反射光与入射光之比来表示，即

$$R = \frac{反射光}{入射光} = \frac{I_t}{I_i}$$

另一种是用测量部位的总反射光与白纸表面的总反射光之比来表示，即

$$R = \frac{测量部位的总反射光}{白纸表面的总反射光} = \frac{I_t}{I_{rw}}$$

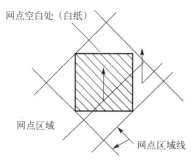

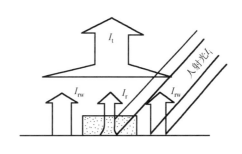

图 12-8　反射密度

作为印刷品反射率的定义，是后者而不是前者。一般将反射率倒数的对数作为反射密度，表达式为

$$D = \lg \frac{1}{R} = \lg \frac{I_{rw}}{I_t} \tag{12-1}$$

式中，D 为印刷品的反射密度；I_t 为网点单位面积上的总反射光；R 为反射率；I_{rw} 为网点单位面积上网点空白处的总反射光。

当反射率为 0% 时，为黑色油墨理想吸收，其反射密度趋向无限大；当反射率为 100% 时，为纸张理想反射（全反射），其反射密度为 0。表 12-5 所示为印刷品的反射密度与反射率。

表 12-5　印刷品的反射密度与反射率

反射率（%）	80	60	40	20	10	8	6	4	2	1
反射密度	0.10	0.22	0.40	0.70	1.00	1.10	1.22	1.40	1.70	2.00

由式（12-1）和表 12-5 可知，反射率越大，其反射密度越小；相反，反射率越小，其反射密度越大。这是因为：当反射率增大时，网点单位面积上的总反射光 I_t 增大，网点的光学密度自然减小；而当反射率减小时，网点单位面积上的总反射光 I_t 减小，网点的光学密度自然增大。

二、反射密度与墨层厚度

反射密度与墨层厚度的关系比较复杂，墨层薄时成正比，但当墨层厚度达到饱和状态时，这种关系就不成立了。也就是说，反射密度并不因墨层厚度的增加而无限地增加。大多数纸张在墨层厚度达到 10μm 后便达到饱和状态，此时的反射密度就再也无法提高了。反射密度和墨层厚度的关系曲线如图 12-9 所示。

印刷品反射密度的大小取决于网点面积、墨层厚度及纸张的光学特性。网点面积不同，反射密度也不同。在网点单位面积内，网点所覆盖的面积越大，其反射率越低，此时，反射密度增大；反之，则反射密度减小。

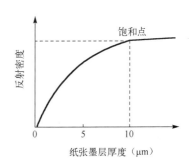

图 12-9　反射密度和墨层
厚度的关系曲线

第三节　网点反射密度的计算

密度值的测试、控制和管理贯穿整个制版印刷过程，是数据化管理的重要内容之一，也是评价印刷质量的客观基础。使用密度计测得的密度值称为实际测量值，使用数学公式计算得到的密度值称为理论计算值。实际测量值是理论计算值的实际反映；而理论计算值则是实际测量值的理论基础，两者互为补充。

一、玛瑞-戴维斯公式

最先把网点反射密度、网点面积率和实地密度确定为对数关系，并列成数学公式的人是美国的玛瑞（Murray）和戴维斯（Davies），故此数学公式称为玛瑞-戴维斯公式。该公式由戴维斯提出，并在不久之后由玛瑞加以发展。该理论提出于 1936 年，逐渐得到了世界各国印刷学者的重视。该数学公式为

$$D = -\lg[1 - a(1 - \text{antilg}(-d))] \tag{12-2}$$

或

$$D = \lg\left[\cfrac{1}{1 - a\left(1 - \cfrac{1}{\text{antilg}\,d}\right)}\right]$$

如果用反射率再通过反射密度定义来求网点的反射密度，则反射率为

$$R = 1 - a(1 - R_s) \tag{12-3}$$

式中，a 为一个网点的网点面积率；D 为网点面积率为 a 处的反射密度；d 为网点面积率为 a 处的网点实地反射密度；R 为网点面积率为 a 处的反射率；R_s 为网点面积率为 a 处的网点实地反射率；$\lg$ 表示对数；antilg 表示反对数。

由式（12-2）可以看出，网点反射密度 D 取决于网点面积率 a 和网点实地反射密度 d。

由于一个网点的面积非常微小，所以要用显微镜经高倍率放大投影后才能测定，用一般的测量手段很难测准。因印刷厂一般不具备这种仪器，所以测量时仍用反射密度计。使用反射密度计测得的反射密度是综合性的反射密度（一组或一群网点），而使用式（12-2）计算的一个网点的反射密度，与综合值稍有不同。因此实际测量值往往比理论计算值大，而理论计算值要比实际测量值的精度高。

反射密度既可以用式（12-2）表示，也可以用式（12-3）的反射率通过反射密度定义公式来求出。式（12-3）是把所用纸张（白纸）的反射密度定为零，即设白纸的反射率为 1 而得到的公式。

另外，d 和 R_s 也指一个网点的实地反射密度和实地反射率。故一般都是用实地或油墨本身的反射密度和反射率来代替。

当纸张的反射率不等于 1，而是等于 R_P 时，式（12-3）可以改为

$$R = R_P - a(R_P - R_s) \tag{12-4}$$

式中，R_p 为纸张的反射率。

实际上，这种情况是存在的，因为纸张即使很白，也不可能把光线 100%反射，必然有

一部分光被纸纤维吸收，因此，设纸张有某个 R_p 值是符合纸张实际情况的。可是，由于纸张的种类繁多，测定 R_p 值很麻烦，故为了方便起见，常把纸张的反射率定为 1（假定 100%反射光线），将其反射密度定为零，虽然在理论上不能完全反映纸张的实际情况，但是在实际应用中，这样计算其精度是比较准确的。这就是在使用反射密度计之前，要首先把纸张的反射密度调为零的原因。

当 $R_s = 0$ 时，为黑色油墨理想吸收，此时，式（12-3）可以改为

$$R = 1 - a \qquad\qquad (12\text{-}5)$$

这是一种取得近似值的方法，多用于单个网点反射密度的计算。

式（12-2）～式（12-5）可以根据不同情况应用，但如果在数值上要与式（12-2）一致，还需要根据反射密度的定义进行换算，故不如直接使用式（12-2）方便。

当 $d = 1.20$ 时，使用式（12-2）根据各网点面积率进行计算，所得的反射密度如表 12-6 所示。

表 12-6　$d = 1.20$ 时，根据各网点面积率得到的反射密度

a	D	a	D	a	D	a	D
0%	0.000	30%	0.144	60%	0.359	90%	0.806
10%	0.042	40%	0.204	70%	0.464	100%	1.200
20%	0.090	50%	0.274	80%	0.602		

根据表 12-6 所示的计算值，分别在坐标系上找出对应点，然后把各对应点连接起来，制成网点面积率 a 和反射密度 D 的曲线，如图 12-10 所示。

由图可知，印刷品的反射密度与网点面积率不成直线关系，而是遵循曲线关系。换言之，就是当网点面积率增大两倍时，反射密度并不随之增大两倍。假定高光部位从10%扩大为20%，两者的反射密度差为 0.090–0.042 = 0.048；而暗调部位从 80% 也扩大 10% 为 90%，两者的反射密度差 0.806–0.602 = 0.204，虽然同样扩大 10%，但暗调部位的反射密度增大量为高光部位的 4.25 倍。显然，高光部位的反射密度增加 0.048，视觉很难察觉；而暗调部位的反射密度增加 0.204，视觉很容易察觉，这就是网点扩大后，暗调部位阶调变化明显的原因。

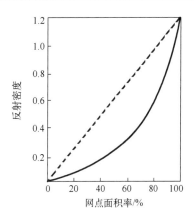

图 12-10　网点面积率和反射
密度的关系曲线图
（以玛瑞–戴维斯公式计算，$d = 1.20$）

二、尤尔-尼尔森修正公式

玛瑞-戴维斯公式自 1936 年问世以来，人们采用定量的形式来评价和管理印刷品的阶调再现就有了理论根据。随着人们的不断实践和探索，发现当该公式用于具有光渗现象的纸张时，它的理论计算值与实际测量值并不一致，出现了实际测量值大而理论计算值小的不正常现象，遂引起人们的怀疑。后尤尔-尼尔森（Yule-Nielsen）的研究指出，玛瑞-戴维斯公式本身并没有错误，其假设也是较为合理的，问题在于玛瑞-戴维斯在推导公式时，忽略了一个很重要的事实，就是纸张表面及墨膜由于光渗产生的漫反射及网线数等因素的影响。实践证明，

尤尔-尼尔森的论证是正确的，故得到世界各国印刷专家的认可。尤尔-尼尔森于1951年提出了如下修正后的反射密度计算公式：

$$D = -n\lg[1 - a(1 - \text{antilg}(-d/n))] \tag{12-6}$$

或

$$D = n\lg\left[\cfrac{1}{1 - a\left(1 - \cfrac{1}{\text{antilg}\cfrac{d}{n}}\right)}\right] \tag{12-7}$$

和

$$R = [1 - a(1 - R_1^{1/n})]^n \tag{12-8}$$

式中，各物理量的意义与前文相同；n为尤尔-尼尔森修正系数。n值取决于纸张的光学特性和网线数。

如果使用尤尔-尼尔森修正公式，将由各种不同n值所决定的反射密度和网点面积率绘制成曲线，如图12-11所示。

由图12-11可知，n值不同，曲线的形状也不同。在应用该公式进行实测时，n值一般在1～5之间，但绝大多数在1～2的范围内，这取决于纸张的光学特性和网线数，纸张的光扩散性能好，并且网线数很高，n值就大。

当$n = 1$时，式（12-6）或式（12-7）就与玛瑞-戴维斯公式完全一致，$n = 1$和$n = 1.6$时，尤尔-尼尔森修正公式的理论计算值和实际测量值之间的对比如图12-12所示。因此，两式相比，尤尔-尼尔森修正公式更与实际情况相符，完全可以将其应用到数据化的管理和评价中去。不过该式的n值是个未知数，因此，在实测时必须先确定n值。n值由三个因素决定：网点大小、网点密度和纸张透明度。要在反复的试验中，根据纸张、网线数、油墨和制版条件确定出n值。国外发表的关于n值的三个例子分别如表12-7～表12-9所示，仅供参考。

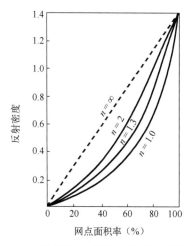

图12-11　根据尤尔-尼尔森公式得到的反射密度和网点面积率的曲线（$d = 1.40$）

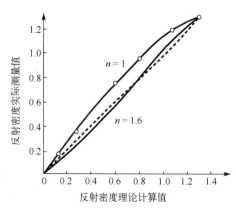

图12-12　$n = 1$和$n = 1.6$时，尤尔-尼尔森修正公式的理论计算值与实际测量值之间的对比（用150线胶印在涂料纸上）

表 12-7　*n* 值之例一（Yule-Nielsen）

网线数（线/cm）	涂料纸	非涂料纸
65	1.3	2.0
150	1.8	—
300	3.0	—

表 12-8　*n* 值之例二（及川善一郎）

网线数（线/cm）	铜版纸	胶版纸
60	1.2	1.8
85	1.2	2.2
100	1.6	3.8
133	1.8	5.0
150	2.0	5.0

表 12-9　*n* 值之例三（美国 B.E.Tory）

网线数（线/cm）	涂料纸	非涂料纸 A	非涂料纸 B
65	1.3	2.2	2.0
150	1.8	5.0	3.0
300	2.5	10.0	3.0

第四节　墨量的监控及网点扩大

一、实地密度

在印刷或打样过程中，墨量是用实地密度来控制的，通过检查印到纸上的墨量，可以发现墨量是否均匀一致。用实地密度计算印刷对比度、叠印百分比等是数据化管理的一个基本原则。

二、墨层厚度的控制

印刷品的阶调再现是由网点墨层厚度和网点面积率来决定的，但在印刷过程中，使它们发生变化的最主要因素，却是印刷压力和转移到纸面上的墨量。而墨量的大小（墨层厚度）会使网点本身的密度发生变化。当网点从印版传递到橡皮布再转移到纸上时，墨层由于具有一定厚度，而且是软质体，所以受压后网点必然要扩大。一般印在纸上的网点比印版上的网点要大，其扩大程度根据给墨量的不同而异，因此必须严格地控制墨量的变动。

墨层厚度一般用印后的实地密度来控制。在纸张叼口尾部的空白处，放置测试条或色块，根据各色实地密度标准，用密度计严格控制。

三、干退密度

在控制印刷和打样的墨层密度时，要注意油墨干湿度的实时变化使密度值不一致的问题。刚印刷出的样张由于油墨湿润，光泽强而密度值高，但经过数小时后，随着油墨的渗透、干燥、光泽减弱，密度值就会下降，这种现象称为"干退密度"。干退密度的程度按照印刷条件（纸张、油墨黏稠度等）的不同而异，现举一例，如表 12-10 所示。

表 12-10　干退密度一例（黑墨）

纸张种类	间隔时间		
	刚印刷后	三小时后	三日后
铜版纸	1.90	1.60	1.55
胶版纸	1.35	1.21	1.16

对印刷品进行评价时，应使用干燥后的密度；而对印刷进行控制时，应使用刚印出时的密度。为了消除这种误差，应使用装有偏光滤光镜的密度计，否则管理前必须求出误差值，即以干燥密度值减去刚印出时的墨层密度值。

四、网点扩大值的计算

控制印刷或打样过程中的网点扩大有两种基本方法：一种是数学计算法；另一种是视觉对比法。数学计算法是利用反射密度计测出数值，通过计算来确定网点扩大值，也可画出相应的图表进行分析；视觉对比法是利用各种信号条、测试条，通过视觉来判断网点扩大的程度及扩大的方向等。视觉对比法一般只能得知网点扩大的大概程度和范围，不能确认扩大数值；而数学计算法能给出准确的扩大值。计算网点扩大值有多种方法，本书只介绍两种有代表性的方法。

（1）玛瑞-戴维斯公式的改良公式。

玛瑞-戴维斯公式的改良公式为

$$F = \frac{1 - 10^{-D_R}}{1 - 10^{-D_V}} \times 100\% \qquad (12\text{-}9)$$

式中，F 为网点面积率；D_R 为网点密度；D_V 为实地密度。此式是由式（12-2）演变而来的。

计算时，将实际网点面积率与原版上该处的网点面积率相比较，就可知印出的实际网点面积率比原版上的网点面积率扩大了多少。因此，网点扩大值的计算公式为

$$网点扩大值 = 实际网点面积率 - 原版上的网点面积率$$

比如，原版上的网点面积率是 75%，测得印刷品上与原版对应的 75%处的网点密度（D_R）是 0.68，实地密度（D_V）为 1.25，那么根据式（12-9），就可求出该处的网点面积率为

$$F = \frac{1 - 10^{-0.68}}{1 - 10^{-1.25}} = \frac{1 - \dfrac{1}{10^{0.68}}}{1 - \dfrac{1}{10^{1.25}}}$$

$$\approx 0.84 = 84\%$$

$$网点扩大值 = 84\% - 75\% = 9\%$$

（2）罗兹（Rhodes）网点扩大公式。

罗兹使用 150 线、75%的网点作为标准网点和实地色块同时印刷，从其反射密度比中求出相对网点扩大值。公式为

$$相对网点扩大值 = \frac{75\%的网点反射密度}{实地反射密度}\qquad (12\text{-}10)$$

该评价法是以设定的标准网点（75%）的扩大状态为 100%来表示的，因此只能表示相对网点扩大值。相对网点扩大值越大，说明网点扩大得越多。因此，此法不具备普遍性，不如玛瑞-戴维斯改良公式准确有效。

复习思考题十二

1．试根据网点传递印刷功能图回答：该图包含了哪些数据管理的基本因素？适用于哪些工序？

2．从几何的观点看，网点扩大是边缘部分均匀地向外扩展，网点扩大值按同样的比例。为什么网点扩大后，因网点面积率不同而实际改变量也不同？

3．圆网点与方网点的扩大率是否相同？为什么？

4．印刷过程中为什么提出三点控制？我国常用哪三个点？

5．印刷品上的墨层越厚，其密度值越高，这句话对吗？

6．举例说明暗调部位阶调变化比高光部位阶调变化明显。

7．试说明玛瑞-戴维斯公式的应用，为什么尤尔-尼尔森修正公式更接近实际？举例说明。

8．刚印刷出的样张由于油墨湿润，光泽强而密度值高，这句话对吗？

9．什么是干退密度？

10．已知原版上的网点面积率是 50%，测得印刷品上与原版对应的 50%处的网点密度是 0.75，实地密度是 1.35，求网点扩大值。

11．试叙述玛瑞-戴维斯公式的改良公式与罗兹网点扩大公式的相同和不同之处。

第十三章　数字化印刷

内容提要

数字化印刷是当今个性化印刷的发展方向，也是社会精神文明进步的主要象征。本章首先介绍了数字化印刷机的定义、特点、分类及发展方向；然后分别介绍了静电印刷机、喷墨印刷机和直接成像印刷机的主要机型结构、主要性能和印刷成像特点。

基本要求

1．了解数字化印刷的定义、基本内容及意义，掌握数字化印刷的主要特点。

2．了解和掌握数字化印刷机的典型结构及其主要用途。

3．了解数字化印刷图像复制质量评价内容及其评价方法，掌握数字化印刷的经济印数。

4．掌握静电印刷机、喷墨印刷机和直接成像印刷机等数字化印刷机的主要特点及其应用场合。

5．了解数字化印刷的油墨转移过程，合理选用不同的数字化印刷方法。

印刷技术自诞生以来一直承担着记载和传播人类文明的伟大历史使命，可以说，某时代的印刷水平能充分反映这一时代生产力的发展水平。一百多年来，印刷技术一直分为平版印刷、凹版印刷、凸版印刷和网版印刷四种形式，满足着人们对各种印刷品的需求。然而，随着社会的进步，人们对印刷品的需求已经突破原有的四大类型，呈现出印刷需求多元化的趋势。短版印刷、按需印刷、个性化印刷、可变信息印刷、直邮印刷等印刷新名词不断涌现，原来的四大印刷已经远远不能跟上印刷结构的多元化趋势，印刷技术本身的变革势在必行。

20世纪末至21世纪初，计算机信息管理技术、材料科学和激光技术及国际互联网技术的快速发展，促使诞生了一类新型印刷机，即数字化印刷机。数字化印刷机具有自动化程度高、印刷作业准备时间短、印刷成本低、印刷质量好、灵活高效等传统印刷机不具备的优点，能很好地满足现代人对印刷的要求，一经问世，立即得到了印刷界人士的关注。

第一节　概　　述

数字化印刷机是一种新兴的印刷机种类，与其他新兴事物一样，一方面它代表着印刷技术发展的方向，另一方面它自身还存在着有待完善的地方。初期的数字化印刷机造价很高，印刷速度慢，印刷质量低，推广普及缓慢。近年来，数字化印刷机在印刷速度和印刷质量上都有了很大的提高，同时成本也在不断降低，越来越受到人们的青睐。

一、数字化印刷机的定义

数字化印刷机真正投入生产的时间不过才十几年，在这么短的时间内，它已经赢得了全世界印刷界的认可。特别是近年来，数字化印刷机在几乎全部的大型国际性印刷设备展览会上都占据着主导地位，其代表着印刷技术发展的新水平。

数字化印刷机可定义为：能将数字化的图文信息通过某种技术或工艺记录到有形介质上的机械设备或装置。判断一台印刷机是否属于数字化印刷机，可根据以下几个要素：第一，数字化图文信息的处理能不能在机完成，传统印刷机对图文信息的处理是在特定的印前部门完成的，数字化印刷机则能够不依赖特定的印前部门，依靠印刷机本身的装置完成图文信息的处理或部分处理；第二，印版的制作或成像是不是在机完成，传统印刷机使用的印版是由制版部门制作的，数字化印刷机则能独立完成印版的制作或成像，不再依赖于专门的制版部门；第三，印刷机相关部件的自动化程度高不高，传统印刷机的运行依赖于技术人员，数字化印刷机应能减少人为干预，实现自动化控制，自动化程度越高，数字化程度也越高。

在开始进入市场时，数字化印刷机的主要目标市场是短版印刷。但数字化印刷机发展到现在，其应用领域已有了很大的扩展，包括短版印刷、按需印刷、可变信息印刷和先发行后印刷等。

1．短版印刷

短版印刷（Short Run Printing）的印刷量通常为 1000 以下，甚至可以只印刷一份，包括彩色和黑白印刷。相对于其他数字化印刷，短版印刷的概念本来就存在。但问题在于，如果采用传统印刷机来实现短版印刷，则会因制版费用在整个印刷成本中的比例过高，从而导致小批量印刷成本的提高。因此，数字化印刷机本身不是短版印刷产生的基础，而是使得短版印刷更容易实现，成本更低。

2．按需印刷

按需印刷（Print On Demand，POD）是一种运用网络技术、无须胶片和版材的数字化印刷方式，能实现个性化印刷。按需印刷一般具有三个要素：①Any When，任何时候都可以印刷，明天要的资料在今天就可以印刷完成；②Any Where，任何地方都可以印刷，同一份资料，可以通过互联网在不同的印刷厂就地印刷，省去了运输印刷品的过程；③Any Quantity，无论多少印刷量，少到一份，多到千份，甚至更多的印刷量都可以印刷。按需印刷和短版印刷的区别在于，短版印刷是一次印刷，只是印刷量少而已；按需印刷则是需要多少印多少，以后需要时还可再次印刷，实现了印刷品的零库存。因此，按需印刷不仅避免了资源的浪费，也提高了经济效益和工作效率。

3．可变信息印刷

可变信息印刷就是相邻印张上的内容可以在 0%～100%范围内变化。页面上的内容可以一部分固定、一部分变化，也可以完全变化。可以看出，可变信息印刷所印出的印刷品内容、版式、色彩等可以互不相同，用可变信息印刷方式印 1000 份印刷品可以得到 1000 份内容不同的印刷品。

采用可变信息印刷方式印刷的含有个性化信息的印刷品范围特别广泛，如个性化文件、会议胸卡、公司产品介绍和手册、直邮产品等。可变信息印刷有时也称为个性化（Personalization）印刷、客户自定义（Customization）印刷或分段（Segmentation）印刷。

4. 先发行后印刷

传统出版业采用的方法是先发征订单并印刷成书，再通过发行渠道把出版物传递到读者手中，基本上是先印刷后发行。在网络技术的支持下，再加上数字文件可重复多次使用的特点，可以采用与传统出版相反的过程，即先发行后印刷（Distribute And Print）。制作好的出版物先通过网络发行数字文件,得到读者的认可后再在当地的输出单位用数字化印刷机印刷。

二、数字化印刷机的分类

世界上著名的数字化印刷机生产厂商有十几家，他们生产的产品种类繁多、用途各异。除根据传统的分类方法把数字化印刷机分成数字化平版印刷机、数字化凹版印刷机、数字化凸版印刷机和数字化网版印刷机外，还可以根据所使用的制版（成像）方式，把数字化印刷机分为两大类：直接成像数字化印刷机（以下简称 DI 印刷机）和无印版数字化印刷机（以下简称 NIP 印刷机）。

1. DI 印刷机

DI 印刷机在印刷过程中采用印版或类似印版的滚筒作为油墨附着的载体，由计算机控制直接成像系统根据数字化图文信息在机完成印版的制作，然后进行印刷。根据印版是否具有再生性，可以把 DI 印刷机分为一次性印版 DI 印刷机和可再生印版 DI 印刷机两种类型。

一次性印版 DI 印刷机：这种印刷机所用的印版不具有再生性，也就是说，在印完一批印活之后，要把用过的印版拆下，安装上新的印版，并把下一批印活的图文信息制作到新印版上，然后才能印刷。印刷过程可采用无水胶印方式，也可采用传统胶印方式。印版通常采用铝或聚酯作为版基，覆盖有感光层，利用激光直接成像系统（或电子雕刻系统）对印版进行曝光成像。成像系统安装在印刷机内部靠近印版滚筒的位置，印版的安装与拆卸由计算机控制，自动进行。

海德堡速霸 DI 系列数字化印刷机、高宝和赛天使公司合作研制的 Karat 74 型数字化印刷机、网屏公司生产的 Truepress 系列数字化印刷机、Akiyama/Presstek 生产的 Jprint DI 型数字化印刷机都属于一次性印版 DI 印刷机。

可再生印版 DI 印刷机：这种印刷机用的印版不是通常形式的印版，而是表面具有成像能力的滚筒，图文信息直接成像到印版滚筒表面。印版滚筒表面一般做过特殊的处理，使之具有良好的亲水性，成像时不被覆盖，形成印刷时的空白区域。而由直接成像系统转移到印版滚筒表面的物质则具有亲墨性，形成印刷时的图文部分。印刷完一批印活之后，用清洗装置对印版滚筒表面进行清洗，除去具有亲墨性的成像物质和残留油墨，即可进行下一批印活的成像。

可再生印版 DI 印刷机常用的成像方法有热转移成像法、喷墨成像法、磁化成像法、电子成像法等。曼罗兰公司生产的 DICOweb 系列卷筒纸数字化印刷机、高斯公司生产的 ADOPT/CP 数字化印刷机都属于此类印刷机。

2. NIP 印刷机

NIP 印刷机没有固定的印版，也没有具有成像能力的印版滚筒表面，印刷时油墨直接转移到承印材料上，完成图文信息的印刷，如常见的喷墨印刷机。由于不需要固定的印版，所以NIP 印刷机能够进行可变信息印刷。根据所采用的印刷原理，NIP 印刷机又可分为以下几类。

静电成像 NIP 印刷机：Xeikon 公司生产的 DCP/32D 数字化印刷机和 Indigo 公司生产的 E-Print 1000 数字化印刷机都属于这种 NIP 印刷机。以 E-Print 1000 数字化印刷机为例，该机最大的特点是一个印刷机组能完成四色印刷和使用液体电子油墨代替普通油墨。印刷时，首先对橡皮滚筒进行激光曝光，使之形成静电潜影，然后单色液体电子油墨通过特殊的供墨系统被吸附到橡皮滚筒的静电潜影上，随后橡皮滚筒与承印纸张接触完成一色印刷。重复以上过程可以完成其他颜色的印刷，重复四次即可完成四色印刷。

离子成像 NIP 印刷机：这种 NIP 印刷机利用带电离子形成潜影，由潜影吸附墨粉，然后再把墨粉转移到承印纸张上进行印刷。Delphax 公司（现在 Xerox 公司）生产的 ImageFast 180 数字化印刷机就是采用离子成像的 NIP 印刷机，该机的成像分辨率达 240dpi，印刷速度约为 0.55m/s。

磁化成像 NIP 印刷机：磁化成像 NIP 印刷机所用的成像滚筒具有可磁化性。印刷时，先用磁化装置根据图文信息对成像滚筒进行磁化，形成磁化潜影，磁化后的成像滚筒吸附磁性墨粉，然后再把墨粉转移到承印纸张上完成印刷。NIPSON 公司生产的 VaryPress T700 数字化印刷机就属于磁化成像 NIP 印刷机，其成像分辨率为 480dpi，印刷速度为 1.75m/s。

喷墨成像 NIP 印刷机：喷墨成像 NIP 印刷机靠可控喷墨嘴将油墨或墨水直接喷到承印纸张上完成印刷。Scitex 公司生产的 VersaMark MPS4 数字化印刷机就是基于喷墨成像的 NIP 印刷机，该机的成像分辨率是 300dpi，印刷速度可达 2.5m/s，安装有 229mm 宽的喷墨嘴阵列，能一次完成双色印刷。

三、数字化印刷机的发展

数字化印刷机可能是所有印刷机中最"年轻"的一种，然而其出现较早，可以追溯到 1936 年卡尔森申请的静电复印的技术专利，而且喷墨技术在 30 多年前的标牌印刷设备上已经开始使用了。

就目前的情况来看，许多公司生产的数字化印刷机与卡尔森的静电复印数字化印刷机有着天壤之别，它们都是在现代化的计算机系统控制下的印刷机。从其发展的历史来看，可以将数字化印刷机分为三代。

第一代数字化印刷机是只能印刷黑白图像的数字化印刷机。近几年，黑白数字化印刷机在我国电信、邮政、票据和办公系统中有了一定的发展。法国 NIPSON 公司、荷兰奥西公司和美国施乐公司都是黑白数字化印刷机市场上强有力的竞争者。

第二代数字化印刷机是彩色数字化印刷机，其产生的标记是 IPEX93 展览会上 Indigo 公司首次展出的 E-Print 1000 彩色数字化印刷机。

第三代数字化印刷机主要有三种类型。第一类是海德堡公司推出的 DI 印刷机，这种数字化印刷机能在机完成制版，属于有印版印刷机。这类数字化印刷机将印前与印刷有机地结合在一起，实现了快速印刷的需求，其印刷的方式和质量都与传统印刷机相似，更适合快速中版印刷。第二类是 Indigo 公司推出的数字化印刷机，这类数字化印刷机不用印版，所用油墨是液体电子油墨，由于油墨的转印还要依靠压力作用，故这类数字化印刷机可以称为无印版但有压力的数字化印刷机。第三类是 Xeikon 公司和美国施乐公司推出的数字化印刷机，这类数字化印刷机没有印版也没有压力，完全适合可变信息印刷，这种印刷机采用的不是液体电子油墨而是墨粉。

第二节　静电印刷机

静电印刷机的印刷方式分为两种，第一种方式是通过电子束对绝缘表面曝光，使绝缘表面有选择地充电；第二种方式是光导表面在光照条件下曝光，使光导表面发生放电。无论采用哪种方法，曝光后均会在表面产生可吸附或可排斥带电呈色粒子的潜影，呈色粒子可以由固态颗粒载体直接转印到承印材料表面或悬浮在液态介质中再转印到承印材料表面。

一、静电印刷机的基本原理

静电印刷机的基本原理从总体上可以分为电子束印刷和静电印刷两种。

1．电子束印刷

电子束印刷利用表面包裹了一层绝缘材料的滚筒实现数字图文到承印材料的转印，这种绝缘表面具有暂时吸收负电荷的特点。

工作时，数字化印刷系统中的成像系统产生电子束，这些电子束通过与成像系统相连的引导筒排列成电子束阵列，该电子束阵列被引导到能暂时吸收负电荷的绝缘表面上；当滚筒旋转时，由于电子束的开通与关闭，在绝缘表面形成电子潜影；滚筒转动到油墨盒所在的位置时，电子潜影将吸附带正电的油墨粒子；已吸附了油墨粒子的绝缘表面继续转动到转印辊，承印材料通过转印辊与滚筒形成的加压组合时，由转印辊对承印材料加压；在该压力的作用下，承印材料表面与绝缘表面紧密接触，且处在巨大的压力下，从而使电子潜影吸附的油墨粒子转印到了承印材料表面上。由于电子潜影吸附的油墨粒子不可能全部转印到承印材料表面，因此在转印辊后面安装有刮刀，刮下未被转印的油墨粒子。上述过程完成后，虽然未转印到承印材料表面的油墨粒子被刮掉了，但绝缘表面可能还带有电子，为此需利用清除辊清除残留电子，以便下一步的成像和转印。

2．静电印刷

静电印刷利用的基本原理是某些光导材料在黑暗中为绝缘体，在光照条件下电阻下降，如硒半导体，其阻值可相差 1000 倍以上。把这种材料涂布到一个圆筒形的鼓形零件（称为感光鼓，它通常放置在暗盒里）上，将这个感光鼓置于黑暗中充电，使其均匀地带上电荷（负电荷）；然后将要求产生的图文投影到旋转的感光鼓上，光照部分电阻下降，电荷通过光导体流失，而未曝光部分仍然保留着充电电荷，这样就在感光鼓表面上留下了与原图文相同的静电潜影；再将带有静电潜影的感光鼓接触带有负电荷的油墨或墨粉，原来被曝光的区域吸附墨粉，形成图像，转印到承印材料上；最后对转印到承印材料上的墨粉加热、定影，使墨粉中的树脂溶化，牢牢地粘结在承印材料表面上，就可得到一张印有原图文信息的硬拷贝输出印刷品。

二、典型静电印刷机的结构

静电印刷机最重要的部件是感光鼓，感光鼓一般用铝或其他柔性材料作鼓体，然后在鼓表面镀一层光导物质，常用光导物质有三类：三硒化二砷（或其他的硒化合物）、有机光导物质（OPC）和无定形硅物质（α-Si）。三类光导物质中最常用的是有机光导物质，无定形硅物质的使用率逐渐上升，硒化合物的使用率正逐渐下降。

典型静电印刷机的结构如图 13-1 所示，根据各自的功能，可以划分为 5 部分：①成像装置（形成潜影）、②供墨系统、③油墨转印（印刷）装置、④油墨热固装置、⑤清除装置。

1．成像装置

成像是静电印刷的第一步，先使感光鼓表面都带上电，随后用激光或发光二极管对感光鼓的表面进行曝光，根据图文信息控制哪些区域曝光，哪些区域不曝光，曝光的感光鼓表面放电，呈中性状态，没有曝光的区域形成静电潜影，常用的曝光波长是 700nm。

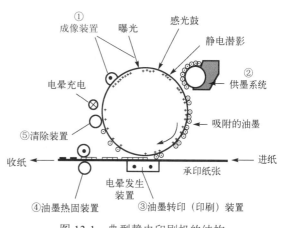

图 13-1　典型静电印刷机的结构

2．供墨系统

静电印刷使用特殊的油墨，油墨可以是墨粉，也可以是液体色剂，但要能携带电荷。如图 13-1 所示，着墨时先让油墨带电，电性与感光鼓上静电潜影所带的电性相反（图中感光鼓静电潜影区域带正电荷，油墨带负电荷），通过特制的供墨系统，带负电荷的油墨粒子被静电潜影区域吸附，形成可见的图文。这样就完成了着墨过程，油墨粒子的直径一般为 8μm。

3．油墨转印（印刷）装置

感光鼓上所附着的油墨可以直接转印到承印纸张上，也可以先转移到中间介质上（如橡皮滚筒），再转印到承印纸张上。图 13-1 中的油墨是直接转印到了承印纸张上。为了确保油墨能正确转印，常使用电晕发生装置，该装置能保证感光鼓所吸附的油墨全部转印到承印纸张上来。另外，还可以给承印纸张和感光鼓之间施加压力，靠压力协助油墨转印。

4．油墨热固装置

使用热固着方式，借助压力使油墨颗粒渗入纸张内部，从而使图文更加牢固。

5．清除装置

清除是整个静电印刷过程的最后一步，如图 13-1 所示，油墨在转印到承印纸张上以后，感光鼓上还残留有电荷和油墨粒子。为了确保下一次成像能顺利进行，在成像前必须对残留电荷和油墨粒子进行清除，确保感光鼓呈电中性。

三、常见静电印刷机介绍

1．Xeikon 公司生产的 DCP/32 静电印刷机

图 13-2 所示为 Xeikon 公司生产的 DCP/32 静电印刷机，其于 1993 年推向市场，内部结构如图 13-3 所示。DCP/32 静电印刷机是一款卷筒纸彩色印刷机，利用墨粉进行印刷，采用直接转印的印刷方式。成像系统的曝光光源是发光二极管，成像分辨率为 600dpi。曝光时，

通过控制发光二极管的光强度，感光鼓上可以形成不同的成像密度，所印图像有9级灰度，图像的色彩范围要比二值图像大得多。

图 13-2　Xeikon 公司生产的 DCP/32 静电印刷机

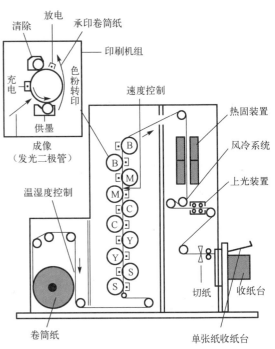

图 13-3　DCP/32 静电印刷机的内部结构

由图 13-3 可以看出，油墨在印刷到纸张上以后，采用加热的方式进行固定，此外，经过风冷系统冷却后的印刷品，还可以用加压、上光等方法对印刷品表面进行修饰。印刷品最后被切成单张纸，进入收纸台。

该机型的一个特点是可以同时对卷筒纸的双面进行印刷，并能够根据需要选择两种印刷幅面中的一种，这两种印刷幅面是：DCP/32D 模式幅宽为 320mm 和 DCP/50D 模式幅宽为 500mm。印刷速度均为 0.13m/s，当然也可以进行单面印刷，单面印刷时每分钟能印 35 张（A4 幅面），双面印刷时每分钟能印 70 张（A4 幅面）。该机的印刷范围很广，根据其附加的设备，还可以外加许多功能，使用特别灵活。

2. Indigo 公司的 E-Print 1000 数字化印刷机

Indigo 公司生产数字化印刷机的历史较早，其独特的技术是液体电子油墨，印刷机实现图文转印的方式仍属静电印刷方式，与一般的静电印刷机没有根本上的区别。

第一代 Indigo 数字化印刷机命名为 E-Print 1000，是一款单张纸四色数字化印刷机，该机采用严格的二值图像转换复制方法，不能改变复制点的密度。E-Print 1000 数字化印刷机采用类似于传统胶印机上的压印滚筒来固定纸张。当第一主色在感光鼓上成像后，油墨颜色转换开关转到该主色，使油墨覆盖在感光鼓表面，并转移到橡皮布上，在转印辊和压印辊的共同作用下图文被转移到纸张上，再开始印刷下一种颜色。正是由于这一原因，E-Print 1000 数字化印刷机又称为数字化胶印机（Digital Offset Press）。

图 13-4 所示为 E-Print 1000 数字化印刷机的结构简图。

E-Print 1000 数字化印刷机的主要特点如下。

① 采用液体电子油墨和静电印刷技术，液体电子油墨被密封在油墨盒里，是一种专用油墨。与采用固态墨粉的激光数字化印刷机相比，利用这种液体电子油墨复制出来的图像光泽度好。

② 成像分辨率为 800dpi，由于其复制工艺是类似于胶印机的严格二值图像转换方法，复制出来的层次在视觉上产生的效果是连续变化的，可达到的加网线数为 100 lpi。

③ 采用以橡皮布转移图文的方法，有一个相当于胶印机的压印滚筒，故复制后形成的网点带有胶印网点的特点，不如一般打印机的网点规则。

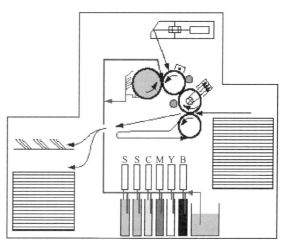

图 13-4 E-Print 1000 数字化印刷机的结构简图

④ 除四色套印色外，E-Print 1000 数字化印刷机还可以在印刷品上加两种专色，相当于一台六色胶印机。

⑤ 该机配有装订机构，可实现在线书本的装订。

E-Print 1000 数字化印刷机的最大可印刷幅面为 A3，输出速度大约为 1000 张/小时。

在 Drupa 2000 展览会上，Indigo 公司推出了第二代数字化印刷机，包括单张纸印刷机系列 UltraStream 2000/4000、卷筒纸数字化印刷机系列 Publisher 4000/8000 和 Omnius Webstream 100/200/400。Indigo 公司的第二代数字化印刷机在印刷质量上有了很大的提高，在色彩和图案层次上已经与传统的胶印非常接近。由于采用了双引擎技术，印刷速度可达到第一代数字化印刷机的 2～4 倍，每小时能印刷 2000～8000 张。Indigo 公司独有的专色系统 IndiChrome 使可印刷的颜色达到七色。该公司的第二代数字化印刷机从输出速度到印刷质量均越来越接近传统胶印，印刷成本也在不断下降。

3. 美国施乐公司的 DocuColor 40 数字化印刷机

美国施乐公司从 1990 年开始生产数字化印刷机，现在其数字化印刷机产品接近 100 种，从单色到彩色。美国施乐公司的黑白数字化印刷机冠以前缀 DocuTech，彩色数字化印刷机的前缀为 DocuColor。下面介绍该公司于 1995 年推向市场的代表产品 DocuColor 40 数字化印刷机。

图 13-5 所示为 DocuColor 40 数字化印刷机的结构，从图中可以看到，DocuColor 40 数字化印刷机的四色机组呈线型排列，整个印刷机在结构上相当紧凑。该数字化印刷机利用 ROS 激光成像系统，成像分辨率为 400dpi，印刷速度为 40 张/分钟（A4 幅

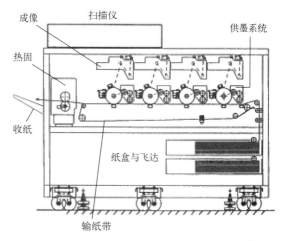

图 13-5 DocuColor 40 数字化印刷机的结构

面），相当于 0.17m/s。在 Splash 公司数字前端的支持下，DocuColor 40 数字化印刷机与计算机连成一体，从而使该数字化印刷机的功能得到扩展，如电子分拣、打印时的栅格化处理、色彩管理和自动补漏白等。

DocuColor 40 数字化印刷机的纸张翻转机构安排得很紧凑，需要双面印刷时只要启动纸张翻转机构即可，无须双面打印纸盒，从而有效减少了卡纸现象。该数字化印刷机设有三个纸盒和一个多页进纸器，第一纸盒的装纸量为 1000 张 A4 纸（64g～105g）；第二纸盒的装纸量 250 张 A3 或 A4 纸（64g～105g）；第三纸盒与第二纸盒相同；多页进纸器最多可装 50 张纸，由于纸张传送路线为直线，故允许纸张定量最大为 220g。

DCP/32、E-Print 1000 和 DocuColor 40 数字化印刷机各项技术参数的比较如表 13-1 所示。

表 13-1　DCP/32、E-Print 1000 和 DocuColor 40 数字化印刷机各项技术参数的比较

技术参数		DCP/32	E-Print 1000	DocuColor 40
NIP 印刷方式		静电成像 墨粉印刷	静电成像 液体电子油墨	静电成像 墨粉印刷
印刷幅面		320mm 宽	A3	A3+
纸张类型		卷筒纸	单张纸	单张纸
双面印刷能力		可以	不能	可以
成像方式		发光二极管	激光成像	ROS 成像系统
成像分辨率（dpi）		600	800	400
成像灰度级		9	2	9
印刷速度	A4（张/分钟，单面）	70	1000（A3）	40
	A4（张/分钟，双面）	35		15
	卷筒纸（m/s）	0.13		0.17
上市时间		1993 年	1993 年	1995 年
系列同类产品		DCP/32S 只能单面印刷 DCP/50D 和 S 500mm 幅宽	E-Print Pro，4 色； UltraStream	

第三节　喷墨印刷机

喷墨印刷已有较长的历史了，进入 20 世纪 80 年代后，个人计算机得到了飞速发展和普及，喷墨印刷也得到了较快的发展。尤其是进入 20 世纪 90 年代后，由于喷墨印刷机的结构简单，工作噪声低，设备规模小，价格低，所以其获得了很大的发展，挤入了常用数字化印刷机的行列。

一、喷墨印刷机的基本原理

喷墨印刷与现代常规印刷相比，最大的特点在于它是一种非接触式的无版印刷技术，利用计算机存储信息，不必将图文信息记录到印版上。

喷墨印刷是通过控制细微墨滴的沉积，在承印材料上产生需要的颜色与密度，最终形成印刷品的一种印刷方式。由于喷墨印刷机的印刷结果十分稳定，可表现的色域范围宽，所以它在数字化印刷中有着非常广阔的发展空间。喷墨印刷机的种类繁多，采用的喷墨方式也不尽相同，从总体上可以把喷墨印刷机分为连续式喷墨印刷机和随机式喷墨印刷机（又称为即

时喷墨印刷机或按需喷墨印刷机）两大类，这两类喷墨印刷机在原理上有很大的差别。早期的台式喷墨印刷机及目前使用的大幅面高档喷墨印刷机大多属于连续式喷墨印刷机，而廉价的普及型喷墨印刷机则采用随机式喷墨印刷的方式。

1. 连续式喷墨印刷机

连续式喷墨印刷机又有三种形式：连续式喷墨印刷机、连续阵列喷墨印刷机和连续区域阶调可变喷墨印刷机。

连续式喷墨印刷机：以电荷控制型为代表，这种喷墨方式最早的应用实例是使用单个喷墨嘴喷射墨滴，只能在承印材料表面形成粗糙的点阵图像。装有喷墨嘴的组件称为喷墨头，喷墨嘴通过细小的管道与盛放墨水的容器相连。印刷时用墨水泵给墨水施加适当的压力，使墨水从喷墨嘴中喷出一束细小的液流，这种喷射过程在印刷机内连续地进行，连续式喷墨印刷机也因此得名。以连续式喷墨印刷中的偏转墨滴印刷方法为例，从喷墨嘴喷出的细小液流在压电晶体产生的超声驱动信号作用下，受到高频振荡而分解，形成均匀而稳定的墨滴。喷墨设备的驱动软件根据需要印刷的图文信息，以开关方式对电荷进行控制，形成带电荷和不带电荷的墨滴，然后由偏转场控制电荷偏转，使墨滴飞到纸面上，为纸张所吸收，产生最终要印刷的结果。

连续式喷墨印刷机的主要优点是可以形成 100kHz 以上的高速墨滴，适用于高速印刷领域。其缺点是需要有对墨水进行加压的结构，并需要对不参与记录的墨滴附加回收装置，这会使印刷机的结构变得复杂起来。连续式喷墨印刷分为偏转墨滴、不偏转墨滴、无静电分裂墨滴与间歇静电拉引四种印刷方法。

连续阵列喷墨印刷机：在连续阵列喷墨印刷机中，有许多按列分布的喷墨嘴，每个喷墨嘴都可以喷射出连续的墨水液流，但液流中的每一个墨滴又可独立控制，这种喷墨头就称为连续阵列喷墨头。在具体实现时，连续阵列喷墨印刷机的喷墨嘴实际上是两个电子喷墨头的组合，其中一个喷墨头是蚀刻在金属板上的单列小孔，其水平方向的分布密度就是喷墨印刷机的记录分辨率，如记录分辨率为 300dpi 的连续喷墨印刷机，它在水平方向的分布密度是每英寸 300 个小孔；另一个喷墨头则是用于控制喷射液流的充电装置。

连续区域阶调可变喷墨印刷机：它是连续式喷墨印刷机的一种变形形式，主要指赛天使公司研制和生产的 Iris 彩色喷墨印刷机，该型号的喷墨印刷机采用了区域阶调可变的喷墨技术，其工作原理是使不同的墨滴束对准同一个打印点，可产生类似于凹版印刷的复制效果，人的视觉系统获得的是连续变化的阶调。Iris 喷墨印刷机使用的油墨是染料基的，通常需要采用在图像表面覆膜的方式来附加一层保护膜，以防止紫外线照射使图像褪色。

2. 随机式喷墨印刷机

随机式喷墨印刷又称为即时喷墨印刷，是一种使墨滴从小孔中喷出并立即附着在承印材料上的方法。这种印刷方法由于采用液态油墨（墨水）而被称为液态即时印刷。采用这种喷墨印刷方法的印刷机，其喷墨嘴供给的墨滴只有在需要印刷时才喷出，因此随机式喷墨印刷又称为按需喷墨印刷。

由于随机式喷墨印刷机的墨滴只有在需要印刷时才喷出喷嘴，所以随机式喷墨印刷机中不需要墨水循环系统，从而省去了连续式喷墨印刷机所必需的墨水泵、墨水过滤器和墨水循环回收装置等。此外，随机式喷墨印刷机的墨滴喷射速度通常要低于连续式喷墨印刷机，此类喷墨印刷机的输出速度因此受到喷射速度的限制。与连续式喷墨印刷机相比，随机式喷墨印刷机的结构简单、紧凑，使得采用这一工作原理的设备不仅成本低，而且工作可靠性高，但缺点是记录速度慢。为了提高随机式喷墨印刷机的输出速度，可以采用增加喷墨嘴数量的方法，不过这将导致喷墨头结构的复杂化。

为实现根据印刷要求进行随机喷墨，可以用不同的技术方案从喷墨机构中产生墨滴。目前采用的两种最流行的技术方案：一种是利用电热换能器产生墨滴，俗称气泡式；另一种是利用压电器件产生墨滴，这就是通常所称的压电式喷墨技术。

气泡式喷墨印刷机：气泡式喷墨印刷机大多数为廉价的台式喷墨印刷机，此类印刷机的价格便宜、体积小、质量轻。图13-6所示为气泡式喷墨印刷机的原理图，由图可知，喷墨头的墨水腔一侧为加热板，另一侧的墨水腔中充满了墨水。印刷时，加热板迅速加热墨水，使其升温至高于墨水沸点，与加热板直接接触的墨水气化，产生的蒸气会形成很小的气泡。在气泡充满墨水腔后，因受热膨胀而形成较大的压力，这股压力驱动墨滴从喷墨嘴喷出。墨滴被喷射出喷墨嘴后，气泡破裂，大约经过50μs后，喷出的墨滴断离。一旦墨滴喷射出去，加热板冷却，墨水腔就依靠毛细管作用，再次将墨水从墨水盒中吸入并填满喷墨嘴。气泡式喷墨印刷机用的墨水是一种复杂的水基溶液，有极低的黏度和表面张力，能迅速气化。

压电式喷墨印刷机：图13-7所示为压电式喷墨印刷机的原理图，在压电式喷墨印刷机中，以压电器件为从墨水到墨滴的换能器件，代替连续式喷墨印刷机中的墨水泵，且只有在需要印刷时才会从喷墨嘴中喷出墨滴。压电式喷墨印刷机墨水盒的压力与连续式喷墨印刷机的喷射压力相比，维持在较低的水平上。当喷墨头的压电器件接收到点阵打印脉冲时，压缩墨水盒壁，将墨水挤压出墨水盒，并通过墨水管道再由喷墨嘴喷射到纸面上形成印点。

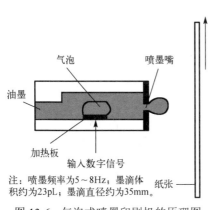

注：喷墨频率为5～8Hz；墨滴体积约为23pL；墨滴直径约为35mm。

图13-6　气泡式喷墨印刷机的原理图

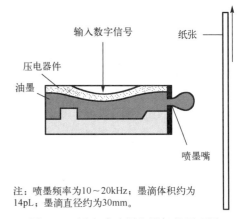

注：喷墨频率为10～20kHz；墨滴体积约为14pL；墨滴直径约为30mm。

图13-7　压电式喷墨印刷机的原理图

二、喷墨印刷机的典型结构

1. 连续式喷墨印刷机的典型结构

连续式喷墨印刷机的典型结构如图13-8所示，从图中可以看出，喷墨系统主要由喷墨嘴、充电系统、偏转场及信号输入系统组成，另外还有循环利用油墨的凹槽和油墨泵。喷墨嘴的作用是连续喷出墨滴,类似于传统印刷机中的供墨系统。喷墨嘴喷出的墨滴已由充电系统充电,都带有一定量的电荷。带电墨滴随后进入偏转场,偏转场的作用是形成一个电场,使通过偏转场的带电墨滴以一定的偏转角度喷到承印纸张上,由于纸张在不停地运动,所以,墨滴在承印纸张上就记录下了图文信息。印刷时,由喷墨嘴喷出的墨滴首先经过充电系统,使墨滴带上电荷。根据输入数字信号的强弱,每个墨滴的带电量也不同,数字信号强则带电量大,数字信号弱则带电量少。带电的墨滴接下来进入偏转场,带电量大的墨滴的偏转程度大,带电量少的墨滴的偏转程度小。这样的一个喷墨嘴喷出的墨滴所能覆盖的宽度是 10mm,调节喷墨嘴到承印纸张之间的距离可以改变覆盖宽度。这种方式形成图像的分辨率是由承印纸张的走纸速度和喷墨频率决定的,一个喷墨嘴的最小分辨率不能小于7×6个点。

2. 随机式喷墨印刷机的典型结构

图 13-9 所示是随机式喷墨印刷机的典型结构,从图 13-9(a)中可以看出,该机配有四个并列的墨盒,能进行四色印刷。输纸装置由两部分组成,一个是手动输纸装置,一个是能自动输纸的输纸盒,所印刷的纸张大小根据机型的最大设计量而定。纸张在机内的走纸靠输纸带传送,喷墨头部位安装有热源装置,其主要作用是把热熔性的墨粉加热成液态,然后由喷墨嘴喷出(气泡喷墨)。喷出的液态墨滴容易渗透纸张,在纸张上冷却后又回到固态,印刷后的纸张由输纸带输出。

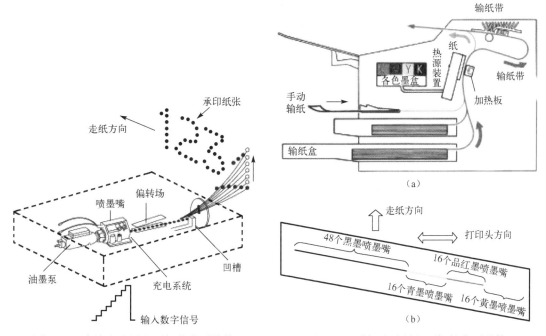

图 13-8 连续式喷墨印刷机的典型结构 　　　图 13-9 随机式喷墨印刷机的典型结构

由图 13-9(b)可以看出,该机喷墨头共含有 96 个喷墨嘴,其中 48 个为黑墨喷墨嘴,品红墨、青墨和黄墨喷墨嘴各 16 个,呈线型排列。喷墨形成的图像分辨率可达 300dpi,尽管喷墨嘴的宽度为 500μm,但由于打印头水平方向与走纸方向成 10°夹角,所以像素直径可以小到 84μm。

三、常见喷墨印刷机介绍

1. 赛天使公司生产的 VersaMark MPS4 喷墨印刷机

VersaMark MPS4 喷墨印刷机是赛天使公司于 1999 年推向市场的数字化卷筒纸喷墨印刷机，该机的外观与结构简图如图 13-10 所示。从图中可以看出，该机共有两个印刷机组，每个印刷机组包含两套喷墨成像系统，宽度为 299mm，采用连续式喷墨原理，可进行双色双面、四色单面（叠印）印刷。

VersaMark MPS4 喷墨印刷机的印刷幅面相当于 A3+纸的宽度，印刷图像分辨率通过其常用印刷图像的二值灰度来间接测量，印刷速度为 2.5m/s，相当于 1000 张/min（A4 幅面）。

2. AGFA 公司生产的 AGFA Jet Atlas 喷墨印刷机

图 13-11 所示是 AGFA Jet Atlas 喷墨印刷机的内部结构，其采用随机式喷墨印刷技术。该机的最大特点是配有 8 个墨盒，每个墨盒连接一个喷墨头，能进行八色喷墨印刷。其通常采用三个墨盒装青墨，三个墨盒装品红墨，各用一个墨盒装黄墨和黑墨。所以，青墨和品红墨可以有三种不同的印刷密度，大大扩展了印刷呈色范围。虽然图像分辨率只有 300dpi，但由于采用 8 色印刷，其印刷效果相当于 1000dpi 的分辨率，能当作彩色打样机使用，在印刷要求不高的情况下，可以关闭其中的 4 个喷墨头，只采用普通的四色印刷。

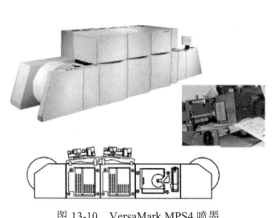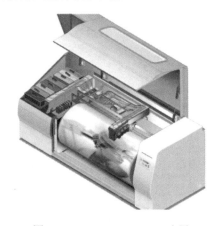

图 13-10　VersaMark MPS4 喷墨　　　　图 13-11　AGFA Jet Atlas 喷墨
印刷机的外观及结构简图　　　　　　　印刷机的内部结构

8 个喷墨头呈直线排列，其排列方向与走纸方向相同，所以印刷时，后一色墨滴总是叠印在前一色墨滴上（第一个喷墨头除外）。AGFA Jet Atlas 喷墨印刷机的最大幅面为 A1 纸张，采用 8 色印刷一张 A1 幅面的印刷品约需 8min。

3. Spectra 公司生产的 M 2000 喷墨印刷机

图 13-12 所示为 M 2000 喷墨印刷机的内部结构，这款喷墨印刷机采用压电式喷墨印刷技术。该机最大的特点是具有预印功能，能够在已经印刷好的卷筒纸上进行附加信息的印刷，还可以和其他类型的印刷机联机作业，进行混合印刷。

如图 13-12 所示，8 个喷墨头呈线型排列，排列方向与卷筒纸的走纸方向相同。每个喷墨头的成像宽度是 27mm，共含有 256 个喷墨嘴，成像分辨率是 240dpi。

4．DryJet 喷墨印刷机

图 13-13 所示为 DryJet 喷墨印刷机，采用压电式喷墨印刷技术和热熔墨粉，能进行调频加网图像输出。该机有 8 个喷墨头，能进行八色印刷，通常采用青、品红、黄和黑四色油墨，青墨和品红墨各有两种可选密度，黑墨有三种可选密度，黄墨只有一种密度。每个喷墨头相互独立，各自包含 40 个喷墨嘴，成像分辨率是 600dpi，印刷一张 A3 幅面的印刷品约需 11min。

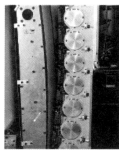
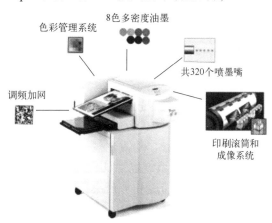

图 13-12　M 2000 喷墨印刷机的内部结构　　　图 13-13　DryJet 喷墨印刷机

VersaMark MPS4、AGFA Jet Atlas、M 2000 和 DryJet 喷墨印刷机各项技术参数的比较如表 13-2 所示。

表 13-2　VersaMark MPS4、AGFA Jet Atlas、M 2000 和 DryJet 喷墨印刷机各项技术参数的比较

技术参数		VersaMark MPS4	AGFA Jet Atlas	M 2000	DryJet
喷墨方式		连续式	随机式	压电式	压电式
纸张幅面		299mm	A1	216mm	A3
纸张类型		卷筒纸	单张纸	卷筒纸	单张纸
双面印刷		能	否	否	否
成像方式		喷墨嘴	喷墨嘴	喷墨嘴	喷墨嘴
成像分辨率（dpi）		300	300	240	600
像素灰度级		2	4（青、品红） 2（黄、黑）	>2	3（青、品红） 2（黄） 4（黑）
印刷速度	张/min	—	1/8（A1）	—	1/11（A3）
	m/s	2.5	—	1.1	—

第四节　DI 印刷机

DI 印刷机指印版的制作在印刷机内直接完成，印刷机实际上是制版机和印刷机的组合设备。世界上第一台 DI 印刷机是由海德堡公司于 1991 年推出的，该 DI 印刷机被命名为 GTO-DI/SPARC，其中的 DI 为直接成像（Direct Imaging）的意思。

DI 印刷机依靠印版自身的性质进行着墨控制，不利用传统胶印原理，因而可使用无水胶印。实际上，正是 DI 印刷机的问世，才使得无水胶印得以更加广泛地推广应用。

一、DI 印刷机的基本原理和特点

DI 印刷机的基本原理是在计算机信号的控制下，利用直接成像技术，在机完成印版的制作，印版无须显影与定影，只需清洗后即可上机印刷。DI 印刷机多采用无水胶印和调频加网等新印刷技术，能够高速、优质地完成各种印刷任务。

1. 直接成像技术

DI 印刷机的关键技术之一是印版的成像技术，Presstek 公司和 Creo 公司是向 DI 印刷机制造商提供直接成像技术的两家主要供应商。

Presstek 公司的成像系统应用最为普遍，该公司的 ProFire 激光成像系统将激光、激光发生器、数字电子和自动控制技术融入一个单一的模块中，这样的模块使它能适应许多印刷应用场合。ProFire 系统包括 FirePower 激光管，可以在不增加成像系统的大小和成本的情况下达到较高的成像速度和分辨率。每个 FirePower 激光管传送 4 束独立的、可精确定位的光束到印版上。FireWire 提供和成像头高速连接的接口，每秒钟发送 6400 万个像素到每个成像头。然后像素数据通过驱动器传送到激光器上，并在印版上形成网点。

另一个拥有直接成像技术的公司是 Creo，它的 SQUAREspot 热成像技术应用到海德堡、小森、曼罗兰和高宝公司生产的部分 DI 印刷机上。SQUAREspot 热成像系统支持在烧蚀、热转移和传统热敏材料上成像，将它应用到传统胶印机上，可以应用更大范围的传统胶印油墨和纸张。

SQUAREspot 热成像系统能以 10000dpi 的光学分辨率成像，其数据传输速率为 100Mbps，200 多个激光通道和 18W 的激光源使得系统在不到 4min 的时间内，就能以 2400dpi 的分辨率对一块对开印版成像。

2. 制版和印刷原理

以海德堡 GTO-DI/Laser DI 印刷机为例，它采用激光直接成像技术，其直接成像系统结构如图 13-14 所示。该直接成像系统沿印版滚筒轴向排列 16 个成像头，每个成像头由一个激光二极管、光纤和光学透镜组成，发出的激光波长约为 830nm，分辨率可达 2540dpi，形成的像素直径约为 30μm。其使用的新型无水印版有一层特殊的吸热层，对激光敏感度很高，可以很好地吸收激光热能。

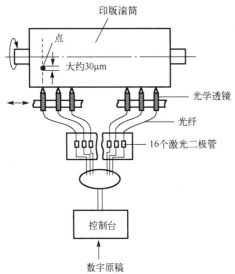

图 13-14 海德堡 GTO-DI/Laser DI
印刷机直接成像系统的结构

印版上的多晶硅表面在激光的照射下被烧穿，碳层被气化，印刷时该点将吸附油墨；空白区域的多晶硅表面没有被烧蚀，因而不粘油墨，完全可以实现无水胶印。

在印刷时，操作人员先将空白印版装在印版滚筒上，用中等速度开动印刷机（空转，不上墨，也不走纸）。已经由 RIP（栅格图像处理器）处理好的图像被送往 DI 印刷机的计算机控制系统，再由计算机控制系统分配到成像装置的每一个激光二极管，在印版表面成像。成像过程可以在每个印刷机组同时进行，成像时间大约为10min。与此同时，DI印刷机的操作人员可进行装纸等其他准备工作。直接成像过程完成后，DI印刷机停机，随后清洗印版表面，以除去制版时烧蚀下来的版屑。完成印版表面清洗工作后即可重新开机，加油墨和走纸，进行正常印刷。

3. DI印刷机的特点

DI印刷机有以下主要特点。

（1）无水印刷。

由于DI印刷机采用的印版用多晶硅表面控制是否上墨，因而无须用润湿液，也不需要花时间调整水墨平衡。因此，无水印刷是DI印刷机的最大优点。传统胶印工艺离不开润湿液，从而导致纸张变形及因滚筒张力产生拉长，套印精度下降，并影响到油墨在纸张上的附着。无水印刷这一优点又可派生出其他优点，如网点扩大小、复制质量高、色泽鲜艳及纸张利用率高等，显著降低了印刷成本，提高了印刷品的质量。

（2）调频加网。

调频加网是指DI印刷机可以在保持相同加网线数的条件下使记录分辨率降低一半左右，从而使RIP的处理速度提高约4倍。换言之，在相同记录分辨率的条件下可以使加网线数提高1倍左右。

采用调频加网技术时，每个记录点都是相互独立、不相连的。如果采用传统制版的方法，这种相互独立的记录点极有可能丢失。这是因为，从图文数据到印版需要经历两次转移过程，第一次是从计算机转移到胶片，第二次则从胶片转移到印版，这种制版过程可能因曝光不足或曝光过度而导致网点缩小或膨胀。因此，在进行显影、覆膜、冲洗等操作时需格外小心，稍有不慎就会使成片的小网点丢失。在DI印刷机中没有胶片处理这一过程，印版是一次成像的，它只有从计算机到印版的一次转移过程，不存在丢失网点的问题。因此，采用DI印刷机有助于使调频加网技术进入大规模应用。

（3）套印准确。

采用传统胶印工艺时，每张分色片上均有定位标志，安装印版需要花时间做定位调整，如果印版定位不准，则会引起套印不准，造成印张作废。在DI印刷机中是先安装印版后成像的，故无须调整印版，从而保证了套印精度。

（4）用墨恰当。

在DI印刷机中，由于所印刷的图文是通过计算机处理的，因此在RIP实现光栅化转换操作（对图文加网操作）后，计算机知道每个印版需要的油墨量，从而可通过印刷机的油墨预置系统准确地控制每个印刷机组的用墨量。

（5）节省时间。

DI印刷机的工艺过程简单、工序少，它与传统胶印工艺相比，减少了输出胶片、胶片显影处理、晒版、印版检查和修正、安装印版并调试定位及调整水墨平衡等操作。采用DI印刷机可减少40%左右的印刷准备时间。

（6）降低印刷成本。

由于以上所述诸项特点，通过精确计算表明，采用DI印刷机的总印刷成本可降低35%左右。如果考虑到随着印版使用量的增加而导致的价格下降，则总印刷成本还会降低。

二、典型 DI 印刷机的结构

DI 印刷机结构的特殊性主要体现在印刷机组。传统胶印机的印刷机组包括供墨系统、供水系统和印版紧固装置，DI 印刷机的印刷机组除包括供墨系统外，必不可少的装置还有直接成像系统和自动供版装置，供水系统的有无则视所采用的印刷方式而定。另外，若采用无水印刷的方式，DI 印刷机还要有印版冷却装置。

1. 典型 DI 印刷机印刷机组的结构

图 13-15 所示是典型 DI 印刷机印刷机组的结构。虚线标示的供水系统不是印刷机组的必要装置，若采用无水印刷的方式，则不需要供水系统；若采用传统胶印的方式，则需要供水系统。印版滚筒上还安装有直接成像系统以便对印版进行在机制版，另外，印版滚筒和橡皮滚筒上都安装了清洗装置，可对印版和橡皮布进行清洗，除去制版时的版屑和印刷后的残留油墨。

2. 典型 DI 印刷机自动供版装置的结构

由于 DI 印刷机在机内自动完成印版的拆卸和安装，所以 DI 印刷机的印版滚筒内都安装有自动供版装置，以满足快速制版的需要。如海德堡快霸 DI46-4 印刷机在印版滚筒内安装了自动供版装置，并存储了 35 块备用印版，可供 35 个印活使用。

典型 DI 印刷机自动供版装置的结构如图 13-16 所示，其通常安装在印版滚筒内部，由一个供版轴和一个收版轴组成。在制版时，供版轴和收版轴同时转动，新的版材被拉出紧贴在印版滚筒上，旧版材由收版轴卷起回收。

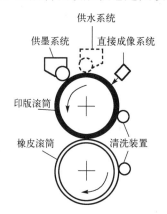
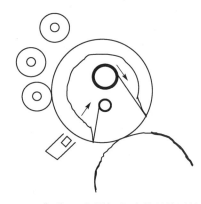

图 13-15　典型 DI 印刷机印刷机组的结构　　图 13-16　典型 DI 印刷机自动供版装置的结构

三、常见 DI 印刷机介绍

DI 印刷机自上市以来，经过十多年的发展，从最初的 GTO-DI 印刷机发展到现在，已经形成了产品的多样化、系列化。到目前为止，全世界有十多家著名印刷机生产企业投入到 DI 印刷机的生产行列中来，产品涵盖了单色、双色、四色、单张纸、卷筒纸等种类。不同公司生产的 DI 印刷机，其结构特点也不尽相同，下面介绍几种具有代表性的 DI 印刷机。

1. 海德堡快霸 DI46-4 印刷机

快霸 DI46-4 印刷机属于第三代 DI 印刷机,由海德堡公司于 1995 年投放市场,能进行四色印刷,其整体外观如图 13-17 所示。快霸 DI46-4 印刷机使用专用的无水胶印版和无水油墨,能承印定量为 60~300 张之间的涂料纸、非涂料纸、铜版纸、再生纸和纸板等。印刷纸张的幅面为 89mm×140mm 至 340mm×460mm,采用纵向进纸的方式,既可印三原色,又可印专色。经济起印数为 200 份,由于印版耐印力高达 2 万,印速高达 10000 张/h,所以也能印中等批量的活件。

(1)快霸 DI46-4 印刷机的结构。

快霸 DI46-4 印刷机采用卫星式滚筒排列结构,如图 13-18 所示。该结构可使四色印刷只需一次纸张定位,而且四个印刷机组的橡皮滚筒依次紧密地从纸张表面滚压过去,产生的静电使纸张紧紧地贴附于压印滚筒表面而不会错位,可以保证四色套准。四倍直径的压印滚筒表面镀有三层铬,有效地保护了滚筒,使其免受腐蚀。

图 13-17 快霸 DI46-4 印刷机的整体外观

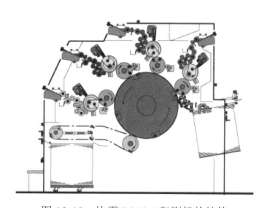

图 13-18 快霸 DI46-4 印刷机的结构

该机的印版滚筒和橡皮滚筒采用斜齿轮和滚枕接触,其滚枕接触宽度为 13mm,印版和橡皮滚筒之间的压缩量为 0.1~0.13mm,保证所印网点结实,印版磨损小,滚筒运转平稳。

四个印刷机组的印刷压力可利用收纸部的调节手轮进行调节,设定范围为-0.1~+0.3mm,并有标尺显示,能准确、简单地根据纸张厚度来改变压力。

四个印刷机组均为气动控制,磨损小,效率高。通过中央操作面板上的按钮,即可启动全自动的换版—成像—清洗程序。

快霸 DI46-4 印刷机的每个印版滚筒内部都有两根平行轴——供版轴和收版轴,其结构如图 13-16 所示。每个供版轴上都装有一卷印版,可供 35 个印刷活件使用,版材可回收、循环使用。在换版时,利用其新型的上版装置,只需选择中央操作面板上的 Image 成像功能,4 个印刷机组即可同时进行全自动换版操作,整个换版过程只需 30s。

(2)无水胶印。

快霸 DI46-4 印刷机采用无水胶印方式,不需要润版系统和水斗,省去了调整水墨平衡所需的时间。快霸 DI46-4 印刷机采用中央水冷系统,墨斗辊带有水冷却装置,以保证供墨系统恒温。印版的冷却则采用风冷装置,能使印版保持恒温,防止印件蹭脏。印版成像时,供墨系统将全部离压,以减少墨辊磨损。该机型每个印刷机组的供墨系统由 12 根墨辊组成,其中

3 根着墨辊的墨量分配为 88：8：4，每个印刷机组的印版和墨斗辊间的储墨量比为 1：4，即使印刷大面积的实地，也能获得良好的印刷质量。

（3）直接成像系统。

快霸 DI46-4 印刷机采用 4 个印版滚筒共用一个压印滚筒的卫星式结构，每个印刷机组都装有直接成像系统，每套直接成像系统含 16 个激光成像头，激光波长为 870nm，如图 13-19 所示。激光二极管发出的激光经光纤传送到光学镜头，聚焦成精密的激光束，对印版进行成像。快霸 DI46-4 印刷机采用的无水印版底层是聚酯片基，中间层是金属钛，顶层是硅胶层。

成像时，在位图数据的控制下，激光束穿过印版的硅胶层，射在钛层表面，光能变为热能，释放的热量熔化了硅胶层与聚酯片基间的连接层，从而使曝光区域的硅胶层得以脱落，形成亲墨的图文部分。而未曝光的区域仍留有硅胶层，形成疏墨的非图文部分。印版成像后，自动清洗装置会清洗掉印版表面的硅胶屑。印刷时，无硅胶层的聚酯片基亲墨，而仍留有硅胶层的部位则疏墨，利用无水胶印油墨即可实现图文的转印。

该机所用印版有 1270dpi 和 2540dpi 两种分辨率，前者可满足 150 线/英寸的输出精度，制版和清洗时间为 10min；后者可满足 175 线/英寸的输出精度，制版和清洗时间为 16min，两种印版所制作的网点直径都是 30μm，可进行调频网点印刷。

另外，该机可使用软打样和数字打样两种打样方式对印刷文件进行检查，数字打样机采用的是基于 NIP 技术的 DCP 9055CDN-DI 热升华打样系统。除此之外，每个印刷机组都装有自动墨量预置装置，根据直接成像系统里 RIP 生成的位图数据，CPC 油墨预置系统能计算出各印版最佳的墨量参数。当印刷速度改变时，供墨量也会随之自动做出相应的调整。当然，也可以通过控制台进一步调整各个墨区的墨量和墨带宽度。

（4）数据流程。

快霸 DI46-4 印刷机的数据流程如图 13-20 所示。来自 Macintosh 或 Windows 操作系统的 PostScript 数据通过网络传到快霸 DI46-4 印刷机直接成像系统的 RIP 上。快霸 DI46-4 印刷机直接成像系统的 RIP 利用图形用户界面和鼠标可操作 RIP，使操作者随时可从状态显示中了解作业情况。快霸 DI46-4 印刷机直接成像系统的 RIP 在 Windows NT Server 3.5 操作系统下运行。Windows NT 的处理能力很强，可以同时执行几个不同任务，如数据的光栅化、传输数据到印刷机及缓冲接收 PostScript 数据。

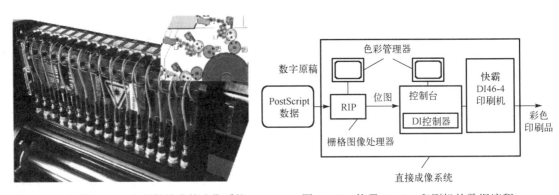

图 13-19　快霸 DI46-4 印刷机的直接成像系统　　图 13-20　快霸 DI46-4 印刷机的数据流程

经 RIP 加网处理后，印刷页面以操作者选定的输出精度（1270dpi 或 2540dpi）传到直接成像系统的控制台，由 DI 控制器控制激光成像头动作，完成印版的制作。

快霸 DI46-4 印刷机的直接成像系统采用 DEC 公司的 Alphastation 200 4/233 硬件平台，并配有 Alpha AXP 处理器，可以在 CAD 等领域应用。该硬件平台是 64 位系统，配有 64MB 内存，233MHz 的时钟频率，一块网卡和一个网络接口分别连接到印前网络和印刷机，内置 200MB 的硬盘用作经 RIP 处理的印刷作业的页面缓冲存储空间。

（5）输纸和收纸。

快霸 DI46-4 印刷机的输纸结构紧凑，其吸纸杆上的各个吸嘴可开可闭，借助于分纸器，将纸的前边吸起并送给进纸辊，进纸辊把纸张又准确地传到压印滚筒的前规处。

该机型采用低链条收纸，结构紧凑，带有喷粉装置，并装有照明灯以便检查。由于四倍直径压印滚筒使纸张产生的弯曲很小，所以收纸系统中省掉了侧规和挡规。当收纸叼纸牙接过纸张时，整个幅面的印刷均已完成，所以，不会在接纸时造成划痕。根据不同的纸张和印速调整开牙凸轮的最佳开牙时间，有助于高速运转时稳定收纸。

快霸 DI46-4 印刷机是目前市场上最典型的 DI 产品。据报道，世界上全部运行的 DI 印刷机中，90%以上是快霸 DI46-4 印刷机。

2．74Karat 印刷机

74Karat 印刷机是高宝公司和赛天使公司合作于 1997 年研制成功并于 2000 年投向市场的 DI 印刷机，其外观如图 13-21 所示。

（1）74Karat 印刷机的结构。

74Karat 印刷机的主要特点是在结构上做了较大的改进，采用图 13-22 所示的结构。滚筒的排列为五滚筒排列形式，印版滚筒在中央压印滚筒周围，压印滚筒、

图 13-21　74 Karat 印刷机的外观

橡皮滚筒和印版滚筒的直径比为 3：2：2。每个印版滚筒上安装两块印版，如图中所示，上面的印版滚筒安装了黄、青两块印版，下面的印版滚筒上安装了品红、黑两块印版，这样只用两个印版滚筒就能实现四色印刷。与其他类型的 DI 印刷机一样，74Karat 印刷机在每个印版滚筒上都安装有一套直接成像系统。这样，74Karat 印刷机只需要两套制版装置就可以满足四色印版的制作需要，降低了机器成本。

（2）供墨系统。

74Karat 印刷机仍然采用无水胶印，但其供墨系统却很独特。它采用短墨路无键式自动校正供墨系统，可以避免出现重影、墨杠和印刷质量不稳定等传统供墨系统经常出现的问题。供墨系统由一个墨盒、一个刮墨刀、一个网纹辊和一个着墨辊组成，墨量调整反应非常灵敏，因此减少了印刷的准备时间。油墨先由墨盒传到墨盒底部的网纹辊上，通过刮墨刀刮去多余的油墨，再把油墨传到着墨辊上进行印版着墨。其所用墨盒为无水平版油墨盒，可以实现不停机更换。利用该供墨系统，只需 8 张过版纸即可生产出合格的印刷品，印刷速度可达 10000 张/h。

由于采用短墨路和网纹辊输墨技术，74Karat 印刷机的输墨系统没有局部调节墨量的功能，但同时由于对着墨辊的温度进行了严格的控制，所以可以使印版上的墨层厚度非常精确。由于一个印版滚筒上安装有两块印版，所以对印版着墨时需要交替进行，着墨辊在完成对第

一块印版的着墨以后要抬离印版，然后由下一色着墨辊对第二块印版进行着墨，这样着墨辊需要频繁地进行离、合。由于压印滚筒、橡皮滚筒和印版滚筒不是等直径，而是采用 3：2：2 的直径比，所以纸张的传送和交接变得很复杂。

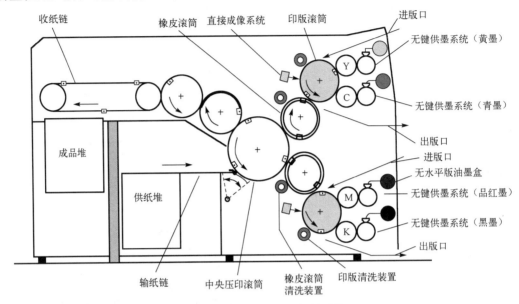

图 13-22　74Karat 印刷机的结构

（3）直接成像系统。

74Karat 印刷机能印刷的最大幅面为 A2+，输纸装置采用大幅面印刷机常用的横向进纸方式。印版的安装和拆卸由供版系统自动完成。该机的直接成像系统采用 Creo 激光二极管成像技术，其结构与海德堡快霸 DI46-4 印刷机的直接成像系统相似，分别安装在每个印版滚筒上，可在机内对铝基 PEARLDry 印版直接成像。成像时印版滚筒转动，直接成像系统沿着印版滚筒做轴向运动，32 个激光二极管同时对印版成像。成像分辨率范围为 1524～3556dpi（600～1400 线/cm），印刷普通印刷品时常用 1524dpi（600 线/cm）的分辨率，印刷精美印刷品时采用 2540dpi（1000 线/cm）的分辨率，以 1524dpi 的分辨率进行最大幅面的印版制作只需 15min。

3. 曼罗兰 DICOweb 印刷机

曼罗兰 DICOweb 系列 DI 印刷机是卷筒纸印刷机，分书刊印刷、商业印刷和包装印刷三大类。以 DICOweb 商业印刷机为例进行说明，它能印刷的卷筒纸的宽度为 520～300mm，印刷速度是 3.5m/s，采用平版印刷方式，装有三个普通印刷机组，一对 B-B 辊机组，配有自动供墨和套准系统，能进行在线密度检测，可以连接复卷、切纸或折页装置。DICOweb 商业印刷机适合印量为 1000～3000 张的印刷作业，非常适合短版彩色印刷。

（1）DICOweb 印刷机的直接成像系统。

DICOweb 印刷机的直接成像系统不同于上述两种 DI 印刷机，它不采用一次性印版，而是用类似色带的亲墨聚酯通过热固作用直接在印版滚筒的金属表面上成像，金属表面亲水，聚酯亲墨，利用传统胶印的方式即可完成印刷。

DICOweb 印刷机的成像过程如图 13-23 所示。首先使用碱性清洗剂对印版滚筒表面进行清洗，除去上次印刷残留的油墨，保证金属表面清洁、无油污。然后采用 Creo 公司的 IR 激光热成像技术，每个直接成像系统有 64 个 IR 激光成像头同时进行成像，成像分辨率可达3200dpi。根据图文数据信息，把相应区域的聚酯层转移到印版滚筒表面。最后给印版滚筒表面的聚酯层加热，加热系统产生的热空气温度高达 150℃，可使聚酯层牢固地附着在印版滚筒表面，并提高聚酯层的耐印力。整个成像过程不超过 8min，具体时间与幅面大小有关。聚酯层具有亲墨性质，热固到印版滚筒表面以后形成图文部分；印版滚筒表面本身具有亲水性质，形成非图文部分，这样，利用传统胶印的方法即可进行卷筒纸印刷。

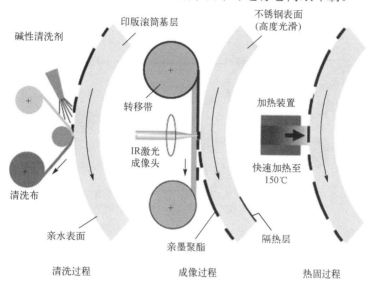

图 13-23 DICOweb 印刷机的成像过程

印刷活件完成之后，用清洗剂除去印版滚筒表面的聚酯层，整个印版表面又呈现出亲水特性，为下一个活件的印版制作做好准备，印版耐印力超过 30000 万，系统存储的聚酯材料可供 300 个印活使用。

（2）分阶段成像技术。

上述 DICOweb 印刷机的直接成像是在机完成的，每个印刷机组都安装有成像系统和热固装置，一次只能对一个印刷活件进行成像。分阶段成像技术则是使成像过程和热固过程分开进行，先对印刷图文进行成像，成像之后的聚酯材料复卷存储在盒子里，盒子安装到印刷机组内，需要成像时再把聚酯材料转移到印版滚筒表面，随后进行热固使之稳定。所以采用分阶段成像技术的印版滚筒上只需安装热固装置即可，不必安装成像系统。这种技术的好处在于可以事先对要印刷的多个活件进行成像，然后存储在印版滚筒里，制版时只进行热固就行了。另外，由于是脱机成像，多个机组可以共用一台成像系统，大大降低了机器成本。

（3）DICOweb 印刷机的结构。

DICOweb 印刷机的总体结构如图 13-24 所示。该机采用机组式排列结构，由开卷部分、印刷机组（包括一对 B-B 辊机组）、干燥系统和复卷、切纸、折页部分组成。另外还有自动控制部分，包括数据传输系统、油墨预置和套准系统、自动清洗和换版系统等多项自动控制系统。其单个印刷机组的结构如图 13-25 所示。印版滚筒上除着墨辊和着水辊外，还装有成像系统、热固装置、印版清洗装置，橡皮滚筒上也装有清洗装置。每个印刷机组都受控于计算机控制系统，接收来自计算机控制系统的数据，调整不同装置的相应动作。

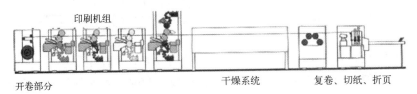

图 13-24 DICOweb 印刷机的总体结构

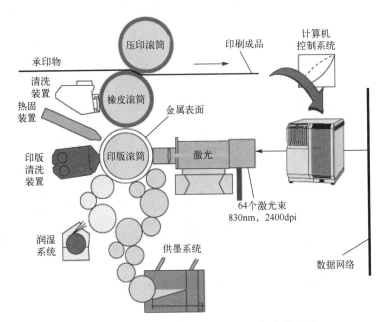

图 13-25 DICOweb 印刷机单个印刷机组的结构

快霸 DI46-4、74 Karat 和 DICOweb 印刷机的各项技术参数比较如表 13-3 所示。

表 13-3 快霸 DI46-4、74Karat、DICOweb 印刷机的各项技术参数比较

技术参数	快霸 DI46-4	74Karat	DICOweb
幅面/进纸方式	A3+/纵向	A2+/横向	卷筒纸
印刷速度	10000 张/小时	10000 张/小时	3.5m/s
印刷方式	无水胶印	无水胶印	传统胶印
印刷机组结构（机组数）	卫星式（4）	2 张印版共用一个印版滚筒	机组式（5）
供墨系统（墨区数）	传统供墨系统（12）	无键供墨系统（Gravuflow）	自动供墨系统（油墨预置）
印版版基材料	聚酯版基	铝质版基	可再生印版
成像分辨率（dpi）	1270/2540	1524～3556	3200
印刷像素直径	30μm	10～24μm	约 30μm
成像系统	16 个 IR 激光成像头并列成像	32 个 IR 激光束扫描头	64 个 IR 激光成像头并列成像
成像时间	10min/16min	15min	15min
上市时间	1995 年	2000 年	—

4. 日本三菱公司生产的 DIAMOND 系列数字化印刷机

日本三菱公司生产的 DIAMOND 系列数字化印刷机具有以下特征：印刷品质量稳定，印刷准备时间短，原材料浪费少，具有数字化处理作业功能，一机多能，提高生产效率，易于操作，安全可靠。

大多数 DIAMOND 系列印刷机都采用了三菱公司的"智能印刷机控制系统"，该系统能为印刷机提供精确的数字化信息，并对印刷机进行高精度的数字化控制。新的机型还采用该公司新研制的 MAX-net 网络系统，该系统的功能包括：能进行简单快捷的印刷机预设置，自动编排从墨辊和橡皮布清洗到换版和试印刷的印刷准备作业，印刷车间和其他部门可进行信息互换，可实现色彩标准化和数字化数据管理，提供故障求助，能进行印刷智能控制并实现 CIP3 文档转换。

DIAMOND 系列印刷机可印刷纸张的幅面在 380mm×273mm 到 1440mm×1040mm 之间，而且所有机型均可扩展至 8 个印刷机组。三菱公司于 2002 年推出的 DIAMOND 2000 型单张纸平版印刷机可采用两种不同的印刷方式，使用六色印刷时，最大印刷幅面为 740mm×600mm，采用塔式上光机延长式收纸方式；以直线排列方式可扩展到 8 个印刷机组，并且最大印刷幅面可扩展至 820mm×560mm。

三菱公司生产的 DIAMONDSTAR 报纸印刷机（见图 13-26）是这类印刷机中最快的倍幅报纸印刷机，印刷速度为 90000CPH。高速印刷大大提高了报纸印刷的效率，通过自动控制系统向整个纸宽提供均匀的油墨密度，可以印刷色彩鲜艳的照片和广告，很好地满足了报纸印刷的时效性，提高了报纸印刷质量。DIAMONDSTAR 报纸印刷机通过采用独有的低摩擦式滚筒轴承、驱动马达（无轴驱动）系统及配合高速印刷机运行的折纸机，减少了印刷机的整体负荷，实现了稳定、高速运行。通过采用高刚性侧面支架，大大降低了振动。尽管速度很快，但是由于采用了新型滚筒排列，保证了三菱报纸胶印机三角板原有的高印刷质量。与传统印刷机相比，DIAMONDSTAR 报纸印刷机的印刷速度使生产效率提高了约 30%。

图 13-26 DIAMONDSTAR 报纸印刷机

5. 日本小森公司生产的 LITHRONE 系列平版印刷机

日本小森公司是国际著名的制造、销售印刷机及印刷相关器材的公司，该公司生产的 LITHRONE 系列平版印刷机产品种类繁多，可以满足不同印刷方式的需要。LITHRONE 系列平版印刷机配备了小森高性能系统（KHS），该系统仅需 7min 即可完成作业转换，并将纸张浪费降低到最低限度。同时 LITHRONE 系列平版印刷机可以获得非常优异的双面印刷质量，尤其是配备了极为灵活的上光和烘干系统时，可以为用户提供高质量的印刷和上光效果。

其中的 LITHRONE SP 印刷机的占地面积小，采用双层机组配置。特别是 LITHRONE 40SP/44SP 印刷机能一次性完成双面印刷，省去了翻面作业的时间，减轻了操作人员的劳动强度，显著提高了生产效率。LITHRONE 40SP/44SP 印刷机配有一系列小森自动化系统，半自动换版装置和印刷机控制台均为标准装备，其各项技术参数如表 13-4 所示。

表 13-4　LITHRONE 40SP/44SP 印刷机的各项技术参数

型号	色数	最高印刷速度（张/h）	最大纸张尺寸（mm）[英寸]	最大印刷面积（mm）	印版尺寸（mm）	供纸纸堆高度（mm）
LITHRONE 40SP	双面：2×2 4×4　5×5	13000	720×1030 [28 3/8×40 9/16]	705×1020	800×1030	1430
LITH RONE 44SP	双面：2×2 4×4	13000	820×1130 [32 5/16×44 1/2]	810×1120	900×1130	1550

LITHRONE S40 印刷机是为了实现印刷工业迎接新时代的目标，追求最大生产效益、顺应数字化网络而开发的数字化机型。该机型具有高水平的自动化功能，操作可以全部在操作面板上实现，有三倍直径的双面印刷机制，特别适用于小批量生产。

LITHRONE S40 印刷机具有以下特点：可以处理印刷文件数据，实现数字化作业流程，并且具有数字化印刷功能，可以采用激光制版；采用新型着墨辊温度控制系统，确保连续印刷时色度稳定，显著提高了印刷质量；传纸滚筒采用骨架结构，可以灵活地处理 0.04～1mm 厚的纸张；采用了新开发的自动换版系统，还具备着墨辊、胶印滚筒和压印滚筒的自动清洗系统及自动墨膜调节系统等，从而大大缩短了作业准备时间；在高达 16000 张/h 的印刷速度下，仍可使印刷质量保持稳定；注重环境保护，采用无酒精润湿液、无油轴承及新型喷粉，可防止环境污染，减少纸张浪费，有助于确保纸张的合理利用；集中手触式面板控制系统、无须维护的无油轴承及其他技术使得该机极为便于操作和维护。LITHRONE S40 印刷机的有关技术参数如表 13-5 所示。

表 13-5　LITHRONE S40 印刷机的有关技术参数

色数	最大纸张尺寸（mm）[英寸]	最大印刷面积（mm）[英寸]	印版尺寸（mm）[英寸]	供纸纸堆高度（mm）[英寸]
2 色～12 色	720×1030 [28 3/8×40 9/16]	710×1020 [27 15/16×40 3/16]	800×1030 [31 1/2×40 9/16]	1150 [45 1/4]

复习思考题十三

1. 什么是数字化印刷机？它有什么特点？
2. 什么是短版印刷？什么是可变信息印刷？什么是先发行后印刷？

3．举例说明什么是直接成像数字化印刷。

4．举例说明什么是无印版数字化印刷。

5．试叙述静电印刷机的基本原理。

6．试叙述静电印刷机的基本组成，并说明静电印刷的油墨转移性能。

7．常见的静电印刷机有哪几种？各有什么特点？

8．喷墨印刷机的基本原理是什么？常见的喷墨印刷机有哪些？

9．什么是 DI 印刷机？其制版原理是什么？

10．常见的 DI 印刷机有哪几种？各有什么特点？

第十四章 凹版、柔性版和网版印刷的油墨转移

内容提要

本章主要讲述了凹版、柔性版和网版印刷的油墨转移及其相关参数。在凹版印刷的油墨转移中，主要讲述了凹版的印刷特性、凹版的网穴形状、凹版印刷的油墨传输、凹版印刷的油墨转移过程；在柔性版印刷的油墨转移中，主要介绍了柔性版印刷的阶调再现、网纹辊对油墨转移的影响、柔性版变形的尺寸补偿、柔性版油墨的印刷适性、柔性版印刷的印刷色序；在网版印刷的油墨转移中，主要介绍了网版及其刮板的使用、网版印刷工艺参数的确定。

基本要求

1．了解凹版印刷中印版的主要形式及其网穴形状对油墨转移的影响，柔性版印刷机使用的网纹辊及其常见着墨孔的形状，常用的网版种类及其特性，网版的目数、开口度、开口率。

2．掌握雕刻凹版的四色印刷、网穴角度和网点线数的设置、柔性版印刷机采用网纹辊-刮墨刀输墨系统的传墨性能；正确选择网纹辊的线数、网版印刷的工艺参数。

3．了解凹版印刷的主要应用场合，掌握网版印刷对网版性能的要求、刮板压印力的选择。

4．正确理解凹版印刷、柔性版印刷和网版印刷的油墨转移。

凹版印刷大约产生于 15 世纪。20 世纪 50 至 60 年代，凹版印刷在书刊出版行业中占有重要的地位。但因制版费用昂贵，不适合印制多品种、小批量的书籍、杂志，到了 20 世纪 70 年代，凹版印刷在书刊出版行业的地位逐渐下降，被平版印刷替代。凹版印刷具有印刷速度快、印版耐印力高、印刷幅面宽等特点。目前，对于印刷量为上百万张的产品来说，凹版印刷仍然是首选的印刷方法。

柔性版印刷始于 20 世纪 20 年代初，当时的印版由橡胶材料制作，油墨中的着色剂是煤焦油染料，基本成分是有毒的苯胺油，故称之为"苯胺印刷"。20 世纪 50 年代，柔性版印刷主要用于印刷粗糙的纸板，印刷质量低劣，从事柔性版印刷的工人被认为是最底层的，干着任何一个有"自尊"的印刷工人都不愿干的脏活。20 世纪 70 年代以后，现代科学技术的发展使柔性版印刷的质量、速度敢于和凹版印刷、平版印刷相比。目前，柔性版印刷依靠其独特的灵活性、低成本、高利润及保护环境的优势，正在迅速地扩大自己的市场。西方一些经济发达的国家认为，柔性版印刷是包装装潢印刷和报纸印刷中一种最优秀、最有前途的印刷方法。

网版印刷是由镂空版印刷逐渐演变形成的，它起源于秦汉时期的夹缬印花工艺。20 世纪 40 年代后期采用了感光材料制版，使高质量图像的网版印刷成为可能。20 世纪 60 年代以后，随着电子技术的兴盛及各种新型印刷材料的不断涌现，网版印刷发展很快，应用范围很广，已与平版印刷、凸版印刷、凹版印刷并列，被称为平、凸、凹、网四大印刷。

第一节　凹版印刷的油墨转移

原稿上的浓淡层次在凹版印刷品上是依靠墨层的厚薄得到再现的，这是凹版印刷不同于平版印刷、凸版印刷、网版印刷的最突出特点。凹版印刷品的墨色厚实、层次丰富、立体感强，是公认的高质量印刷品。

凹版印刷使用耐印力很高的手工雕刻凹版、电子雕刻凹版、影写版（照相凹版）等，线条细腻、花纹多变，具有很高的防伪能力。凹版印刷已成为印刷钞票、邮票及其他有价证券的主要方法。

凹版印刷直接在印版滚筒上雕刻印刷图文，可以方便地进行无接缝印刷，特别适合建筑材料、壁纸的印刷。

凹版印刷机采用短墨路输墨系统供墨、卷筒纸印刷，机器结构简单，自动化程度很高，使用的是溶剂挥发性油墨，墨层能够迅速干燥。因此，一般凹版印刷机的印刷速度都较高，大多数为 150m/min 以上，许多凹版印刷机的后端还配置了滚动模切装置，可进行模切、压痕，有利于包装装潢印刷品的印制。

凹版印刷与平版印刷、柔性版印刷、网版印刷相比，不足之处表现为制版周期较长，制版费用昂贵，制版、印刷过程中对环境的污染较严重。随着凹版印刷技术的不断完善，上述的问题将会逐步得到解决。总的来说，凹版印刷是一种颇具生命力的印刷方法。

一、凹版的印刷特性

凹版是指图文部分低于非图文部分的印版，印刷时，油墨先填入印版的网穴之中，网穴中的油墨在压力的作用下，转移到承印材料表面。

常用的凹版可以分为两类：一类是影写版，也称为照相凹版；另一类是雕刻凹版，包括手工或机械雕刻的凹版，以线条组成印刷图案，这种凹版主要用于印刷钞券（本章不作阐述）。用电子雕刻机雕刻的凹版称为电子雕刻凹版。无论是哪一类印版，版面的表面结构、网穴的深度及形状都对凹版印刷的质量至关重要。

（1）影写版。影写版因早先使用由照相机拍摄的阳图底片晒版而得名。这种印版首先要在敏化处理过的碳素纸上晒网线，再晒连续调阳图；然后把碳素纸上的胶膜转移到镀铜的滚筒表面，通过显影和腐蚀而制成。

晒网线的目的是在印版表面形成支撑刮墨刀的"网墙"，防止网穴中的部分油墨被刮墨刀刮去，印张上得不到足够的墨量。晒网线时必须使用凹版网屏。凹版网屏由透明的白线和不透明的黑块组成，其网格形状有方格、砖形格、菱形格及不规则形状，如图 14-1 所示。通常使用较多的是方格状网屏，白线与黑块宽度之比一般为 1∶3～1∶2.5（网墙宽度与网穴宽度之比）。若比值小，则网墙窄，网穴大，图像再现性好，但网墙易被刮墨刀损坏，耐印力降低。若比值大，则网墙宽，网穴小，网墙耐磨，耐印力高，但亮调和中间调部位的图像阶调再现性差。

影写版网穴腐蚀的深度和晒版阳图底片的密度有关，凹版用的阳图底片密度大多为 0.3～1.7，由网穴腐蚀深度和阳图底片密度关系曲线（见图 14-2）可知，网穴深度一般在 2～40μm（有的印刷品因特殊需要，深度可达 60μm），网穴太深，印刷品暗调部位的层次则无法显现。

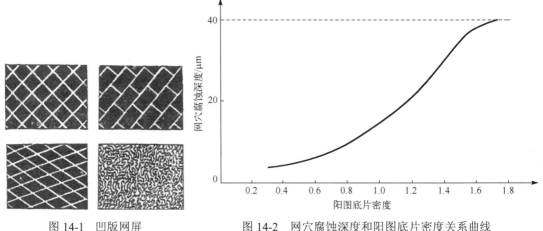

图 14-1　凹版网屏　　　　　图 14-2　网穴腐蚀深度和阳图底片密度关系曲线

影写版的腐蚀操作主要依靠操作人员熟练的技能，利用不同浓度的 $FeCl_3$（氯化铁）溶液进行分步腐蚀，因而得到大小相同、深浅不一的盆状网穴，如图 14-3（a）所示。

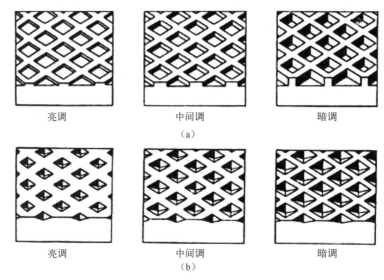

图 14-3　网穴形状

（2）电子雕刻凹版。20 世纪 90 年代以来，由于电子和计算机技术的发展，凹版印刷主要使用电子雕刻凹版。这种印版是利用自动化程度高的精密电子雕刻机在镀铜的滚筒表面雕刻出网穴形成的，雕刻出的网穴形状受到雕刻刀的限制，为倒锥形，如图 14-3（b）所示，其大小和深浅都在变化。暗调部位的网穴最深可达 55～60μm。版面上的网穴以交错排列的方式形成连续的网墙，支撑刮墨刀。

在多色印刷中，平版、凸版、网版印刷品为了避免"龟纹"的产生，利用不同网穴角度的黄、品红、青和黑四块印版叠印再现原稿的阶调和颜色。电子雕刻的四色凹版如果用同一种网穴角度，那么叠印时，印版位置稍有偏移，就会出现龟纹和偏色。因此，电子雕刻凹版采用图 14-4 所示的几种网穴角度进行彩色印刷，以消除龟纹。

为了改善文字质量和消除偏色，电子雕刻凹版的网穴角度常常和网线数进行组合。例如，复制带有文字的彩色图像原稿时，黄版选用 1 号（方形）网穴角度、品红版选用 2 号（拉长形）网穴角度，青版和黑版分别选用 3 号（压扁形）和 4 号（方形）网穴角度（见图 14-5），各块色版可以和表 14-1 中所对应的网线数相组合。由于黑版选择了高网线数，文字边缘雕刻的锯齿形不太明显，故改善了文字质量。

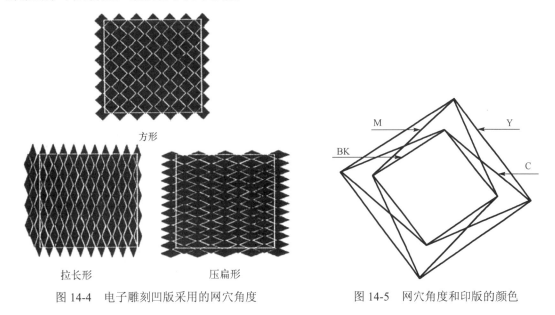

图 14-4　电子雕刻凹版采用的网穴角度　　　　图 14-5　网穴角度和印版的颜色

表 14-1　各块色版与网线数的组合

色版	网穴角度	网线数
黄版	1 号（方形）	60 线/cm
品红版	2 号（拉长形）	70 线/cm
青版	3 号（压扁形）	70 线/ cm
黑版	4 号（方形）	100 线/cm

二、凹版的网穴形状

凹版的网穴形状因制版方法不同而有所差别，电子雕刻凹版的网穴形状为倒锥形，影写版的网穴形状为盆形，在同样深度下，倒锥形网穴的容墨量低于盆形网穴，如图 14-6 所示。但是，雕刻网穴的表面光滑，没有死角，在印刷过程中传递油墨性能较好。据测算雕刻网穴的传墨率达 80%，而腐蚀的网穴仅有 50%。当凹版印刷产品没有特殊要求时，雕刻网穴转移到纸张上的墨层厚度可以满足印刷品的密度要求。

从倒锥形网穴转移到承印材料上的墨层边缘光洁，因而形成的图像清晰度高，故电子雕刻凹版适合复制风景、照片之类的原稿。与此相反，从盆状网穴转移到承印材料上的墨层边缘呈现圆弧状，形成的图像阶调柔和，故影写版适合复制阶调柔和的油画类原稿。

三、凹版印刷的油墨传输

凹版印刷机采用短墨路输墨系统，将低黏度的油墨输送到印版的网穴之中。输墨系统的结构、调节与油墨的性能是保证凹版印刷油墨正常传输的前提。

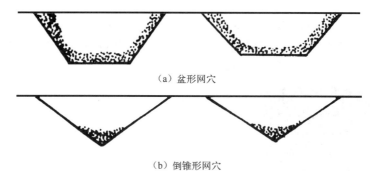

（a）盆形网穴

（b）倒锥形网穴

图 14-6　网穴形状与油墨的传递

（1）凹版印刷机的输墨系统。凹版印刷机的输墨系统由输墨装置和刮墨装置两部分组成。

① 输墨装置的输墨方式。输墨装置的输墨方式有直接着墨、间接着墨和喷射式给墨三种。

直接着墨方式：印版滚筒的 1/4 至 1/3 部分浸入墨槽中的油墨里，涂布上油墨的滚筒旋转到刮墨刀处，非图文部分的油墨被刮掉，如图 14-7（a）所示，这是凹版印刷机普遍采用的输墨方式。

间接着墨方式：先将墨斗辊浸在油墨中旋转，油墨涂满表面后再将油墨传递给印版滚筒，如图 14-7（b）所示。

喷射式给墨方式：用喷嘴将油墨喷到印版滚筒表面，这种输墨方式特别适用于高速凹版印刷机。

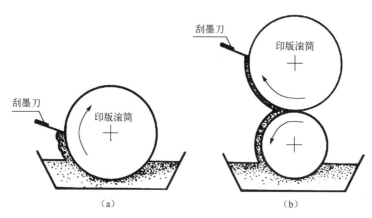

图 14-7　凹版印刷机的输墨方式

② 刮墨装置。除用于特殊用途的凹版印刷机外，凹版印刷机的刮墨装置一般均采用刮墨刀装置，该装置由刀架、刮墨刀和压板组成。刮墨刀是一种特制的钢片，宽度为 60～80mm，长度为 1000～1500mm（视滚筒的尺寸而定）。压板通常是比刮墨刀稍微窄一些的钢片。刮墨刀和压板安装在刀架上。刮墨刀装置上还附有能对刮墨刀的刀刃加以调节的装置，以维持刀刃与印版滚筒的母线平行，使刮墨刀均匀地压紧在整个印版滚筒的母线上，达到刮除印版空白表面上油墨的目的。

凹版印刷机上的刮墨刀为顺向刮墨刀，刀的刃部指向与印版滚筒在刮墨刀压触点处的表面线速度成锐角，在刮墨刀和印版滚筒表面之间形成楔形积墨区，如图 14-8（a）所示。由于油墨这一流体压力的作用，刮墨刀有被抬离印版滚筒表面的趋势，若要保持恒定的输墨量，必须对刮墨刀增加压力。此外，积墨区内容易积累一些杂质颗粒，对刮墨刀或印版滚筒造成不均匀的磨损，为此凹版印刷机上的刮墨刀要做轴向往复移动。大多数的凹版印刷机采用弹性压紧机构，用重物或气动机构把刮墨刀压在印版滚筒上。刮墨刀往复移动的行程范围一般为 30~60mm，行程次数为印版滚筒转数的 1/6~1/10。图 14-8（b）所示为逆向刮墨刀，其刮墨效果好，但磨损较快。这种装置一般很少用，主要原因是这种刮墨刀不能保证每个网穴里的油墨都是饱满的。

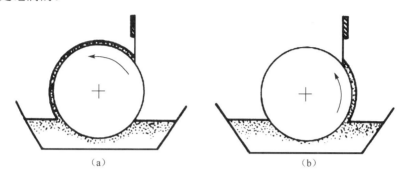

（a）　　　　　　　　　　　　　（b）

图 14-8　刮墨刀

凹版印刷品的印刷质量在很大程度上取决于刮墨刀磨得是否正确和安装得是否适当。如果把刮墨刀磨成 30°角或 30°角以上，刀刃比较坚固，但弹性差，刀刃刮除印版滚筒表面油墨的效果不良，使印刷品的亮调部位出现深浅不匀的现象；如果刀刃磨得过薄，磨成 18°角以下，刀刃虽然能够很好地把油墨从滚筒表面上刮除，但却容易被从油墨或纸张落到刮墨刀上的"硬质颗粒"损坏，有时也会被印版滚筒磨损，使刀刃上出现小月牙状的伤痕。这种带月牙状伤痕的刮墨刀会在印刷品上留下很细的道子，即出现与纸张进线方向成某一角度的直线。因此，刮墨刀的刀刃角度视印刷产品、油墨、承印材料和印刷机转速等因素而定，研磨的角度在 30°~18°之间变化。

不同类型的凹版印刷机中刮墨刀的安装位置各有不同。但大多数凹版印刷机的刮墨刀安装在印版滚筒上部四分之一的位置上。生产实践表明，若刮墨刀与压印线的距离较大，则印刷品上颜色过浓的现象较少，与此同时，浅阶调的再现性较差。故根据印刷图像阶调再现的要求，刮墨刀可以安装在比印版滚筒上部四分之一稍高一些或更低一些的位置上。

安装刮墨刀时，还要注意刮墨刀与印版滚筒母线的切线在接触时所构成的角度。这个角度越大，刮墨刀刮除印版非图文部分油墨的效果越好，但刮墨刀的刀刃损坏得越快，容易出现塌陷和凹痕，致使印刷品的阶调色彩发生变化。凹版印刷机的这一角度一般在 45°~90°之间变化。

（2）凹印油墨黏度的控制。凹印油墨必须具备容易填入凹版网穴和被刮墨装置除去的性质，因此凹印油墨和胶印油墨相比，黏度和黏着性均较低。

凹印油墨属于牛顿流体，黏度和油墨的流动性息息相关，黏度的大小决定了油墨的转移效果。当凹印油墨的黏度太小时，印刷品的墨色发虚、不平实；当凹印油墨的黏度太大时，印刷品的图文部分会出现刮痕和糊版。因此，凹印油墨的黏度在印刷过程中应保持恒定。由于凹印油墨是溶剂挥发性的，溶剂挥发会导致黏度上升，所以必须在凹版印刷机上安装黏度自动控制器控制凹印油墨的黏度。

黏度自动控制器由溶剂补加装置和旋转式黏度探测器组成。旋转式黏度探测器由两个同心圆筒构成，两筒之间有一定的空间用以放置油墨，其中一个圆筒以恒定的角速度旋转，自动控制系统根据旋转力矩计算出黏度值，将测定的黏度值和给定黏度值进行比较，根据黏度的变化控制阀门的开闭，向墨罐中补加溶剂，这样便保持了油墨黏度的相对稳定。

四、凹版印刷的油墨转移过程

凹印油墨的转移和承印材料的表面性能、印刷压力等因素有关。

（1）毛细作用与凹印油墨转移。凹版印刷的油墨转移机理至今尚不清楚，主要原因是凹印油墨挥发的速度很快，油墨转移量的测定十分困难，不容易寻找凹版上的油墨量 x 和油墨转移量 y 之间的解析关系。因而对凹版印刷油墨转移机理的研究，目前仍然停留在定性分析阶段。有一种理论认为：凹版印刷的油墨转移首先来自于毛细作用。当纸张（或其他承印材料）和印版滚筒分离时，借助于毛细管吸力，网穴中的油墨被取出而附着在承印材料上。印版与承印材料的间隙越小，毛细管吸力越大，油墨转移量也越大。

在同样的印刷压力和油墨黏度条件下，用影写版印刷得到的凹印油墨转移率曲线如图 14-9 所示。该曲线表明，平滑度高、质地柔软的承印材料在较大印刷压力的作用下，可增大承印材料与印版之间毛细管的作用力，从而提高油墨转移率。

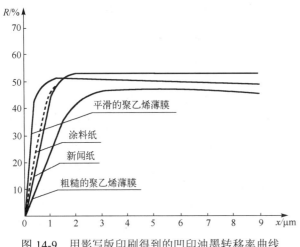

图 14-9　用影写版印刷得到的凹印油墨转移率曲线

（2）印刷压力。凹版印刷为直接印刷，印版滚筒和包覆着橡皮布的压印滚筒直接接触，两滚筒合压后，必须产生较大的压力，才能把印版网穴中的油墨转移到承印材料上。因为凹版印刷的压力比平版印刷、凸版印刷大，所以对橡皮布的技术质量指标的要求也更加严格。富有弹性的橡皮布必须具有较强的抗张力、较小的伸长、适当的硬度及精确的平整度。橡皮布的表面一般使用丁腈橡胶，硬度根据不同承印材料所需要的印刷压力而稍有差别，如表 14-2 所示。橡皮布下面常用的衬垫材料有硬牛皮纸、绝缘的硬卡纸或多层纸张裱糊的衬纸。

表 14-2　不同承印材料的印刷压力

承印材料	压印滚筒半径（mm）	橡胶硬度（HS）	压印滚筒宽度（mm）	印刷压力（kN/m）
塑料薄膜	120～150	60～70	10	0.98～4.9
铜版纸	150～200	70～80	13	7.8～14.7
胶版纸	150～200	85～90	15	24.5～39.2
牛皮纸	150～200	85～90	15	19.6～29.4

许多新型的凹版印刷机采用了套筒式的凹印包衬，橡皮布和衬垫成为一个整体。

为了使压力的调整迅速准确，新型凹版印刷机采用压缩空气加压，操作人员可以通过气压表观察压力的变化。如果设定压印滚筒两端各有一个气缸，并且压力相等，气压表显示的压强数值与印版滚筒承受的压力有下面的关系：

$$PL = 2\pi R^2 P / L$$

式中，PL 为线压力（N/m）；R 为气缸活塞的半径；P 为气缸的压强（N/m^2）；L 为印版滚筒的长度（m）。

一般在印版滚筒安装好以后，先调整压印滚筒和印版滚筒之间的水平，使滚筒两端的压力相等，以保证承印材料受到均衡的印刷压力，然后根据承印材料的不同施加不同的压力。

（3）塑料薄膜的表面处理。塑料薄膜是将以合成树脂为基本成分的高分子有机化合物制成平面状并卷成卷的柔软包装材料的总称。塑料薄膜是凹版印刷除纸张外用量最大的一类承印材料。

凹版印刷常用的塑料薄膜材料有聚乙烯（PE）、聚丙烯（PP）、聚氯乙烯（PVC）、聚苯乙烯（PS）、聚酯、聚酰胺（通常称为尼龙，简称 PA）、醋酸酯（CA）、玻璃纸（PT）等。绝大多数塑料薄膜的分子结构为非极性的，化学性能稳定，其临界表面张力 γ_c 值较低，为低能表面，因此与油墨、黏合剂的亲和性差，常常出现印刷墨层脱落、复合层剥离等问题。目前，除选择或配置与塑料薄膜附着性好的油墨、黏合剂外，主要采用对塑料薄膜表面进行处理的方法，提高塑料薄膜与油墨、黏合剂的附着性。

对塑料薄膜进行表面处理的常用方法有化学氧化法、溶剂处理法、火焰处理法和电晕放电法等。

化学氧化法是用氧化剂处理聚烯烃塑料表面，使其表面生成极性基团，提高塑料薄膜表面的极性。常用的氧化剂有无水铬酸-四氯乙烷、铬酸-醋酸、重铬酸钾-硫酸、氯酸盐等。溶剂处理法是用表面活性剂或溶剂将塑料表面渗出的各种添加剂（如防冻剂、增塑剂、润滑剂、防静电剂等）清洗干净，提高油墨对塑料薄膜表面的附着性。火焰处理法是利用火焰的高温作用，去除塑料表面附着的气体、油污，改善其润湿性。电晕放电法又叫电子冲击、电火花处理法。从目前的生产实践来看，电晕放电法对于塑料薄膜（尤其是聚烯烃塑料薄膜）的印前预处理是一种实用而又简便的方法。

电晕放电处理设备主要由电源和电极两部分组成。电源一般使用晶体管中频高压发生器，电极可以采用不同的形式，如刀口形、条形和针形等。为了保障人身安全，还附设有防护装置。对塑料薄膜进行电晕放电处理时，塑料薄膜在高压电场的作用下，分子电荷产生位移，形成感应电荷，产生的正、负离子使其显电性，即产生极化效应。由于离子是有质量的，运动时碰到塑料薄膜以后，薄膜表面便产生凹凸不平的密集微纹，使表面粗化。极化效应和粗化的表面有效地提高了油墨的附着力。与此同时，空气中的氧迅速生成臭氧。臭氧是一种强氧化剂，能加快油墨氧化聚合的干燥速度。

对塑料薄膜进行电晕放电处理以后，可以用表面张力测试笔或表面张力测定仪测定塑料薄膜预处理的效果。表面张力测定液的配比如表 14-3 所示。测试时，用脱脂棉球蘸上已知表面张力的测定液，涂在已被处理的塑料薄膜表面，涂布面积约为 30mm^2。若其在 2s 内收缩成水粒状，则表明塑料薄膜的表面张力低于测定液的表面张力，需提高电晕强度再次进行处理；若测试液在 2s 内不发生水纹状收缩，则表明塑料薄膜已达到处理效果。一般情况下，塑料薄膜的表面张力达到 38dyn/cm 即可用于印刷，达到 40～42dyn/cm，则可满足复合的要求。

表 14-3　表面张力测定液的配比

甲酸胺配比（%）	乙二醇乙醚配比（%）	表面张力（dyn/cm）	甲酸胺配比（%）	乙二醇乙醚配比（%）	表面张力（dyn/cm）
0.0	100.0	30	67.5	32.5	41
2.5	97.5	31	71.5	28.5	42
10.5	89.5	32	74.5	25.3	43
19.0	81.0	33	78.0	22.0	44
26.5	73.5	34	80.3	19.7	45
35.0	65.0	35	83.0	17.0	46
42.5	57.5	36	87.0	13.0	48
48.5	51.5	37	90.7	9.3	50
54.0	46.0	38	93.7	6.3	52
59.0	41.0	39	96.5	3.5	54
63.5	36.5	40	99.0	1.0	56

（4）静电吸墨。凹版网穴中的油墨必须在较大的压力下，才能转移到承印材料上。因此，凹版印刷机的负荷要比凸版印刷机和平版印刷机大。尽管如此，当承印材料表面比较粗糙时，网穴中的油墨也难以和承印材料全面接触，油墨不能很好地向承印材料转移，致使印刷的图文出现白点，俗称"出霜"。对于电子雕刻凹版来说，存储在网穴锥尖底部的油墨转移效果更差，这一点在亮调部位尤为突出，所以一般凹版印刷品亮调部位细微层次的再现性不好。虽然增大压力可以改善油墨的转移性，但压力的增大有一定限度，超出限度容易使压印滚筒的胶层爆裂，或使承印材料伸长。为了提高凹版印刷的油墨转移率，可以在凹版印刷机上安装静电吸墨装置，利用正、负电荷互相吸引的原理，把凹版上的油墨转移到承印材料上。

图 14-10 所示是静电吸墨装置。印刷机的压印滚筒有导电性，印刷时，利用静电高压发生器使印版滚筒和压印滚筒之间产生电场，借助静电引力，将凹版网穴中的油墨转移到承印材料上。

在设计静电吸墨装置时，一般印刷普通纸张需施加 200～1000V 电压，印刷厚纸需施加 500～5000V 电压。

静电吸墨装置的应用使凹版印刷的油墨转移率相对于一般压力下的油墨转换率提高了 15%～20%，不仅使印刷品的细微层次得到

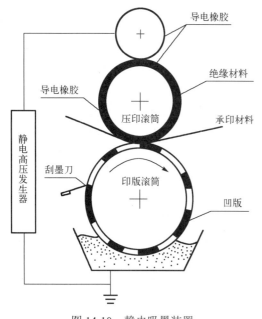

图 14-10　静电吸墨装置

了丰富的再现，还可以降低印刷压力，延长凹版印刷机的工作寿命。但在印刷过程中，必须保持环境清洁，防止压印滚筒表面的导电橡胶附着灰尘，也应防止因压印滚筒各部位电压不均匀出现的吸墨效果下降。

五、凹印油墨的干燥

凹版印刷使用的油墨含有高比例的挥发溶剂，为了提高油墨的干燥速度，通常采用电加热或蒸气加热的方法，加速溶剂挥发，使墨层及时干燥。

（1）凹印油墨干燥速度的调整。凹印油墨的干燥速度不仅取决于溶剂的沸点、蒸气压、蒸发潜热等，还取决于操作环境的温湿度、风量及墨层厚度等。因此应该根据印刷工艺的具体条件，调整油墨中溶剂的挥发速度。

在常温下，如果墨层干燥太慢，可以加入适量挥发速度快的溶剂；反之，则可以加入适量挥发速度慢的溶剂，也可以用混合溶剂来调整。例如，用二甲苯、乙醇和异丙醇的混合溶剂稀释油墨，对挥发速度的调整更加有利，若干燥速度快，可用少量丁醇代替一部分乙醇。丁醇有提高墨色光泽的作用，印刷效果更好。常用溶剂的挥发速度（30℃）如表14-4所示。

表14-4　常用溶剂的挥发速度（30℃）

溶剂名称	乙酸乙酯	甲苯	乙醇	异丙酸	二甲苯	乙酸丁酯	丁醇
挥发速度（mL/s）	18	31	47	55	70	70	147

温度对凹印油墨的干燥影响很大，一般根据承印材料、印刷速度、印刷图文面积进行调整。例如，承印材料是纸张，色序为黄、品红、青、黑的实地版印刷，第一色温度不宜过高，应控制在80℃左右，若温度过低，则油墨干燥不良；若温度过高，则会引起纸张收缩，第二色套印不准。之后各色的干燥温度逐渐升高，最高不得超过120℃。

塑料薄膜受热软化，在张力作用下容易伸长，所以更要严格地控制干燥温度。聚丙烯、聚乙烯、尼龙等容易伸长的薄膜，干燥温度最好不要超过70℃。塑料薄膜墨层的干燥速度及温度如表14-5所示。

表14-5　塑料薄膜墨层的干燥速度及温度

干燥速度	温度		
	图文面积0%～20%	图文面积30%～70%	图文面积80%～100%
80m/min	40±10℃	50±10℃	60±10℃
120m/min	40±10℃	60±10℃	70±10℃
160m/min	45±10℃	60±10℃	75±10℃
200m/min	45±10℃	60±10℃	80±10℃

（2）干燥器的通风与环境保护。凹印油墨在干燥过程中挥发出来的溶剂气体大多具有可燃性，当与空气混合并达到一定比例时，便呈可爆燃状态。表14-6所示为常用溶剂的可爆燃浓度范围。

表14-6　常用溶剂的可爆燃浓度范围

溶剂名称	甲苯	二甲苯	甲醇	乙醇	乙酸乙酯	甲乙酮
上限	6.8%	6.0%	36.5%	19.0%	11.4%	11.5%
下限	1.4%	1.0%	6.0%	3.28%	2.2%	1.8%

为了避免发生爆燃，应使用循环风不断地向凹版印刷机的干燥器输送空气，将可燃性气体的浓度控制在爆燃下限的 1/2 以下。

干燥器排出的废气中含有大量的有毒气体，如苯、二甲苯等，会损害人身健康并造成环境的污染。因此，干燥器排出的气体应送入溶剂回收装置，既回收了有机溶剂，又减少了环境污染。

第二节　柔性版印刷的油墨转移

柔性版是由橡皮凸版、感光性树脂版等弹性固体制成的凸版的总称，故柔性版印刷属于凸版印刷。但从版材的硬度、印刷机的传墨系统及印刷适性的要求等方面来看，柔性版印刷和普通的凸版印刷有较大的区别。本节主要阐述使用具有高分辨力、高弹性（类似橡胶弹性）、版材厚度为 1.7～7mm 的柔性版及用网纹辊传输低黏度、溶剂挥发性油墨，套印精度高的柔性版印刷的油墨转移。

柔性版印刷的油墨转移机理非常简单，低黏度、高流动性的油墨填充到网纹辊细小的着墨孔中，多余的油墨被刮墨刀刮除，留在网纹辊的着墨孔中的油墨随后被转移到柔性版浮雕状的图文上，当柔性版上的油墨区和承印材料接触时，便形成一个"吻印"，轻压"吻印"就完成了油墨的转移。

柔性版印刷的油墨转移机理虽然简单，但是柔性版的弹性模量小，容易变形，网点扩大值高，印刷精细图像时的工艺条件格外重要。此外，网纹辊的材质、着墨孔的形状及油墨的黏度和干燥性都直接影响油墨的传输和转移，因此，要获得高质量的柔性版印刷品，还有很多技术问题有待解决。

一、柔性版印刷的阶调再现

高弹性、高分辨力的柔性版由保护膜、感光树脂层、聚酯片基等组成。由于柔性版的弹性较大，故印刷效果，特别是阶调再现性与使用溶剂挥发性油墨的凹版印刷不同，与使用高黏度油墨的普通凸版印刷也不同。比较图 14-11 的左图和右图可以看出，柔性版印刷从高光部位到中间调部位的网点扩大较大，印刷相对反差小，图像看起来不够鲜丽，网点边缘容易滋墨，出现"空心"网点，导致图像的清晰度下降。为了防止这种缺陷发生，印刷时应尽量采用低印刷压力，选择合适的网纹辊，避免向印版供应过多的油墨。

柔性版印刷与其他的印刷方法一样，在相同的原版网点面积率下，不同的网线数，其网点扩大值不同。一般来说网线数越高，网点扩大值越大。由图 14-12～图 14-15 可以看出，用 150 线/英寸的柔性版印刷，原版 30% 的网点在印刷品上的网点扩大值约为 0.35；用 133 线/英寸和 120 线/英寸的柔性版印刷，原版 50% 的网点在印刷品上的网点扩大值约为 0.2；用 100 线/英寸的柔性版印刷，网点扩大值约为 0.18。从四种网线数的网点扩大情况来看，选用低网线数的柔性版印刷，能得到鲜艳、清晰的效果，从而获得有反差感的印刷品，但是当网线数过低时，印刷品的细微层次和清晰度欠佳。因此，制作柔性版晒版负片时，选择 100～133 线/英寸的网线数对原稿的层次进行调整，使它与柔性版阶调再现的范围相适应，采用较低的印刷压力是获得高质量印刷品的基本条件。

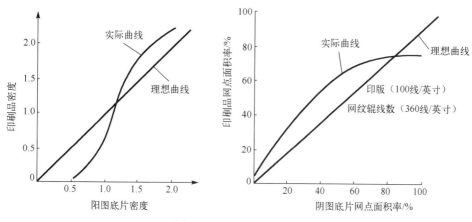

图 14-11　阶调再现曲线

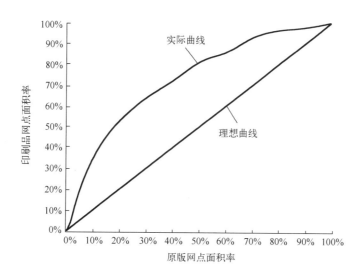

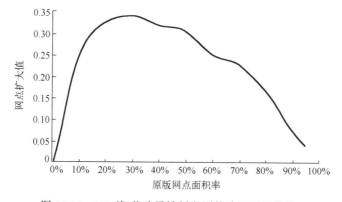

图 14-12　150 线/英寸柔性版印刷的阶调再现曲线

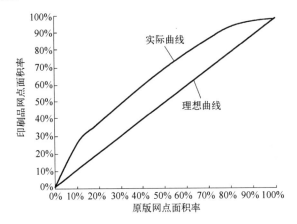

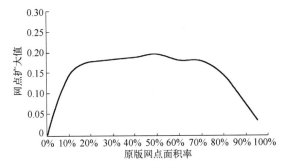

图 14-13　133 线/英寸柔性版印刷的阶调再现曲线

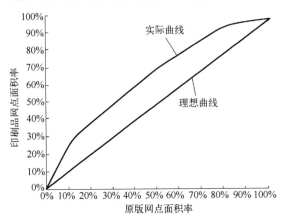

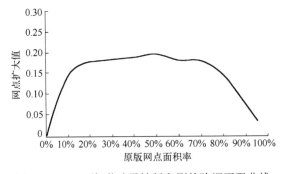

图 14-14　120 线/英寸柔性版印刷的阶调再现曲线

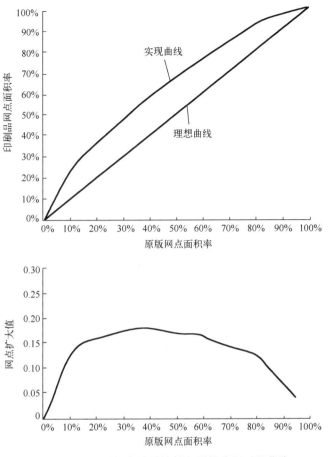

图 14-15　100 线/英寸柔性版印刷的阶调再现曲线

二、网纹辊对油墨转移的影响

柔性版印刷机绝大部分是印刷卷筒承印材料的轮转印刷机，单张纸印刷机很少。柔性版印刷机主要由解卷供料部件、印刷单元、加热干燥系统、复卷收料部件四大部分组成。柔性版印刷机按照印刷单元的排列方式可分为层叠式、卫星式、机组式三种基本机型。新型柔性版印刷机的结构紧凑，具有从解卷供料到印刷、上光、覆膜、轧齿线、纵切、横切及出单张成品或制盒等多种功能，形成了包装、印刷、加工一条龙生产线。

印刷单元是柔性版印刷机的核心，由供墨系统、印版滚筒和压印滚筒三部分构成。其中，供墨系统是印刷单元的核心。目前，柔性版印刷机采用墨斗辊-网纹辊系统或网纹辊-刮墨刀系统给印版供墨。

墨斗辊-网纹辊输墨系统如图 14-16（a）所示，墨斗辊将油墨从墨斗传向网纹辊。这种供墨系统的供墨量受到墨斗辊与网纹辊之间的压力、墨斗辊与网纹辊之间积墨区的位置、墨斗辊与网纹辊转速比值的大小、墨斗辊橡胶的硬度及油墨黏度等因素的影响，尤其是在高速印刷条件下，经常出现传墨量过多的故障。墨斗辊-网纹辊输墨系统很难保证小墨量传递的均匀性，一般不能满足高网线数或彩色图像印刷的质量要求，使用范围受到限制。

但由于墨斗辊向网纹辊传递油墨时，辊面产生的是滚动摩擦，磨损较小，网纹辊的使用寿命长，所以墨斗辊-网纹辊输墨系统在中速或印刷质量要求一般的柔性版印刷机上仍被采用。

网纹辊-刮墨刀输墨系统如图 14-16（b）所示，其由网纹辊和刮墨刀组成。刮墨刀的刃部指向与网纹辊在刮墨刀压触点处的表面线速度方向成钝角，为逆向刮墨刀（凹版印刷机为顺向刮墨刀），刮墨刀只需要施加很小的压紧力，就能将网纹辊表面的油墨除去。目前，高速、高质量的柔性版印刷机主要采用这种输墨系统向印版供墨。

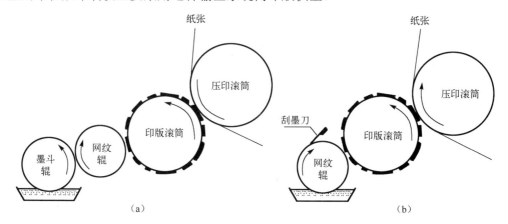

图 14-16　柔性版的输墨系统

（1）网纹辊-刮墨刀输墨系统的传墨性能。在使用网纹辊-刮墨刀输墨系统的柔性版印刷机中，刮墨刀采用逆向安装角度。当印刷速度提高时，网纹辊表面的动压力增大，迫使刮墨刀压在网纹辊表面。因此，网纹辊供给印版的墨量主要取决于网纹辊着墨孔的容积、网纹辊与印版表面之间的油墨分离情况，而与输墨系统的运转速度关系甚小，即在各种印刷速度下都能保持输墨量的恒定。上述特点能够很好地满足高速柔性版印刷机的需要，在低速时，可以根据印刷品的质量要求，精确地设定正常印刷时的输墨量，有利于实现印刷质量的稳定，同时也给操作人员的工作带来了很大方便。

网纹辊-刮墨刀输墨系统的输墨量与油墨的动压力无关，故不受油墨黏度的影响。图 14-17 所示是油墨黏度对输墨量的影响曲线。图中的墨层厚度是印刷品上的墨层测量值，油墨的黏度用 2 号詹氏杯测量，是循环到输墨系统中的黏度。从图中可以看出，墨斗辊-网纹辊输墨系统的输墨量对油墨黏度变化十分敏感，而网纹辊-刮墨刀输墨系统不因油墨黏度的变化而影响输墨量，能适应各种黏度的油墨和涂料。

网纹辊-刮墨刀输墨系统的输墨量较小且不易改变，刮墨刀直接和网纹辊接触，因此网纹辊的材质、着墨孔、线数等对输墨的质量均有影响。

（2）网纹辊的材质和着墨孔的形状。网纹辊是柔性版印刷机中的精密部件，它的作用是向印版的图文部分定量、均匀地传递其所需要的油墨。

网纹辊一般采用无缝钢管作为基层材料，在其表面雕刻出形状一致、分布均匀的微小凹孔，这些凹孔称为着墨孔。根据网纹辊表面镀覆或喷涂的材料不同，网纹辊可分为镀铬网纹辊和陶瓷网纹辊两种。

镀铬网纹辊是在金属辊表面先用电子雕刻机雕刻出着墨孔，然后镀铬制成的，铬层的厚度约为 1.2μm，硬度为洛氏（HRC）60°～70°，网纹辊线数可达 80 线/cm（200 线/英寸）以上，耐印力为 1000～3000 万，造价比较低，故在一般水平的柔性版印刷机上使用较为广泛。

陶瓷网纹辊是用等离子的方法，将金属氧化物（Al_2O_3 或 Cr_2O_3）熔化、涂布在金属光辊表面，形成高硬度、与金属辊结合牢固、致密的陶瓷薄膜，然后用激光雕刻制成的。

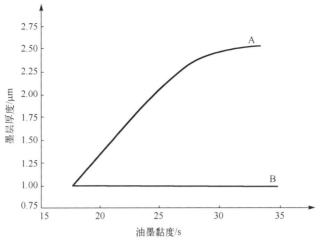

A—墨斗辊-网纹辊输墨系统；B—网纹辊-刮墨刀输墨系统。

图 14-17 油墨黏度对输墨量的影响曲线

陶瓷网纹辊的耐磨性高出镀铬网纹辊 20～30 倍，耐印力可达 4 亿次左右。由于其耐磨性极好，所以可减少更换网纹辊的操作次数，对提高印刷效率十分有利。陶瓷网纹辊的线数可达 600 线/英寸以上，适合印刷精细的彩色印刷品，是网纹辊-刮墨刀输墨系统中使用的优质网纹辊。

网纹辊的着墨孔形状如图 14-18 所示。

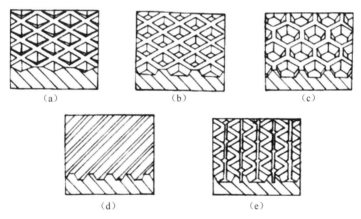

图 14-18 网纹辊的着墨孔形状

四棱锥形着墨孔的容积 $V_{锥}$ 可按下式计算（见图 14-19）：

$$V_{锥} = \frac{4}{3} H^3 \tan^2 \frac{\alpha}{2}$$

四棱台形着墨孔的容积 $V_{台}$ 可用下式计算（见图 14-19）：

$$V_{台} = \frac{4}{3} (3H^2 h - 3Hh^2 + h^3) \tan^2 \frac{\alpha}{2}$$

上述两个公式表明，如果有一个四棱锥形着墨孔和一个四棱台形着墨孔，它们的底面积相等，高也相等，则 $V_{台} > V_{锥}$。

着墨孔的边角对传墨的阻碍作用称为边角效应。四棱锥形着墨孔底部的边角效应最严重，高度约为着墨孔高度 1/3 的锥部不能释放油墨。因此，四棱台形着墨孔网纹辊的释墨性较好。此外，四棱台形着墨孔的侧面较四棱锥形更趋垂直，着墨孔之间的网墙在网纹辊表面上的尺寸比四棱锥形着墨孔宽，网墙度高且耐磨。

在长期使用过程中，由于刮墨刀的作用，网纹辊将被磨损，致使着墨孔的开口变小，深度变浅，进而使网纹辊传墨单元（着墨孔）容积减小，总传墨量也相应减少。从 $V_{锥}$ 和 $V_{台}$ 的计算公式中可以看出，深度的减小对着墨孔容积的影响很大。图 14-20 所示曲线是根据计算绘制成的，图中的 A、B、C 三条曲线分别是四棱锥形、四棱台形（锥角 α 为 110°）和四棱台形（锥角 α 为 90°）三种着墨孔的容积随深度变化而变化的关系曲线。其中，ΔH 是深度变化量；H 是原始深度；ΔV 是容积变化量；V 是原始容积。

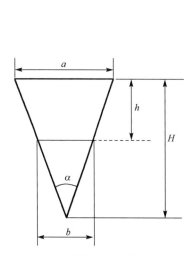 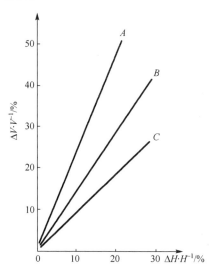

图 14-19　四棱锥、台形着墨孔的剖面　　图 14-20　深度减小对着墨孔容积的影响

比较曲线 A、B 可以看出，四棱台形着墨孔的深度变化对容积的影响比四棱锥形着墨孔小；比较曲线 B、C 可以看出，对于四棱台形着墨孔，当锥角 α 较大时，深度 H 减小引起的容积减小较为明显。例如，当 $\Delta H/H = 20\%$ 时，若锥角 $\alpha = 110°$，$\Delta V/V = 30.61\%$；若锥角 $\alpha = 90°$，则 $\Delta V/V = 24.55\%$，由此可知，四棱台形着墨孔的输墨稳定性优于四棱锥形着墨孔。

图 14-18（c）所示六棱台形着墨孔是对四棱台形着墨孔的改进。着墨孔的开口角度大，着墨孔间的网墙具有更高的强度，着墨性、释墨性、耐磨性均优于前两种形状的着墨孔，是柔性版印刷机中网纹辊最常用的着墨孔形状。

图 14-18（d）所示斜线形着墨孔的法向截面为等腰梯形。这种着墨孔可保证油墨（或涂布液）的流动性，具有良好的传墨性能。斜线形着墨孔的网线辊通常用于涂布、上胶及有特殊要求的柔性版印刷。

图 14-18（e）所示附加通道着墨孔是对四棱台形着墨孔的改进，沿垂直网纹辊轴线方向，在相邻着墨孔之间雕刻出通道，以增加油墨在着墨孔内的流动性。这种着墨孔具有良好的传墨性，特别适用于网目调和彩色图像印刷的高网线网纹辊。

（3）网纹辊的线数。网纹辊表面直线方向上单位长度内着墨孔的数量称为网纹辊线数（也称为网线密度）。它决定着网纹辊传墨的均匀性和传墨量。网纹辊线数越高，网纹辊上的墨层就越接近"连续"状态。

在印刷网目调或彩色图像印刷品时，柔性版亮调或高光部位的网点尺寸很小。如果采用低线数的网纹辊传墨，则着墨孔的开口面积大于某些小网点的面积，当这些小面积的网点正好与网纹辊的着墨孔相对时，由于没有网墙支撑，网点浸入着墨孔中，不仅网点表面被着墨，网点的侧壁也着了墨，因而印在承印材料上的网点，周边扩大严重，甚至相邻网点连接在一起，阶调和颜色均被改变。因此，在进行网目调或彩色图像印刷时，网纹辊的线数一般较高，以保证着墨孔的开口面积小于印版上最小网点的面积。但是，网纹辊的线数越高，其传墨量越小，所以，网纹辊的线数并不是越高越好，要综合考虑印版网点的情况和印刷品对墨色的要求。

在平版、凹版印刷中，若各色印版的网线角度关系不当，则会出现有碍图像美感的"龟纹"。在柔性版印刷中，除各色印版网线角度关系不当引起龟纹外，网纹辊和印版的角度、线数关系不当时也会引起龟纹。

网纹辊上的着墨孔一般是与轴线成 45°方向雕刻而成的，这和普通彩色图像印刷中的主色版（如品红版或青版）的网线角度相同，网纹辊着墨孔连成的网线易和品红版或青版的网线发生干涉，形成龟纹。因此，在柔性版彩色印刷中，印版应避免采用 45°的网线角度，通常采用的角度是 15°、30°、60°、75°、90°等。

在柔性版印刷的长期发展过程中，人们发现引起龟纹的主要原因是网纹辊线数与印版网线数之间匹配不当。多年来，为了寻找恰当的匹配线数，在美国人纳森最早提出的网线干涉图的基础上，美国印刷技术基金会的研究人员归纳了出一张网纹辊线数与印版网线数匹配图，也叫纳森图，如图 14-21 所示。

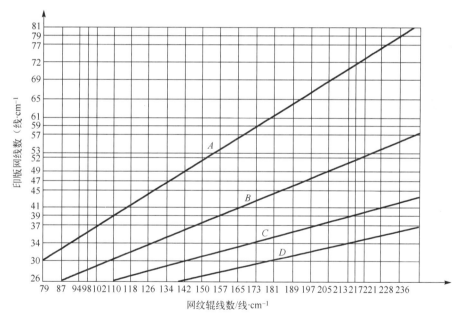

图 14-21　纳森图

图中的横坐标表示网纹辊线数，纵坐标表示印版网线数，图中的四条斜线表示网纹辊线数与印版网线数的最佳匹配带，若线数匹配对应在斜线上，则产生的龟纹人眼察觉不到，离斜线越远，形成的干涉条纹越令人生厌。

利用纳森图可以根据给定的印版网线数求出匹配的网纹辊线数，也可以根据给定的网纹辊线数求出印版网线数。例如，印刷要用 39 线/cm 的印版，为避免龟纹的发生，网纹辊的线数为 110 线/cm 最理想。又如，某柔性版印刷机配备的网纹辊的线数为 118 线/cm，它与 A、B、C 斜线相交点的纵坐标印版网线数分别为 41 线/cm、32 线/cm、28 线/cm，若印刷产品的质量要求较高，则选用 41 线/cm 的印版最合适；若印刷纸张的平滑度小、很粗糙，则可选用 28 线/cm 的印版。习惯上，对于一般的印刷产品来说，印版网线数和网纹辊线数常按 1：4 进行匹配，但对质量要求高的精细印刷品，印版网线数和网纹辊线数还是应该用纳森图进行匹配。

（4）网纹辊的维护与保养。网纹辊因其特殊的表面结构和对油墨传输的重要作用，必须进行认真的维护和保养。

网纹辊应存放在特制的包装箱内，使其处于垂直位置，以免表面被异物硌伤或因重力作用发生弯曲变形，在搬运及在印刷机上使用时，要严防异物与网纹辊碰撞。

在柔性版印刷机上，当刮墨刀处于工作位置时，其与网纹辊被压触点的切线夹角一般为 28°～35°。在保证有效地控制输墨量的前提下，刮墨刀与网纹辊的接触压力应尽量小，经测量，在工作状态时，刮墨刀在网纹辊上的线压力一般为 0.02744～0.05488N/cm。在正常的压力下，刮墨刀和网纹辊表面之间会存在一层极薄的油墨，这层油墨有润滑的作用，可减轻刮墨刀对网纹辊的磨损。为减少网纹辊的磨损，绝对不允许网纹辊与刮墨刀在干燥状态下摩擦。网纹辊与刮墨刀之间的压力应尽可能小，如果压力过大，也会加剧网纹辊的磨损。

每次印刷结束后，必须对网纹辊进行认真的清洗，否则油墨中的颜料会干结在网纹辊着墨孔的底部，影响网纹辊的输墨质量。

对网纹辊进行清洗可以采用擦洗和刷洗的方法，一般刷洗的效果较好，但要选择和油墨相匹配的清洗剂和合适的刷子。例如，刷洗镀铬网纹辊时，应选用鬃毛直径适合着墨孔大小的鬃刷；刷洗陶瓷网纹辊时，应选用坚硬的尼龙毛刷，若用铜刷刷洗，硬度高的陶瓷表面会从铜刷上磨削下细小的铜料，将着墨孔堵塞。

三、柔性版变形的尺寸补偿

柔性版和胶印印版相比，有两个显著的特点：一是弹性大；二是版材厚。

当一个制作非常完美的柔性版被安装到圆柱形滚筒上之后，印版沿滚筒周向的表面产生了弯曲变形，这种弯曲变形会影响到印版表面的图像和文字，使得印刷出来的图像、文字达不到原稿的要求。

印版的弯曲变形量随印版厚度的增大、印版滚筒半径的减小而增大。柔性版的版材厚度范围较大，一般为 0.8～7mm，常用的版材厚度是 1.7mm。柔性版印刷机是高速轮转机，印版滚筒的半径较小，因而印版的弯曲变形量大。实践证明，柔性版安装以后的变形改变了印刷图像的尺寸。

对质量要求不高的印刷品对于印版表面图文尺寸的改变可以不予考虑，但对质量要求较高的印刷品必须采取措施补偿印刷尺寸的变化。由于柔性版印刷的印版滚筒不能增减衬垫（无衬垫），所以只能减小晒版阴图底片上相应图文的尺寸，以补偿印刷图像的变形。

彩色柔性版印刷使用的是带聚酯背衬的柔性版，晒版阴图底片图像的减少百分比可用下式计算：

$$减少百分比 = \frac{K}{R} \times 100\%$$

式中，K 为和版材性能、结构有关的常数，一般由版材厂家提供；R 为印刷品最终得到的复制长度，可以用下式计算：

$$R = 2\pi(r + b + c)$$

式中，r 为印版滚筒的半径；b 为印版上的双面粘衬的厚度；c 为印版的厚度。

聚酯背衬柔性版的 K 值如表 14-7 所示。

表 14-7　聚酯背衬柔性版的 K 值

版厚（mm）	1.34	2.5	3.04	3.44	4.05	4.54	5.07	6.08	7.38
K 值（mm）	0.038	0.067	0.080	0.090	0.105	0.117	0.130	0.155	0.187

晒版阴图底片图像减少百分比的计算公式是在印版弯曲变形而印版滚筒正常的情况下得出的。事实上，影响印刷实际长度的不仅仅是印版的弯曲变形，印刷时，卷筒纸或卷筒薄膜在张力的作用下也会被拉长，而在印版滚筒的轴向方向上不会有收缩。在装版时，为了把印版展布并牢固地贴在粘衬上所施加的力，也足以使印版产生额外的变形。因此，根据公式进行晒版阴图底片图像尺寸的补偿，未必能得到预期的印刷精度，对于要求套印精度高的印刷品及模切尺寸准确的包装装潢印刷品，还需要综合考虑弯曲变形计算式，进行精确的版面设计。

四、柔性版油墨的印刷适性

不同印刷方式的油墨转移机理不同，柔性版印刷机是通过独特的网纹辊，将适量的油墨转移到承印材料上的。

柔性版油墨为流动性良好的液体，这主要是为适应网纹辊对油墨转移的需要。目前柔性版印刷中使用三种类型的油墨：水性油墨、有机溶剂性油墨和紫外线固化油墨。水性、有机溶剂性油墨的干燥是物理过程，而紫外线固化油墨则通过光化学反应进行干燥。由于水性油墨无污染、价格低廉，因此在我国和欧美国家的柔性版印刷中，水性油墨占有主导地位。

（1）水性油墨的特点。水性油墨通常由着色剂、连接料、辅助剂等成分组成。

着色剂是水性油墨的呈色物质，给油墨以一定颜色。在高水平的柔性版印刷中，使用高网线的网纹辊传输油墨，因而转移的油墨量较少，印刷品的墨层薄。为获得色彩艳丽的印迹，水性油墨的着色剂一般选用化学稳定性良好、具有高强度着色力的颜料。

连接料由水、树脂、胺类化合物及其他有机溶剂组成。树脂是水性油墨中最重要的成分，直接影响油墨的附着性能、干燥速度、防粘脏性能及耐热性等，同时也影响光泽及传墨性，常用的为丙烯酸类树脂。胺类化合物的作用是使水性油墨的 pH 值维持在碱性范围内，这是因为丙烯酸树脂在碱性介质中能得到更好的印刷效果。水和其他有机溶剂的作用是溶解树脂、调节油墨的黏度及干燥速度。柔性版印刷为高速印刷，网纹辊上分布着定量、定型的微小着墨孔，只有使用低黏度的油墨，网纹辊对油墨的传输才能达到理想的效果。水性油墨的黏度可用柴恩杯或4#涂料杯测量。表 14-8 所示为水性油墨的性能（25℃）。

表 14-8　水性油墨的性能（25℃）

颜色	黏度（s）	细度（μm）	黏着性（Tack）	pH 值
黄	40	35	3.5	9

续表

颜色	黏度（s）	细度（μm）	黏着性（Tack）	pH 值
红	75	15	3.3	9.5
金	62	—	4.6	9.1
黑	80	10	3	9.5

辅助剂主要用于调节油墨的 pH 值、干燥性等。水性油墨常用的辅助剂有稳定剂、阻滞剂、冲淡剂、消泡剂等。稳定剂可调节 pH 值，也可作稀释剂，降低油墨的黏度；阻滞剂用于降低水性油墨的干燥速度，防止油墨在网纹辊上干固，减少糊版；冲淡剂用于减淡水性油墨的颜色，但对油墨的黏度和干燥速度无影响，冲淡剂也是一种亮光剂，可以提高水性油墨的亮度。消泡剂可抑制和消除气泡，提高油墨的传递性能。

（2）水性油墨的 pH 值。水性油墨的 pH 值直接关系到水性油墨的印刷适性。其 pH 值和水性油墨黏度的关系如图 14-22 所示，图中的黏度值是用 4#涂料杯测量的。图 14-22 所示曲线表明，水性油墨的黏度随 pH 值的下降而线性升高。

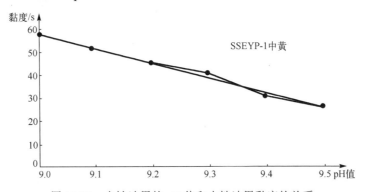

图 14-22　水性油墨的 pH 值和水性油墨黏度的关系

水性油墨的干燥性和 pH 值的关系如图 14-23 所示。干燥性的测试方法是：将少许油墨放在刮板细度计 100μm 处，用刮板迅速刮下的同时打开秒表，30s 后用一张纸的下端对准刮板零刻度处，平贴在凹槽上，用手掌迅速压一下，揭下纸张，测量未粘墨迹的长度，用 mm 表示，即为初干性（图中的干燥性）。未粘墨迹越短，干燥得越慢。图 14-23 所示曲线表明，随着 pH 值的逐渐升高，水性油墨的干燥性线性降低。

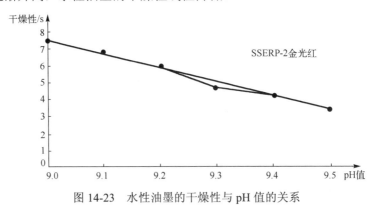

图 14-23　水性油墨的干燥性与 pH 值的关系

水性油墨的 pH 值主要依靠胺类化合物维持，由于印刷过程中胺类化合物的挥发，pH 值下降，这将使水性油墨的黏度上升、转移性变差，同时水性油墨的干燥速度加快，堵塞网纹辊，出现糊版。若要保持水性油墨的性能稳定，一方面应尽可能避免胺类化合物外泄，如盖好墨槽的上盖；另一方面要定时、定量地向墨槽中添加稳定剂。生产经验表明，一般水性油墨的 pH 值维持在 8.0～9.5 之间较好。当 pH 值过高时，水性油墨的干燥速度缓慢，会出现印刷品背面粘脏和抗水性差的问题。

（3）水性油墨使用中的问题。水性油墨的最大特点是水性油墨在干燥前可与水混合，一旦水性油墨干固后，则不能再溶于水，即水性油墨有抗水性。因此印刷时要特别注意的是，切勿让水性油墨干固在网纹辊上，以免堵塞网纹辊的着墨孔，阻碍水性油墨的定向传输，造成印刷不良。同时，也需注意印刷过程中柔性版始终要保持被水性油墨润湿，避免水性油墨干燥后堵塞印版上的文字图案。

降低水性油墨的黏度时，不宜随便加水，以免影响水性油墨的稳定性，可加入适量的稳定剂。当印刷速度降低时，可在水性油墨中加入阻滞剂，防止水性油墨干燥过快，一般加入量不得超过 3%。

五、柔性版印刷的印刷色序

不同的印刷色序会产生不同的印刷效果。在决定印刷色序时必须考虑许多相关因素，如印刷机的种类、印刷品上颜色的重要性、套印精度的要求（哪一块印版的套准性要求最高）、纸张的性质、油墨的性质、油墨叠印的方式（湿式印刷的油墨叠印还是干式印刷的油墨叠印）、颜色的深浅、印版上图文面积的大小及作业方面的问题等。

例如，用四色胶印机印刷时，油墨的叠印是以湿压湿的方式进行的，由于先印的油墨完全处于湿的状态，所以从油墨的黏度和黏着性来考虑，后印油墨的黏度、黏着性应依次递减，才不会出现"反粘"现象。另外，从油墨的透明度来考虑，后印油墨的透明度应该逐渐递增。

如果从用墨量来考虑，印刷品以黑版为主，采用非彩色结构底色去除得较多，印刷色序最好是青→品红→黄→黑。但是当黑版为补色版时，只是增加图像的轮廓或弥补三原色油墨的色偏，则可采用黑→青→品红→黄的色序来印刷，也可采用黄→品红→青→黑的色序，这是因为使用铬黄制造的墨，由于其透明度低，只能先印黄。

彩色印刷品的种类繁多，尤其是包装装潢印刷品，在考虑印刷色序时，除上述因素外，更应该根据印刷品各自的特点来安排印刷色序，常见的有以下几种：版画的色序应严格按照原稿的色序印刷；专色实地背景色版可放在最后印，以保证图文墨色均匀、不粘脏；有价证券、票证应先印底纹、再印边框；印金的产品必须先印底色，再印金墨；色数多的印刷品为了保证套印精度，可以先印图文面积小而又不叠色、无套印准确度要求的色版；一些包装装潢印刷品的主体字、图像要求保持鲜明，不能被其他颜色遮盖，应该后印。

柔性版印刷机为多色印刷机，油墨的叠印是以湿叠干的方式进行的，最少为 6 色，一般为 10 色，最高达 12 色，可进行紫外及红外上光。印刷的产品以装潢印刷品为主，有文字、图像、网线及实地，有的还需要印金、印银和上光。因此，柔性版印刷的色序非常灵活。在决定印刷色序时，不能孤立地考虑某一因素，要对印刷品的具体要求进行分析，以求得最佳的印刷色序。例如，可以先印网线版，再印实地，接着印金，最后上光。当某些印刷品的墨色较深，受网纹辊传墨量的限制，达不到墨层厚度要求时，可用另一印刷单元再次将此色重印一次。

第三节　网版印刷的油墨转移

网版印刷属于孔版印刷，它与平版印刷、凸版印刷、凹版印刷一直被称为四大印刷方法。

网版印刷的适应性非常强，不仅适合一般的纸张印刷，还适用于印刷玻璃、陶瓷、织物、金属等。通常人们按照承印材料的不同将网版印刷分为纸张类印刷、塑料类印刷、陶瓷类印刷、玻璃类印刷、金属类印刷、纺织类印刷等几大类。尽管各类网版印刷因承印材料质地不同而各有其特殊性，但油墨转移的原理是相同的，即将丝织物、合成纤维织物或金属网版绷在网框上，采用手工刻漆膜或利用感光材料通过光化学方法制成网版印版。印刷时通过刮板的挤压，使油墨从图文部分的网孔漏印到承印材料上，完成油墨的转移。

一、网版

网版是网版印刷的基础，网版的材质、厚度、开口度、开口率等对网版印刷的油墨转移都有很大影响，根据印刷品的要求选择合适的网版，是获得高质量印刷品的前提。

（1）网版的种类。网版印刷用的印版有蚕丝网版、尼龙网版、涤纶网版和不锈钢网版等。

蚕丝网版也叫绢网，由天然蚕丝编织而成。绢网的耐水性强，具有一定的吸湿性，易于绷网操作，和感光胶的结合性好。但是耐磨性和耐化学药品性差，容易老化发脆，绷网时很难达到较高的张力，成本也较高，故现在用量较少，大部分已被合成纤维取代。

尼龙网版也叫锦纶网版，是尼龙单丝编织品。尼龙网版具有很高的强度，耐磨性、耐化学药品性、耐水性、弹性都比较好。由于丝径均匀，表面光滑，故油墨的通过性也极好。但绷网一段时间后，因应力松弛，绷网张力下降，印版精度下降，所以不适用于印刷对尺寸精度要求很高的印刷品。

涤纶网版也叫聚酯网版。涤纶网版具有耐溶剂、耐高温、耐水、耐化学药品等优点，而且拉伸性小、物理性能稳定。和尼龙网版相比，不足之处是耐磨性差，适用于印刷对尺寸精度要求高的印刷品。

不锈钢网版由不锈钢材料制作而成。不锈钢网版的耐磨性好、强度高、拉伸性小，丝径精细，油墨的透过率高，尺寸精度稳定，不足之处是弹性较差，价格较贵。

编织网版的丝有单股（不锈钢网）、双股和多股（绢网）等。由单股丝编织的网版表面没有毛刺，具有优良的油墨通过性能；由多股丝编织的网版质地柔软，但因丝径较粗，对网版厚度的影响较大，和由单股丝编织的网版相比，强度较低，透墨性较差。

网版的编织形式有图14-24所示的平纹织、斜纹织、拧织、纱罗织等几种。

（2）网版的目数、开口度和开口率。每平方厘米网版所具有的网孔数目称为网版的目数，也可以用每平方英寸的网孔数目来表示。通常网版由等径横线和竖线交织形成网孔，因而网版的目数表示了丝与丝之间的疏密程度。目数越高，网版越密，网孔越小，油墨的通过性能也越差。为了区别于网线数，网版目数一般写成根/英寸或根/cm。

网版的目数可以用网目尺来测定。常用的网目尺由塑料片制成，如图14-25所示。测量时，将网版放在看版台上，使网版处于透光状态下，再将网目尺放在网版上，在网版上慢慢地移动网目尺，使网目尺上的线条与网版的横线或竖线平行，由于网版的横线与网目尺的线条产生重叠，故在网目尺上形成菱形花纹，如图14-25（a）所示，花纹对角所指的网目尺上对应的刻度数字 34 根/cm 为所测网版的目数，即 1 英寸或 1cm 网版所具有的网孔数目。

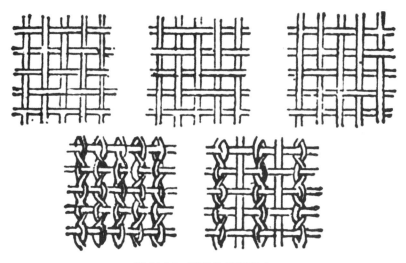

图 14-24　网版的编织形式

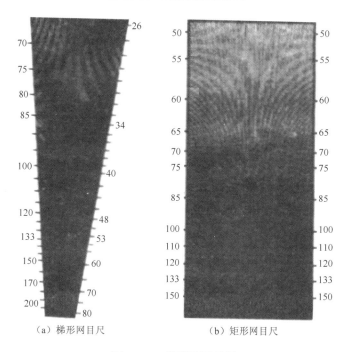

（a）梯形网目尺　　　　　（b）矩形网目尺

图 14-25　常用的网目尺

　　网版的开口度用于度量网孔的大小，表示的是网孔的宽度，用网版的横、竖两线围成的网孔面积的平方根来表示。若横、竖双向的网版目数一样，如图 14-26 所示，则开口度表示网孔一边的长度。因此，网孔一边的长度越长，开口度也越大。

　　开口度可以用下式计算：

$$O = A^{1/2} = (ab)^{1/2}$$

$$或\ \ O = L/M - d$$

式中，O 为开口度，单位为 μm；A 为网孔面积；a、b 为网孔相邻两边的宽度；M 为网版目数；d 为网版的丝径；L 为计量网版目数的单位长度，采用国家法定计量单位的为 1cm，采用英制计量单位的为 1 英寸。

网版的开口率也叫网版通孔率、有效筛滤面积、网孔面积百分率等，即在单位面积的网版内，网孔面积所占的百分比。根据图 14-26 可知，开口率可以用下式计算：

$$开口率 = \frac{a \cdot b}{C \cdot D} \times 100\% = \frac{a \cdot b}{\left(a + \dfrac{d}{2}\right) \cdot \left(b + \dfrac{d}{2}\right)} \times 100\%$$

或

$$开口率 = \frac{O^2 M}{L^2} \times 100\%$$

式中，CD 为网版面积。

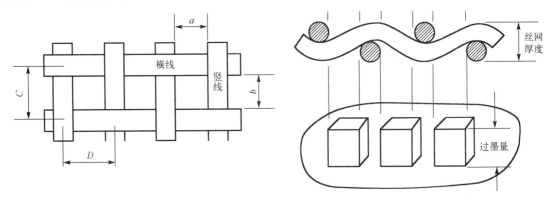

图 14-26　网版的尺寸示意图

在网版印刷中，再现 0.1～0.2mm 宽度的精细线条，和网版目数有直接的关系。在选择网版时，可以根据公式粗略计算出能够再现最细线条的宽度，该计算公式为

$$K = 2d + a$$

式中，K 为能够再现最细线条的宽度；d 为网版的丝径；a 为网孔的宽度。

网版被绷在网框上后，受到张紧力的作用，使丝径伸长，表 14-9 和表 14-10 中的数据表明网版目数越高，相对应的伸长率越大。

表 14-9　尼龙网版的网版目数、张紧力及伸长率

网版目数（根/英寸）	150	200	225	250	300
张紧力（N）	68.6	58.8	49.0	49.0	41.2
伸长率（%）	5.0～6.5	5.5～7.0	6.0～7.5	6.0～7.5	7.0～8.5

表 14-10　涤纶网版的网版目数、张紧力及伸长率

网版目数（根/英寸）	200	225	250	300
张紧力（N）	68.6	68.6	49.0	49.0
伸长率（%）	3.0～3.5	3.5～4.0	3.5～4.0	4.0～5.5

网版在张紧力的作用下伸长，导致网版的丝径变小，则网版目数和开口度发生变化。在张紧力作用下的网版目数和开口度可按下列公式计算。

在张紧力作用下的网版目数 M' 为

$$M' = M/(1+\text{伸长率})$$

在张紧力作用下的开口度 O' 为

$$O' = O \times (1+\text{伸长率})$$

式中，M 和 O 分别为无张紧力作用时的网版目数和开口度。

（3）网版的厚度和过墨量。网版的厚度指网版表面与底面之间的距离，单位一般为 mm 或 μm。厚度的数值是在网版无张紧力作用下测定的，其值的大小取决于网版的丝径大小。网版的过墨量与网版的厚度有关。

在网版印刷中，转移到承印材料表面上的油墨量取决于过墨量。在实际印刷过程中，通过网版的油墨量受到网版的材质和性能、油墨的黏度、刮板的硬度、压力、速度，以及印版与承印材料的间隙等多种因素的影响，因此没有确定的标准。一般如图 14-26 所示，单位面积内的油墨通过体积叫作过墨量，单位为 cm^3/m^2。

网版的目数、厚度、过墨量、开口度等技术规格，在《网版工业技术手册》中均可以查到。

表 14-11 所示为聚酯单股丝网版 TNP（TXX）的技术规格。

表 14-11 聚酯单股丝网版 TNP（TXX）的技术规格

型号	6	8	10	12	14	16	18	20	25
目数（根/英寸^2）	70	78×83	110×116	128×124	140×138	148×150	162×165	175	196
厚度（μm）	185	185	120	120	105	105	105	80	80
过墨量（cm^3/m^2）	76	63	43	34	31	28	23	23	19
开口度	233	185	140	107	100	87	72	78	63
开口率（%）	41	34	36	28	30	26	22	29	23
丝径（μm）	76	63	43	34	31	28	23	23	67

（4）网版印刷对网版性能的要求。网版印刷中的制版和印刷工艺要求网版具有较高的抗张强度、较低的断裂伸长率和良好的回弹性，以便制作出耐高张力、平面性稳定的网版。

常用的不锈钢网版、涤纶网版和尼龙网版的拉伸率小。不锈钢网版的强度高，但回弹性却比涤纶网版、尼龙网版差。

网版在制版和印刷中要和多种化学药品、有机溶剂接触，用于网版印刷的网版必须具有对化学药品的抗腐蚀力，才能保证制版和印刷质量。涤纶网版的伸长率比尼龙网版的伸长率低，耐化学药品的性能也优于尼龙网版，是用于制作精细印版的网版。此外，为了使网版印刷的质量稳定，网版还应具备软化点高、吸湿率小的性能。

网版有白色、黄色、琥珀色、红色等。若用白色网版制版，晒版时白色网版漫反射的是白光，由于感光材料对紫外线有较大的吸收性，印版会出现浮射现象（晕影）。如果用有色网版制版，晒版时有色网版一方面降低了照射光的漫反射强度，另一方面反射的是有色光，对感光材料来说是不活性光，故不会在印版上出现晕影。由此可见，网版的颜色对制版质量有着很大的影响，这一点在印刷精细产品时尤为重要。

二、刮板

在网版印刷中，刮板包括刮墨板、回墨板。刮墨板由橡胶条和夹具两部分组成。油墨在刮墨板挤压力的作用下，漏过网版的网孔，将油墨转移到承印材料上。回墨板多用铝或其他金属制成，它的作用是将刮墨板挤压到网版一端的油墨送回刮墨板工作的起始位置。

在进行手工印刷时，回墨也用刮墨板完成。在没有指明的一般情况下，将刮墨板简称为刮板，本书只讲述刮板。刮板在网版印刷中具有填墨、匀墨、刮墨、压印的作用。

（1）刮板的材质和性能要求。用于制作刮板的材料一般有天然橡胶、氯丁橡胶、聚氨酯橡胶、硅橡胶等。其中，天然橡胶和氯丁橡胶制作的刮板价格低廉、印刷时产生的静电很少，但耐磨性差，多用于手工或极性溶剂的油墨印刷。聚氨酯橡胶制作的刮板耐磨性好，具有较高的强度，但对极性溶剂十分敏感。

在网版印刷中，刮板的性能直接影响印刷效果。选择刮板时，要考虑承印材料的类型及承印材料的表面形状。

在网版印刷中，油墨转移量和图文再现性的好坏与刮板的硬度有关。一般在硬质承印材料上印刷时，选用软质刮板；相反，在软质承印材料上印刷时，选用硬质刮板，通过刮板施加压力使印版与承印材料接触良好。平滑度较高的承印材料可选用较硬的刮板。通常刮板的硬度在肖氏硬度 60～90 度的范围内较好。刮板在刮印过程中会因摩擦而产生热量，使温度升高，进而硬度发生变化，在选择刮板材料时，应选择受热不易变形的材料。

刮板与网版是通过直接接触来转移油墨的，每次刮印时都有摩擦，随着摩擦次数的增多，刮板的变形也不断加剧，印刷中油墨的过墨量也随之变化。为了保证稳定的印刷条件，要求刮板有良好的耐磨性和一定的机械强度。

刮板在使用过程中要接触各类油墨和溶剂，如乙醇、汽油等。刮板接触了油墨和溶剂后会发生不同程度的变化，常见的是硬度改变、体积膨胀。如果刮板出现膨胀，则刮板边缘的精度下降，印刷时就会漏墨不均匀，使墨色深浅不一。一般认为硬度大的橡胶交联密度大，油墨反溶剂分子难以浸入橡胶分子之中，因此膨胀系数小。选择刮板时，可在尽量满足印刷质量要求的条件下，选择硬度较高的橡胶刮板，将刮板的变形降低到最低限度。

刮板的厚度一般为 6～10mm，宽度为 50mm。刮板的长度是根据所印图文的尺寸和网框的大小确定的。基本原则是刮板要长于印刷图文画面的宽度，如果刮板长度小于画面宽度，则刮印时无法保证整个画面都有油墨；如果刮板过长，则不利于印刷，而且造成浪费。理想的刮板应比网版上图文画面的宽度两端各长 5cm。

刮板刃口的形状有方头、尖头、圆头三种。方头刮板的刃口为 90°，横断面为矩形，常用于平面承印材料的印刷。尖头刮板的刃口有 45°、60°、70° 等几种，横断面为三角形，通常用于曲面印刷。在油墨黏性、黏度不变的条件下，刮板刃口的角度越小，印迹的清晰度越高，但刮板的使用寿命也越短，故制作锐角刃口的刮板时，应选择硬度较高且耐磨的橡胶材料。圆头刮板的刃口有大圆头和小圆头之分，横断面为圆弧形。小圆头刮板一般用于低黏度油墨及对印刷精度要求不高的印刷品；大圆头刮板适用于在纺织物上印刷大面积的花纹。

（2）刮板压力与网版的关系。刮板在网版印刷中要保持一定的压力，使网版与承印材料表面呈线接触，从而完成油墨的转移。当压印力小时，网版接触不到承印材料表面，无法实施印刷；当压印力过大时，会使刮板弯曲变形，加剧刮板和网版的摩擦，同时导致网版松弛，印刷图像变形。因此，当印刷条件确定之后，正确掌握刮板的压印力对提高印刷质量是非常重要的。

在网版印刷中，刮板不仅要以一定的角度向网版施加一定的压力，还要有一定的力使刮板移动。假定刮板在刮印过程中不弯曲，刮板与网版之间的角度，即刮板角度为 α，刮板受到推力 F 的作用，F 垂直于刮板的轴线，如图 14-27（a）所示，F 的水平分力 F_2 为 $F\sin\alpha$，使刮板在网面上移动，F 的垂直分力 F_1 为 $F\cos\alpha$，相当于刮板作用于网面上的压印力。图中的 α 越大，压印力越小；α 越小，压印力就越大。在实际生产中，刮板在刮印时会有一定的弯曲，如图 14-27（b）所示，刮板角度为 α_0，则压印力为 $F\cos\alpha_0$。

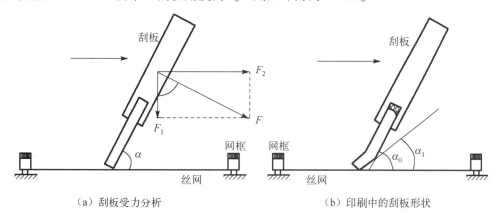

（a）刮板受力分析　　　　　　　　（b）印刷中的刮板形状

图 14-27　刮板压印力和刮板角度

α_0 的大小与刮板的刮印速度有直接关系。刮板的刮印速度越快，刮板与网版的摩擦阻力和油墨的黏性越大，刮板的弯曲变形也就越大，而刮板角度则变小。刮板对网版的压印力减小，影响了油墨转移量和图像的再现性。简单地说，若刮板角度大，则漏墨量少。

为了防止由 α_0 变化引起的压印力变化，保持印刷的稳定性，有的网版印刷机采用刮板轴线与网版的网面成 90°，而将刮板刃口磨成 α_0 角度的方法。这样可避免由刮印速度引起的刮板角度的变化，保证油墨供给量的均匀性。但是，确定刮板角度是网版印刷中比较复杂的问题，在实际印刷中，要根据承印材料的形状、特性、刮板的硬度和压印力的大小来确定。

一般来说，进行平面印刷时，刮板角度取 20°～70°为宜；进行曲面印刷时，刮板角度取 30°～65°为宜。

三、网版印刷工艺参数的确定

网版印刷的应用范围日趋广泛，印刷品的需求量不断增加。但是，影响网版印刷质量的因素很多，印刷过程的规范化、数据化还没有得到解决。因此，要想得到较高的印刷质量，确定网版印刷的工艺参数十分重要。

（1）阳图底片加网线数的确定。网版印刷使用阳图底片晒版，在彩色原稿分色加网之前，首先要确定加网线数。一般根据印刷品的观视距离、承印材料的种类及印刷品对阶调、色彩再现性的要求来确定。

印刷品上的加网线数取决于观视距离。一般情况下，网点越大，观视距离越大。如果加网线数越高，即网点越小，单位面积内的网点个数则越多，再现的阶调就越丰富，而观视距离随之减小。由此可见，一定的观视距离内所反映的视觉效果优劣是衡量或评价印刷质量的关键。也就是说，一幅大网点的巨幅广告画挂在远距离的地方观看，比同样幅面的小网点广告画挂在相同距离的地方观看，其印刷效果要好得多。表 14-12 所示为网目调印刷品的加网线数与观视距离的对应关系。

表 14-12　网目调印刷品的加网线数与观视距离的对应关系

加网线数	线/cm	59	52	39	33	24	20	18	11	10	6
	线/英寸	150	133	100	85	60	50	45	35	25	15
观视距离	最小距离（mm）	279	330	432	508	711	864	965	1245	1727	2870
	最大距离（mm）	1600	2057	2743	4115	5715	11430	23860	45720	68580	137160

大多数网版印刷品的观视距离一般为 457mm 之内，阳图底片的加网线数选用 33 线/cm，印刷品可获得最佳的阶调再现性。如果印刷品的观视距离大于或等于 730mm，可选用 24 线/cm 的加网线数制作阳图底片。

承印材料的材质、形态不同，所选择的加网线数也不同。一般而言，大面积的普通网点印刷，其加网线数为 12～14 线/cm；网点面积不太大，包括细线条的印刷，加网线数为 20～24 线/cm。粗面的纺织品印刷，加网线数为 10～14 线/cm；在细面的纺织品上印刷细线条图案或网点，加网线数为 15～18 线/cm。在 T 恤衫上印刷数字和色块，加网线数为 10～12 线/cm；印刷细线图案，加网线数为 12～14 线/cm；印刷网点叠印图案，加网线数为 15～18 线/cm。

在成型的物体表面印刷高线数的网点时，其加网线数可为 24～35 线/cm。

彩色印刷品亮调部位和暗调部位的阶调和颜色分别依靠网点的并列和叠合得到再现。若阳图底片的加网线数过低，则难以通过改变网点的大小来控制印刷品阶调和色彩的再现性。若阳图底片的加网线数过高，则单位面积内的数目增多，网点密度不易控制，印刷品的阶调、色彩再现性很难稳定。由表 14-13 可以看出，85 线/英寸的加网线数约为 55 线/英寸的 1.5 倍，而单位面积内网点的数目却约为 55 线/英寸的 2.4 倍。因此，为了得到阶调、色彩再现性好的网版印刷品，应考虑选择加网线数低、网点大的阳图底片。

表 14-13　加网线数与网点数目的关系

加网线数	线/cm	13	18	22	26	30	33	39	47	52	59
	线/英寸	32	45	55	65	75	85	100	120	133	150
网点数目（网点数/英寸^2）		1021	2025	3025	4225	5625	7225	10000	14000	17689	22500

（2）网版的选择。网版印刷因受到网版本身丝径的限制，无法再现极亮和极暗的阶调。如果印刷的最小网点直径小于或等于网版丝径，则这样的网点印不出来。生产实践表明，无论网版开口率与网版丝径的关系如何，只要使所能印刷的最小网点直径 D 与网版丝径 d 保持 $D \geqslant 3d$ 的关系，就能印出网点。表 14-14 所示为网版丝径与网版目数的关系，利用表中的关

系，按以下步骤可以确定网版目数。首先根据阳图底片的加网线数和亮调/暗调部位的网点面积率确定印刷的最小网点的直径；然后根据关系式 $D \geqslant 3d$ 计算出网版丝径 d，最后在表 14-14 中查出网版目数。

表 14-14　网版丝径与网版目数的关系

网版线径 d（μm）	120	100	80	65	56	55	54	48	38	35	33	33	33
网版目数（线/英寸）	76	83	140	137	156	175	195	230	240	305	330	350	390

在网版印刷中，印刷亮调部位的网点时，油墨通过网孔时被网版丝径阻隔越少，印刷的网点再现性越好；印刷暗调部位的网点时，油墨被网版丝径阻隔越多，印刷的网点再现性越好。为了避免亮调和暗调部位网点的大量丢失，应采用 20%～80% 的网点面积率复制彩色印刷品，不应采用 ≤5% 和 ≥95% 的网点面积率。由于上述原因，网版目数的选择应与网版丝径、印刷尺寸、加网线数分别保持表 14-14 和表 14-15 所示的关系。

表 14-15　印刷尺寸、加网线数与网版目数的关系

印刷尺寸（mm）	加网线数		网版目数	
	线/cm	线/英寸	线/cm	线/英寸
841×1189	14	35	95	240
594×841	18	45	120	305
420×594	22	55	130	330
297×420	28	70	165	420
210×297	31	86	195	495

若印刷品类型和使用的油墨不同，则在选用同一目数的网版时要考虑网版的级数，即网版纱线的粗细。目前国内外使用的网版级数有 S——细级、M——中细级、T——中级、HD——粗级、SL——大开口级等多种。表 14-16 所示为不同印刷品的网版选择。

表 14-16　不同印刷品的网版选择

印刷品类型	高分辨力的网点或细线印刷品	精密套印印刷品	耐用性长的印刷品	使用粗金属粉、粗油墨
选择网版	S 或 T 染色单股网版	高张力单股网版	HD 网版	SL 开口网版

（3）绷网工艺参数的确定。绷网工艺参数主要是绷网力的大小和倾斜角度。

绷网力对网版印刷有较大的影响。如果绷网力不足或不均匀，会造成套印精度下降，网版的使用寿命缩短。绷网力的大小取决于网版的种类、印刷图像的承印材料等。使用涤纶网版制作精细套印的网版时，手工印刷的绷网力约为 6N/cm；一般广告、美术装潢印刷的绷网力为 8～16N/cm；电路板印刷的绷网力为 12～18N/cm，绷网力的允许误差为±2N/cm。使用尼龙网版作为成型物印刷用的网版时，平面成型物印刷的绷网力为 6～10N/cm；不规则表面或圆形成型物印刷的绷网力为 0～6N/cm。在实际印刷中，如果没有特殊要求，一般彩色印刷多色套印的网版，绷网力控制在 10N/cm 左右，各色网版的绷网力保持一致就可以满足套印的精度。

彩色印刷品各色版采用不同的网线角度可防止龟纹的发生，绷网时采用图 14-28 所示的斜绷网法，倾斜角度 α 一般不超过 15°。

（4）叠印色序的安排。彩色网版印刷的色序安排主要考虑两个因素：一是印在承印材料上的油墨透明度；二是人眼对颜色的敏感程度。大量的印刷实践表明，采用透明性能好的油墨，四色网版的色序为青→黄→品红→黑，可以得到较好的色彩再现效果。必须将青放在第一色序，黑放在第四色序，而黄和品红的色序可以互换。

（5）确定网版与承印材料之间的间隙。网版印刷采用的印版是以丝网为版基的，被绷在网框上的网版处于水平状态时会出现一定的垂度，在刮板刮印油墨时，垂度值还会增大。为了使承印材料在未刮印时不粘油墨，网版、刮板在刮印前和刮印后不能与承印材料接触。如果网版在刮印前、刮印后始终不离开承印材料，就会造成印刷图文的油墨扩展。若是在成型的曲面承印材料上印刷，承印材料在印刷的同时还要做圆周转动，网版和承印材料之间有一定的间隙不会出现印刷图文模糊或线条变形的现象。因此，网版的最低部分必须离开承印材料。

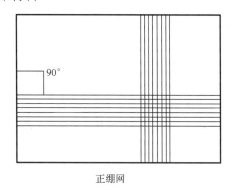 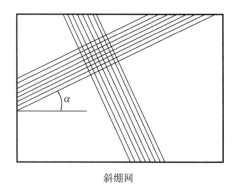

正绷网　　　　　　　　　　　　　　　　　　斜绷网

图 14-28　绷网的方法

确定网版印版和承印材料之间间隙值的主要依据是网版的尺寸、绷网力、网版的中心垂度、承印材料的形状、承印材料的性质、油墨的黏度等。对于吸收油墨能力较低的陶瓷、金属、硬质塑料等承印材料，网版和承印材料之间的间隙值要求比较高；而对于吸收油墨能力较高的棉布、纸张、丝织品等承印材料，间隙值的要求就不那么严格。一般来说，精细的网版印刷品，网版和承印材料间的间隙值为 1～3mm；普通印刷品的间隙值为 2～6mm；曲面承印材料间隙值要小一些；平面的承印材料间隙值则大一些。

复习思考题十四

1. 凹版印刷的印版有哪两种？它们的网穴形状对油墨转移有何影响？

2. 为了避免出现龟纹和偏色，在电子雕刻凹版的四色印刷中，网穴角度和网点线数如何设置？

3. 简述柔性版印刷机中网纹辊-刮墨刀输墨系统的传墨性能。

4. 柔性版印刷机使用的网纹辊，其常见的着墨孔有哪几种形状？有何特性？

5. 如何根据纳森图来选择网纹辊的线数？

6. 常用的网版有哪几种？分别有何特性？

7．网版的目数、开口度、开口率是如何定义的？

8．网版印刷对网版性能有哪些要求？

9．刮板压印力的大小对网版印刷有何影响？

10．网版印刷的工艺参数主要有哪几个？它们分别如何确定？

11．已知聚酯柔性版的厚度为 7.38mm，印版滚筒的半径为 7.5cm，双面胶版纸的厚度为 0.1mm，试计算印版的伸长率。

12．气动绷网机的张力为 41.46N，使用 270 目、开口度为 61μm 的网版，试计算采用绷网角为 60°的斜绷网法和正绷网法时的开口度及网版目数。通过计算得出什么结论？

13．选用 200 线/英寸的尼龙网版，丝径为 0.05mm，网孔宽度为 0.077mm，试计算再现最细线条的宽度。

第十五章　油墨转移中的现象与温湿度

内容提要

在印刷过程中，由于承印材料、油墨、机器等原因，会产生墨雾、晶化、剥纸等现象。

本章首先介绍了墨雾的产生原因及消除方法；其次介绍了多色套印中的叠印及叠印率、透映与反印；然后介绍了剥纸现象及其产生原因；最后介绍了温湿度对印刷品质量的影响，静电的产生及消除方法。

基本要求

1. 会分析墨雾的产生及消除方法。

2. 了解单色机、四色机油墨叠印的区别，分析各种叠印不良的产生原因，会提出获得高质量叠印效果应采取的措施。

3. 了解印刷中纸张掉毛的原因，掌握纸张拉毛速度和油墨黏性、油墨黏度、印刷速度、环境温湿度等的关系，掌握减少纸张掉毛所采取的一般方法。

4. 了解印刷品背面粘脏、油墨脱落的原因，并能提出相应的排除方法。

5. 对静电的产生有足够的认识，能针对实际选择合适的静电消除方法及装置。

6. 了解温湿度对纸张、油墨等印刷材料的影响及选择合适温湿度的方法。

第一节　油墨的雾散

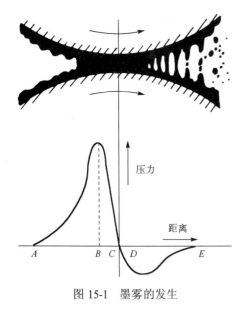

图 15-1　墨雾的发生

一、产生原因

油墨在两个相接触旋转着的墨辊出口处被拉伸成纤维状物，当此纤维状物同时在两处或两处以上被切断时，产生的断片 Q 因表面张力而成为球状，同时纤维状物与断片 Q 界面存在的双电层被破坏，分为正、负电荷。其中一部分留在油墨中，另一部分极性相反的电荷则逸向大气。当纤维状物缩短时，油墨中残留的电荷逐渐堆集在墨辊及纸张表面。断片 Q 因带有和油墨相同极性的电荷，所以在靠近墨辊或纸张时，被排斥而游浮于空中形成墨雾。

墨雾的产生并不源于离心力，必须有两个以上的墨辊相配合，油墨在辊隙间分裂时，墨雾才会产生，如图 15-1 所示。

二、影响因素

墨雾量随印刷的速度增加而增大。印刷机转数与墨雾量的关系（1.59g 油墨，黏性仪旋转 3min）如表 15-1 所示。

表 15-1　印刷机转数与墨雾量的关系（1.59g 油墨，黏性仪旋转 3min）

转数	500	700	900	1200
墨雾量（mg）	12.1	22.3	36.7	65.3

墨辊上的墨层越厚，墨雾量越大。但当墨雾量与墨辊墨量之比达到一定值时，便呈饱和状态，如表 15-2 所示。

表 15-2　墨辊墨量与墨雾量

墨辊墨量（g）	墨雾量（mg）	墨雾百分比（%）	墨辊墨量（g）	墨雾量（mg）	墨雾百分比（%）
0.50	0.2	0.04	1.50	22.1	1.5
0.75	0.3	0.04	2.00	28.1	1.45
1.00	4.1	0.4	2.50	30.4	1.21

当墨辊表面凹凸不平时，部分墨层加厚，墨雾量增大。

当空气湿度减小时，会促进墨雾的产生；当空气湿度增大时，电荷减少，墨雾量变小。

若油墨的导电性增加，则墨雾量减少。表 15-3 和表 15-4 所示为在油墨中加入水及 NH_4Cl 后所测得的结果。随着水与 NH_4Cl 的加入，油墨的导电度增加，墨雾可以完全消失。水性油墨或经过蒸汽处理的油墨一般不产生墨雾，油性油墨中加入 5%的水成为 W/O 型，或加入 NH_4Cl 等电解质也可以减少或消除墨雾，其原因是加入导电性物质后，电荷不易堆集，从而防止了油墨的雾散。

表 15-3　加入水后油墨的导电度和墨雾量

油墨	水添加量（%）	导电度（$m\times10^6$）	墨雾量（mg）（1.5g，0～3min，1100rpm）
1	0	130	6.3
2	10	400	3.9
3	15	600	2.7
4	20	790	0.9
5	25	1050	0.2

表 15-4　加入 NH_4Cl 后油墨的导电度与墨雾量

油墨	100g 油墨中加入的 NH_4Cl 量（mg）	导电度 $m\times10^6$	墨雾量（mg）（1.5g，0～3min，1100rpm）
1	50	120	2.9
2	100	140	2.4
3	2000	180	1.3
4	800	270	0
5	1000	310	0

当水或极性物质加入油墨中后，虽然可以减少墨雾甚至消除墨雾，但容易使墨丝缩短或呈奶油状，不利于高速印刷。为此可在油墨中添加某种长链状矿物油或芳香族胺，制成流动性好的 W/O 型油墨，以减少墨雾的产生。但这种方法成本较高，实际使用还有困难。

增加墨丝的刚性、减少墨丝在两处或两处以上断裂的几率可以防止墨雾产生。例如，在容易产生墨雾的矿物系黑墨中，加入矽树脂、硬脂酸钠等，油墨的弹力增大，纤维状物的伸长时间缩短，墨雾减少，但油墨在墨辊上的转移性变差。

总之，在油墨转移时，因两辊的接触旋转，墨雾必然产生，特别是在高速报业轮转印刷中，油墨的雾散更加严重，不仅污染环境，还易引起火灾。消除墨雾是油墨转移过程中亟待解决的问题之一，需要进一步研究，探讨出防止墨雾产生的理想方法。

第二节 叠 印

在多色印刷中，先印的油墨能使后印的油墨良好附着的现象称为叠印。叠印的顺利进行是获得高质量彩色印刷品的关键。

一、影响叠印的因素

1．油墨的结晶与叠印

在干式多色印刷中，第一色油墨迅速干燥，印刷品表面光洁，呈玻璃状，使第二色油墨不能附着其上，叠印效果恶化，形成墨斑，这一现象称为油墨的结晶或晶化。

为减少油墨的结晶，底色应减少使用干燥剂，尤其是钴类表面干燥剂，延长油墨的干燥时间，也可以加入抑制表面快速干燥的试剂，如凡士林、牛油脂、蓖麻油等。

2．油墨黏着度与叠印

湿式多色印刷的套印间隔很短，不过数秒钟而已，顺次印刷的各色油墨没有时间干燥，而是由润湿的墨膜相互附着的，当满足下列条件时，叠印效果良好。

$$F_1 \geqslant F_2 + F_{12}$$

式中，F_1 为第一色油墨的凝聚力；F_2 为第二色油墨的凝聚力；F_{12} 为第一、二色油墨间的黏着力。

实验表明，当四色凸版湿式印刷的印刷色序为黄—品红—青—黑且油墨黏着度依次为7.5、5.5、5.0、4.5时，叠印效果良好。

据此得出，墨膜之间的附着只有在第一色油墨的黏着力大于第二色油墨的黏着力，并且逐次减小黏着力时，才能获得良好的叠印效果。

3．印刷间隔与叠印

用 1.5g/m² 的油墨（其流动特性见表 15-5）先印第一色，然后以不同的印刷间隔叠印，可得表 15-6 所示的数据。

表 15-5　油墨的流动特性

油墨	流动特性		
	η（P）	τ_B（dyn/cm²）	τ_B/η
Y	21.5	1500	70
M	25.3	2900	115
C	15.0	1650	110

第一色油墨与第二色油墨的印刷间隔对 f 值的影响不大，但 b 值却因印刷间隔的增长而变小，故 b 值支配着叠印。

表 15-6　印刷间隔与叠印

印刷间隔	M+C		C+Y		Y+M	
	f	b（g/m²）	f	b（g/m²）	f	b（g/m²）
湿　印	0.530	0.405				
2 小时	0.484	0.310	0.435	0.090	0.480	0.38
6 小时	0.500	0.240	0.450	0.032	0.471	0.340
24 小时	0.488	0.154	0.471	0.017	0.474	0.300
一周	0.498	0.164	0.478	0.020	0.495	0.140

4. 油墨的塑性黏度与叠印

从表 15-5 和表 15-6 中可以看出，在塑性黏度大的油墨上叠印塑性黏度小的油墨要比在塑性黏度小的油墨上叠印塑性黏度大的油墨所得到的 b 值大，故多色叠印时，油墨的塑性黏度应根据印刷色序逐次递减，其叠印效果良好。

二、叠印率

1. 质量表示法

供给印版一定量的油墨，印出第一色，然后精确地称量转移到纸面上的油墨量 y_1，再以同样的油墨量，在第一色上加印第二色，并称量出油墨转移量 y_{1+2}，叠印率为

$$f_D = \frac{y_{1+2}}{y_1} \times 100\%$$

2. 光学密度表示法

以一定量的油墨印第一色，再以同样的油墨量在第一色上印第二色，待印刷品干燥后，在两色光泽相同的情况下，测量印刷品的光学密度，如图 15-2 所示。可以用下式表示叠印率 f_D 与密度的关系。

$$f_D = \frac{D_{1+2} - D_1}{D_2} \times 100\% \tag{15-1}$$

式中，D_1 为第一色油墨的光学密度；D_2 为第二色油墨的光学密度；D_{1+2} 为第一色油墨上叠印第二色油墨的光学密度。

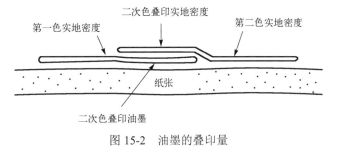

图 15-2　油墨的叠印量

第三节　透映与反印

一、透映

透映包括透射与浸映。

当纸张过分透明，纤维间隙与油墨连接料的折射率相等时，印迹边缘呈明显的透明状，此现象称为油墨的透射，一般发生在印刷品的正面。

当油墨的黏度过低，纸张的吸收性太强，印刷压力过大时，油墨渗入印刷品反面，此现象称为油墨的浸映。

透射与浸映在外表上很难区分，故将两者合并在一起，用下式计算透映值：

$$透映 = \lg R_A - \lg R_B \tag{15-2}$$

式中，R_A 为纸张的反射率；R_B 为印刷物背面的反射率。

二、反印

当印刷速度过快，印于纸面的油墨固着时间不足或纸堆的压力过大时，发生的油墨再转移现象称为背面映着或反印，它是油墨与纸张之间的一种相互作用。

在高速轮转印刷中，卷筒纸由第一压印滚筒走到第二压印滚筒的时间间隙大约只有 0.1s，故反印是很难避免的。

反印和透印不同，检查印刷品的断面可以将它们区分开来。反印断面无油污，用橡皮擦拭可以除去；透印断面有油污，用橡皮擦拭不掉。

油墨的附着力强弱取决于机械投锚效应和分子间的二次结合力。由表 15-7 可以看出，分子间的二次结合力与分子间距离的三次方或六次方成反比。分子间距离的微小增大，将会使分子间的引力显著减小。一般采用下列几种方法来减少反印现象。

表 15-7　分子间的二次结合力

结合种类	结　合　力	结合能（千卡/摩尔）
色散力	$E = -3Ja^2/4\gamma^6$	0.2～2
诱导力	$E = -2a\mu/\gamma^6$	0～0.5
氢　键	$E = -2\mu_1\mu_2/\gamma^3$	0～2

注：γ 为两分子间的距离；μ 为偶极子能量；a 为分极率；J 为离子化能量。

① 减轻印刷品堆积的压力，消除静电，防止纸张过分密着。

② 在印张之间放置吸收性间隔纸或拒墨的疏油性粉末纸。

③ 在印张之间喷洒微粉粒子。

④ 在高速轮转印刷中，采用中等印刷压力，减少卷筒纸的卷曲度。当反印过大时，可以减少供墨量。为了不使正面与反面的墨色密度相差太多，一般反面的墨色密度比理想的稍微减小一些。

以上方法都不是治本之策，要彻底抑制反印，必须降低油墨表面与其上面累积的印张背面间的附着能，改变油墨的性质。

第四节 剥 纸

一、剥纸现象

油墨从印版或橡皮布向纸张表面转移时，纸张的 Z 向强度，即单位纸页面积上垂直于纸页平面的抗分层、抗撕裂能力不足，纸张的表面结合力不能满足下列公式：

$$T \geqslant W + Q + N \tag{15-3}$$

式中，T 为纤维、填料及胶料之间的结合力，即承印材料的表面强度；W 为油墨对纸张的黏着力；Q 为剥离力；N 为橡皮布的黏度或印版对油墨的吸附力。

此时，墨层会揭下纸张表面的涂料粒子和细小纤维，发生掉粉、掉毛、剥纸现象。掉下来的涂料粒子、细小纤维会污染油墨并堵塞印版图文部分的着墨孔，产生糊版，严重时使纸张撕裂，成为油墨转移过程中最主要的故障之一。

从式（15-3）中可以看出，剥纸主要取决于纸张的表面强度，而印刷只能从与表面强度有关的因素，如印刷速度、印刷压力、印刷方式、油墨流动性等方面去改变 $W+Q+N$ 的值，使之小于或等于 T，减少剥纸现象的发生。

二、影响剥纸的因素

1. 印刷速度与剥纸

对某一种纸张来说，当印刷压力和墨层厚度一定时，剥纸的临界速度（剥纸速度）V 和油墨黏度 η 的乘积为固定值 C，称为纸张的 VVP 值，即

$$V \cdot \eta = C \tag{15-4}$$

实践表明，纸张表面强度与剥纸速度及油墨黏度之积成正比，即

$$T = K \cdot \eta \cdot V$$

大量的实验证明，在剥纸过程中，有一部分能量转化为热能，使纸张温度升高，产生松弛现象，VVP 值应修正为

$$C = \eta \cdot V^{\frac{1}{b}} \tag{15-5}$$

上式表明，纸张表面强度与剥纸速度函数及油墨黏度之积成正比，即

$$T = K \cdot \eta \cdot V^{\frac{1}{b}}$$

b 的近似值为

$$b \approx 1 + \frac{0.4343\omega}{V \lg V}$$

式中，ω 为当力的作用时间等于 $1/e$ 时的印刷速度。

式（15-4）和式（15-5）都充分说明，影响剥纸的主要因素是剥纸速度和油墨黏度。

当印刷压力和油墨黏度一定，印刷速度达到剥纸速度时，纸面开始起泡、掉毛。随着印刷速度的继续增加，纸张被撕裂，发生严重的剥纸现象。因此在印刷中，若印刷速度增加，

则要求纸张表面强度相应增加。

b 近似值的计算：

$$T = K \cdot \eta \cdot V^{\frac{1}{b}}$$

产生松弛现象的 Maxwell 模型，其应力表达式（$\tau = \tau_1 e^{-t/\lambda}$）可以写成

$$T = T_1 e^{-t/\lambda} \tag{15-6}$$

式中，t 为力的作用时间，可以用 $1/V$ 表示；λ 为松弛时间，可以用 $1/\omega$ 表示，ω 是力的作用时间为 $1/e$ 时的印刷速度；T_1 为作用时间很小时的应力，即印刷速度很大时的应力，$T_1 = K \cdot \eta \cdot V$。故式（15-6）可以写成

$$T = K \cdot \eta \cdot V \cdot e^{-\omega/V}$$

由式（15-5）和式（15-6）可得

$$V e^{-\omega/V} = V^{\frac{1}{b}}$$

取其对数，可得

$$\lg V - \frac{\omega}{V} \lg e = \frac{1}{b} \lg V$$

整理后，可得 *b* 的近似值为

$$b \approx 1 + \frac{0.4343\omega}{V \lg V}$$

2. 滚筒曲率与剥纸

用黏度相同的油墨印刷时，若印版滚筒和压印滚筒的直径越大，则在相同的印刷速度下，其接触时间越长，剥纸速度越大。

（1）印刷适性机剥纸速度和圆压平型印刷机剥纸速度的关系。

① 压印滚筒的圆周速度与剥纸。

设印版滚筒与压印滚筒分离时的加速度为 a，印版滚筒的圆周速度为 V cm/s，印版滚筒、压印滚筒的半径分别为 R_1、R_2，则 a 可以表示为

$$a = V^2 \left(\frac{1}{R_1} + \frac{1}{R_2} \right) \tag{15-7}$$

圆压平型印刷机的 $R_1 = \infty$，故 $a \approx \dfrac{V^2}{R_2} = \dfrac{V^2}{R}$。

设印刷适性机的印版滚筒、压印滚筒半径分别为 5cm、10cm，则

$$a = V^2 \left(\frac{1}{5} + \frac{1}{10} \right) = 0.3V^2$$

设印刷适性机剥纸开始时的速度为 V，圆压平型印刷机的剥纸开始时的速度为 V'，则

$$0.3V^2 = V'^2 / R$$

$$V' \approx 0.55V\sqrt{R} \tag{15-8}$$

② 印刷速度（印张数/小时）与剥纸。

剥纸除可用压印滚筒表面线速度 V 表示外，还可以用每小时的印张数量或每小时压印滚筒旋转的次数来表示。

一回转印刷机的版台往返一次，压印滚筒产生同样的圆周速度并旋转一周，印刷一张，故得到下列公式：

$$印张数/小时 = \frac{V'}{2\pi R} \cdot 3600 \tag{15-9}$$

将式（15-8）代入式（15-9），可得

$$印张数/小时 = \frac{3600 \times 0.55V\sqrt{R}}{2\pi R}$$
$$\approx \frac{315V}{\sqrt{R}} \tag{15-10}$$

当印刷速度低于 $315V/\sqrt{R}$ 时，不会发生剥纸现象。

二回转印刷机的版台往返一次，压印滚筒以同样的圆周速度旋转两周，印刷一张，故与同一圆周速度的一回转印刷机相比，每小时的印张数只有其一半，可得下列公式：

$$印张数/小时 = 157.5V\sqrt{R}$$

（2）印刷适性机和轮转印刷机剥纸速度关系。

轮转印刷机印版滚筒与压印滚筒的半径相等，即 $R_1 = R_2 = R$，故

$$a = 2V^2/R$$

则

$$0.3V^2 = 2V'^2/R$$
$$V' \approx 0.39V\sqrt{R} \tag{15-11}$$

$$印张数/小时 = \frac{3600V'}{2\pi R} = \frac{0.39V\sqrt{R}}{2\pi R} \times 3600$$
$$\approx \frac{223V}{\sqrt{R}}$$

综上所述，可得以下两点结论：①印版滚筒、压印滚筒的直径越大，越不容易发生剥纸；②根据印刷适性机所得到的剥纸速度，可以利用上述各公式，换算出印刷机的剥纸速度。

3. 油墨的流动性与剥纸

油墨的塑性黏度、黏着度、墨丝短度、屈服值和剥纸速度的关系分别如图 15-3～图 15-6 所示。

从 4 个图中可以看出，剥纸随油墨塑性黏度、黏着度的增大而加剧；随墨丝短度、屈服值的增大而减弱。

胶印或使用光泽油墨的凸版印刷要求用具有较高抗剥纸能力的纸张印刷；凹版印刷或柔性版印刷因使用挥发性干燥油墨，黏度较低，流动性好，故可以使用抗剥纸能力低的纸张印刷。

为了防止剥纸现象的发生，可以加入凡立油等各种防剥纸化学药剂，降低油墨的黏度。

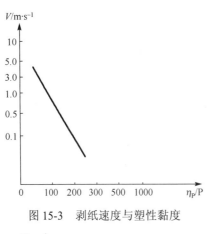

图 15-3 剥纸速度与塑性黏度

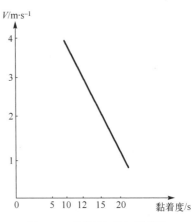

图 15-4 剥纸速度与黏着度

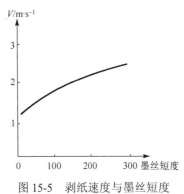

图 15-5 剥纸速度与墨丝短度

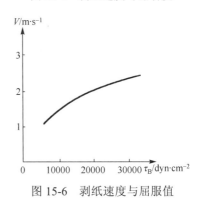

图 15-6 剥纸速度与屈服值

4．墨层厚度与剥纸

图 15-7 所示为墨层厚度与剥纸速度的关系曲线。当墨层厚度增大时，剥纸加剧，但当印版上的油墨达到一定量时，墨层厚度对剥纸没什么影响。

5．印刷压力与剥纸

印刷压力和剥纸速度的关系如图 15-8 所示。印刷压力从 P_1 增加到 P_2 时，剥纸速度急剧减小，剥纸随纸张和油墨接触面积的增大而加剧，但因印刷压力不足，印迹发虚。印刷压力从 P_3 增加到 P_4 时，剥纸速度有所增大，剥纸现象减缓，但因印刷压力过大，印迹会向非图文部分扩展，并造成机器严重磨损，此印刷压力已失去印刷的意义。P_2 到 P_3 范围内的力是实际的印刷压力，在此压力范围内，剥纸最严重，但在此范围内，印刷压力对剥纸速度的影响并不明显。

油墨属于非牛顿流体，具有触变性。在压力的作用下，其内部结构会被破坏，黏度降低，剥纸现象减弱。胶印用柔性大的橡皮布转移油墨，黏度变化较凸版印刷小，当印刷压力增大时，胶印的印张剥纸现象比凸版印刷的印张剥纸现象严重得多。

6．纸张性质与剥纸

纸张性质对剥纸影响很大，一般来讲，剥纸随填料的增多而加剧。涂料纸的涂料性质、涂布方法都对剥纸有影响。普通纸的正面较反面更易发生剥纸。纵丝缕纸的抗张力强，不易发生剥纸。

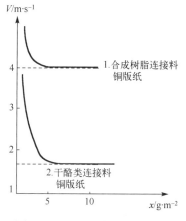

图 15-7　剥纸速度与墨层厚度

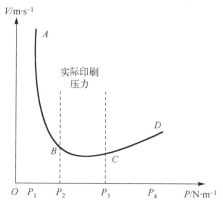

图 15-8　剥纸速度与印刷压力

7. 温度与剥纸

根据 Andrade 公式：$\eta = \eta_0 e^{-a/T}$（T 为绝对温度，$a = -E/k$）可知，温度是影响剥纸的主要因素之一。温度升高，黏度降低，黏着力减小，从而剥纸减弱。

除以上各种因素外，剥纸还受版材、包衬材料等的影响。例如，金属版或高分子版不易发生剥纸，而橡胶版却容易发生剥纸；软性包衬较硬性包衬的接触面积大，容易发生剥纸。

第五节　胶辊、橡皮布在使用过程中应注意的几个问题

一、胶辊的故障及其排除方法

（1）胶辊氧化结膜。树脂墨中干燥油与扩散剂长期渗透胶辊表面，使胶辊表面氧化形成封闭的氧化膜，胶辊表面的感脂性减退，从而影响吸墨与传墨的效果。清除这种故障的方法一般是人工或用机械打磨去掉结膜层，也可用 20%左右的 NaOH 溶液水洗，然后用弱酸中和，最后用清水洗净备用。

（2）胶辊脱墨。由于油墨乳化，在平滑的胶辊上形成了亲水基础，使它脱墨。解决的办法是铲除掉乳化层，将脱墨胶辊用汽油洗净，用 5%的 NaOH 溶液与浮石粉混合打磨，同时对金属辊做同样处理，另外还应从水斗药水上找一找原因。

（3）胶辊掉"渣"。胶辊老化再加上化学药品的侵蚀，容易造成胶辊掉"渣"。排除方法一般是将松软皲裂的胶层打磨掉或经车磨加工后改变辊径。

另外，胶辊在储存过程中，要放在阴凉、干燥、清洁的地方，避免过度潮湿或过热。

二、橡皮布使用过程中应注意的几个问题

（1）要注意橡皮布的尺寸。

安装和更换橡皮布时，首先应重视裁切，虽然制造厂在裁切橡皮布时，已考虑到大部分胶印机的滚筒尺寸，避免工厂另行裁切，但是国内各厂机种繁多，尺寸大小不尽相同，因此有些单位仍需自己裁切橡皮布，裁切大小合适的橡皮布对方便使用和延长滚筒的使用寿命意义很大。

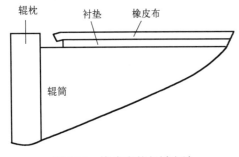

图 15-9　橡皮布的包衬方法

橡皮布的轴向尺寸应小于滚筒母线尺寸，下面的衬垫（如毡呢、硬垫纸张等）必须比橡皮布窄一些。如图 15-9 所示，当橡皮布绷紧后，橡皮布的左、右两边就紧紧地抽紧在滚筒表面，可以防止印刷过程中的杂质、油类、粉类、洗涤剂、水等渗进里边而引起滚筒表面氧化生锈、橡皮布脱层起泡及毡呢、衬纸等变硬。

（2）橡皮布的绷紧度要适当。橡皮布除安装时要注意拖梢和叼口平行外，还要注意橡皮布的绷紧程度，绷紧度对 K_R（弹性恢复率）有一定的影响，而对气垫橡皮布的影响尤为显著。国外有人对此进行了研究并指出：气垫橡皮布的张力越大，其可压缩性越小。张力过大会降低橡皮布织物层内经纱的自然收缩性，从而影响橡皮布底基的全面弹力，甚至会使橡皮布的气垫层变成一个硬实的橡胶中间层，进而失去其作用。

通过对 Consnal 气垫橡皮布进行的试验发现，在 88.2N/cm 的张力下，给它 0.33mm 的挤压量时，其还原速度为 8 张（在印刷 8 张以后，橡皮布复原）；给它 0.63mm 的挤压时，其还原速度为 15 张。如果在同样的橡皮布上将张力增加到 112.7N/cm，挤压量分别为 0.33mm 和 0.63mm，则即使印过 60 张后，橡皮布仍不能复原。

第六节　相对湿度与纸张油墨

一、相对湿度

相对湿度RH表示单位体积空气内实际的水汽密度 d_1 和同温度下饱和水汽密度 d_2 的百分比，即

$$RH = \frac{d_1}{d_2} \times 100\%$$

或实际的空气水汽压强 P_1 和同温度下饱和水汽压强 P_2 的百分比，即

$$RH = \frac{P_1}{P_2} \times 100\% \tag{15-12}$$

相对湿度用干湿球湿度计或毛发湿度计测定。

干湿球湿度计根据干、湿两球的不同湿度及其湿度差，查表计算出空气的相对湿度。

毛发湿度计根据脱脂的人发吸水伸长，脱水缩短的物理特性制成，指针按照不同的伸缩情况偏转，所指示的刻度就是空气的相对湿度。

二、纸张含水量与印刷质量

1. 对油墨转移的影响

图 15-10 所示为纸张的含水量与转移密度的关系。

在标准状态（纸张温度为 26℃，含水量为 6%）、湿润状态（含水量为 10.5%）、干燥状态（含水量为 3.5%），其他条件一致的情况下进行印刷。

由图 15-10 可以看出，图（a）是单色印刷，铜版纸的含水量越小，油墨的转移性越好，反之，则越差。铜版纸两面几乎没有差别，只有在高湿的情况下才稍有差别。对于胶版纸来说，标准状态下的转移性是最好的，但随着含水量的增加，油墨的转移性也随之变差，两面差较铜版纸表现得明显。图（b）是在与图（a）完全相同的条件下，图（a）印完 24 小时后，再印一色，多色的叠印几乎全部呈现正反面差，正面的值较佳。多色叠印时，只要纸张的平滑性不是太差，含水量小，转移性就好，这点在铜版纸和胶版纸上都能明显地表现出来。总的来说，含水量小的纸张的转移密度、成色性是优秀的。

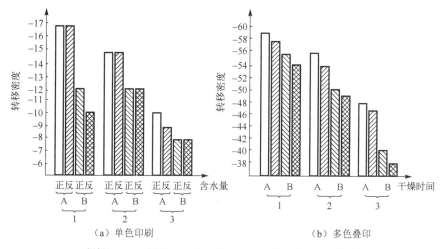

A—铜版纸；B—胶版纸；1—干燥状态；2—标准状态；3—湿润状态。

图 15-10 纸张的含水量与干燥时间对印刷品质量的影响

2. 对油墨凝固的影响

通过实验得出的实验结果如图 15-11 所示，实验条件与"纸张的含水量与干燥时间对印刷品质量的影响"实验相同。将油墨的密度压低到 0.55，从结果上看曲线 A 为 5min，曲线 B 为 11min，曲线 C 为 15min，即纸张的含水量越大，油墨凝固就越慢，反之就越快。当然所测得的数值可能会因使用的油墨和纸张不同而有相当大的变化，但总的趋势是不变的。显然，若在曲线 C 所表示的纸张上用凝固慢的油墨，肯定会造成事故，又如果在曲线 A 所表示的纸张上用凝固快的油墨，就会产生拉毛等现象。

纸张的含水量和油墨干燥的关系呈现出几乎与油墨凝固一样的倾向。纸张的含水量大则干燥得慢，含水量小则干燥得

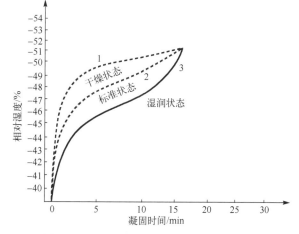

图 15-11 纸张的相对湿度和油墨凝固时间

快。对于油墨凝固来说，纸张的含水量大，油墨在干燥过程中就容易产生粉化和粘页。

三、纸张的适性处理

将一张纸置于印刷车间，如果空气中的湿度高于该纸张的平衡含水量，该纸张便会吸收空气中的水分；当空气中的含水量较小时，该纸张便会散发水分，这个过程是自发进行的，直到平衡为止。但是纸张水分的平衡点和纸张原来的状态有关，即将最初分别是干的、湿的纸张置于同一个印刷车间，它们达不到同一平衡含水量。

1. 纸张的温度调节

湿度的影响比较容易理解，但温度的影响往往不被重视，而温度和相对湿度有着非常密切的联系。例如，若通过密闭印刷车间来提高温度，则绝对湿度虽然不变，而相对湿度却下降了。温度下降，则相对湿度上升。由此可见，不考虑温度的相对湿度是不存在的。例如，冬季将凉纸送进印刷车间，则纸张周围的空气被冷却而使相对湿度上升，于是纸张的边缘吸收水分，引起皱褶，导致纸张的印刷适性变化。一般来说，纸张的温度调节应在不打开包装的情况下进行，调节到接近车间的温度为止，若温差在 5℃以上，则纸张会受到影响，遇到这种情况首先应进行充分的温度调节，再用晾纸机进行湿度调节。

2. 纸张的湿度调节

湿度调节的目的有两个：①调节纸张的含水量，使之符合印刷的要求——套准；②印刷前纠正纸张的毛病。

纸张的毛病和温湿度变化的关系极其密切。例如，若周围空气的含水量小于纸张的含水量，则纸张周围放出水分而产生"紧边"变形；若周围空气的含水量大于纸张的含水量，则纸张会因吸湿而产生"荷叶边"。这些现象对印刷都是不利的，都应设法予以消除，具体的调湿方法有等湿法和高湿法两种。

所谓等湿法，就是在对纸张进行调湿处理的车间与印刷车间的相对湿度等同的条件下，实现对纸张的晾晒，使纸张的含水量达到开印的含水量。此方法虽然使纸张的含水量与印刷车间的湿度相适应了，但它只稳定了纸张吸湿的一个方面。胶印过程是有润湿液参加的过程，纸张还会从橡皮布上吸收水分，使纸张吸湿变形，但是此种变形是比较有规律的，只要掌握好润湿液的量，就能较好控制。采用高湿法调湿能更好地解决纸张的吸湿问题。

所谓高湿法，就是指在晾纸车间湿度高于印刷车间湿度的条件下，使纸张经调湿处理后，其含水量高于印刷车间湿度的方法。高湿法的目的是让纸张纤维吸收较多的水分，使纸张得到充分的伸长，然后再降低其湿度，使纸张在调湿后获得与印刷车间相同的湿度，这样就能使纸张的吸湿滞后效应更充分地表现出来。在印刷时，纸张对橡皮布上润湿液的吸收就会相对稳定，纸张不会再吸收过多的水分而伸长，保持相对稳定。不同情况下的纸张吸湿曲线如图 15-12 所示，图中曲线 I 是经过高湿法调湿后的纸张

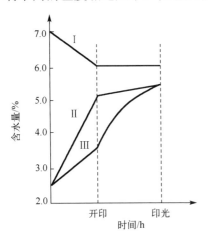

图 15-12　不同情况下的纸张
吸湿曲线

吸湿曲线；曲线Ⅱ是经过等湿法调湿的纸张吸湿曲线；曲线Ⅲ是没有经过调湿的纸张吸湿曲线。从图中可以看出，曲线Ⅰ是比较理想的吸湿曲线，采取这种调湿方法会得到较好的印刷效果。

四、温湿度对油墨的影响

温湿度对油墨的影响也是很显著的。一般来说，温度越高，油墨干燥得越快；温度越低，油墨干燥得越慢。湿度越高，油墨干燥得越慢；湿度越低，油墨干燥得越快。而胶印又是有润湿液参与的印刷方式，所以温湿度对油墨的影响就更加复杂。

1．温度的影响

温度对油墨的影响主要表现在油墨的黏度、黏性和干燥性上。通常情况下，温度增高，油墨变稀；温度降低，油墨变稠。油墨中的主要成分——调墨油的黏度与温度的关系曲线如图 15-13 所示。油墨的种类不同，很小的温度差就会使油墨的黏度发生很大的变化。从印刷适性的角度来看，油墨的黏度是造成事故的最大因素。若油墨的黏度太小，则再现性差；若油墨的黏度太大，则转移性不好。

油墨的黏性值随温度变化的情况如图 15-14 所示。一般来说，黏性值大的油墨容易发生纸张拉毛的事故，生产上防止油墨由于温度变化而产生黏性变化的方法是向油墨中加入助剂，如撒粘剂等。

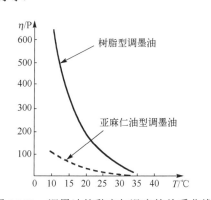

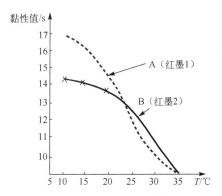

图 15-13　调墨油的黏度与温度的关系曲线　　图 15-14　油墨的黏性值随温度变化的情况

另外，温度对于油墨干燥的影响也是较大的。除温度越高，油墨的凝固或干燥就越快的总趋势外，还和油墨的种类有关，如图 15-15 所示。

2．湿度的影响

和温度一样，湿度也是影响油墨性能的一个重要因素，它的影响明显地表现在油墨的干燥性上。如图 15-16 所示，从图中可以看出，湿度对油墨的影响因油墨颜料和连接料的不同而不同，黄墨受到的影响最小，蓝墨和黑墨容易受到影响。当湿度达到 90% 时，干燥时间需数倍于普通状态（湿度为 60%）。印刷车间的湿度高不但对印刷油墨有影响，而且对印刷用纸也有非常大的影响。湿度高，印刷用纸的含水量也高，纸张本身的水分也会影响油墨的干燥。在这双重作用下，湿度高妨碍了油墨的干燥，容易引起干燥不良等事故。在没有空调设备的情况下，只能用添加剂来克服湿度对油墨的影响。

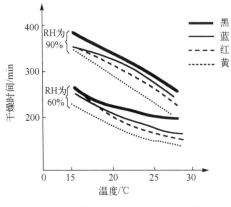

图 15-15　树脂型油墨的干燥时间和
温度的关系

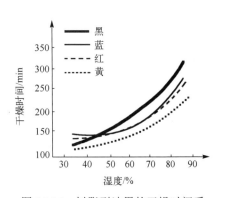

图 15-16　树脂型油墨的干燥时间受
湿度的影响

第七节　静电及其消除

由于印刷过程中纸张的高速运动，纸张与机器上的其他材料之间的激烈摩擦及纸与纸、纸与压印滚筒的剥离等环节都会产生静电。印刷后纸面上的静电电位有时可高达 1～2 万伏。因此在干燥、较冷的季节中，印刷时会出现送纸不进，输出时纸叠不齐等事故，从而造成纸张的大量损耗，甚至停机停产，静电危害随着印刷速度的提高越发明显，越来越引起人们的重视。但是目前对这方面的研究还很有限，这是一个很有研究价值的领域。

一、带电机理

1. 接触起电

两种不同的固体材料接触时，在接触距离 $d \leqslant 25 \times 10^{-8}$ cm 时，逸出功小的材料中的电子就会跑到逸出功大的材料中去。这样，失去电子者带正电，得到电子者带负电，在两物体的界面处便会形成一个偶电层，这时两种材料之间就产生一个接触电势差。一般来说，这种接触电势差是很小的，只有零点几伏到几伏之间。但是当两种材料分离后，由于两者之间的距离一下子增大了几万倍（如果从接触时的 25×10^{-8} cm 拉开到两者相距 2mm，那么距离就增加了约 8 万倍），故电容也减小几十万倍。假如分离时电荷流失很少（可把电量 Q 看作不变），则接触后突然分开（纸张从压印滚筒上剥离下来就属于这种情况）时，电势差将增大几十万倍，这就是静电产生的原理。"摩擦"就是这种紧密接触和迅速分离的过程。

然而与起初偶电层的电荷相比，观察到的电量是相当少的，这是自分离开始到观察到带电为止，由于各种机理出现漏电所致。

假设观察到的电量为 Q，起初偶电层的电量为 Q_0，则

$$Q = KQ_0 \tag{15-13}$$

式中，K 为残余电荷比例系数。

又设 C_0 为表面间的静电电容，V_0 为偶电层的电位差，则

$$Q_0 = C_0 V_0 \tag{15-14}$$

由式（15-13）和式（15-14）可得

$$Q = KC_0V_0 \tag{15-15}$$

V_0 是正还是负主要与两种物质的带电位置有关，也和物质的表面污染、物质放置的环境有关系。若两种物质是金属，则 V_0 是接触电位差，相当于逸出功之差除以电子的电量。

C_0 是电容，与接触面积成比例。接触是指电荷通过的两表面间，靠近到电荷能移动的距离以下。就电子而言，这个界限是隧道效应的有效范围，即 $10\sim100$Å。这里的接触面积不仅决定于物质形状和尺寸，还要视接触压力和这些物质的杨氏模量而定。

2．电荷的泄漏

两物体一旦开始分离，对应接触面间的静电容量就会减少，从而电位上升。如果两表面的间隔又是允许电荷移动的范围，为了维持起初的偶电层电势差，电荷局部按 $Q = CV$ 中和，进一步分离，则电荷从完全脱离的电位点向还接触着的低电位点移动。通过这个点，电荷得到中和，CR（R 是表面接触阻抗）越小，电荷移动越快，视物质和温度而有所不同。R 非常小的物质在分离过程中，由于导电、电晕放电而产生的电荷泄漏成了支配性因素。

当带电体接连不断地进入绝缘的金属容器或物体产生连续摩擦时，就会在这些金属容器或物体上积蓄电荷。另外，只要带电体的送入或摩擦停止，被积蓄的电荷就会通过绝缘电阻泄漏。假设从某一时刻起，每秒钟发生和送入的电量不变，为 I（A），辊子对大地的静电容量为 C（F），纸张和其他带电体的合成电阻为 R（Ω），则辊子等的伏特电位 V 于 t 秒钟后变成

$$V = IR(1-e^{-t/RC}) \tag{15-16}$$

积蓄的电荷 Q 为

$$Q = CV = IRC(1-e^{-t/RC}) \tag{15-17}$$

若电荷的发生和送入停止，设这时的电荷为 Q_0，t 秒钟后 Q 为

$$Q = Q_0e^{-t/RC} \tag{15-18}$$

但是从微观的角度来看，无论是介质薄膜表面还是辊子表面，都是凹凸不平的。因此，如果薄膜在多辊装置中运动，则每经过一个辊子，总在原来的基础上增加一些新的接触面，所以介质薄膜上所带的电荷就要逐步增加。但是由于已经带电部分静电场的作用使得进一步建立偶电层变得困难起来，同时在运动过程中还有部分电荷自行逸散或火花放电，所以经过几个辊子后，表面电荷密度就不再进一步增加，即达到饱和状态。

二、消除静电的原理与方法

在研究静电的消除方法之前，先了解一下气体放电和影响带电的因素。

1．气体放电

在常态下，气体中并不都是中性分子，在空间紫外线或放射线等的作用下，气体中会不断产生一定数量的正、负离子，而且还会不断地相互复合。当产生和复合作用达到平衡时，每毫升气体中有 $800\sim1500$ 对离子。这种离子密度虽比金属中的电子密度小很多，但都能起导电作用。

例如，在空气中放两块平行板电极，在两极板间加一电压，如图 15-17（a）所示。我们

会发现两极板间有微弱的电流通过。用电流计测定时呈现图 15-17（b）所示的关系曲线，图中 OA 段表示这种以一定密度分布的离子的迁移速度与电场强度成正比。AB 段表示电场增强，产生的离子立刻吸上电极而来不及复合，由于电极间每秒产生的离子全部到达电极，因此电流与电场强度无关，保持定值（若 $d = 1cm$，则 $1cm^2$ 的极板上约可接收到 $10^{-8}A$ 的微小电流）。如果再逐

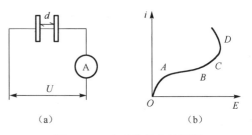

图 15-17 介质的导电性测量

渐增加电压，使中间电场强度增大，离子在这电场的作用下，获得的动能也增加，此时就可能将别的中性分子碰撞成离子对，从而使电流增加，这就是图中的 BC 段。如果再升高电压，当电场强度增大到某一定值 E_D 时，电流突然猛增，并产生明亮的火花放电，这就是 D 点以后的部分，称 D 点的电场强度 E_D 为击穿场强。在标准条件下，空气的击穿场强为 30kV/cm。

如果作用在气体上的场强不均匀（如针尖–平板电极），则随着电压的升高达到某个临界值时，气体在尖端附近的高场强区内会发生局部的放电现象，这种现象称为电晕放电（负针尖电晕的光为浅蓝色，正针尖电晕的光为淡红色）。进一步升高电压，尖端的光渐渐向平板方向伸展，最终成为火花放电。可以证明，尖端的电晕放电是一种脉冲放电，如图 15-18 所示。

另外还要指出的是，正针尖的击穿电压总是比负针尖低，如图 15-19 所示。这是因为正针尖附近发生电子雪崩后，电子很快移入正针尖，因为在正针尖附近留下了大量正离子，使正极性电场向外扩展；而负针尖附近发生电子雪崩后，负针尖附近留下了大量正离子，屏蔽了负针尖的电场，故不利于击穿延伸。

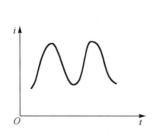

图 15-18 呈脉冲状的尖端电晕放电

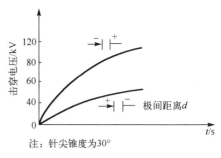

图 15-19 正、负针尖放电比较

2．影响物质带电的因素及物质带电顺序

1）影响物质带电的因素

（1）物质的性质。

物质的性质是决定物质带电顺序的主要因素。一般考察物质性质有如下几个方面。

① 物质内部的化学组成。

② 物质表面的化学组成（如污染、氧气、吸附等）。

③ 分子结构、取向性、结晶性。例如，根据实验结果可知，拉伸可改变取向性而使带电状态发生变化。

④ 应变的状态。如果在同一物质间能进行高灵敏度的实验，以鉴别有应变和无应变时的

静电差异，那么就有可能知道其中的若干效应。

⑤ 试料的大小和形状。当电量一定时，电位与静电容量成反比。如果电位升高，就引起气体绝缘的破坏。因此，试料的形状、大小决定了带电量的极限值。

⑥ 带电状态。试料发生的电量根据开始有无带电而变化。

（2）周围条件。

① 温度。根据周围的温度来考虑电导率的变化。另外，由摩擦而产生的局部加热的程度也受周围温度的影响。

② 气体介质。a. 气体组成（水分）：多数人认为水分的影响仅仅是由于它的吸附而使表面导电在数量方面发生影响，但是在带电顺序表中，邻近的物质间存在着符合反转的实例。b. 气压：如果电量变得非常大，那么终究要引起气体绝缘的破坏。因为这种绝缘击穿电压随气压的变化而变化（帕邢定律），所以饱和电量也随气压的变化而变化。

（3）力学的因素。

① 接触的类型（摩擦、转动、扭动）。

② 接触时物体的方向。

③ 接触面积（摩擦长度）。在绝缘体中，电量与摩擦长度成正比，如果是球，则可以达到某个饱和值（接触面积饱和）；如果是金属，则与接触面积无关。

④ 接触时间。如果是金属，则与接触时间没有关系；如果是半导体和绝缘体，则电量将随着接触时间的增加而增加。

⑤ 摩擦速度（分离速度）。通常情况下，如果摩擦速度增大，则电量就增大，电量相对于摩擦速度具有饱和值。

⑥ 物质间的力。电荷随着正压力的增大而增加。

2）物质的带电顺序

尽管影响物质带电的因素很多，但起决定作用的仍是物质本身的性质，在两种不同材料的分离过程中，因为逸出功的不同而使物质带上正、负电，通过对各种不同材料进行接触分离的静电测试，排出下列静电序列。

三、印刷过程中静电的危害

1. 因带电而导致纸张相斥

在印刷过程中，纸张与辊子相互摩擦而在纸张表面积聚电荷。在纸张与纸张之间，因它们带的电荷是同种电荷，因而相互排斥，造成收纸不齐，进而给生产带来很多麻烦。

2. 因放电而发生火灾、电击

随着印刷速度的提高和滚筒压力的增加，产生的电荷数量也会随之增加，当增加到某个限度时，就会出现放电现象，所产生的火花容易引起油墨溶剂着火（凹版印刷）。积聚在纸面上的静电电位有时高达 1～2 万伏，当工人触及纸面时，就会遭到电击。

3. 溅墨

在印刷机上调墨时，墨丝断裂会产生很多带电微粒子，即"飞墨"。微粒化的程度和电导率及电容率有关。

不仅如此，静电还会吸附灰尘，造成印刷面划伤等问题。这些现象对印刷业的危害是很大的，在特种印刷中尤为明显。如何消除印刷静电已成为印刷适性中很有研究价值的课题。

四、依据产生的原理消除静电

近年来，随着对静电危害的重视，人们相继摸索出了一些消除静电的方法。

（1）长时间地将纸张置于高湿度的环境中，使其充分吸湿，即前文说的高湿法。这种办法的放电效果是可靠的，也是最实惠的方法，缺点是太费时间。

（2）接地。带电体和与其相摩擦的金属部件及其他与带电体接触的导体都需接地。

（3）利用物体的带电顺序消除静电。静电序列中任意两种材料相摩擦或分离后，靠左边的一种材料带正电，而靠右边的一种材料带负电。

① 利用静电序列使静电少产生或不产生。

在纸张的印刷传输路线中，将印刷机上与纸张相接触的部位换成同种材料或换成在静电序列中与纸张邻近的材料，这样就可使静电不产生或少产生。但实际上，不产生静电是达不到的，因为实践证明，即使是同种纸张，相互摩擦或剥离后也会产生静电，这主要是由纸张原料较复杂且不均匀造成的。

② 利用静电序列正负相消来消除静电。

一般来说，印刷后的纸张上是带负电的，所以用一种在静电序列中处于纸张右面的材料与纸张摩擦，就可达到正负相消的目的。

（4）自感式消除静电。

自感式消除静电是用将多根非常尖的针排成一排，且均互相连接接地，用这种接了地的针尖对准带电纸面，放置在距纸面≤0.5cm处，此时就可使纸面静电减少，其原理如图 15-20 所示。以图中的一根针为例，如果纸面带电（假设是负电荷），当排针靠近带电纸面时，排针上立即感应出异性电荷（正电荷），而且都集中在针尖上，所以电荷密度极大，故此处电场强度很高。这样就可使针尖处产生电晕，促使周围空气电离而形成正、负离子，这时带负电的纸面就把极性相反的正离子吸向纸面，从而使纸面上的静电荷被中和，进而达到消除静电的目的。

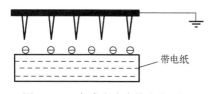

图 15-20　自感式消除静电的原理

考虑到在印刷输送过程中，纸面的波动较大，所以金属针尖不能与纸面靠得很近，因为靠近后，纸面拖过时会被损伤。为更好地解决这个问题，有些厂家使用导电纤维刷来代替金属针尖。通过实验发现，导电纤维在静电序列中处于纸张的右面，即导电纤维与纸张摩擦后，可使纸张产生正电荷。这样，一方面可利用导电纤维的导电性质把纸张上的静电荷导走；另一方面可与纸面上原来的负电荷相抵消，一举两得。

（5）交流离子风消除静电。

交流离子风消除静电装置如图 15-21 所示，它先将交流高压（10000～13000V）加到一排针上去，使其发生电晕而把空气电离，产生正、负离子；再利用空气压缩机把大量的正、负离子吹到带电的纸面上去。这样带电纸面上的电荷就可分别和与自己异号的空气离子加以中和，以达到消除静电的目的。

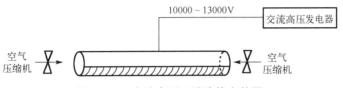

图 15-21 交流离子风消除静电装置

但交流离子风消除静电的效果与装置的安装方式、地点、角度、离子风的流量、离子流的密度均有很大关系，所以使用时应综合考虑诸方面因素的影响。

（6）直流放电式消电器。

直流放电式消电器根据在针尖和带电体之间产生电晕放电，发出相反极性的离子来进行中和。由于直流放电式消电器产生大量对消除静电有效的离子，所以其消除静电的能力大，但是外加电压过高便造成过剩消电，由于电晕而使对方带有相反极性的电荷，所以必须选择电压和电极的配置。另外在带电量变动很大的情况下也得不到好的效果。为了消除这些缺点，一般采用两级放电式电极同时提供正、负离子。

（7）交流放电式消电器。

这种消电器的优点是应用范围广，电压一般为 5～10kV，和直流放电消电器一样，可以附加针尖等消电电极，为了安全，一般使用静电耦合型电极。

（8）用放射性同位素的方法。

放射性同位素从它的原子核中发射出α射线、β射线、γ射线等放射线，放射性同位素发射出的射线种类及它们的能量和半衰期因放射性同位素的不同而不同，这主要取决于放射性同位素的种类。当这些放射线在运动中与物质碰撞时，或被吸收或被散射，其程度因射线种类的不同而不同。如果在气体中碰撞气体分子，就会使气体分子中的电子飞出，生成具有负电荷的负离子和具有正电荷的正离子。当带电体附近存在上面所说的离子时，带电体就会吸引与其极性相反的离子而中和。

一般来说，α射线的质量和电荷都较大，因此易被物质吸收，虽然在常压下的空气中，它的行程只有数厘米，但是其和气体分子中电子的相互作用很显著，沿着α射线的路径上形成非常高浓度的离子。这样对物质的穿透能力就弱，所以向操作人员体内照射的危害性小。因为放射性同位素消电装置能利用大量的射线源，所以消除静电效率可进一步提高，但缺点是其寿命非常短，以及不存在单纯发射α射线而不伴随着γ射线的放射性同位素。

γ射线既没有质量又没有电荷，因此对物质的穿透能力很强，对操作人员的危害很大。另外，离子的生成密度非常低，不能期望其有消除静电的效果。

β射线的质量和电荷在α射线和γ射线之间，能产生密度非常高的离子，容易选取单纯发出β射线、半衰期长的放射性同位素，所以实用性很强。而且对物质的穿透能力为中等程度，比重为 1.0、厚度为 10mm 的塑料板足以屏蔽β射线，所以容易减少对操作人员的危害。

现在实际应用的放射性同位素源有 P_0、U_0 等，消除静电的效果和放射源的强度、安装消电器的位置都有关。采用这种消除静电的方法时，应注意选择一个最佳的安装位置和放射源强度。

复习思考题十五

1．墨雾产生的原因是什么？什么样油墨的墨雾较大？如何克服？

2．单色胶印机和四色胶印机的油墨叠印有什么不同？要保证单色胶印机油墨叠印的正常进行，先印的油墨膜层应该具有什么特性？

3．墨层表面的润湿性和油墨的干燥时间有什么关系？油墨的黏性和油墨的干燥时间有什么关系？

4．如何避免油墨晶化的发生？

5．要提高四色胶印油墨的叠印效果，应该注意哪些问题？

6．油墨叠印率如何表示？分别选择哪种颜色的滤色片测定下列各组叠印油墨（C/Y 表示黄墨上叠印青墨，依次类推）的密度值时，其测量精度较高？

C/Y，Y/C，Y/M，M/C，C/M

7．单色胶印机纸张的掉毛和四色胶印机纸张的掉毛有何相同和不同之处？试进行简单的分析。

8．为了减少纸张的掉粉、掉毛，可以采取哪些措施？

9．如何防止印刷品的背面粘脏和油墨脱落？

10．在印刷适性机上，测定某种纸张的拉毛速度是 250cm/s，若用该纸张在滚筒半径为 150mm 的胶印机上印刷，试计算印刷机的印刷速度低于多少时，纸张不发生拉毛现象？

11．某种胶版纸要在滚筒半径为 140mm 的胶印机上印刷，胶印机的印刷速度为 8000 张/h，试问该种胶版纸在印刷适性机上的拉毛速度为多少时，印刷中不发生拉毛现象？

12．用 A、B 两种胶版纸在双色胶印机上印刷，先印青墨后印品红墨，用绿滤色片测得的密度值如表 15-8 所示，试问哪一种胶版纸的叠印效果更好？

表 15-8　用绿滤色片测得的密度值

胶版纸	D_C	D_Y	D_{C+Y}
A	0.04	1.02	0.65
B	0.07	1.12	0.85

13．印刷胶辊在使用过程中易发生哪几种故障？如何消除？

14．温湿度不合适一般会产生哪些故障？

15．静电对印刷作业有何危害？产生静电的方式有几种？消除静电的方式有哪些？

16．如何根据静电序列选择印刷过程中与纸张接触的材料，使静电产生较少或不产生？

17．要提高多色胶印机油墨叠印的效果，应该注意哪些问题？

18．如何防止油墨的透印和粉化？

19．简述墨雾故障发生的原因。如何减少印刷过程中的墨雾？

20．印刷中的静电有何危害？举例说明两种消除印刷静电的方法。

21．影响油墨干燥的主要因素有哪些？如何提高印迹的干燥速度？

22．如何防止或消除印刷品的背面粘脏？简述理由。

23．对毛细管平均半径为 0.1μm 的纸张，用黏度为 10P，表面张力为 36dyn/cm（1dyn = 10^{-5}N）的油墨进行印刷，3s 后渗透深度为多少（假定纸张与油墨的接触角为 0°）？

24．设印刷压力为 294N/cm^2，印刷速度为 2m/s，用黏度为 10P，表面张力为 28.9dyn/cm 的油墨印刷。印刷第一色 0.1s 后印第二色。试计算第二色印刷前油墨渗入纸张的深度（纸张与油的接触角为 0°，纸张平均毛细管半径为 1μm，印刷接触宽度为 0.4cm）。

25．（此题供参考）油墨在温度为 10℃，印刷速度为 30r/min 时发生剥纸现象，但温度上升至 20℃，印刷速度为 70r/min 时反而不剥纸。试问温度上升至 30℃，在不发生剥纸现象的情况下，印刷速度可达每分钟多少转？已知 20℃时油墨的塑性黏度为 225P。（提示：纸张的破裂能密度 $D_v = 142v\eta_P^{\frac{3}{2}}$。式中，$v$ 为印刷速度；η_P 为塑性黏度。先求油墨的塑性黏度，待 10℃和 20℃时的 η_P 值均得知后，再利用公式 $\eta_P = ab/T$ 计算出 30℃时的 η_P，由此即可求出对应的印刷速度。）

26．设印刷适性机的印版滚筒半径、压印滚筒半径分别为 5cm、10cm，印刷速度为 3m/s 时开始剥纸，试问用印版滚筒、压印滚筒半径均为 40cm 的轮转印刷机，在不发生剥纸的前提下，每小时最多可印多少张？

27．AIC2-5 型印刷适性机印刷盘的半径为 3.25cm，扇形盘的半径为 8.5cm，试推导轮转印刷机印刷速度（张/h）和纸张拉毛速度（cm/s）的关系式。

第十六章 印刷作业

内容提要

胶印是一个比较复杂的过程，可变因素多，工艺操作有一定难度，技术要求高。开印前的准备工作是一个重要内容。本章首先介绍了印刷过程中色序的选择、样张观察，水墨平衡、输纸操作及机器运行；然后介绍了印刷过程中的其他作业。

基本要求

1. 了解色序在多色印刷中的重要性，会根据生产实际，选择合适的色序。
2. 了解观察样张的重要性。
3. 理解水墨平衡的概念，能在较短时间内实现水墨平衡，缩短准备工时，提高劳动生产率。
4. 了解印刷机的运行情况，能正确使用输纸器，排除输纸故障。
5. 了解配色记录和样张保存在印刷过程中的重要性。

第一节 色 序

印刷品的色彩是由不同色相的油墨叠印而成的，叠印中的颜色次序称为色序。在印刷过程中，有干印（一个颜色印好后间隔一段时间再印第二个颜色）、湿印（一个颜色印好后在不到一秒钟的时间内叠印第二个颜色）的问题，有油墨性质的问题，有产品要求不同的问题等。因此采用不同的色序会得到不同的印刷效果，在开印前安排产品的印刷色序是一个重要的工艺技术问题。色序的安排应考虑下列几种因素。

（1）印刷机的种类。
（2）产品的主要色。
（3）套准要求。
（4）油墨的性质。
（5）印刷纸张的性质。
（6）印版上画面的调子长短（印版的印刷面积）。
（7）墨量的大小（墨层的厚度）。
（8）油墨的色相。

除以上几种因素外，还有其他如叠印与非叠印、印金、印银等方面的因素。总之要视产品的情况，综合以上因素来确定印刷的色序。

一、单色机印刷

单色机的印刷是先将一个颜色印好，在油墨基本干了以后再印第二个颜色，因此它普遍采用的色序是黄→品红→青→黑。

先印黄色主要是因为黄墨的透明度差，见光后容易褪色。另外，若纸张质量差，先印黄色可起打底作用。由于长期以来的工艺习惯，先印黄色是被普遍接受和采用的。但是先印黄色在操作上也有一定的困难，如墨色的深浅不易掌握，油墨的用量较大，产品上的墨皮、水胶毛等不易被发现等。

品红色与青色的印刷顺序可视产品的要求来确定，但第二色印品红色无论是对人物还是对风景都是有利的，其墨色较易看准，一旦黄色或品红色出现偏差，在印青色时纠色的可能比较大，所以青色可放在第三色印。

黑色在四色印刷中是起补色作用，它也起轮廓及增加反差、弥补三原色叠色黑度不够、增加密度值的作用，因此放在最后印刷，黑度不会受到影响。

另外，随着黄墨透明度的改善，单色机的色序有青→品红→黄→黑、青→黄→品红→黑、品红→黄→青→黑等多种。总的来说，色序安排是为了使印刷品达到灰色平衡。在色序的安排上，如果是以亮调为主、吃墨量不大的印件，一般来讲色序影响不大。对于有正常或高色饱和度要求的印件来说，色序变化会导致印刷品的外观发生变化。

无论采用哪种色序，一旦确定，应尽量作为制版与印刷的标准色序。从我国的实际情况来看，目前采用的青→品红→黄→黑是较适用的。

二、双色机印刷

双色机的色序 1～2 色、3～4 色是在湿印的情况下印刷的，它的色序比单色机要复杂得多，考虑的因素也比较多。根据长期的实践经验可知，双色机的色序以下面几种为主。

（1）黑→黄、品红→青或青→品红。

（2）品红（青）→黄、黑→青（品红）或青（品红）→黑。

（3）品红→青或青→品红、黑→黄。

在先印的墨层上，后印油墨的转移量对印刷品的成色、网点的转移有很大的影响。以上三种色序具体特点如下。

第一种色序对于掌握墨色较容易。若纸张质量差，则清洗橡皮布的次数相比其他色序要少一些。黑与黄一般来讲不是主要色，但因为先印黑色后印黄色，密度受到一定的影响，所以黑墨的用量要适当增加。第二色印品红色、青色，这时墨色就比较容易掌握，至于先印品红色还是先印青色，主要看印版上画面的调子长短、墨量的大小。如果纸张伸长后印品红色、青色，则拉版的要求比较高。

第二种色序具体包含着四种印刷顺序，其特点是套印准确、不易掌握，但以品红、黄为主的人物肤色就较容易掌握墨色，对以青、黄为主的绿色的掌握还是有其优点的，但其在纸张质量差的情况下，清洗橡皮布的次数要相对增加。对一般的国画来讲，品红→黄、黑→青的色序是较适宜的，密度可不受影响；对以黑为主的国画，可以突出其风格。

第三种色序的特点是套印准确，纸张伸长后拉版较容易，但是对墨色的要求高，一旦偏色，往往没有补救纠色的办法，调整范围很小，这种色序对纸张的要求比较高，清洗橡皮布的次数要增加。由于黄色放在最后印，产品的反差和色调受到影响，会出现有害的黄色色泽，而且无法用调整其他颜色的办法来修正，在调品红色、青色时必须增加墨量。

以上色序各有特点，可根据产品要求合理安排。但无论哪种色序，基本上是遵照主要色的网点不糊、画面力求套印准确、墨量大的放在第二色、减少上下色混色、有利清洗墨辊等原则来安排的。第一种色序是较为普遍的印刷色序。

三、四色机印刷

一次印四色给墨色的掌握和套印的准确性控制提供了有利的条件。四色叠印要在很短的时间内完成，后三色都在湿压湿情况下印刷。同时四色机大多采用中性或硬性包衬，网点结实。因此，四色叠印的色彩效果及套印准确性即刻就能鉴别，若有误差可及时地加以调整。但印刷的色序也是一个可研究的问题，一般四色机的色序主要是根据油墨印刷时的墨层厚度来安排的。

目前四色机印刷的色序为黑→青→品红→黄或黑→品红→青→黄两种，这是两种普遍采用的印刷色序。

黑→青→品红→黄的色序是根据前人的一些实践总结的，如青墨密度为 1.6，印在纸上的墨层厚度是 0.85μm 左右；品红墨密度为 1.4，则墨层厚度是 0.9μm 左右；黄墨密度为 1.0，则墨层厚度是 1.30μm 左右，叠印的情况良好。如果用这种密度，印刷色序改为黑→青→黄→品红，墨层厚度便成为 0.85μm→1.30μm→0.9μm，这样品红墨的叠印效果恶化，网点会发虚。如果增加品红墨的出墨量，使墨层增厚，虽然会使叠印效果变好，但若品红墨的墨层厚度超过 1.2μm，则会使网点变粗，印刷的整个画面变深，造成偏色。

印刷品采用青墨密度为 1.6、品红墨密度为 1.4、黄墨密度为 1.0 的油墨印刷，如果品红+黄＝红，青+黄＝绿，青+品红＝青紫的效果都良好，那么用这样的印刷品密度来进行印刷。色序为青→品红→黄→黑，即从墨层薄的开始印刷，其叠印效果就比较理想。那么打样机也应用这个印刷色序来进行打样，按照上述的密度、墨层厚度进行打样。如果客户对打样出来的产品提出深浅方面的要求，应调整制版电分的数据，不应该采用过分调节墨量的方法，以免造成印刷时网点变粗、变虚或蹭脏等印刷弊病。

墨层的厚薄由于纸张的不同而发生变化。铜版纸与胶版纸之间的用墨量要相差约三分之一，因此胶版纸会由于墨层增厚及纸张粗糙而使得网点变粗且叠印后模糊不清。

在四色机印刷中，黑色一般作为补色，在画面中面积比较少，可以作为游动色，但必须保持青、品红、黄的印刷顺序。若黑色放在第一色印刷，由于墨量少，对后续颜色的印刷网点影响不大，但是印刷品的最大密度值会有所损失，从而影响复制质量，而且黄色放在最后印刷，四色高密度处会呈现出黄色色泽，即使调整青墨、品红墨、黑墨的墨量也不能修正这个问题。对以高调为主的印刷品来讲，黑色放在第一色的作用不大，所以黑色最好放在最后来印刷。但是黑色放在最后印刷时，高密度处黑色的网点成形就会变粗，而且黄色的墨层比较厚，容易发生逆转印的问题。凡是以黑色为主或者是底色去除的印刷品，黑色放在最后印刷是最为适宜的。

另外，由于纸张及车间湿度的变化，第一色与第二色之间的纸张变化比较大，以后就较为稳定。套准要求高的印刷品宜用青、品红作为第二、第三色来印刷。

同时，油墨的黏度对色序也有影响。黑墨黏度大，放在前面印不容易逆转，有利于叠印。黄墨黏度小，容易逆转印，放在后面印较好。综上所述，四色机的色序很难有一种能够适应全部场合的排列，现在一般采用的黑→青→品红→黄色序，基本上能满足各种印刷品的要求，但也有它的弊病，要想解决这些弊病，不仅要在材料上有所发展，还有赖于制版工艺的改革。

第二节　样张观察

有了印刷前的纸张、油墨、药水等各项准备工作，上水打墨、校版校色基本完成后，便由试印逐渐进入正式印刷。在由试印进入正式印刷这段时间里，由于水和油墨尚未完全处于平衡状态，输纸部分也尚未完全正常，输纸故障造成的短暂停机、水分时大时小都会使印刷品墨色深浅不一，影响印刷品质量。所以在正式印刷前，宜在纸堆面上放一定量的吸墨纸（一般放20～30张），以尽量克服水、墨量不稳定造成的偏深、偏浅。然后对水和墨量进行适当的调整，一般印到2000～3000张，墨色达到打样要求后，就可以签准付印样并按付印样进行大量印刷。正式印刷的开始阶段，产品墨色仍受水、墨量等不稳定因素的影响。所以，这个阶段必须频繁地从收纸部位抽取印张进行认真的观察检查。从分工合作来看，应该有专人看管输纸部分，尽可能防止和减少输纸故障，并不断观察版面水分的大小。当然，各种因素变化的结果具体都反映在印样上，所以对印样的观察检查是十分重要的。在印刷作业中，对印样的观察检查一般可分为刚印刷阶段和正常印刷阶段两方面进行。

一、印样观察检查

1. 印样墨色的观察检查

在刚开始印刷时，操作人员应频繁地抽取印样，放在看样台上。从印样的叼口开始并朝拖梢方向全面观察。因为印张上若存在质量问题，如墨色过深或过浅、油腻等总是先从叼口处开始并逐渐扩大到拖梢处的。所以观察时，视野不能只停留在印样的某局部区域，而应扫视整个画面，检查有无质量问题、墨色是否符合打样或付印样的要求。如果整个画面或局部区域的墨色不符合付印样的要求，应及时予以调整。调整的手段不能只限于调节墨量，同时也应考虑到供水量和版面水分的控制。

2. 印样规格的观察检查

在观察检查印样墨色后，应迅速观察检查印样图文套版纵、横向十字线是否符合施工单要求，两边十字线是否齐直。尤其是对正反面都印图文的印刷品，应同时检查正反面十字线叼口大小是否一致。单色机印第一色时，为了防止侧规拉过头或拉不到，可在印版的靠操作面齐印张的纸边处，用钢针沿纸边划一条直线。使每张印样的近侧规纸边处都印有墨迹，以鉴别侧规每次拉纸是否一致，从而防止印张轴向不准。

3. 网点印迹的观察检查

在墨色、规格符合付印样和施工单要求后，仍要频繁抽取印样予以观察检查。画面的阶调、清晰度及反差是通过网点转移体现出来的，网点是构成色彩的最基本成像素单位。如果网点发生明显变形和扩大，将直接影响到印样的色彩还原和复制效果，所以应该借助于放大镜观察印样和付印样之间的网点差别。观察印迹网点是否空虚、是否有明显扩大、纵向和横向的变形、双印等质量问题。如果发现类似质量问题，应及时分析原因，予以调整和排除。

4. 容易产生质量弊病处的检查

除需对印样墨色、规格和网点印迹进行观察检查外，对容易产生各种质量弊病处的检查也是开始印刷阶段需要做的一项重要工作。其重点是认真仔细地对印样的整个画面进行观察，尤其是对画面上一些比较细小的文字、线条或容易模糊的部位逐个进行检查。稍一疏忽，就很容易产生返修品，甚至废品。严格地说，容易产生质量弊病处的检查还应该包括文字、符号等的差错检查校对，以及观察检查画面是否有挂脏、油腻污渍、浮墨等弊病，一旦发现，应及时予以排除。

二、印刷阶段的观察检查

（1）随着水墨逐渐平衡和机器的正常运转，操作人员一般应对印刷品每300～500张抽查一次。由于印刷过程中各种理化因素错综复杂，瞬息万变，所以检查的重点仍是观察印样套色和墨色。对墨色的观察及对多个图文印刷品墨色的检查一般采取将印样两边与中间部位做比较的方法，也可将印样调头进行墨色对比，并可与前几次抽取的印样做比较。如果有变化，可对供墨量进行细微调整。当然，也应该注意到版面水分是否有变化。对于规矩的检查，尤其是对单色机印第一色的检查，可经常抽取20～30张印样，将其叼口撞齐后叉开，观察它们的十字规矩线上下是否一致，前规、侧规的定位是否准确。如果发现不准，应及时查明原因，并加以处理。

（2）经过一段时间的连续印刷后，纸张的纸粉、纸毛及油墨中的细小墨皮等污物易黏附在印版或橡皮布上，造成文字及线条断线、缺画或印迹变粗、发毛，尤其是实地部分更明显。当这种情形较轻时，应停机，擦去墨皮、纸毛。为防止停机引起墨色的深浅变化，一般宜放8～10张吸墨纸后继续印刷；当黏附的污物多而影响印刷质量时，应清洗印版和橡皮布。

（3）经过较长时间的连续印刷后，由于墨皮、纸粉及纸毛堆积在橡皮布上越来越厚，油墨的转移性能也越来越差，印样墨迹变得浅而粗糙，层次逐渐不清，轮廓模糊，遇到这种情形，应立即停机，清洗橡皮布。同时应观察印版发亮处的亮调细小网点是否磨损，是否需换新版。如果确需换版，换版后继续印刷时，应该用小纸条将印刷品隔开，并注明换版，以示区别。对试印阶段一部分墨色过深、过浅的印刷品，试印期间也应该用小纸条与墨色正常的印刷品隔开，以供各色换版、校版用。同时，若印刷过程中由于前规、侧规及输纸故障等造成一部分印刷品纵向或横向不准，也应及时用小纸条隔开，以便在套色时，予以个别调整。

（4）对印样的观察和质量检查还应注意到印刷品图文面积的大小和受墨量的多少，目的是防止粘脏。一般来说，印刷品不宜堆积过多，尤其是图文面积大、墨量多的印刷品尤需注意，否则会造成印刷品背面粘脏。所以在印刷过程中，观察印样的同时，应该经常注意和检查印出来的产品，观察其背面是否有粘脏现象。对于图文面积大、墨层厚的印刷品，事先应该注意，视实际情况采取喷粉和晾夹板的措施，以防止其粘脏。

三、控制水、墨

在换色、换版后，从试印阶段进入正式印刷阶段的过程中，换用新水辊或旧水辊洗净吸水后继续使用时，水分往往容易发生变化，供水处于不稳定状态，水分的大小直接影响到印刷品的墨色深浅。因此在刚刚开始印刷阶段，除要频繁观察印样外，还必须勤观察和控制版面水分，水分过大或过小都会给印刷品质量带来弊端。水分过大时，应及时减少供水量；水分过小时（非图文部分挂脏），应适当增加供水量。当印版水墨基本达到平衡后，局部图文处水分较大或印版两边空白处水分较大时，可运用水斗槽上的吹风装置或用贴小纸条的方法，对水分较大的局部图文处或印版两边空白处的水斗辊进行吹风或贴小纸条，以阻止和减少水斗辊局部区域的供水量。

在版面水分正常，控制在最低限度时（非图文部分不挂脏），通过将印样与付印样进行比较，控制和调整供墨量就比较方便。如果整个画面墨色偏深或偏浅，可通过调节墨斗走牙来调整，如果画面局部区域墨色过深或过浅，可通过调节个别墨斗螺丝来调整。

待水墨供应平衡稳定后，在进行正常印刷时，还应注意墨斗中需保持一定量的油墨。墨斗里的油墨会从墨斗辊和墨斗刀片之间的缝隙传出来，是由于油墨的自重而被挤压出来的。如果墨斗里的油墨量过少，加上油墨具有触变性，从缝隙中传出来的油墨量就会相应减少。尤其是墨斗内油墨量很少时，油墨不能全部一致地贴着墨斗辊，此时未贴着墨斗辊的区域就不易下墨，造成局部区域图文印迹变浅。因此，墨斗内必须保持一定量的油墨。

此外，由于油墨具有触变性，所以当其受到外来机械力的作用时，流动性会增加，静止一定时间后其流动性又复原。当油墨放在墨斗里的时间久而又无外力作用时，往往容易产生凝结，出现不下墨的现象，从而影响印刷品的墨色。因此，操作人员必须经常地用墨刀搅拌墨斗内的油墨，使下墨畅通，保证供墨正常。

总而言之，在印刷过程中，操作人员必须坚持三勤操作，即勤检查印样、勤观察版面水分、勤搅拌墨斗内油墨，使水墨始终处于正常稳定状态，这样才能保证整个印刷过程中质量的稳定和印刷工作的顺利进行。

第三节　水墨平衡

我们都知道，胶印是建立在印版图文部分吸油抗水、非图文部分吸水抗油、水油互不相溶的基础上的。水墨平衡是构成胶印的基础。在胶印过程中，水墨平衡掌握得是否适当与印迹的正常转移、墨色的深浅、套色的准确、印刷品的干燥及粘脏等有着十分密切的关系。因此，正确掌握和控制水墨平衡是确保产品质量稳定的关键。作为一名熟练的印刷工作者，不仅要懂得水墨平衡的关系，更应具备正确掌握水墨平衡的技术和本领。

一、水分不当的弊病

在日常印刷过程中，水分过大或过小都会对产品质量带来影响。若水分过小，则非图文部分会起脏，图文部分会并糊，使印迹面目全非；若水分过大，则直接影响产品质量，出现墨色变浅、暗淡无光、套版不准等各种弊病。由于水分掌握不当而经常出现的弊病如下。

（1）引起油墨乳化，阻碍油墨正常传递。

在印刷过程中，若水分过大，在机械压力和惯性力的作用下，细小的水珠颗粒积聚在油墨表面。一定量的水经传布后遍及墨辊表面，使油墨成为乳状液，失去其原有的物理性能，破坏了油墨的印刷适性，阻碍了油墨的正常传递。

（2）影响套色准确。

当版面水分过大时，经转印后的纸张因纤维之间吸收过量的水分而伸长，待存放后准备套印下一色时，又由于存放期间纸张四边散发出水分而收缩，导致纸张无规则地伸缩变形，造成套色不准。

（3）造成油墨透明度下降。

若图文印迹中含有过量水分，则由于连接料和水的折射率的不同，印迹干燥后的遮盖力增大，透明度下降，影响印刷品网点的叠色还原效果。

（4）印刷品的光泽度降低。

印刷品墨层的光泽度主要依靠油墨充分的氧化结膜，使之表面平滑光亮。当油墨中含有过量水分时，油墨便不能充分氧化结膜，表面粗糙，不光滑，使墨层暗淡无光，印刷品的印迹光泽度降低。

（5）影响印迹的干燥。

印刷品印迹的干燥主要靠油墨中连接料的氧化结膜。当油墨中含有一定量的酸性水溶液时，会延长印迹表面氧化结膜的时间，导致印迹慢干，甚至较长时间不干，影响继续套色并造成印刷品背面粘脏。

（6）印刷品墨色变浅。

印刷时，由于水分过量，其往往呈细小水珠状分布于墨辊表面，并在机械压力的作用下分散于油墨中，减少了单位面积上颜料颗粒的数量，使油墨颜色的饱和度降低，乳化值增大，墨色变浅。此种情形不仅使产品墨色灰平，而且花版、糊版及浮脏等现象相继产生。

因此在印刷过程中，正确掌握供水量和控制版面水分是确保印刷中的水墨平衡和印刷质量稳定的关键。

二、水墨关系

在印刷过程中，由于印版非图文部分有一定的水膜存在，当其能与油抗衡时，就不会被墨辊上的油墨粘脏。如果水膜不能抗拒油墨在非图文部分的吸附，则非图文部分会黏附油墨，产生挂脏。如果版面水分过大，并逐渐传布到所有的墨辊表面，形成一定厚度的水层，就会阻碍油墨的正常传递。因此印刷品印迹的墨色深浅，除应正确控制墨斗的下墨量和均匀传递外，还直接受到供水量和版面水分大小的影响。当版面水分增大时，印迹墨色逐渐减淡、变浅；反之，减少供水量及版面水分，印迹墨色则相对地会比原来深。所以，增减版面供水量和供墨量都会改变印迹墨色的深浅。因此在印刷过程中，应该根据实际情况予以调整。生产实践告诉我们，不应该单纯依靠减少供水量来提高墨色，因为当水分过小，失去水墨平衡时，易使非图文部分粘脏。另外要特别注意和防止水大、墨大的做法，当水分过量，墨色变浅时，千万不能不顾实际情况，盲目片面地调节。如果这样调节，往往会误认为供墨量少，不减少供水量，却频繁地增大供墨量，如此反复地增加供水、供墨量，直接破坏了水墨平衡，造成恶性循环，导致油墨严重乳化，堆聚在墨辊表面，使印刷无法正常进行。

因此，在印刷过程中需调节供墨量时，应该同时考虑到供水量是否适量，及时、正确地判断水墨是否平衡。有经验的印刷工作者在实际生产中，往往在保证印版不粘脏的前提下，把供水量控制在尽可能小的范围内，并使供水量与供墨量处于比较稳定的状态，这样就能保证印刷品的墨色深浅一致和印刷作业的稳定。一般来说，掌握水少墨厚的原则能够印出较理想的产品。这里的水少以版面非图文部分不粘脏为前提。所谓墨厚，是建立在水少的基础上的。水大会造成油墨乳化，墨是不可能厚实的。所以，水大墨大的操作方法无论如何也印不出理想的产品，相反，会引起一系列的弊病。

三、水量大小与控制

1. 水分大小的鉴别

要正确掌握和控制供水量，达到印刷过程中的水墨平衡，正确鉴别版面水分是前提。版面水分的大小，到目前为止，没有一个固定的数值，所以不能做出机械的规定，何况印刷过程千变万化。在日常生产中，往往是凭操作人员目测版面反射光量的强弱来鉴别水分大小的。这种目测方法对鉴别版面水分大小能起到一定的作用，因为一定厚度的水膜能将印版砂目填平，减少漫反射而增加反射光量。但是这种方法也有一定的局限性，因为其受到版面图文部分和非图文部分的面积比例不同，印版版材不同，灯光强弱不同及观察的位置、角度不同等种种原因的限制。所以，同样的水膜厚度不能使版面具有相同的反射光量。因而这种鉴别方法既有可取之处，又有其缺陷。在日常印刷作业时，除借助这种方法外，还经常通过以下几点来鉴别水分过大。

（1）用墨刀在墨辊上铲，墨刀上留有细小水珠。

（2）传墨辊上有细小水珠，墨斗槽内也有水珠。

（3）版面经常出现浮脏或停机较久，版面水分仍没干固。

（4）印迹网点空虚，叼口印迹呈波浪形发淡，墨色暗淡、无光泽。

（5）印张卷曲、软绵无力、收不齐。

（6）橡皮滚筒的拖梢处有水影或水珠。

（7）停机后继续印刷的印刷品与停机前的印刷品相比，墨色有较大差距。

2．水分的正确掌握和控制

在印刷作业中，当装版、装纸及在墨斗中堆放油墨等工作结束后，开印前总是先上水再上墨，然后洗版，最后校版、校色。在掌握水分用量时，一般应该根据版面图文部分的面积及分布情况、印迹墨层的厚度、印刷用纸的性质、油墨的性能、印版的类别、机器运转速度及车间环境温湿度等实际情况予以掌握。校色时，如果感到墨色偏浅，可予以调整用墨量，但不能忽视水分大小的影响，必须从水、墨两方面同时考虑。减少水分的同时也应该注意墨量的变化。一般来说，PS 版的水分可适当小些，PVA 版的水分可稍大些；光滑的纸张可稍小些，粗糙的纸张可稍大些；机器转速快则水分可小些，机器转速慢水分可大些。环境温湿度也不能忽视。由于版面水分以直接和间接两种形式散发，版面水分只不过是满足印刷水墨平衡的需要而已，大部分是向空间散发，环境温度越高，散发得也就越快。机器经过长时间的运转，滚筒、墨辊等部件运转产生了摩擦热，容易使版面水分加快散发。所以在夏天印刷时，版面容易挂脏。此外，有时遇到油性较强的油墨，在润湿液中加入树胶后，或在纸张粗糙、纤维组织疏松、易掉毛脱粉的情况下，在油墨中添加辅助剂后，如果水分不当，原先的水墨关系也会发生变化，必须掌握和调整水墨关系，使之平衡。

同样，油墨的流动性也受温度的影响。相对来说，早晨气温低，油墨流动得比较慢。中午或机器连续长时间运转后，车间的温度和机器的温度都有所上升，油墨的流动就变得快些。这时，同样的墨斗螺丝调节量，墨斗的下墨量就有不同。所以为了尽可能保持印刷品墨色深浅一致，应注意下墨量的变化。在印刷中，墨斗内的油墨既不能放得太少，又不应一下子放得过多，而应该逐渐地补充一些新墨，尽可能使油墨的流动性保持相对稳定。

对于水墨平衡，我们不能单纯从两者用量的大小关系来看。因为胶印用的水并不是纯水，而是含有一定量电解质和亲水胶体的水溶液，形成亲水胶体体系。油墨也不是完全非极性的油，除连接料外，还含有颜料、填料等物质，形成憎水胶体体系。常用催干剂中的钴、铅氧化物都是乳化剂。冲淡剂维利油的主要成分——氢氧化铝是一种两性氢氧化物，吸湿性较强。

所以水墨关系不仅仅是水油关系，而是亲水胶体体系与憎水胶体体系之间的关系。水和油墨在静止状态下基本上是不相混合的，但是在乳化剂、外界气温条件及压力作用影响下，两者会有一定程度的混合。这种乳化现象或多或少贯穿于整个印刷过程，关键是乳化量应该控制在一定的范围内。

润湿液保持一定的 pH 值是版面生成无机盐层的必要条件。当其酸性过弱，pH 值超过 5时，版面就不能生成无机盐层，溶液的抗油性差，图文部分会向非图文部分扩大，从而造成糊版；当其酸性过强，pH≤3 时，无机盐层难以形成，版面砂目遭腐蚀，图文基础被破坏，加速了油墨乳化，催干剂失去作用。而操作人员如果仅仅从增加催干剂用量入手，势必造成恶性循环。同样，在印刷过程中，若催干剂用量过多，则会使油墨颗粒变粗，黏度增大，对非图文部分的感脂性增强，水墨失去平衡，容易糊版。

所以，在实际的印刷作业中，我们除通过调整供水量、供墨量的大小掌握水墨平衡外，还必须对水斗溶液的 pH 值和油墨中催干剂等的用量进行控制，否则也会导致印刷过程中的水墨不平衡。

第四节　输　　纸

在实际生产中，经常会遇到输纸部分发生故障，这通常是由堆纸不妥等造成的，避免这些故障的关键是看管好输纸器。纸张厚度及纸张堆放叠合的情况在纸张输送与印刷过程中会不断变化，所以输纸器的有关调节机件也需做出相应调整来适应正常输纸的要求。因此，操作人员应在掌握了基本知识的基础上，善于辨别、分析故障原因，采取措施妥善、及时地排除故障。

一、纸张堆垛准备

一般来说，单色机的纸张堆叠到给纸板上，其难度要比四色机高，因为每印一色就会给纸张堆装带来一定的困难。如印张的前一色尚未干燥，印张上墨层厚度分布不一等会使印张间的附着力增大或者不均匀，从而使纸张分离、输送不稳，极易产生歪斜、空张或多张。所以，在堆装时要引起足够的重视，一旦发现纸张有点"拖泥带水"就要停机，进行松纸。对于四色机来说，因为绝大多数是白纸的堆放，不存在油墨黏附与纸堆的高低悬殊（除双面印张外）。从这个角度来说，设备越先进，操作也越简单。

1. 纸张堆装的基本要求

给纸垛用于高速连续输纸，纸张堆装质量的优劣与输纸效果关系甚大，如果这个工作做得不好，正常输纸是实现不了的。纸张的四周及中央只有透得松，才能装得齐。堆装时应防止折角及将破碎的纸张混装入纸垛。

对于上翘、下扒或单面卷曲的纸张（除铜版纸或铜版卡外），应该进行敲勒加工，这样处理过的纸张既易分离，又易套准。

堆纸时应防止装得过高，因为纸垛下半部就存在不平整的现象，随着堆叠高度的增加，纸堆的不平整现象更加明显，所以最好在纸垛中间夹放一块木板，局部高低不平处可用木楔或折叠好的纸条加以填塞平整。

堆装的纸垛不能有明显的倾斜，否则会影响侧定位，纸张的叼口一定要推至挡纸板，否则会影响前后方向的走纸和前规定位。

2．纸垛的提升

堆装完纸垛后，通过电动机或手摇将整个纸垛提升到规定的高度，然后观察叼口是否太高（将前挡纸牙板作为参照物），后拖梢是否太低（压纸吹嘴是否能落下踩住）。根据实际情况填塞木楔，并注意放下压纸挡板块及侧挡纸板。

3．纸垛的准备

为避免输纸不畅，纸张可分两次透松，即先把透松过的纸放在一旁，在堆装至纸垛时，把这些透松过的纸再次透松后装上去。另外，不宜装得太多，以免时间一长又黏附住。所以，透松、少装、勤装是个比较好的办法，在印张尚未充分干燥时较适用。装纸过程中要避免颠倒，以免产生废品。

二、输纸过程中的纸垛高低

每垛纸在分输过程中，不但要使总的高度适宜，而且还要注意前后和四角的高度是否合适。一般来说，后高前低是允许的，以保证纸垛上升时不往后滑移。有时为了使纸张输送出去时不产生歪斜，可以视情况在四角填塞木楔。纸垛的高度与机件的配合要与前述的要求相符。

压纸吹嘴的连杆长度不要轻易改变，因为一旦改变后会使分纸吸嘴与纸垛后拖梢的相对位置改变，此时可能会产生空张或多张。一般情况下，要控制输送过程中的纸垛高低（往往指叼口），可以用填塞纸张后拖梢或者把该木楔拉出来的方法解决。木楔不能硬塞，应该先用手把纸张抬起少许，另一手把木楔插入，才能避免损坏纸张。所以看管纸垛高低很重要的一个方面是木楔的填塞控制，不能小看这些木楔的作用，操作过程中经常调整它可以使纸垛高度处于最佳状态。值得提醒的是，木楔尾部最好用绳索系住，以防其因操作人员疏忽被轧进机器。

三、输纸器的操作

实践证明，要保证输纸正常，有下列四点可供参考。

（1）有良好的气泵，以提供正常需要的正压（吹风）与负压（吸风）。

（2）有畅通的气路且管道不泄漏，气阀应与机件有正确的配合。

（3）各机件（指运动的机件，如分纸吸嘴、递纸吸嘴、压纸吸嘴）的机动关系调整完毕后，不要轻易乱拨乱动。

（4）发生故障后，冷静思考后做出判断，然后再予以校正。

输纸器的故障固然与该机器的机械故障有关，但更多的是看管、控制不良所致。

1．分纸头与纸垛的位置

常规操作中很重要的一点是确定和调节分纸装置（又称为分纸头、给纸头）与纸垛的相对位置。我们可以这样来概括一下：

① 转动纸垛台板的上升手轮，使纸垛面上升到离机器的前挡纸板顶端约 5mm（或更低些）的位置；

② 摇转输纸器，使压纸吹嘴降到最低位置，然后调节高度螺丝，使压纸吹嘴碰到纸垛面，且有一定的压纸力；

③ 摇转分纸头前后位置的丝杆，使压纸吹嘴的伸进量为 12～15mm（印张较厚时可少压一些，印张较薄时可多压一些）。

2．压纸吹嘴

压纸吹嘴又称为压脚。国产输纸器大多带有吹嘴，即压纸和吹嘴二者合一。因为压纸吹嘴在输纸器上要担负探测纸垛高度的任务，所以是一个很重要的机件。压纸吹嘴吹气的时间应该以压纸吹嘴完全压住纸垛的瞬间为始点，而压纸吹嘴抬起时才停止吹气，这一点是很重要的。吹气的风力大小可以通过气量调节阀加以调节。由于纸垛在印刷过程中不断变化，故用木楔来调节整个纸垛的高度，将压纸吹嘴作为媒介物。在控制纸垛升高时，应对微动开关（或其他检测器）与机械升纸机构的配合予以注意，例如，J2108 型印刷机有时经常听到电磁铁的吸合声音，但不见纸堆上升，或者频繁地吸合才换来一次升纸动作，原因可能是控制器件有故障或压纸吹嘴的压纸力不足。

3．分纸吹嘴

分纸吹嘴有多种形式，有方块的、扁嘴的等，其目的是吹松纸垛上面的5～10张纸。薄纸一般可以少吹几张以免被吸为双张，厚纸则可以多吹几张。同样地，风量的大小可以通过调节阀控制。由于纸垛后边缘的卷曲不平或皱褶，有时纸边朝上翘，有时纸边往下弯，或者很不规则，故在印刷过程中，看管输纸器时最频繁的调节工作之一就是调节分纸吹嘴。对于大规格的纸张，有的输纸器不但在纸张后部有 4 个甚至 6 个吹嘴，而且纸张的两侧也备有分纸吹嘴，以便使纸张分离。

4．分纸吸嘴

图 16-1 所示为 Mabeg 输纸器的分纸吸嘴。为确保纸张很好地吸附在吸嘴 4 上，吸嘴装有内外套的吸纸器及用橡胶制成的、吸附力很强的吸环 5。为了获得良好的吸纸效果，吸纸面必须和纸垛顶边平行，而且在印刷时，要使吸纸器 3 居中并且适应于不同的堆纸情况，可通过调节旋钮 2 进行调整。用调节阀来控制吸力的大小，转动调节旋钮 2，在真空压力计上的读数至少应在 40% 的刻度以上。纸张从吸纸器 3 传送到递纸吸嘴上时无折痕，紧靠在吸纸器后面的纸张拉直器 1（又称为压纸杆）起着关键作用。

有的吸纸器端部呈曲面形，它对薄纸和不易分开纸张的分离有显著的效果。

5．递纸吸嘴

与分纸吸嘴一样，递纸吸嘴从开始吸住纸后到传送到送纸辊之间有一个下落吸纸至抬升的过程，不过不同的是抬升后，递纸吸嘴还要向前输送。由于吸送的行程较大，在高速运动时容易产生少量的歪斜，这对于单色机的套准来说是一个难题，即走纸不稳，到达前规处有歪斜产生。现在某些输纸器对递纸吸嘴的运动轨迹进行了改进，有平行直线运动的，也有弧线运动的，目的是提高运动稳定性，改变以往的那种封闭运动的曲径走向。运动轨迹的简化对递纸吸嘴提出了新的要求。图 16-2 所示为一种较典型的递纸吸嘴，其吸气后吸嘴下落，吸住纸后自然抬升。其吸嘴与纸垛的间距可以通过吸气头壳体旁边的 a、b 由调节手柄（图中未标示出）控制钢丝索来完成。

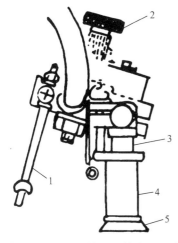

图 16-1 Mabeg 输纸器的分纸吸嘴

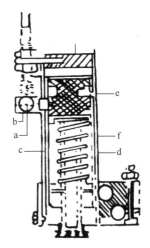

图 16-2 一种较典型的递纸吸嘴

有的递纸吸嘴在递送连杆上做了改进,使送出去的两端路径不同,从而来纠正纸张歪斜。

6. 送纸辊与压纸轮

送纸辊(又称为第一导纸辊或接纸辊)与其上摆动的压纸轮使纸张在其间被输送出去。两压纸轮的压力(靠压弹来调节)需一致,否则易引起纸张歪斜。在具体操作中,应注意两压纸轮的压力是否调得恰当,因为纸张的质量较小,故摩擦传动的力也不宜过大。压纸轮的外缘应保持圆度均匀,否则将会在压纸时有轻重不均的现象发生。

7. 旋转毛刷、压纸球

输纸板上并列几根输送带,其上有多个压纸球,这是输送纸张的传动件。

旋转毛刷轻轻接触输纸带,能使纸张轻微地向前移动,这个移动并不影响侧挡规进行横向定位,既有向前移动的力,又可阻挡纸张前定位后的回弹。旋转毛刷与压纸球均可通过调节螺丝来调整其与输送带的接触压力。

8. 挡纸毛刷

挡纸毛刷与分纸吹嘴在同一边,其中有平毛刷、斜毛刷,其既有利于纸张分离,又能防止双张、多张产生。根据毛刷的柔软性来调节毛刷伸入纸垛的距离和离开纸垛的高度。

9. 输送带

一般情况下,输纸器有 4 根输送带,为了走纸稳定,4 根输送带的张紧力要趋于一致,最好它们的长短也一致,这可凭手感来检查。另外,输送带的滚轮与张紧轮应滚动自如。

10. 双张检查装置

双张检查装置有机械、光电等多种形式,其主要作用是防止双张或多张的发生,一旦发现问题,就使输纸停止。在正常印刷过程中,必须经常观察并调整好双张检查装置,以防轧坏橡皮布。

第五节 机器运行

在印刷机械中，能称得上重载荷、高速运转的设备很少，多为轻载荷、中速运转的设备。因为胶印机滚筒轴颈的线速度一般为 0.5m/s，轴套负荷能力在 49N/cm² 左右。但正如前文所述，胶印机的精度要求很高，所以它运转可靠、振动小、磨损少、润滑良好等均是机器正常运转的前提。

能印制高质量印刷品的机器性能固然与制造厂的设计、制造装配有关，但同样取决于使用厂家的安装、调试及维护保养等工作。

一、机器的日常检查

机器保养工作中的重点是预防，而不是修理。要预防机器故障及机器的磨损，就要做到对机器的使用恰当，清洁润滑及时，加强检查工作，这些工作都必须在日常生产中认真地做好。

1．清洁工作

在平时擦机器时应注意以下几点。

（1）擦机器时，必须将电源关闭，停机进行。

（2）擦机器的抹布不要遗落在机内。

（3）检查机件是否有紧固件松动、脱落及损坏的情况。

（4）防止油眼堵塞，保持油管畅通。

（5）机器四周及工作环境要保持清洁。

2．日常检查

机器的日常检查是防止事故发生的重要措施，可分为以下几方面进行。

（1）分工逐天检查。由于机构较复杂，为此可将机器各个部分详细排列，逐天轮流地对机件进行检查。

（2）按时全面检查。定期地对机器进行较详细的检查，可避免大事故的发生，如拧紧松动的螺栓、检查滚动轴承是否损坏等。

（3）接班的检查。上班前应认真地做好交接工作，询问上一班工作人员机器运转的相关情况。

（4）运转中的检查。除上述检查外，待生产正常以后，应抽出一定的时间对机器进行检查。一方面观察机件的运转动作；另一方面倾听机器运转中的声音是否正常。当然，这项工作是建立在丰富工作经验的基础上的，如果我们在日常生产中能充分加以注意，那么经过一定的时间后，就能摸索出一套办法来。

同样，在加油时也可附带地对机件进行检查。在交接班时，如果机器未运行，那么应手盘机器或"点动"机器，倒、顺车转动几周，以防滚筒内有掉落的机件。另外，检查输纸板上是否有其他异物。启动机器时应先慢后快，密切注意机件的运转情况。

二、机器的润滑

为了控制摩擦阻力，降低胶印机零部件的磨损速度，提高胶印机的使用寿命，确保机器正常运转，在工厂的生产管理制度中，都有机器保养制度，其中有重要的加油润滑制度。可算一笔经济账，若胶印机的润滑保养工作做得好，机器的使用寿命约提高一倍左右，相当于机器的利用率提高了一倍。

1. 润滑的作用

液体润滑材料的主要作用如下。

（1）控制摩擦。

（2）减少磨损。

（3）降低温度。

（4）防止锈蚀。

（5）对振动的阻尼。

（6）具有冲洗作用等。

润滑油的作用是彼此依存、相互影响的，如果润滑油不能有效地控制摩擦，就不可能顺利地减少磨损，并将出现大量的摩擦热，造成运动副的高温，其结果将迅速破坏摩擦表面及润滑油本身。因此对润滑油提出如下要求。

（1）较低的摩擦系数。

（2）良好的吸附与楔入能力。

（3）一定的内聚力（黏度）。

（4）较高的纯度与抗氧化安定性。

2. 润滑的管理

不要轻视润滑的管理工作，润滑的管理工作要有一定的条理性与科学性。由于印刷机的品种不同，金属材料也不尽相同，所以润滑油的品种也有所区别。润滑的管理要点如下。

（1）调查用油种类和用量。

（2）调查由润滑管理不善引起的故障。

（3）油类的选择与统筹。

（4）润滑管理记录卡的制作。

（5）定期检查润滑装置及管道。

（6）统计有关润滑管理的数据，根据原定指标，改进措施。

在使用各国先进印刷机械的同时，会接触到很多配套的润滑油，各国的油品制造公司及厂家的标准不统一，给机器的润滑管理带来了一定困难，为了便于管理，推广 ISO 的黏度标准是必要的。

ISO 的黏度标准相对于日常使用规范的变化如下：

（1）把黏度测定温度从 100°F（37.8℃）改为 40℃；

（2）黏度单位变成 40℃时同一黏度的 CSt（厘拖）；

（3）将其等级分为二十级。

在润滑油的日常使用中，经常会碰到老化现象，通过仪器可测定，其测定内容是润滑油是否氧化：酸值达到 0.3mgKOH/g；表面张力达到 15dyn/cm；色相为黄→红→黑；黏度大约增大 10%。

在没有专门仪器进行测定时，可用肉眼来观察润滑油的色相，最常见的克服油品老化的办法是定期换润滑油。

3．给油作业

印刷机上设有许多给油部位，为使机器运转正常，正确的给油作业有以下4个方面。

（1）首先根据印刷机操作使用说明书上的说明，了解给油部位和给油频率，掌握更换润滑油的周期。

（2）按照规定，不同的给油部位应用不同的润滑油品种，其黏度、油膜强度和氧化稳定性一定要符合指定标准。

（3）对各个给油部位，通常有手动注油、油绳注油、油杯注油、压力循环给油、齿轮箱给油、润滑脂给油、黄油枪给油、润滑脂集中给油、喷淋给油法等多种给油方法。

（4）给油后应检查给油部位的给油状态是否正常，是否漏油。

4．润滑油的选择

合理地选用润滑油已成为现代机械工业的专门学科。润滑油可以减少零件摩擦及零件表面的磨损，也可以降低机件传动功率的消耗。

（1）滑动轴承润滑油的选择（轻、中负荷时用油）如表 16-1 所示。如果该胶印机的滚筒轴颈的线速度为 0.5m/s，轴套负荷为 $49N/cm^2$，则根据表 16-1 可知，可取 30 号、40 号机械油。

表 16-1　滑动轴承润滑油的选择（轻、中负荷时用油）

滚筒轴颈的线速度（m/s）	工作温度为 10℃～60℃，轻、中负荷（294N/cm² 以下）	
	运动黏度（厘拖）	适用油名称、牌号
9 以上	4～15（50℃）	5 号、7 号、10 号机械油
9～5	10～20（50℃）	10 号、20 号机械油，22 汽轮机油
	25～30（50℃）	20 号、30 号机械油，30 号汽轮机油
5～2.5	25～35（50℃）	20 号、30 号机械油，30 号汽轮机油
	30～35（50℃）	30 号机械油，30 号汽轮机油
2.5～1.0	25～40（50℃）	30 号、40 号机械油，30 号汽轮机油
	25～45（50℃）	30 号、40 号机械油，30 号汽轮机油
1.0～0.3	30～45（50℃）	30 号、40 号机械油，30 号汽轮机油
	35～45（50℃）	
0.3～0.1	40～70（50℃）	40 号、50 号、70 号机械油，10 号汽轮机油
	40～75（50℃）	
	50～90（50℃）	50 号、70 号、90 号机械油，10 号汽轮机油
0.1 以下	8～10（100℃）	13 号压缩机油
	65～100（50℃）	70 号、90 号机械油，10 号、15 号汽轮机油
	10～12（100℃）	

（2）滚珠及滚针轴承推荐用润滑油。

例：收纸滚筒滚珠轴承的转速为 100r/min，外圆直径为 90mm，则速度因数为

$$速度因数 = 90×100 = 9000mm·r/min$$

由图 16-3 可知，运动黏度应为 65 厘拖，可使用 50 号、70 号机械油。

多数的滚针轴承应采用润滑油润滑，由于此种轴承兼有滚动摩擦和较大的滑动摩擦，故更需要有效润滑，润滑油的运动黏度应较同规格、同速度的滚珠轴承低。

（3）齿轮的润滑。

齿轮两个对应接合面的啮合时间非常短暂，而且在啮合时滑动与滚动相间发生，自动形成液体油膜的作用非常微弱。一般负荷的齿轮箱及其工作温度如表 16-2 所示。由于润滑油对齿轮啮合的振动有阻尼作用，起到了稳定作用，在齿轮运转时，润滑油连续陷入两啮合表面，并不断地通过极小的间隙挤出来，这样就使振动的动能消失在液体润滑油的摩擦热中，从而使运转平稳，故使用液体润滑油的齿轮比无油的齿轮更为平稳。由图 16-3 和表 16-1 可知，J2108 型印刷机的滚筒齿轮用油为 40 号、50 号机械油较好。

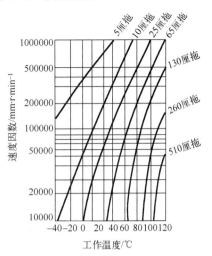

图 16-3　速度因数与工作温度的关系

表 16-2　一般负荷的齿轮箱及其工作温度

齿 轮 箱		工作温度（℃）
类 型	大齿轮直径（mm）	10～50
一般齿轮箱	200 以内	60～80
	200～500	80～100
行星齿轮箱	壳体外圆直径为 400 以内	80～100
	200～500	60～80
伞齿轮及螺旋伞齿轮箱	300 以内	80～110
	300 以上	10～20（100℃）
高速齿轮箱	—	30～50

综上所述，J2108 型、J2203 型印刷机的大护罩里（传动侧、操纵侧）的油池用油应用 30 号、50 号机械油为宜，润滑的零件是滚筒轴套、其他轴套、滚筒轴承、齿轮、凸轮、连杆等。

当然，从滚筒间隙的角度来讲，间隙越小，润滑油的粒度也应越小。

为了防止轴套被硬粒磨损，进入轴套的润滑油必须是干净的。要保持润滑油的干净，过滤器必须采取滤清的有效措施，或者经常清洗油池池底。

此外，使用黏度过大的润滑油很容易损坏油泵。

第六节　印刷中的其他作业

除正常操作流程外，在机器开动前、后及机器正常运转时有其他一些作业。

一、配色记录与样张保存

有些小型印刷厂不一定有专门的调墨工段，故在印制一些专色墨时，需要操作人员按照来稿来样进行配色。将各种颜色及标号的油墨按一定比例混合，就目前而言，专色的配制往往依靠经验，这是很重要的操作，忽视这一点就会造成时间和材料的浪费，甚至事倍功半。如果没有配色的比例数据，应该先浅后深地进行混合配制，白墨、冲淡剂可以先准备好，其量应该接近或等于油墨的总量，然后逐步加入各种应加的油墨，记录下各种油墨的加放量并作为今后配制类似墨色的参考依据。

另外，保留好印下的样张。样张应和配色记录一起保存起来，这将对今后的工作有所帮助。

二、油墨的流变控制

印刷油墨主要在印刷机械适性上与涂料、化工颜料及油漆等有所区别。在印刷机上，要求油墨具有许多复杂的流变方面的适应。日常操作过程中经常会发现墨辊上出现结皮、给墨行程中出现堵墨现象等，这些情况均与油墨的黏度、屈服值、触变性、稠度等流变特性有关。虽然油墨的特性在被制造厂生产出来时已定型，但使用中可根据具体情况，如墨量、气候（室温）、纸张及机器运转速度等来加以控制。

一般上机的油墨（原色墨）不必将其稀释（不必加放调墨油），但若纸张质量较差或者有上述客观情况，就可因情而异。

加放燥油要根据印刷数量、油墨品种、叠印情况来定。

三、墨辊脱墨

在胶印时，由于墨辊的旋转，匀墨的过程中自然地会掺进一定的水，即润湿液，若水分超出一定的限度（油墨吸附水量的限度），则会产生很多弊病，其中有常见的墨辊脱墨，这是需要注意避免的。除对润湿液的酸度和胶质加以控制外，还要对水分进行控制。

将脱墨的金属辊用洗净剂洗净，用弱酸或浮石粉摩擦脱墨部位，可纠正着墨不良。为了增加金属辊的亲油性，可在金属辊上镀铜。

四、水墨补充

在墨斗和水斗中，应经常保持一定数量的油墨和润湿液，并不定时地用墨铲搅拌油墨。可用化学试纸测定润湿液的酸值，以便加以控制。

五、清洗橡皮布

印刷数千张（甚至仅有数百张）以后，油墨、纸粉、喷粉粉末等堆积在橡皮布上，从而使油墨的转移性变差。此时必须停机，将橡皮布清洗干净。因为纸粉一般不容易清洗，所以应在洗净剂中掺些水，用力擦拭。

六、擦版、涂胶

进行擦版作业时，应以安全的姿势在适当位置上进行。若有必要，可锁住停机按钮进行，以免将抹布轧进机器的滚筒间。涂胶作业也同样要注意安全。版面上应均匀涂胶，并注意不要留下气泡等，最后用干布擦去多余的胶。另外，涂胶时绝对不能沾在橡皮布和滚筒滚枕上。

七、检查机器

通过机器运转时的声音、热度、振动、气味便可发觉印刷机的异常情况。一般情况下，正常运转的机器发出的声音是有节奏的、熟悉的，这是凭多年的经验可判断的。机器轴承及各摩擦副由于润滑不良会引起发热甚至会"烧"坏。同时，各机件运动不符合要求也会引起机器振动。上述的异常情况会导致机器的负荷增加，此时可观察机器上配置的各种控制仪表，如果电流表中的电流剧增，说明机器或电动机出现故障，应及时停机检查。

复习思考题十六

1．从试印阶段到正式印刷阶段，为什么要频繁地观察样张？具体做法有哪些？

2．在正常印刷过程中，为什么仍要经常地抽取样张进行观察？

3．为什么要控制水墨平衡？其对印刷质量有何影响？如何正确掌握水墨平衡？

4．输纸器操作流程的要点是什么？

5．输纸板上的压纸轮、毛刷轮对正常输纸有何影响？

6．机器的正常运转与平时哪些维护保养工作有关？

7．在什么情况下，可在原色墨中加放调墨油？

8．水斗溶液控制不当会给印刷作业带来哪些问题？

9．色序选择的基本要求是什么？我国目前所采用的色序是什么？单色机、双色机、四色机在色序安排上会有哪些相同和不同之处？

10．要使水墨尽快达到平衡，应如何操作？

附录 A 印刷品质量测定仪器的种类和表示方法

附表 A-1 印刷品质量测定仪器的种类和表示方法

图 像 术 语	测 定 仪 器	表 示 方 法
密度、色密度、色度	密度计（透射、反射）、光电色彩仪、分光光度仪等	反射能力用反射密度或反射率表示；透射能力用透射密度表示；测色度用 CIE 表色系统的三刺激值 X、Y、Z 表示，三色密度（M、Y、C）用密度计中的三色滤色片测得的色密度表示
网点、网点面积、网点密度	放大镜、显微镜、网点密度计、测微密度计、专用网点测定器	网点成数、网点面积率（%）、网点面积（密度）和密度的关系曲线
阶调	网点密度计、测微密度计等	用密度-密度的阶调再现曲线表示
解像力（分辨力）	测微密度计、光学衍射计、图像解析装置	用黑白线条或网点图像的密度差靠近零时的线数，图像 MTF（调制传递函数）的响应特性衰减到一定值的空间频率数等表示
清晰度（锐度）	测微密度计、光学衍射计、图像解析装置	用黑白线条、网点的密度变化（密度差、比值、格玛值）根据边缘描绘法所得的扩展函数，图像 MTF 的衰减及其视觉的 MTF，结合心理、物理量来表示
不均匀性（颗粒性）	测微密度计、光学衍射计	用图像不均匀密度变动的物理量及视觉特性结合心理、物理量，光学的与其相关的系数或空间频率数特性等表示
MTF	测微密度计、光学衍射计	根据边缘描绘法、正弦波图描绘法、光学衍射法、空间频率数感应特性等来表示
光泽	光泽计、变角光度计	用镜面光泽度，对比光泽度（Q 度、偏光、开口角），平面、立体反射分布等来表示
白度	白度计、各种测色计	用各种白度公式表示，用 XYZ 表色系统的三刺激值 X、Y、Z 及分光反射率计算
文字质量	文字黑度测定器等	文字的识读性用黑度、识读系数表示

附录 B 印刷车间空气的相对湿度对照表

附表 B-1 印刷车间空气的相对湿度对照表

干泡温度计的温度（℃）	干泡温度计和湿泡温度计的温度差（℃）										
	0	1	2	3	4	5	6	7	8	9	10
0	100	81	63	45	28	11	—	—	—	—	—
2	100	84	68	51	35	20	—	—	—	—	—
4	100	85	70	56	42	28	14	—	—	—	—
6	100	86	73	60	47	35	23	10	—	—	—
8	100	87	75	63	51	40	28	18	7	—	—
10	100	88	76	65	54	44	34	24	14	4	—
12	100	89	78	68	57	48	38	29	20	11	
14	100	90	79	70	60	51	42	33	25	17	9
16	100	90	81	71	62	54	45	37	30	22	15
18	100	91	82	73	64	56	48	41	34	26	20
20	100	91	83	74	66	59	51	44	37	30	24
22	100	92	83	76	68	61	54	47	40	34	28
24	100	92	84	77	69	62	56	49	43	37	31
26	100	92	85	78	71	64	58	50	45	40	34
28	100	93	85	78	72	65	59	53	48	42	37
30	100	93	86	79	73	67	61	55	50	44	39
32	100	93	86	80	74	68	62	57	51	46	41
34	100	93	87	81	75	69	63	58	53	48	43
36	100	94	87	81	75	70	64	59	54	50	45

注：通过干湿泡温度计上 A、B 两温度计（其中一个包着纱布，纱布下端浸在水杯里，即湿泡温度计）的温度读数差和干泡温度计上的温度读数，即可查出在该温度下印刷车间的相对湿度。

参 考 文 献

[1] P.贝歇尔. 乳状液理论与实践[M]. 北京：科学出版社，1978.

[2] 市川家康. 纸张油墨印刷学[M]. 吴山岳，译. 台北：徐氏基金会，1969.

[3] 高分子学会印刷适性研究委员会. 印刷适性[M]. 丁一，译. 北京：科学出版社，1982.

[4] 白东海，王西燕. 印刷化学分析与物理检验[M]. 北京：印刷工业出版社，1983.

[5] 董明达，王城. 纸张油墨的印刷适性[M]. 北京：印刷工业出版社，1988.

[6] A.A.丘林. 自动印刷机[M]. 汪泰临，谢普南，译. 北京：印刷工业出版社，1987.

[7] 陈宗琪，戴闽光. 胶体化学[M]. 北京：高等教育出版社，1984.

[8] 蔡瑞星，吴宝春. 印刷橡皮布和胶辊[M]. 北京：印刷工业出版社，1983.

[9] 冯瑞乾. 印刷油墨转移原理[M]. 北京：印刷工业出版社，1992.

[10] 周春霞. 平版印刷原理及工艺[M]. 上海：上海交通大学出版社，2008.

[11] 印永嘉，李大珍. 物理化学简明教程[M]. 北京：高等教育出版社，1980.

[12] 赵国玺. 表面活性剂物理化学[M]. 北京：北京大学出版社，1984.

[13] 郑德海，郑军明，沈青. 丝网印刷工艺[M]. 北京：印刷工业出版社，1994.

[14] 董明达，刘世昌，胡建宏，等. 柔性版印刷[M]. 北京：印刷工业出版社，1993.

[15] 智文广. 无水平版胶印的开发与探讨[J]. 今日印刷，1994，000（003）：44-48.

[16] 冯瑞乾. 印刷原理及工艺[M]. 北京：印刷工业出版社，1999.

[17] Helmut Kipphan.Handbuch der Printmedien[M]. Berlin: Springer，2000.

[18] 晓阳. 海德堡 CPC 系统介绍[J]. 印刷技术，1991（7）：2.

反侵权盗版声明

电子工业出版社依法对本作品享有专有出版权。任何未经权利人书面许可，复制、销售或通过信息网络传播本作品的行为；歪曲、篡改、剽窃本作品的行为，均违反《中华人民共和国著作权法》，其行为人应承担相应的民事责任和行政责任，构成犯罪的，将被依法追究刑事责任。

为了维护市场秩序，保护权利人的合法权益，我社将依法查处和打击侵权盗版的单位和个人。欢迎社会各界人士积极举报侵权盗版行为，本社将奖励举报有功人员，并保证举报人的信息不被泄露。

举报电话：（010）88254396；（010）88258888

传　　真：（010）88254397

E-mail:　dbqq@phei.com.cn

通信地址：北京市海淀区万寿路 173 信箱

　　　　　电子工业出版社总编办公室

邮　　编：100036